스테퍼니 프레스턴은 그 누구보다 인간과 동물의 공감 능력에 관해 잘 알고 있다. 누군가를 돕는 행동이 포유류 조상과 동일한 신경회로 시스템에 의해 작동된다는 것을 밝혀낸 과정들은 정말 놀랍고 훌륭하다.《무엇이 우리를 다정하게 만드는가》는 인간의 이타주의에 관한 수수께끼를 푸는 영리한 책이다.

_프란스 더발 영장류학자,《차이에 관한 생각》 저자

인간 본성에 관해 비관론적 관점을 지닌 사람들도 인간이 종종 위험한 상황에 처한 동료를 구하기 위해 위험을 무릅쓴다는 사실에 놀랄 것이다. 새로운 아이디어와 강력한 사실, 매력적인 문체로 이타적 욕구의 이면을 설명하는 이 책은 인간행동과 그 진화 과정에 관심이 있는 사람이라면 반드시 읽어야 할 필독서다.

_다리오 마에스트리피에리 영장류학자,《영장류 게임》 저자

이 책은 우리의 이중인격적인 면을 설명할 수 있는 이타주의 가설을 정립하고 검증했다. 혀를 내두를 정도로 이기적이었다가 박수갈채가 쏟아질 만큼 한없이 다정해지는 인간의 이타적 행동을 이해하는 데 있어 필수 불가결한 이 이론을 우리는 진지하게 받아들여야 한다.

_월스트리트저널

무엇이
우리를

다정하게
만드는가

타인을
도우려 하는
인간 심리의
뇌과학적 비밀

무엇이 우리를 다정하게 만드는가

스테퍼니 프레스턴 지음 | 허성심 옮김

The Altruistic Urge

알레

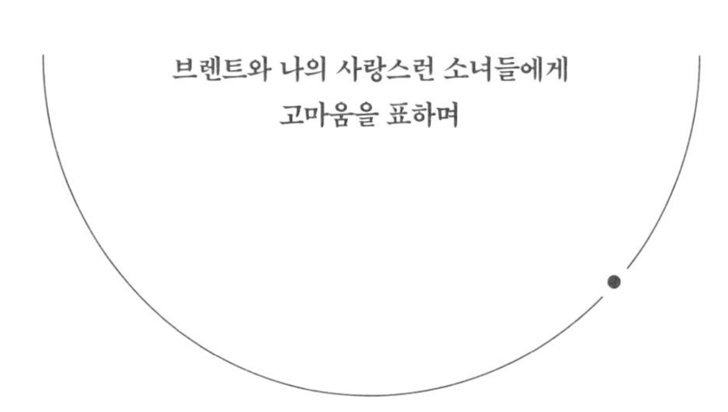

브렌트와 나의 사랑스런 소녀들에게
고마움을 표하며

일러두기

1. 본문의 인명, 지명 등 외래어는 국립국어원 외래어표기법에 따라 표기했습니다.
2. 본문 하단의 각주는 독자의 이해를 돕기 위한 옮긴이 주입니다.
3. 그림 출처는 도판 하단에 간략히 표기해두었습니다. 좀 더 자세한 내용은 도서 말미에서 확인할 수 있습니다.

서문:

무엇이 우리를 다정하게 만드는가

* 가장 별난 소식은 미국 플로리다주에서 나온다는 말이 있다. 이런 기이한 이야기를 인터넷에서 찾아보면 다음과 같은 머리기사를 만나게 된다.

- 차를 훔쳐 달아난 플로리다의 한 남성이 뒤늦게 아기의 존재를 알고는 아기를 안전한 곳에 내려놓고 도주했다.
- 도난 차량을 운전하다 체포된 플로리다 남성의 가슴에는 원숭이 한 마리가 매달려 있었다.
- 플로리다의 한 남성이 친구를 만나 놀고 싶은 마음에 감옥 **안으로** 몰래 들어갔다.
- 플로리다의 한 남성이 꿀벌을 훔쳐 붙잡혔는데, 그는 꿀벌이 '버림

받았다'고 생각해서 데려간 것뿐이라고 대답했다.

- 플로리다에서 임신부가 상어로부터 공격받는 남편을 구했다.
- 플로리다의 한 남성이 입에 물고 있던 담배를 떨어트리지도 않고 악어의 입에서 강아지를 구해냈다.[1]

실제로 일어난 이 사건들은 플로리다 사람들의 놀랍고 우려스러우면서도 감동을 주는 괴상한 행동을 보여준다. 하지만 또 다른 공통점도 찾아볼 수 있다. 바로 자신과 유대관계에 있거나 마음이 쓰이거나 아기처럼 무력한 존재에게 다가가 돌보려고 하는 자연스러운 욕구다. 이는 안면이 없는 어른부터 반려동물, 야생동물까지 그 범위가 확장되기도 한다.

타인을 구하려는 인간의 본능은 상어 지느러미와 물에 번지는 피를 보자마자 '주저하지 않고' 물속으로 뛰어들어 남편을 안전한 곳으로 끌어낸 플로리다의 임신부나, 발작으로 지하철 선로에 추락한 청년을 구하기 위해 열차가 들어오는데도 위험에 뛰어든 뉴욕의 웨슬리 오트리Wesley Autrey처럼 영웅적 행동을 이야기할 때 종종 드러난다.[2] 사실 이런 구조행동은 다른 동물종에서도 관찰된다. 예를 들어, 트리니다드섬의 어떤 애완견은 집에 화재가 발생하자 주인이 깨어날 때까지 그의 바짓가랑이를 잡아당기고 짖어서 그를 구해냈다. 그러고 나서 그 개는 다시 불타는 집으로 들어갔다가 결국 죽고 마는데, 아마도 함께 살았던 앵무새를 구하

려던 것으로 보인다.[3]

지금 말한 이야기 속 주인공들을 조금 미쳤다거나 어리석다고 말할 수는 없지만 그들이 용감무쌍한 것은 분명하다. 우리는 어떻게 자신의 목숨을 위태롭게 하면서까지 다른 개체를 도우려는 성향이 발달한 것일까. 또한 이런 경향이 여러 종에 존재하는 이유는 무엇일까. 이 욕구는 대개 인간 고유의 베푸는 능력과 연관된 공감 능력, 잘 도와주는 성격, 사려 깊음과 어떤 관련이 있을까. 반대로 우리가 아주 무모할 정도로 타인을 구하려는 강한 욕구를 지니고 있다면 어째서 세상 곳곳에 타인의 고통을 나 몰라라 하는 사람들이 존재하는 것일까.

나는 이타적 욕구altruistic urge라는 특정한 이타성의 본질을 설명하기 위해 이 책, 《무엇이 우리를 다정하게 만드는가》를 썼다. 그리고 이타적 욕구의 진화 과정과 심리작용, 신경학적 기반을 통합해 이타적 반응 모델altruistic response model이라는 이론을 정립했다. 인간이 지닌 일반적 공감 능력과 이타심, 심지어 도덕성을 설명하는 데도 상당량을 할애했다. 무엇보다 이 책은 인간의 선량함이라는 광범위한 것을 설명하고자 노력하지 **않았다**는 점에서 특별하다. 나는 이타성이 인간 유전체 속에 아주 오랫동안 유지되어 왔으며, 여러 종에 걸쳐 존재하는 특정한 유형의 것이 있으며, 남을 돕도록 강력한 동기를 부여하고, 심지어 영웅적 행동을 하는 데 영향을 미쳤음을 주장한다. 이 특정한 이타성, 즉 이타적 욕구에 관해서는 아직 많은 연구가 이루어지지 않았지만, 그것이 정확히 무엇이고 언제 그런 충동이 일어나고 또 일어나지 않는지를 규명하려면 오랜 시간 관심을 기울일 필요가 있다. 이타성에 관해서는 다음과 같은 부정적 의견도 존재한다. **"당신의 이론이 이타주의를 모두 설명한다고 생각하는가? 아니다. 그렇지 않다. 나는 쥐가 아니다. 나는 배려심 많은 사람이나 엄마도 아닐뿐더러 누군가를 돕고 싶다는 욕구도 느껴본 적이 없다. 그러므로 당신의 이론은 틀렸다. 우리가 타인을 도운 이유는 전쟁에서 이기기 위함이었다. 사람은 끔찍하기만 한 존재다."**

이 책은 이런 흔히 볼 수 있는 우려를 불식시키고자 애쓰면서 이타적 반응 모델을 설명할 것이다.

이타주의의 분류

이타주의altruism에는 종류가 많지만 모든 이타주의에 명칭이 있는 게 아니므로 혼동할 수 있다. 나는 독자들이 이 책에서 말하고자 하는 바가 무엇인지 미리 알기를 원하는 마음에서 이 문제부터 해결하고 싶다. 문제란 바로 과학적 근거에 있다기보다 우리의 의미론적 결핍에 있다. 조류학자들이 잘 정의된 분류군과 이름을 갖춘 조류종 분류체계를 만들어냈듯이 이타주의도 더 정밀하게 분류되어야 한다. 대학원 은사인 엘리노어 로쉬Eleanor Rosch 교수는 인간은 새를 추상화하여 자연스럽게 분류한다고 설명했다.[4] 우리는 '새'를 작고 날개 달린 동물이라는 일반적인 개념으로 공유한다. 우리가 만나는 모든 새의 전형으로 머릿속에 형상화되었기 때문이다. 예를 들어, 북아메리카 사람들은 참새나 홍관조 같은 명금류를 전형적인 '새'로 생각할 것이다. 조류강 안의 다른 목에 속하는 새들은 명금류와 공통조상을 공유하고 있고, 그래서 모두 같은 척추동물 부류로 묶인다. 그러나 어떤 새들은 전형적인 새의 모습과 사뭇 다르다. 날지 못하는 펭귄이나 타조가 그 예다. 타조가 거리를 활보하는 것을 본 사람들은 "저기 봐! 새다!"가 아닌 "저기 봐! 타조다!"라고 소리칠 것이다. 엄밀히 말해, 타조도 새지만 새라는 총칭을 사용한다면 옆에 있는 친구는 혼동하여 거리를 살펴보기보다 나무를 올려다볼 가능성이 크다. 새에 관한 전문지식을 가지고 있는 사람들은 비전문가보다 더 구체적인 명칭을 사용한다. 예를 들어, 조류의 종 분화에 특별한 관심이 없는 일반인은 산책 도중 친구에게 '아름다운 새'를 가리켜 보일 것이고, 매일 아침 식탁에 앉아 새를 구경하는 부부는 '노래하는 빨간 새'나 '찰리'라고 지칭할 것이다. 반면에 새를 기르는 사람들은 신이 나서 숲솔새나 유리멧새에 관해 속닥거릴 것이다. 우리가 새를 언급할 때 무엇을 구체적으로 명시할 것인가를 지정할 수 있는 수준은 다양하다. 사람들은 이 점을 직관적으로 이해하고 있기 때문에 지식수준과 대화 상대 그리고 상황에 따라 새를 언급하는 방식을 바꾼다.

이타주의 개념도 여러 측면에서 새를 접하는 상황과 비슷하고 종류 역시 매우 다양하다. 어떤 것은 우리가 이타주의의 전형이라고 생각하는 것에 가깝고, 어떤 것은 특수한 환경에서만 목격되는 행동일 것이다. '이타주의'라는 말을 들을 때 사람들은 대부분 가난한 사람에게 음식을 제공하고자 재산을 내놓는 성인이나 불타는 건물에서 낯선 사람을 구조하는 영웅을 상상할 것이다. 생물학자들은 땅다람쥐가 경고음을 내거나 일벌이 여왕벌을 돕는 행위를 생각할 것이다. 경제학자는 행동실험을 통해 피험자가 모르는 사람에게 얼마를 기부하는지를 알고 싶을 것이다. 나는 괴로워하는 친구에게 건네는 따뜻한 포옹을 떠올릴 것이다. 이런 각각의 행동을 인지하더라도 이 모든 행동에 '이타주의'라는 명칭을 붙이지는 않는다. 새를 분류하는 것과 달리 이타주의는 전문가조차 교과서에서 보거나 수업 시간에 암기할 수 있는 합의된 분류 체계를 따르고 있지 않기 때문이다. 따라서 과학자들은 이타주의의 유형을 세부적으로 분류하려고 노력할 때 대개 서로 달라 보이는 종이나 행동 사이에 선을 긋는다. 즉, 생물종을 분류할 때 서로 비슷해 보이는 새들을 하나의 범주로 모아놓는 것처럼 말이다. 그러나 일반 사람들이 새를 떠올릴 때 펭귄은 전혀 염두에 두지 않는 것과 달리 생물학자들은 화석과 날개 형태학에서 얻은 증거로부터 새로 분류되는 것이 무엇인지를 정한다.

이타주의에 관해서도 동일해야 한다. 이타적 행동이 언제 진화했고 뇌와 몸으로부터 어떤 영향을 받는지를 고려하면서 행동의 형태와 기능 등에서 얻은 증거를 기반으로 분류체계를 정의할 필요가 있다. 예를 들어, 악당이 기차선로에 밧줄로 묶어놓은 피해자를 어떤 사람이 나서서 풀어주는 것과 개미가 함정에 갇힌 다른 개미를 풀어주는 것은 같은 행동일까? 모두 신경생리학적 메커니즘에 기대어 일어나는 것일까? 그들은 공통 유전자 혹은 유사한 목적을 지닌 유전자 집합에서 진화한 것일까? 생김새는 다르지만 같은 종이나 비슷한 발달 시기에 존재한 것들이라면 어떨까? 그렇다고 해도 같은 메커니즘으로 동시에 출현하지 않았다면 동일한 분류군으로 묶여서는 안 된다. 이런 이유로 사람들은 원숭이나 개가 할 수 없지만 인간이나 대형 유인원이 할 수 있는 것은 반드시 큰 뇌를 필요로 하는 단일 발생 과정이 존재한다고 가정한다.

그런데 찬사를 받는 이타적 행동의 상당수가 새나 쥐에게서도 관찰된다. 새와 쥐의 뇌는 매우 작다. 그러므로 프테로사우루스, 까마귀, 박쥐, 나비 모두 날개가 있고 날 수 있지만 공통조상이 있다고 가정하지 않듯이 생물학, 심리학, 신경과학 전반에 걸친 증거를 검토하지 않고서는 이타주의의 형태들을 하나로 묶는 것은 피해야 한다.

이 책은 하나의 특정한 이타주의 유형에 초점을 두고 있다. 바로 연구를 통해 도움행동acts of aid의 분류체계에서 자연종natural kind* 이라고 밝혀낸 것으로, 나는 이를 **이타적 욕구**라고 부르고자 한다. 이타적 욕구는 동물이나 사람이 즉각적인 도움이 필요한 취약한 피해자에게 접근하고 싶은 충동을 느끼는 사건에 적용된다. 수각手脚류 공룡**까지 기원이 거슬러 올라가는 조류의 날개처럼 이 반응욕구도 진화적으로 아주 오래된 것으로 보인다. 이타적 욕구는 사회과학에서 흔히 설명하는 이타주의 형태와 다르다. 사회과학은 베풂을 의식적으로 숙고하고 결정한 인간 고유 능력이라는 점에 초점을 맞추지만, 이타적 욕구는 절대 우리를 특별한 존재로 만들어주지 않는다. 유감스럽게도 다른 동물종과 오히려 더 비슷하다는 것을 보여준다. 하지만 이타적 욕구라는 특정하고 강력한 동기를 이해한다면 영웅적 행동이나 맨 처음 언급한 플로리다의 사례들처럼 터무니없어 보이는 행동들도 설명 가능해진다. 우리가 이런 행위의 동기를 이해한다면, 이 지식을 활용해 도움이 절실히 필요하지만 타인의 이타적 충동이나 행동을 자연스럽게 이끌어내지 못해 고통받는 사람은 물론이고 더 나아가 지구에게

* 인간이 인식하는지와 상관없이 실재에 의해 정체성이 결정되는 종을 말한다.

** 이족보행을 하고 날카로운 발톱과 이빨을 특징으로 하는 공룡들로 티라노사우루스 같은 육식 공룡들이 많이 속해 있다.

까지 도움의 손길을 내밀게 될 것이다.

나는 이타주의를 이해하기 위해 행동과학*** 을 광범위하게 적용해야 한다고 생각하지만, 이타적 행동이 어떻게 유의미하고 왜 그렇게 느껴지는지에 관한 정보도 고려하려 한다. 동물행동학의 아버지 니콜라스 틴베르헌Nikolaas Tinbergen은 생리학자들이 '과학적'으로 보이려는 필사적인 시도 때문에 나무를 보느라 숲을 보지 못한다고 생각했다. 이런저런 세포나 신경계 구조에 관한 연구들이 쏟아져 나왔지만, 그 구성요소들이 들어 있는 동물과 동물의 행동에 관한 정보는 결핍되어 있었다. 틴베르헌은 동물행동학과 생리학을 통합한 새로운 분야가 이 문제를 해결하고, 신경생리학이 발판이 되어 풍부한 행동 서술을 뒷받침하리라 기대했다. 그러나 그의 꿈이 실현되었는지는 잘 모르겠다.

이타주의를 연구하는 학자들은 여전히 통계적으로 유의미한 결과를 낳는 실행 가능한 실험실 실험에 광범위한 통제 조건을 추가함으로써 더 '과학적'(과학적이라는 용어는 그것이 사용되는 모든 것을 제대로 담을 수 없다는 함축적 의미를 지니기도 한다)으로 보이기 위해 노력한다. 연구자들은 현재나 아주 먼 과거에 우리 인간이 서로 도움을 베풀던 방식과 비슷한 행동 대신, 설명하기 어려워 보이지만 통제나 측정, 비교가 쉬운 인간행동에 초점을 둔다. 인간 이타

*** 인간행동의 일반 법칙을 체계적으로 연구하는 학문이다.

주의에 관한 최근의 연구들은 중상류층의 교육받은 백인 학생들을 피험자로 삼는데, 실험자들은 그들에게 자신들이 건넨 돈의 일부를 어떤 특별한 이유도 없이 얼굴도 모르는 대학생에게 나눠주게끔 하는 실험을 진행하곤 한다. 학계에 돈에 대한 관념이 압도적이기 때문인지 때때로 학술지 편집위원들은 돈과 관련 없는 실험연구는 게재하려 하지 않는다. 또한 경제학자들이 실험에 돈이 포함되지 않으면 어떤 행위가 실제로 많은 비용이 들거나 돈 없이도 측정 가능하다는 걸 믿지 않는다는 이유도 있다. 이런 과정 속에서 과학은 여전히 숲을 보지 못하고 있다. 연구자들은 우리가 서로를 돌보는 가장 기본적인 방식을 이해하거나 고려하지 못하고 있다. 그들은 정서적 지지나 꼭 껴안아 주는 행위들을 평범하게 바라보기 때문에 이런 행동을 이타주의의 한 형태라고 보지 않는다(연구자들이 주목하지 않더라도 그런 배려 가득한 행동들이 일상 속에 가득하다면 우리는 정말 운이 좋은 사람들이다).

우리는 연구자들의 편견을 완전히 뒤집어야 한다. 도움행동 대부분이 가장 가까운 사람을 돌보는 형태라는 사실이 그 행동을 평범하거나 가치 없는 것으로 만드는 게 아니다. 오히려 현실적이고 중요한 것으로 만든다. 더 나아가 인간이 번영할 수 있는 기반을 마련한다. 기분이 좋아지거나 기운이 나도록 다른 사람과 감정적으로나 물리적으로 가까이 지내는 것은 매우 어렵지만, 그만큼 중요하기 때문에 사람들은 타인과 잘 지내는 방법을 이해하기 위해 몇 년씩 또는 수십 년씩 심리치료를 받는다. 돌봄을 제공하는 행위는 우리 조상이 수억 년 동안 생존해오는 데 필수 불가결한 요소였을 뿐만 아니라, 이타주의의 기원을 이루는 핵심이자 우리 종의 기원이었던 게 틀림없다.

이 책에 관하여

이 책의 목적은 아주 특정한 상황에서 본능적으로 일어나는 이타적 욕구를 설명하는 데 있다. 여기에서 특정한 상황이란 무력한 자손을 돌보려는 우리의 아주 오래된 (그리고 여전히 중요한) 욕구와 구체적이고 특정한 상황을 말한다. 나는 지금까지 이타적 욕구에 관해 여러 차례 설명해왔다. 그러다 보니 이타주의가 기이하고 특별하거나, 크고 굉장한 뇌 혹은 그야말로 아낌없이 베푸는 마음이 필요하다는 견해로 사람들이 우려하는 것을 반복적으로 보았다. 그래서 나는 이타적 반응 모델을 설명하는 데 집중하면서도 흔히 제기하는 우려 사항까지 함께 다루고자 한다. 책의 내용을 간단히 소개하면 다음과 같다.

- 프롤로그에서는 새끼를 낳은 지 얼마 되지 않은 설치류가(과학자들은 모성을 지닌 어미 쥐라고 부른다) 둥지를 벗어난 갓 태어난 새끼 쥐를

안전하게 회수하는 행동을 매우 상세하게 묘사한다. 어미 쥐의 이런 행동은 명백히 적응적 행동이다. 우리는 이타적 반응과 매우 유사한 이런 돌봄행위의 신경생물학적 논의에 관해 많은 것을 이해하게 될 것이다. 또한 이와 같은 새끼회수는 비슷한 상황에서 일어날 수 있는 인간의 이타적 반응을 이해하는 데 기초가 된다고 주장한다.

- 제1장은 이타적 반응 모델을 요약하고 나머지 장에서 다룰 내용을 간단히 소개한다.
- 제2장에서는 우리가 높이 평가하는 인간의 행동을 어째서 쥐와 같은 다른 종과 공유하고 있는가를 설명한다. 인간의 뇌가 수천 년에 걸쳐 진화했고, 새끼를 돌보는 다른 포유동물의 뇌와 여러 특징을 공유하고 있다는 점에서 그 이유를 찾는다.
- 제3장에서는 학계에서 주로 연구하는 심사숙고가 필요한 도움행동이나 금전적 기부처럼 이타주의 형태를 취할 필요가 없는 특정한 유형의 이타주의에 이타적 반응 모델이 어떻게 적용되는가를 설명한다. 때때로 이타적 욕구는 다양한 이타주의에 관여하지만 이타적 행동이 일어나기 위한 필요충분조건은 아니다.
- 제4장은 어떤 행동이 고정된 행동이거나, 아무 영향도 받지 않고 유지되거나, 맥락에 상관없이 일어나거나, 오직 '원시적' 종과 관련 있는 것이 아닌데도 '욕구'나 심지어 본능이라고 표현 가능한 이유를 설명한다.

- 제5장에서는 이타적 반응을 지원하는 신경 메커니즘을 설명하고, 다른 보상기반행동 메커니즘과 공통되는 부분에 관해 간단히 서술한다.
- 제6장과 제7장은 피해자와 목격자의 상황과 특징이 돌봄본능의 기원에 반영되듯 이타적 반응 가능성에도 어떻게 영향을 미치는가를 다룬다.
- 제8장은 이타주의가 어떻게 진화했고, 어떻게 동기부여가 되고, 뇌에서 어떤 반응이 일어나는지에 관한 가장 널리 알려진 기존 이론들을 소개한다. 이타적 반응 모델이 가진 장점을 소개하기 위해 이타적 반응 모델과 기존의 진화론적·신경심리학적 이론들을 비교 및 대조한다.
- 에필로그에서는 우리의 지식과 수행해야만 하는 연구 사이 격차를 서술하면서 이타적 반응 모델의 중요성을 다시 강조하고, 인간의 모든 도덕성을 설명하기 위해 의도적으로 이타적 반응 모델을 확장하지 않았음을 서술하며 이야기의 끝을 맺는다.

이타주의는 다양한 사람에게 다양한 형태로 나타난다. 이제부터 나는 도움이 절실한 피해자를 돕기 위해 주저 없이 달려가는 동물종으로서의 인간과 그 행동의 기원을 서술할 것이다. 분명 이것은 장엄한 위업을 남기는 과정이 될 것이다.

프롤로그:

부지런한 어미 쥐가 보여준 신기한 사례

* 1969년, 산페르난도밸리주립대학의 생리심리학자 윌리엄 윌슨크로프트William Wilsoncroft는 지금은 고전이 된 실험을 통해 어미 쥐가 갓 태어난 자기 새끼를 회수하는 동기에 관해 연구했다. 그의 연구에 앞서 20세기 초, 모성을 지닌 '어미' 쥐는 자기 새끼에게 다가가거나 접촉하려는 의욕이 매우 강하다는 것이 연구를 통해 이미 입증되었다. 이들 어미 쥐들은 아무 관계가 없는 다른 쥐의 새끼도 회수하려 들었을 것이다. 연구에 따르면, 이제 막 어미가 되었음에도 어린 새끼에게 접근하기 위해 복잡한 미로를 파악하는 노력을 마다하지 않을 만큼 어미 쥐의 새끼회수본능은 강했다. 심지어 자기 새끼에게 가기 위해서라면 전기가 흐르는 격자판도 건넜다. 갓 엄마가 된 쥐들이 새끼에게 가기 위해 전기 충

격을 참고 견뎠다. 다른 유혹 가득한 보상과 새끼회수offspring retrieval 동기의 상대적 강도를 비교해 증명이라도 하듯, 어미 쥐들은 먹이 혹은 물을 얻기 위해서나 심지어 짝짓기 같은 보상을 얻을 때보다 자기 새끼에게 접근하기 위해 더 적극적으로 그리고 아주 많은 횟수로 가로질렀다. 과학적 연구에서 '새끼회수'라고 언급하는 이 본능적 행위는 새끼를 낳은 직후 며칠에 걸쳐 뚜렷이 나타난다.

쥐를 이용한 고전적 조건형성실험에서는 쥐가 막대를 누르는 행위가 먹이라는 보상으로 이어지는 이론이 전형적인데, 윌슨 크로프트는 1969년 실험에서 어미 쥐가 새끼에게 접근하기 위해서도 막대를 누르는지 확인하고 싶었다. 막대를 누르면 새끼 쥐가 작은 활송장치를 통해 시험상자로 배달되었다. 어미 쥐가 새끼에게 접근하고 새끼를 회수하는 동기부여 상태를 측정하기 위해 그는 우선 임신 상태인 암컷 쥐에게 막대를 누르면 먹이가 나온다는 것을 학습시켰다. 시스템이 어떻게 작동하는지를 이해시키기 위한 사전 조처였다. 그러고는 출산한 다음 날, 연속으로 막대를 여섯 번 누르게 했다. 막대를 누를 때마다 먹이가 보상으로 나왔다. 이어서 다시 막대를 여섯 번 누르면 이번에는 먹이가 전달되는 동일한 활송장치로 새끼를 내보냈다. 먹이가 나왔을 때처럼 어미 쥐는 네 발 달린 포유동물들이 흔히 그러듯 새끼의 '목덜미'를 입으로 물고(그림 1) 매번 새끼를 시험상자에서 구조해 바로 옆 보

그림 1 설치류 어미가 새끼를 회수할 때 어떻게 새끼를 입에 물고 보금자리로 실어 나르는지를 묘사한 그림이다.

출처 스테퍼니 프레스턴, '새끼돌봄에서 비롯된 이타주의의 기원The Origins of Altruism in Offspring Care', 〈심리학 회보Psychological Bulletin〉 139, no. 6 (2013).

금자리 방으로 데려갔다. 나중에 실험자들은 어미 쥐가 낳은 새끼가 아닌, 같은 시기에 태어난 다른 쥐의 새끼로도 실험했다. 어미 쥐들은 하나같이 막대를 눌렀을 때 활송장치를 통해 배달된 다른 쥐의 새끼를 받아서 책임감 있게 안전한 보금자리로 옮겨 놓았다. 그러고는 다시 막대를 누르고 새끼를 받고 보금자리로 옮기는 일련의 과정을 반복했다. 실험자들이 하나의 순환 과정처럼 보이는 새끼 쥐 컨베이어벨트를 만든 것이다. 새끼는 한 바퀴를 돌아 다시 부지런한 어미에게 돌아오기를 반복했고, 어미는 언제든 새끼를 맞이할 준비가 되어 있었다. 여기에서 중요하게 짚고 넘어가야 할 것은 어미 쥐가 더는 행동에 대한 보상으로 먹이를 받지 않았고, 혈연관계가 아닌 남의 새끼라 하더라도 회수했을 뿐만 아니라 막대를 눌러야 하는 어떤 의무도 없었다는 점이다. 어미 쥐는 더는 먹이 보상이 없고 자신의 새끼도 나타나지 않았으니 그냥 앉아서 쉴 수도 있었다. 하지만 어미 쥐들에게는 낯선 새끼 쥐도 막대를 누르게 할 만한 보상이 되었다.

실험은 세 시간 동안 이어졌다. 지친 실험자들이 어미 쥐의 새끼회수반응이 전혀 잦아들지 않을 것이라는 결론을 내릴 때까지 어미 쥐들은 자신과 무관한 새끼 쥐를 계속 구조했다. 연구진이 발표 논문에서 언급한 우스갯소리처럼 "유일하게 진짜 활동을 멈춘 것은 새끼 쥐를 보금자리 방에서 활송장치로 옮기는 일에 지친 실험자들인 듯했다."[1] 그림 2의 윌슨크로프트의 도표는 실험이 진행된 180분 동안 어미 쥐들이 평균적으로 대략 30초에 한 번씩 새끼를 회수한 과정을 보여주고 있다. 더 인상적인 것은 가장 뛰어난 어미의 경우 평균의 **두 배**나 되는 684번이나 새끼를 회수했다는 사실이다. 그 과정에서 총 이동 거리는 대략 120미터로 그중 절반인 60미터는 새끼 쥐를 입에 물고 이동했다.

이 연구가 시사하는 바는 크다. 실제로 윌슨크로프트의 논문은 그저 짧은 보고서로, 아마 내가 새끼회수에 관해 설명한 글보다도 단어 수가 적을 것이다. 새끼 쥐가 활송장치를 타고 배달되

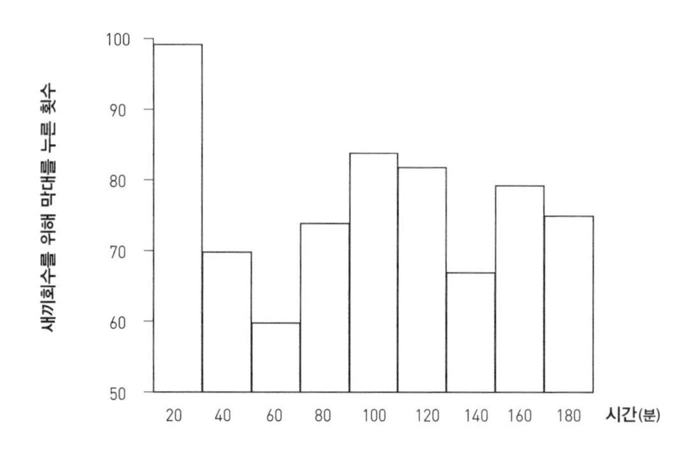

그림 2 실험자가 포기할 때까지 어미 쥐가 수행한 새끼회수 횟수를 나타낸 막대그래프다.

출처 스테퍼니 프레스턴, '새끼돌봄에서 비롯된 이타주의의 기원', 〈심리학 회보〉 139, no. 6 (2013).

고 다시 보금자리로 옮겨지는 과정을 반복하는 것은 워터파크에서 가장 멋진 미끄럼틀 꼭대기까지 올라갔다가 내려오기를 반복하는 어린아이들의 모습처럼 즐거운 이미지여서 특히 인상적이다. 논문은 비교적 옛날 방식의 과학적 문체로 쓰였지만, 실험에 관해서는 오늘날 허용되는 것보다 더 많은 대화체를 사용해 생생하고 자유롭게 세부사항을 설명하고 있다. 예를 들어, 가장 끈질긴 어미 쥐가 이루어낸 실적을 구체적 수치로 나타내거나 실험자들이 너무 지쳐서 실험을 계속할 수 없었다고 폭로하는 대목은 오늘날 논문에서도 흔하지 않다. 물론 이런 특성이 현상의 이해도를 꽤 높여준 것도 사실이다. 윌슨크로프트는 실험 중에 다친 새끼 쥐가 없다는 점도 잊지 않고 언급했다. 동물에 대한 잔학 행위나 가혹 행위가 뜨거운 쟁점이지 않던 시대임을 고려했을 때 그의 다정함도 엿볼 수 있다. 어쩌면 그 자체가 인간이 신생아의 안녕에도 주의를 기울인다는 암시일지도 모른다. 어미 쥐가 자기 꼬리를 새끼로 착각해 둥지에 갖다놓으려고 한 행동을 포함해, 당시 발표된 쥐의 이상한 행동과 윌슨크로프트의 상세한 설명은 쥐가 보이는 행동의 생물학적·신경학적 기반을 이해하는 데 매우 중요하다. 또한 새끼를 회수하려는 높은 동기부여 상태와 새끼회수라는 거의 고정된 반사적인 본능에 관해서도 많은 것을 시사한다. 그저 새끼회수의 평균 횟수를 간략히 보여주는 통계로는 추론할 수 없는 것이다. 모든 것을 종합해볼 때 나는 오래전에 발표된 이 짧은 보고서가 정말 마음에 든다. 자기가 낳은 새끼가 아니더라도, 심지어 보상이 주어지지 않더라도 갓 태어난 새끼 쥐에게 접근하는 어미 쥐의 동기가 지닌 순수한 힘이 얼마나 강렬하고 인상적인 의미를 지녔는지 알려주기 때문이다.

나는 어미 쥐의 새끼회수행동에 관한 연구를 이 책의 중심점으로 택했다. 새끼회수행동이 재미있고 교훈적일 뿐만 아니라 높이 평가되지만 잘 이해되지 않는 인간의 이타적 행동과 유사한 면이 있기 때문이다. 이 책에서는 동물의 새끼회수행동과 인간의 이타주의 사이의 유사성이 어째서 단순한 우연이 아닌지를 기술하고, 타인의 긴급한 요청에 도움의 손길을 내미는 인간의 반응이 새끼를 돌보는 포유류로서 얻은 진화의 산물임을 설명할 것이다. 이미 여러 동물종에 걸쳐 나타난 새끼돌봄과 그에 관한 신경생물학 자료를 많이 확보하고 있으므로 인간의 이타주의와 관련된 뇌의 작용 및 행동에 관해 더욱 완성된 그림을 그릴 수 있으리라 본다.

이상한 실험 설계에서 얻은 이점

실험실에서 얻은 결과를 현실로 일반화한다고 했을 때, 윌슨크로프트의 연구는 분명 야생 상태에서 자연적으로 발생하는 것보다 더 집중적으로 새끼회수가 일어날 수 있는 인위적 상황 아래에서 이루어졌다. 들판에서는 어떤 어미 쥐도 반나절 만에 자기와 무관한 새끼 쥐 수백 마리를 구하거나 회수할 기회가 없다. 아마 어미 쥐가 굴속에서 자기 새끼 몇 마리를 회수하는 것 정도는 볼 수 있을지도 모르겠다. 만일 공동체 생활을 한다면 십여 마리를 회수할 수도 있다. 엄밀히 말해, 이 실험은 새끼회수행동의 '생태학적 타당성'을 어느 정도 희생시켰다. 하지만 인공적인 환경 아래에서만 관찰 가능했던 극단적인 새끼회수행동이더라도 새끼의 안전을 지키려는 포유동물의 강력한 동기가 어떻게 진화했는지를 밝혀주었다. 새끼회수 동기가 지닌 진정한 힘과 그것이 새끼를 회수한 어미 쥐에게 보상이 된다는 점을 이해하는 것이 이타적 욕구를 파악하는 데 매우 중요하다. 사실 야생 상태에서 자연적으로 발생하는 단 몇 번의 새끼회수를 관찰하는 것으로는 추론이 어렵다. 실제로 새끼회수 시스템에는 여러 특성이 있지만 이는 자연 상태의 행동 관찰로는 추정이 불가능하기 때문이다. 그런데 이 유용한 하나의 연구를 통해 특성들이 밝혀진 것이다.

야생에서 어미 쥐가 자기 새끼를 회수하는 것을 목격한다면 우리는 그 어미 쥐가 **혈연관계가 아닌** 새끼를 회수했다고는 생각하지 못할 것이다. 진화가 자신의 유전자 공유에 이로운 행동에 적용된다는 특징을 고려한다면, 새끼회수행동은 직계에 한정된다고 보는 것이 합리적이기 때문이다. 그러나 이 문제의 진실은 그보다 더 흥미롭고 복잡하다. 여러 종에 대한 면밀하고 체계적인 관찰과 실험을 통해 새끼돌봄이 친족에 국한되거나 비친족에게까지 일반화하는 정도에 상당한 편차가 있음이 밝혀졌다.[2] 예를 들어, 혈연관계가 아닌 신생아를 접할 일이 없는 종은 비친족 새끼를 돌보는 것을 피하기 위해 친족 새끼와 비친족 새끼를 구별하는 신경생리학적 메커니즘이 필요 없다. 그래서 어미들은 윌슨크로프트의 실험에서 어미 쥐가 그랬던 것처럼 어떤 새끼라도 '우연히' 회수할 수 있다. 그렇게 우연히 일어나는 새끼회수는 기회가 있더라도 매우 드물어서 대개 해당 동물종에게 어떤 해도 끼치지 않을 것이다. 반대로 암컷 조카, 수컷 조카, 사촌 그리고 그 외 집단 구성원을 돌보는 많은 '동종 부모 양육종alloparental species*'처럼 혈연관계의 새끼들로 둘러싸여 있는 종이라면, 집단이 제공하는 상호 호혜적인 지원과 유전자 공유 덕분에 광범위하게 돌봄을 제공하는 것이 유전적으로 유익하다. 고립된 굴속에서 혼자 아기를 키우는 것과 공동육아를 제공하는 집단 속에서 아기를 키우는 것은 매우 다르게 보인다. 하지만 두 경우 모두 혈연관계의 새끼에게만 돌봄 노력을 집중하게 만드는 메커니즘이 있어야 한다는 생물학적 압박은 없다.

또 다른 예로, 무리를 지어 생활하는 양들은 동시에 새끼를 낳기 때문에 혈연관계는 아니지만 보살핌이 필요한 새끼 양이 무리 안에 대거 포함되어 있다. 새끼를 돌보려면 많은 희생을 해야 하는데 무리 속에 자신과 무관한 새끼가 아주 많이 섞여 있으므로 양들은 자기가 낳은 새끼를 즉시 알아보고 골라서 돌보는 정교한 능력이 발달했다. 그러므로 윌슨크로프트의 실험과 비슷한 실험의 결과들을 참조하고 여러 종의 행동을 비교하기만 하더라도 우리는 새끼돌봄이 항상 혈연관계에만 의존하는 게 아니라는

* 자기 새끼가 아니어도 부모처럼 돌봄을 제공하면서 공동육아를 한다.

사실을 알 수 있다. 그 결과, 인간의 이타주의가 그렇듯 적절한 환경에서는 매우 적극적인 돌봄이 모르는 사람에게까지 확대될 수 있는 것이다.

야생 상태에서 어미가 본능적으로 자기 새끼를 회수하는 것을 목격한다면 우리는 암컷의 DNA 속에 새끼회수행동이 부호화되어 있다고 생각할 수도 있다. 성별의 문제를 떠나서 암컷들이 **언제나** 새끼를 회수하는지 아니면 새끼를 낳은 직후에만 그러는지 확인하려면 많은 연구가 필요할 것이다. 사실 뒤에서 언급할 연구에 따르면, 처녀 쥐와 수컷 쥐도 위로하고 자극을 주고 보호하는 행동을 보이면서 갓 태어난 새끼 쥐를 돌본다는 사실을 알 수 있다. '모성' 상태가 아닌 처녀 쥐와 수컷 쥐가 처음 보는 낯선 새끼 쥐의 존재에 익숙해지려면 없는 모성 호르몬을 메워야 하므로 시간이 필요하다. 하지만 일단 반응이 촉진되면 인간 여성과 남성이 살아가면서 언젠가 생면부지의 타인을 돕는 것처럼 어미가 아닌 쥐들도 새끼 쥐를 돌보고 심지어 혈연관계가 아닌 새끼 쥐도 돌볼 것이다.

어미 쥐가 야생 상태에서 새끼를 회수하는 것을 목격했을 때 우리는 새끼회수행동이 구조 요청 소리 자체에 반응하게 하는 필요충분조건으로 진화한 것인지, 아니면 새끼의 분리나 위험, 고통을 나타내는 모든 합리적 신호(새끼를 잃어버린 것 같다는 시각적·후각적 신호 등)에 대한 반응으로 방출되는 것인지는 알 수 없다. 어미 쥐들은 틀림없이 상황의 여러 측면을 지각하지만, 연구에 따르면 새끼 쥐의 구조 요청 초음파 신호가 어미 쥐에게 매우 두드러지고 강한 동기부여가 된다고 한다. 인간이 고통과 괴로움에 찬 비명이나 울음소리를 들으면 아기와 타인을 도우려는 것과 같다.

야생 상태에서 어미 쥐가 자기 새끼를 회수하는 것이 비록 고정된 반사적 행동처럼 보일지라도 우리는 쥐의 DNA 속에 내장된 자동화 운동 프로그램에 따라 새끼회수가 일어난다고 추측할 수도 있다. 사실 새끼회수는 맛있는 음식이나 중독성 약물처럼 매혹적이고 만족감을 주는 성취 보상물*에 접근하고 싶은 욕구와 비슷한 높은 동기부여 상태일 때 일어난다는 것이 입증되었다. 새끼돌봄과 관련된 동기부여와 보상은 코카인을 더 구하려고 하는 마약 중독자의 동기처럼 겉보기에는 이기적인 욕구를 촉진하는 뇌 영역이 관여한다. 그러므로 어미 쥐들은 그저 유전적으로 부호화된 본능적 운동 프로그램을 가동하고 있는 게 아니다. 우리가 마지막 남은 피자 한 조각을 건드리지 않거나 곤경에 처한 모르는 사람을 도와야 한다고 느끼는 것처럼 어미 쥐에게도 둥지에서 벗어난 연약한 새끼 쥐를 회수하려는 **충동과 동기**가 존재하는 것이다.

종합해보면, 비록 윌슨크로프트의 연구가 다소 비현실적이기

* 배고플 때 제공하는 음식처럼 특정 상황에서 만족감을 주는 보상을 말한다.

는 하지만 야생 상태에서 일어나는 본능적인 새끼회수만 관찰했다면 새끼회수행동이 어떻게 진화했고 또 뇌와 몸에서 일어나는 과정이 어떻게 그 현상을 뒷받침하는지 제대로 분석하지 못했을 것이며, 분명 **잘못된 해석**을 내놓았을 것이다. 이것이 윌슨크로프트의 연구가 매우 훌륭하다고 평가받는 이유 중 하나다. 실험실에서 잘 계획된 그리고 재미도 있었을 실험으로 반나절을 보내며 새끼회수행동의 기본 메커니즘에 관한 많은 것을 밝혀냈기 때문이다.

왜 쥐의 새끼회수행동에 관심을 가져야 할까

보통 사람은 일반적으로 쥐의 신경생리학에 관심이 없고, 윌슨크로프트의 연구와 인간의 이타주의 사이에서 아무런 연관성도 보지 못할 것이다. 그러나 부지런한 어미 쥐의 사례는 고통 또는 위험에 빠져 있거나 도움이 필요한 생면부지의 타인을 구하려는 우리 인간의 충동과 이를 행동으로 옮겼을 때 기분이 좋아지는 심리에 관한 진화론적·신경생리학적 이해에 매우 중요하다. 그만큼 헌신적인 어미 쥐의 사례는 인간의 **이타적 욕구**를 이해하는 데 대단히 중요하다.

우리는 흔히 인간과 다른 동물종 사이를 인위적으로 구분한다. 우리 자신을 '특별하다'고 생각하고, 인간을 단순함에서 복잡함으로 진화하는 가상의 순차적 진행 과정의 종결점이라고 보기 때문이다. 그래서 쥐의 행동은 규칙을 기반으로 작동하는 선천적 유전 프로그램에서부터 생겨난 것인 반면에 기꺼이 도우려는 인간의 반응은 깊은 사고를 거쳐 얻은 합리적 선택을 반영한다고 생각한다. 이런 관점은 이타주의처럼 높이 평가되는 인간행동을 분석할 때 특히 만연하다. 때때로 사람들은 대형 유인원 같은 영장류가 이타주의처럼 돌봄 기반 행동의 원시적 흔적을 보일 수 있음을 인정하기도 하지만 딱 거기까지다. 어쨌든 유인원은 인간과 비슷하게 생겼고, 우리는 유인원과 인간이 유전적으로 밀접한 관련이 있다고 말한다. 돌고래 역시 고도의 대뇌화*가 일어났으므로 중요하다. 하지만 연구 보고서나 다큐멘터리는 우리 인간이 설치류와 유전적으로 관련이 있고, 그 정도가 유인원과의 관련성보다 고작해야 1퍼센트 낮다는 사실을 말해주지 않는다. 인간은 심지어 호박과도 유전적으로 75퍼센트나 연관되어 있다. 즉, 유전적 또는 외형적으로 겹치는 부분만이 여러 종의 잠재적 공통점의 전부가 아니라는 뜻이다. 이타주의에 관한 인간 중심적 관점은 설치류가 인간과 마찬가지로 복잡하고, 개체마다 다르고, 상황에 민

* 중추의 세밀한 기능이 대뇌피질로 이관되어 뇌 기능이 발달하는 현상이다.

감한 생물학적 메커니즘을 가지고 있다는 점을 지나치게 과소평가한다.

쥐에게 새끼를 회수하려는 본능이 있고 인간에게 **이타적 욕구**가 있다는 말은, 새끼회수행동이 어리석고 융통성 없는 행위일 뿐만 아니라 도움을 주려는 인간의 이성적 선택에서 비롯된 행위와 다르다는 잘못된 인상을 유발할 수 있다. 나중에 설명하겠지만 사실 본능은 초기 발달과 개인차, 피해자의 신분, 상황적 특성 같은 요인에 따라 변하는 유연한 것이다. 예를 들어, 어미 쥐들이 실험에서 아주 헌신적으로 새끼를 회수했다 해서 포식자가 있는 상황에서도 새끼를 회수하려 한다는 의미는 아니다. 우리가 쇼핑몰에서 길 잃은 어린아이를 목격하더라도 납치범으로 오해받을 수 있다면 가까이 접근하지 않는 것과 같은 맥락이다. 메커니즘은 계속해서 상황에 매우 민감하게 반응하면서도 일반적인 뇌의 작동 방식 덕분에 의식적 사고를 최소한으로 운용하게끔 설계되어 있다. 그만큼 빠르고 영리하다.

물론 인간은 비인간 동물nonhuman animal에게는 없는 인지 능력을 지니고 있다.[3] 우리는 때때로 뛰어난 지적·추상적 추론을 훌륭하게 수행하고, 그 결과 고층 건물과 다리, 손톱보다 작은 컴퓨터 칩 같은 혁신적인 발명품, 멀리 떨어진 곳에서 굶주리고 있는 사람들을 돕는 다국적 자선단체를 만들어낸다. 하지만 반대로 인간은 다른 포유동물과 많은 생물학적 유산을 공유하기 때문에, 약하디약한 갓난아기의 안전과 생존, 안정을 보장해야 하는 일처럼 수천 년 동안 조상 대대로 중요하게 여기는 상황에 놓일 때는 동물들과 마찬가지로 본능에 영향받기 쉽다.

따라서 쥐를 이용한 이상한 실험을 포함하는 모든 맥락에서 새끼회수가 어떻게 진화하고, 뇌와 몸에서 어떤 과정을 거쳐 일어나는지를 깊이 이해한다면 우리는 이러한 행동이 얼마나 적응적* 이고 복잡하면서 민감한지 알 수 있다. 이 사실은 인간의 행동이 설치류를 포함한 다른 종과도 공유하는 행동이라는 견해를 향한 거부감을 어느 정도 덜어줄 것이다. 사실 사회적 동물의 새끼돌봄 메커니즘은 대부분 비친족 새끼를 돌보는 것을 허용하면서도 그들을 돌보기 위해 과도한 시간을 쓰느라 고생하거나 자신의 생존을 위협받지 않도록 설계되어 있다. 그러므로 새끼돌봄 메커니즘 속 어떤 '생물학적 운명'은 유연하고 세심한 시스템에 관한 우리의 자유의지나 고집이 사라졌음을 알리는 죽음의 신호가 아니다. 이 시스템은 놀라운 수준의 복잡성을 포함하는데 이는 심지어 설치류에게도 마찬가지다. '돌봄본능'은 상식적이고, 여러 종에 보존되어 있으며, 우리가 돕고 싶다는 충동을 느낄 때 타인도 유사한 감정을 느끼도록 그 힘을 발휘한다.

- 이 책에서 적응적이라는 말은 환경에 관한 적응도를 높이거나 후세에 유전자를 물려주기 유리한 특성을 나타낼 때 사용되고 있다.

요약

윌슨크로프트의 실험은 회전하는 활송장치에서 새끼를 회수하도록 훈련받은 고작 다섯 마리의 암컷 쥐를 통한 간단한 실험이었지만, 우리는 그의 흥미로운 연구로부터 타인을 도우려고 하는 인간의 본능에 관한 많은 것을 배울 수 있었다. 이 연구에서 제공하는 중요한 세부 정보에 주의를 기울이고, 새끼돌봄과 인간의 이타주의에 관한 광범위하고 새로운 최근 연구를 통합함으로써 포유동물의 새끼돌봄 메커니즘은 우리 인간이 어떻게 자신과 무관한 타인에게도 이타적으로 반응하게 되는가를 이해하는 토대가 되었다.

이타적 반응 모델은 도움이 필요한 타인에게 보인 이타적 반응이 새끼를 돌보는 다른 포유동물과 상당 부분 공유하는, 무력한 자손을 보호하려는 기본 욕구인 원형적 욕구에서 나온다고 본다. 이 이론은 수백 편의 연구 논문에 기초하고 있다. 하지만 다시 한번 말하지만 나는 이 책에서 이 이론에 관한 일반적 우려를 명확히 밝히는 데 초점을 두었다. 그 예로 이타적 욕구가 사람들이 항상 기꺼이 도우려고 한다는 의미가 아님을 확인할 것이다. 또한 이타적 반응 모델은 인간의 모든 도움행동이 아니라 새끼회수와 매우 유사한 특정 종류의 행동만 포함한다. 나는 이타적 욕구가 개인마다 그리고 상황에 따라 어떻게 다른지 기술하고, 항상 발휘되는 일괄적이고 변함없는 반응이 아님을 보여줄 것이다. 어떤 행동을 '본능적'이라고 부른다고 해서 그 행동이 아무 생각 없이 또는 비적응적으로 행해지는 반사적 행동이라는 의미가 아니라는 점을, 심지어 쥐가 하는 행동이라고 해도 본질적으로 해당 개체와 그들이 처한 상황을 고려해서 일어난다는 점을 명확히 할 것이다.

이제부터 이타적 반응 모델이 무엇인지, 이 이론이 다른 비슷한 이론과 어떤 관련이 있는지, 지금 이 주제를 함께 이야기하는 것이 왜 중요한지를 설명할 것이다. 그 뒤로 이어지는 여러 장에서는 이타적 반응 모델에 관한 일반적인 우려를 해소하고, 이해를 높이기 위해 이 이론에서 추론되는 구체적 의미를 자세히 서술할 것이다. 이타적 반응 모델을 이해한다면 도움이 필요한 사람에게 달려가고자 하는 우리의 매우 인간적이고 이성적인 욕구를 더 잘 이해하게 되리라 믿어 의심치 않는다.

차례

서문: 무엇이 우리를 다정하게 만드는가 • 007
프롤로그: 부지런한 어미 쥐가 보여준 신기한 사례 • 020

제1장 이타적 욕구란 무엇인가

새끼를 돌보는 포유동물들의 유사점 • 045 | 이타주의 유형 구분 • 048 | 본능의 본질 • 051 | 이타주의의 기반이 된 새끼회수와 신경학 • 058 | 반응을 촉진하는 피해자의 특징 • 066 | 반응을 촉진하는 목격자의 특징 • 067 | 이타적 반응 모델이란 무엇인가 • 070 | 요약 • 077

제2장 쥐의 새끼돌봄과 인간의 이타주의 사이 유사성

상사성 대 상동성 • 082 | 설치류 새끼회수와 인간 구조행동의 표면적 공통점 • 084 | 포유류 사이의 뇌 상동성 • 088 | 새끼회수와 구조행동의 생리학적 공통점 • 097 | 어미만 하는 행동이 아닌 새끼돌봄 • 099 | 설치류만 하는 행동이 아닌 새끼돌봄 • 103 | 새끼를 돌보는 수컷 • 104 | 혈연관계가 아닌 경우의 새끼돌봄 • 108 | 요약 • 113

제3장 다양한 형태의 이타주의

심리학과 이타주의 분류체계 • 121 | 설치류의 새끼돌봄과 수동적 돌봄, 능동적 돌봄 • 131 | 이타주의와 수동적 돌봄 • 135 | 이타주의와 능동적 돌봄 • 143 | 요약 • 144

제4장 본능이란 무엇인가

고정행동패턴과 새끼회수 • 155 | 새끼회수와 각인된 행동 • 162 | 낯선 사람을 돕는 것이 오류가 아닌 이유 • 167 | 진화된 뇌 시스템의 구조적 오류 • 172 | 요약 • 184

제5장 신경학적 관점에서 설명하는 이타주의

이타주의를 설명하는 새끼돌봄 신경회로의 중요한 특징 • 190 | 신경계에서 찾은 인간 이타주의에 관한 증거 • 200 | 요약 • 225

제6장 이타적 반응을 촉진하는 피해자의 특징

취약성 • 234 | 즉각성 • 245 | 유형성숙 • 250 | 고통 • 260 | 요약 • 281

제7장 이타적 반응을 촉진하는 목격자의 특징

전문성 • 286 | 자기효능감 • 292 | 다른 목격자의 존재 • 298 | 성격 • 301 | 요약 • 311

제8장 이타적 반응 모델과 다른 이론의 비교

진화론적 이론들 • 316 | 근사적 차원의 이론들 • 333 | 요약 • 349

에필로그: 왜 지금 이타적 반응 모델을 고려해야 하는가 • 351

감사의 글 • 376
미주 • 377
참고문헌 • 411
그림 출처 • 440
신경학 용어 및 약어 • 442
찾아보기 • 443

제1장

이타적 욕구란 무엇인가

* 프롤로그에서 소개한 부지런한 어미 쥐의 행동은 인간의 이타적 반응의 출발점을 나타낸다. 새끼를 회수하려는 기본 욕구는 일찍이 새끼를 돌보는 포유류 사이에서 발달했다. 이런 새끼회수 반응과 돌봄반응이 낯선 어른에 의해 일어날 수도 있는데, 우리는 이를 가리켜 '이타주의'라고 한다. 새끼를 돌보는 것은 돌봄 제공자와 수혜자 사이 유전자 공유를 촉진하기 때문에 분명히 적응적 행동이다. 그 점은 논쟁의 여지가 없다. 그런데 무력한 아이를 회수하려는 본능은 우리가 특정 상황에서(예를 들어, 부모로서 신생아의 요구에 직면했을 때) 동기를 부여하는 자극을 찾는 방식으로 우리의 유전자와 뇌 그리고 몸속에 내재하고 있다. 이 유전적 유산으로 인해 우리는 아기를 돌봐야 하는 상황, 즉 도움이 필요한 상대

가 낯선 사람이거나 심지어 다른 종일 경우라도 **이타적 욕구**가 발생하게 된다.

아기와 비슷한 상황은 대개 피해자가 연약하고 무능하며 고통에 몸부림치는 등 목격자의 도움을 즉각적으로 필요로 하는 경우다. 이런 특정한 상황이나 필요조건이 있으므로 우리는 우리를 교묘히 조종하려 하거나 스스로 문제를 해결할 힘이 충분한 사람을 돕는 함정에는 빠지지 않는다. 연약하고 무력한 사람이란 대부분 아기 혹은 어린아이이거나, 적어도 누군가 도와주지 않으면 아무것도 할 수 없는 사람을 말한다. 이렇게 피해자가 명확하게 정의되고 규정되어 있으므로 우리는 저절로 해결될 가능성이 있거나 즉각적인 주의가 요구되지 않는 상황에서 서둘러 행동하거나 큰 비용을 치르면서까지 도움을 제공하는 일은 피할 수 있다.

이타적 욕구가 실질적 반응으로 전환되기 위해(우리는 **모든** 욕구에 따라 행동하는 것은 아니다) 목격자는 적절한 반응을 알아야 하고 성공적으로 도울 수 있다는 자신감을 가져야 한다. 설치류의 새끼 회수 신경회로는 어미 쥐가 무서워하거나 겁을 내거나 확신이 없을 때는 새끼를 회수하지 못하게 막는다. 인간도 마찬가지다. 무엇을 해야 할지 모르거나 도와줄 수 없으리라 판단하거나 피해자나 자신의 상황이 더 나빠질지 모른다는 결론이 서면 신속하게 나서지 못한다. 성공 가능성을 계산하는 일은 뇌에서 일어나는 내적운동 계획 과정을 통해 이루어지는데, 결정을 내릴 때 가끔 의식적 사고가 수반되더라도 광범위한 의식적 숙고가 필요하지는 않다. 그러므로 도와줄 수 있는 피해자에게 달려가고 싶은 욕구와 도와줄 수 없는 사람을 피하려는 마음 사이에서 자연스럽게 갈등이 일어난다. 이는 타인을 도우려는 타고난 욕구에 의해 놀라운 영웅적 행동을 보이다가도 당혹스럽게 냉담한 반응을 보이는 우리의 역설적 태도를 설명한다.

이러한 모든 특징은 목격자의 제공 가능한 긴급한 지원과 도움이 필요한 연약하고 무력한 피해자라는 이타적 반응 모델의 특징을 규정하고 정의한다. 이런 속성들이 모두 갖춰질 때 인간의 선함에 관한 비논리적 일반화에서 벗어나 정확히 사람들이 언제, 왜 그리고 어떻게 타인을 도우려는 충동을 느끼는지, 반대로 방관하거나 심지어 해를 가하는 이유를 과학적으로 뒷받침된 주장으로 설명할 수 있다.

새끼를 돌보는 포유동물들의 유사점

즉각적인 도움이 필요한 연약한 대상에게 달려가고 싶은 인간의 욕구는 설치류의 새끼회수행동과 유사하다고 여긴다. 갓 태어난 새끼에게 반응하는 성향은 공통조상을 둔 다양한 포유류 종의 뇌와 행동 속에 비슷한 형태로 나타나는데, 과학자들은 그런 포유류의 성향에서 이타적 욕구가 직접 진화했다고 믿는다.

설치류의 새끼회수행동과 인간의 영웅적 행동은 몇 가지 방식에서 비슷하다. 모두 비슷한 운동행동motor behavior을 포함하고, 비슷한 상황에서 발생하며, 비슷한 뇌 내부 메커니즘에 의존한다. 특히, 새끼회수와 이타적 행동 모두 같은 뇌 영역이 관여한다는 점도 중요하다. 구체적으로 말하자면, 시상하부 영역이 편도체amygdala•, 중격의지핵nucleus accumbens, NAcc••, 슬하대상피질subgenual cingulate cortex, SCC•••, 전전두피질prefrontal cortex, PFC••••로 구성된 중뇌 변연계mesolimbic pathway 및 피질계mesocortical pathway와 조율해서 아주 어리거나 고통을 겪고 있거나 힘 없는 사람을 돕게 한다. 어려움에 직면한 타인을 돕는 행동은 결과적으로 어미 쥐와 인간에게 생리적인 보상을 느끼게 하고, 그 보상은 미래에 다시 타인을 돕게 하는 동기가 된다.

• 아몬드 모양의 작은 구조로 정서기억을 저장하고 학습된 정서반응에 중요한 역할을 하며, 특히 뇌의 다른 부분에 공포 관련 정보를 전달해 도전이나 회피반응을 유발한다.

•• 전두엽 기저 부위에 있는 신경세포 덩어리로 도파민을 분비해 기분과 감정을 조절하는 부분이며 기댐핵 또는 측좌핵이라고도 불린다.

••• 주의통제나 감정조절, 운동통제에 관여하는 전측대상피질의 한 부위다.

•••• 감정을 관장하는 변연계 도파민 분비 시스템과 직결된 영역으로 자기인식, 행동계획, 불필요한 행동억제, 문제해결 전략수립, 의사결정 등에 관여한다.

새끼회수와 이타적 행동 모두 반응을 조절하는 신경전달물질과 신경호르몬이 같다는 공통점도 있다. 예를 들면, 옥시토신은 피해자에게 접근할 때 불안감을 낮춰주고 피해자와 돌봄 제공자 사이 유대를 촉진한다. 도파민은 피해자에게 다가가도록 동기를 부여하는데, 그 결과로 생긴 친밀한 접촉에서 돌봄 제공자는 보람을 느낀다. 부지런한 어미 쥐의 사례에서도 관찰되었듯이 이런 심리적 보상은 미래의 반응을 장려하는 피드백으로도 작용한다.

이 책에서 사용하는 신경 영역이나 명칭이 적절한지와 관련해 진화신경과학 내부의 논쟁이 있다. 예를 들면, '변연계' 또는 '파충류 뇌' 같은 개념의 타당성에 관한 것이다. 이 문제는 제2장에서 다루겠지만 이것이 내가 말하고자 하는 핵심 주장에 영향을 미치는 것은 아니다. 뇌 내부에서 신경 영역의 정확한 위치와 구조적 형태 그리고 상호 연계성은 시간이 흐르면서 그리고 종에 따라 변한다. 그런데도 과학자들이 두 종의 신경영역이 '같다'라고 인정할 만큼 유사성은 충분하다.[1] 한 예로, 도파민성 선조체dopaminergic striatum••••• 라 불리는 뇌 구조는 수천 년 동안 보상을 추적하고 유기체에 귀중한 것을 추구하도록 동기부여해왔다. 도파민 수용체의 위치, 개수, 형태를 포함해 이 신경계의 정확한 구조는

••••• 도파민이 분비되는 선조체로, 선조체는 신경세포 덩어리가 대뇌기저핵의 일부를 이루는 줄무늬 모양의 뇌 구조다.

시간과 종에 따라 다르다. 종 각각의 요구와 물리적 환경에 맞춰 변화가 일어나기 때문이다. 그러나 도파민성 선조체는 종에 상관없이 실질적으로 같고, 수행하는 일반적인 기능도 같다. 수억 년 동안 출산 과정과 새끼돌봄에 관여해온 옥시토신도 마찬가지다. 옥시토신은 사실상 모든 포유동물에게서 분비되는 호르몬이다. 심지어 몇몇 어류와 조류 종에서도 비슷한 호르몬이 분비된다. 쥐와 인간 그리고 다른 종 모두 저마다 뇌 영역이 작용하는 방식에 다소 차이가 있으리라 예상하지만, 일반적인 원리가 적용되기 때문에 이타적 반응 모델의 목적에 충분하다.

이타주의 유형 구분

설치류의 새끼돌봄 시스템은 능동적 돌봄과 수동적 돌봄으로 구성되어 있다. 수동적 돌봄은 위로하기, 달래기, 따뜻하게 해주기, 음식과 기분 좋은 접촉 제공하기 같은 암컷의 영역이라는 고정관념을 가지고 있는 양육이나 '보살핌'으로 정의된다. 동물 모델의 수동적 돌봄은 영장류학자 프란스 더발Frans de Waal과 필리포 아우렐리Filippo Aureli가 묘사한 유인원의 위로행동과 유사하다. 유인원들이 싸움 후에 친구를 위로하는 것이 여러 차례 관찰되었는데, 두 학자는 이를 공감의 한 형태로 해석했다.[2] 수동적 돌봄은 인간의 이타주의와 연결되어 있다. 심리학, 생물학, 인류학, 철학 분야 이론들은 초기 호미니드hominid[*]나 영장류 양육자와 새끼 사이에서 공유된 감정 및 공감이 인간의 이타주의를 촉진하는 인간 보편적 능력인 공감, 동정, 연민을 어떻게 뒷받침하는지 기술하고 있다.[3]

이타적 반응 모델은 공감하기나 달래기 같은 수동적 돌봄 과정이 피해자의 필요로 활성화되거나 도움 제공의 동기가 될 수 있다는 데 동의한다. 하지만 이타적 반응 모델은 논란의 여지가 없는 이 사실을 당연하게 받아들이면서도 사람들이 종종 대가가 더 크고 적극적이고 영웅적인 행동이 수반되는 도움을 제공하는 이유도 설명한다. 그런 도움은 공감 기반 이타주의보다 더 빨리 전달되고 동정 같은 감정 상태도 개입되지 않는다. 설치류의 새끼 회수와 둥지짓기는 '능동적' 형태의 돌봄이다.[4] 발표된 많은 연구에서 동물의 수동적인 새끼돌봄과 인간의 도움행동을 촉진하는 공감이나 동정 같은 주관적 감정 상태의 관련성을 다루었지만, 동물의 새끼돌봄행동을 인간의 이타적 반응과 연결한 연구는 거의 없다(협동에 관해서는 심리학자 마이클 누먼Michael Numan의 연구 결과를 확인해보자).[5]

나는 능동적 돌봄이 모든 형태의 이타주의를 나타내거나 설명하지 못한다는 것을 전적으로 인정한다. 동물생물학animal biology

* 진화 인류의 모체가 된 사람이나 동물을 말한다.

에서 말하는 대부분의 이타주의 사례는 새끼돌봄에서 확장될 필요도 없이 유전자 공유라는 더 간단한 공식에서 나온 결과다. 사람들은 가끔 자선행사에 낼 기부금 문제를 두고 며칠 또는 몇 주에 걸쳐 신중히 고민한 끝에 결정한다. 또는 단지 상대방을 더 잘 알고 싶거나 함께 있는 시간이 좋아서, 혹은 나중에 그 사람의 도움이 필요해서 주변 지인을 돕기도 한다. 어떤 때는 그저 누군가 부탁했기 때문에 혹은 '옳은 일'을 해야 한다고 배웠기 때문에 돕는다. 나열한 모든 경우가 이타주의 형태고, 이미 다른 연구자들에 의해 어느 정도 자세히 설명되었다. 그러나 이 경우들은 앞으로 우리가 논의하고자 하는 '이타적 반응'이 아니다. 이타적 반응 모델은 오직 무력한 갓난아기에게 달려가게 하는 동기에서 비롯된 돕기 형태만 설명 가능하다.

그러나 이 책에서 소개되는 이타적 행동의 예가 새끼회수와 매우 유사한 구체적이고 즉각적인 신체 행위에 초점을 맞춘다고 할지라도 이타적 반응 메커니즘은 종종 추상적 형태의 이타주의에도 관여한다. 예를 들어, 텔레비전 광고를 통해 어떤 사람이 곤경에 처한 상황을 알게 되었고 도움이 절실한 그 사람을 보면서 도와줘야겠다는 생각이 들었다고 가정해보자. 그래서 몇 시간을 고민한 끝에 후원금을 내겠다는 결정을 내렸다면 기존에 알려진 다른 인지적 사고 과정뿐만 아니라 이타적 욕구도 함께 그 결정에 관여한 것이다. 우리는 오직 인간만이 이타적인 결정을 할 수 있다는 편향된 생각을 가지고 있다. 그런 명시적이고 신중한 선택이 우리가 직접 목격하거나 보고할 수 있는 유일한 형태이기 때문이다. 그러나 피해자가 우리의 시선을 끌고 심금을 울리게 되면 비록 마음속에서는 다른 요인들을 저울질하더라도 가장 처음 반응하고 싶은 욕구를 생성한 반응회로가 강력하게 결과까지 영향을 미친다. 인간이 의식적 과정을 통해서 타인을 돕는다고 보는 편향된 관점은 문헌에서도 찾아볼 수 있으므로, 이 책은 이미 많은 연구가 이루어진 전략적, 이성적 또는 이기적 형태의 이타주의가 있음을 부정하지 않으면서, 타인을 도우려는 인간의 아주 오래된 욕구에 초점을 두고 있다. 이타적 반응은 이타주의자가 취한 행동의 유형으로 정의되는 게 아니라 돕도록 자극하고 동기를 부여한 상황의 특징에 의해 정의되는 것이다.

본능의 본질

사람들이 이타적 반응 모델을 싫어하는 이유 중 하나는 인간이 '본능'을 소유하고 있다는 말에 반사적으로 반감을 느끼기 때문이다. 본능이라는 말은 개체나 맥락 또는 상황에 의해 통제되거나 조정될 수 없는 유전적으로 부호화된 행동을 연상시킨다. 인간의 선택이 다른 동물종에게, 특히 설치류에게 없는 우수하고 이성적인 정신의 산물이라고 믿는다면, 본능이라는 이 단순하고 타당한 과정은 비인간 동물들에게 한정된다. 하지만 다른 포유류와 본능을 공유한다는 것은 우리가 쥐와 **똑같다**는 의미가 아니다. 단지 사랑하는 사람을 보호하려는 고도로 적응된 필수적 욕구를 공유하고 있다는 뜻으로, 그 욕구가 때때로 이타적인 도움 행위로 이어지는 것이다.

이타적 반응 모델은 인간에게 능력만 된다면 곤경에 처한 무력하고 연약한 타인을 돌보려고 하는 적응적 '본능'이 있다고 제안한다. 심지어 그 본능이 우리의 공통조상을 통해 시궁쥐, 생쥐, 원숭이 같은 겉보기에 전혀 다른 종과 연결되어 있다고 말한다. '본능'이라는 용어가 잘못된 의미로 사용될 여지가 있지만 그래도 나는 이 용어를 피하지 않고 책 전반에 걸쳐 사용하고 있다. 그리고 오해를 해결하고자 왜 포유류의 '본능'이 단순하고 엄격한 규칙을 따르기보다 경험에 깊은 영향을 받고 상황에 따라 달라지는 복잡한 후생유전학적 메커니즘*에 내재되어 있는지를 설명하기 위해 전체 장을 할애했다. 심지어 쥐에게도 다소 정교한 후생유전학적 메커니즘이 있다(사실, 우리는 쥐의 돌봄행동에 관한 연구로부터 그런 메커니즘이 존재함을 알고 있다). 그러므로 쥐는 어리석고 둔감한 단

* 유전자 구조가 변하지 않더라도 유전자 기능이 외부 환경에 의해 끊임없이 변하고, 그 변화가 다음 세대에까지 영향을 주는 유전학적 메커니즘이다.

순한 형태의 새끼회수본능을 가지고 있고, 인간은 복잡하고 세심한 형태의 본능을 가지고 있다는 것은 사실이 아니다. 인간과 쥐 모두 생물학적으로 정교한 '본능'을 가지고 있다. 이는 개인 삶의 맥락에 민감하게 반응하도록 설계되어 비이성적인 경우라면 무시할 수도 있다.

새끼에 대한 회피-접근 대립구조는 상황이 너무 생경하거나 혐오적이거나 위험하다면 어른이 (인간이든 쥐든) 무력한 신생아라도 반응하지 못하도록 막는다. 예를 들어, 사람들은 상대방이 가까운 사이가 아니거나, 자원을 두고 경쟁하는 관계거나, 너무 심각해서 해결할 수 없을 듯한 문제로 씨름하고 있다면 그 사람의 요구에 마음이 움직이지 않는다. 상대가 분명 도움이 필요해 보이는 피해자라 할지라도 마찬가지다. 그러므로 인간의 이타주의, 특히 이타적 반응 '욕구'에 관한 이론을 강력하게 반대하는 이유는 인간이 항상 친절하거나 기꺼이 도우려고 하지는 **않는다**는 명백한 사실에 있다. 이 사실은 어떻게 보면 이타적 반응 모델의 장점이기도 하다. 새끼회수를 뒷받침하는 신경회로구조가 접근과 회피라는 두 가지 경로를 모두 포함하기 때문이다. 다시 말해서, 불확실하거나 안전하지 않은 상황에서는 피해자에게 접근하려는 반응이 억제되고 도움 제공을 회피하는 반면 새끼돌봄과 유사한 상황에서는, 즉 피해자가 고통스러워하거나 취약하거나 아주 어리거나 무력하거나 목격자가 제공할 수 있는 도움이 절실한 상황일 때는 운동동기에 의한 반응욕구가 일어나도록 접근경로가 활성화된다. 이타적 반응 모델에서 말하는 이타적 욕구는 인간의 대단히 비타협적인 태도를 무시하는 장밋빛 현실을 나타내는 것이 아니다. 오히려 신경계에 내장된 회피-접근 대립구조가 영웅적 행동과 무관심이라는 역설적이지만 적응적인 인간의 모습을 설명해준다.

새끼의 요구와 본인에게 주어진 상황이 얼마나 비슷한지, 얼마나 성공적인 반응이 예측되는지와 같이 상황을 인식하는 방법은 사람마다 다르므로 이타적 욕구는 개인차에도 초점을 맞춘다. 어떤 사람들은 불안감이나 공포증에 시달릴 때처럼 끊임없이 무서워해서 행동에 나서지 못할뿐더러 위험을 과대평가하는 반면, 어떤 사람들은 자신에게 불리한 상황일 때도 습관처럼 상황에 뛰어들고, 특히 남에게 깊은 인상을 심어주려고 하거나 본인이 극도로 숙련되거나 뛰어난 능력이 있을 때는 광적으로 달려들기도 한다. 욕구와 마찬가지로 개인차 역시 개인의 유전자와 환경을 반영하는데, 이에 따라 반응에 대한 차이도 천차만별이다.

새끼회수와 비슷한 상황을 나타내는 특징인 무력함, 취약함, 고통, 즉각적 도움 요청은 항상 존재하거나 뚜렷이 나타나는 '일괄' 조건이 아니다. 각각의 특징은 연속적이고 독립적이고 상호의존적이고 부가적인 방식으로 세상에 존재하며, 특징들이 일제히 작동할 때 가장 강력한 반응을 발생시킨다. 하지만 이 특징들은 서로 대체 가능하며 그렇게 하더라도 여전히 반응을 유도할 수 있다. 지하철 선로에 의식을 잃고 쓰러져 있는 사람이 고통에 찬 비명을 지르지 않아도 우리는 의식불명 상태를 강한 취약함과 도움 요청의 형태라고 이해하기 때문에 그 사람이 취약하다는 것을 알고, 도와주고 싶은 욕구를 느낀다. 또 다른 예로, 집에서 가족 중 누군가 비명을 지르면 우리는 당사자를 구하기 위해 집안 어디든 달려갈 것이다. 알고 보니 단지 발가락이 세게 부딪히거나 발목이 삐끗한 정도로 긴박한 상황이 아니었다 할지라도 반응을 이끌어낸다.

본능은 과거 경험에도 영향을 받는다. 큰 비명을 향한 반응을 예로 들어보면, 놀이공원에서 큰 비명소리를 들었다면 반응은 매우 약해질 것이고, 공원에서 6미터 높이 암벽을 오르는 사람을 목격했다면 반대로 강해질 것이다. 어두운 골목을 지나가거나 늦은 밤 침입자가 있는지 확인하고자 집 안을 살필 때 큰 소리가 들리면 깜짝 놀라지만, 부엌 찬장을 정리하거나 이제 막 걷기 시작한 부산한 아기를 지켜보고 있을 때는 큰 소리를 들어도 놀라지 않는다. 경험에 의해 형성되도록 진화한 효율적이고 역동적인 이 신경구조는 우리가 일반적으로 적응적 반응을 생성하는 방식으로 위급한 실제 상황에서 상황과 맥락을 재빨리 파악하게 한다.

이 시스템에는 때때로 문제를 일으키는 구조적 편향systematic bias이 내재한다. 예를 들어, 우리는 아기가 우는 것과 비슷한 광경을 보면 어떤 문제가 있다고 생각하는 경향이 있지만, 반대로 머리에 외상을 입은 사람이 출혈이나 울음 같은 뚜렷한 부상당한 신호 대신 두통이 있다고 말하거나 이상한 행동을 한다면 우리는 그 사람에게 별 반응을 보이지 않을 것이다. 하지만 정반대로 아기나 어린아이를 닮은 사람에 대해서는 과도하게 반응할 수 있다. 미국의 인기 라디오 프로그램 〈디스 아메리칸 라이프This American Life〉 679회 '소녀를 구해주세요' 편은 귀엽고 순수한 어린 소녀를 구하기로 마음먹은 사람들이 그 일로 혼란과 피해를 겪는 사건을 묘사하고 있다. 제1부에서는 장차 남편이 될 남자를 만나기 위해 라오스에서 미국으로 입국한 베트남 여성의 이야기를 다루고 있다. 어려 보이는 외모 때문에 사람들은 그 여성을 성매매로부터 보호가 필요한 아동이라 생각했고, 그는 1년 넘게 보호소에 억류되어 있어야만 했다.

우리 시스템은 행동의 실천을 막는 상반된 반응 성향도 포함하고 있다. 끔찍한 부상이나 질병 또는 전염성 질병의 신호를 피하려는 것이 그 예다. 심지어 피해자가 앓는 병이 전염성이 없더라도 그 성향은 발현된다. 예를 들어, 팔이나 다리의 심한 골절은 간병인에게 전염될 수 없지만 혐오감으로 인해 접근을 방해할 수 있다. 이런 식으로 우리의 진화된 본능은 우리를 잘못된 방향으로 이끌 수 있다. 발달 과정에서 축적된 문화적·개인적 경험이 이타적 반응을 큰 대가를 치러야 하는 것처럼 그린다면 사람들은 반응을 보이지 않는 쪽으로 기울 것이다. 그런 편향된 결과가 항상 이상적이지는 않지만 그렇다고 반드시 부적응적인 것도 아니다. 왜냐하면 환경에 따라 행동을 바꾸거나 변화시키는 포유류의 능력은 대체로 적응적이고, 종종 우리에게 유익할 때도 있기 때문이다.

개인적 경험이 사람을 어떻게 변화시키는지 보여주는 단적인 예가 있는데, 바로 내가 처음으로 부모님 없이 혼자 뉴욕을 방문했을 때 겪은 일이다. 뉴욕에 막 도착했을 때 근심 가득해 보이는 남자가 다가왔다. 그는 불행한 사건을 연달아 겪으면서 기름 살 돈도 없게 되었다며 자신의 딱한 사정을 털어놓았다. 그의 말에는 설득력이 있었고 얼굴에도 수심이 가득했기 때문에 곧이곧대로 믿은 나는 동정심에 20달러나 되는 거금을 내주었다. 뒤돌아 걸어가는 순간, 나는 남자의 이야기가 거짓일지 모른다는 것을 깨달았다. 그 뒤로는 그렇게 순진하게 당하지 않았다. 내가 뉴욕 사람이었다면 분명 처음부터 그런 남자가 접근하지도 않았을 것이다. 만약 그런 일이 벌어졌더라도 모르는 사람의 이야기를 인내심 있게 들으면서 가만히 서 있지도 않았을 것이고, 다 듣고 나서 그렇게 큰돈을 내어주지도 않았을 것이다. 로마에 방문했을 때도 비슷한 말을 들었다. 로마 지하철에서는 가방을 조심해야 한다면서 배낭을 몸 앞쪽에 바짝 붙여 메라고 로마에 사는 친구가 단단히 일러주었다. 그런 조언을 들을 기회가 없었던 내 어머니는 지하철 승강장에서 소매치기를 당했고 돈과 신용카드, 여권까지 단번에 모두 잃어버렸다. 그 후로 나는 여행을 다닐 때면 더욱 조심했다. 돈은 적은 금액만 들고 다니고 손이 쉽게 닿지 않는 곳에 넣어둔다. 나와는 정반대로 인도 출신의 친구는 어려서부터 돈을 구걸하는 낯선 사람을 피하라고 배웠기 때문에 공공장소에서 모르는 사람 일에 관여하는 나를 보면 불편하게 생각한다. 우리가 평생에 걸쳐 배울 이런 예측 가능한 편향에도 불구하고, 우리의 방어적 충동은 생존에 중요하고 위험과 상황에 민감하므로 이타적 욕구를 소유하는 것은 계속해서 적응해나갈 수밖에 없다.

이타주의의 기반이 된 새끼회수와 신경학

다양한 동물종 연구를 통해 새끼돌봄행동의 생물학적 기반에 관한 조사가 이루어지고 있다. 그런데 신경계 및 호르몬에 관한 구체적 자료는 대부분 앞서 언급했던 부지런한 어미 쥐 같은 실험쥐를 이용한 실험에서 나온 것이다. 행동 조건화나 뇌 병변으로 정의되던 초기 연구 기법 이후로 연구 방법은 상당한 진보를 이루었고, 이제 과학자들은 유전자 발현을 측정하고, 단일 세포에서 데이터를 얻어 기록하고, 의식이 깨어 있는 움직이는 동물의 뇌에 자극을 줄 수 있다. 새끼를 돌보는 동물들을 연구한 주요 학자들에 의해 뇌 시스템에 관한 훌륭한 연구 보고서가 이미 여러 편 발표되었으므로[6], 나는 이 책의 목적을 위해 신경 시스템은 개략적으로 기술하고 이타적 반응과 관련된 특성을 중점적으로 설명할 것이다.

능동적 돌봄인 새끼회수는 새끼에 대한 회피와 접근을 조절하는 두 갈래 신경회로의 지원을 받는다. 이 신경회로는 중뇌 변연계 및 피질계라 불리는 원시적 뇌•의 회로 속에 포함되어 있다. 중뇌 변연계 및 피질계는 대체로 편도체, 중격의지핵, 내측전전두피질medial prefrontal cortex, mPFC, 시상하부(특히, 앞쪽인 내측시각교차전구역medial preoptic area of the hypothalamus, MPOA), 신체적·생리적 반응을 조절하는 하류운동 영역과 자율신경 영역을 아우른다(그림 3).[7] 간단히 설명하자면, 동물에게는 회피와 접근을 담당하는 상반된 신경회로가 있으므로 갓 태어난 새끼를 피하는 것이 '초깃값' 모드로 설정되어 있더라도 임신·출산 호르몬이 분비되어 자극을 받거나 새끼에게 익숙해지면 접근·돌봄 모드로 전환된다는 것이다. 아직 부모가 되지 않은 설치류가 대부분 새끼를 회피하는 것으로 미루어 볼 때 낯선 어린 새끼를 피하려는 것은 '초깃값' 반응이라고 해석된다. 회피회로는 그림 3에서 하단의 신경 연결망을 포함하는

• 진화 과정 초기에 형성된 뇌간을 말하며 근본적인 생명 활동을 담당한다.

데, 편도체 활성화를 시작으로 전방시상하부핵anterior hypothalamic nucleus, AHN과 뇌간의 수도관주위회색질periaqueductal gray, PAG로 진행되며 심장박동을 변화시키고 어린 새끼를 두려워하고 새끼로부터 후퇴하게 한다.

반대로 임신·출산 호르몬이 분비되면서 자극을 받은 설치류 어미들은 새끼에게 접근해서 돌보려고 하는 강한 욕구를 느끼게 된다. 그러면 편도체가 시상하부 앞쪽을 억제해서 회피경로가 억제되고 그림 3의 상단에 해당하는 접근회로가 활성화된다. 접근회로에서 편도체가 시상하부의 내측시각교차전구역과 복측분계선조침대핵ventral bed nucleus of the stria terminalis, vBNST*을 활성화하고, 그 결과 도파민성 복측선조체 시스템이 활성화된다. 언급한 뇌 영역들이 모두 반응에 관여하지만 새끼회수에 필수적인 영역은 오직 내측시각교차전구역 하나인 것으로 보인다. 내측시각교차전구역은 회피 시스템을 억제하고 보상기반의 접근 시스템을 작동시킨다. 접근회로의 다른 영역이 손상되면 반응이 바뀌거나 변화되거나 줄어들 수 있지만, 반응이 완전히 차단되는 것은 내측시각교차전구역이 손상되었을 때뿐이다. 이 사실은 인간의 접근회로를 연구해야 하는 연구자들에게는 달갑지 않다. 내측시각교차전구역

* 신경섬유다발인 분계선조를 둘러싸고 있는 전뇌회백질로 공포와 불안감을 조절하는 것으로 알려져 있다.

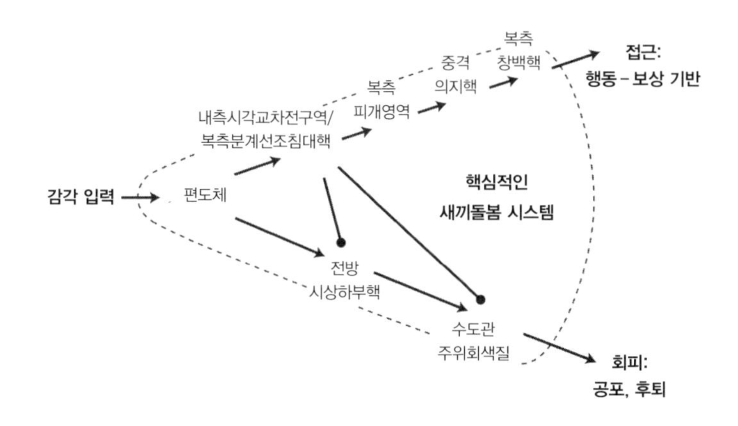

그림 3 설치류 새끼회수 연구를 통해 밝힌 새끼돌봄행동을 뒷받침하는 신경회로 도면으로, 이 과정을 통틀어 새끼돌봄 시스템이라 부른다.

출처 스테퍼니 프레스턴, '새끼돌봄에서 비롯된 이타주의의 기원', 〈심리학 회보〉 139, no. 6 (2013).

이 뇌 깊숙한 곳에 자리 잡은 아주 작은 영역이어서 포착이 매우 어렵기 때문이다. 하지만 이와 상관없이 어쨌든 내측시각교차전구역을 포함하는 더 큰 시상하부가 아기 울음, 특히 자기가 낳은 아기 울음에 반응한다는 것을 가리키는 충분한 수렴적 증거[••]가

•• 각기 다른 방식으로 수행된 많은 실험에서 얻어진 결과들이 대체로 특정한 결론을 일관성 있게 가리킬 때 그 증거를 뜻한다.

있다.

처녀 설치류와 수컷 설치류는 임신·출산 호르몬이 분비되지 않더라도 점차 시간이 지나 새끼에게 익숙해지고 나면 새끼를 돌보게 될 것이다. 어미 설치류와 마찬가지로 같은 뇌 영역과 신경호르몬의 변화가 이 행동을 돕는다. 인간의 상황도 크게 다르지 않다. 돌봄 경험이 없는 인간은 심지어 아빠가 되었더라도 보통 처음에는 돌봄을 도와주거나 도맡아 해줄 엄마가 옆에 없으면 아기가 생경하고 두렵게 느껴져서 양육 책임을 회피한다. 게다가 사람들은 대개 진짜 아무것도 못하는 갓난아기가 그보다 덜 연약해 보이는 영아만큼 매력적이라고 생각하지 않는다. 이유식 상품 라벨 속 매력을 뽐내는 아기는 실제로 갓난아기가 아니라 통통하고 둥근 볼, 크고 둥근 머리와 눈, 포동포동하고 짧은 팔다리, 작은 코 등 아기 얼굴의 상징적인 특징, 즉 '유형성숙neoteny'을 지닌 생후 3~4개월 된 아기다. 인간은 다른 동물에 관해서도 갓 태어난 새끼보다 조금 자란 새끼가 더 귀엽다고 평가하고는 한다.[8]

진짜로 갓 태어난 포유동물 새끼들은 놀라울 정도로 서로 비슷하다. 이제 막 태어난 강아지와 새끼 고양이만 보더라도 서로 매우 닮았고, 새끼 쥐와도 꽤 닮았다. 모두 부드럽고 작고 쭈글쭈글하며 대체로 털이 없는 몸에 눈은 감고 있다. 인간 아기는 엄마를 끌어당기는 아주 매력적인 냄새도 풍긴다. 이를 믿지 못하는 학부 학생들에게 나는 이렇게 말한다. "갓난아기들에게서 나는 냄새가 얼마나 좋은지 모른다. 달고 싱싱한 복숭아 냄새가 난다. 여러분은 분명 '아기를 먹고' 싶다는 생각이 들 것이다." 이것은 은유적 표현을 넘어서 새끼돌봄 시스템이 맛있는 냄새가 풍기는 음식처럼 직접 소비할 수 있는 보상물에 접근하도록 자극하듯 작동된다는 말이다. 두 경우 모두 사람들이 어떤 유형이든 보상물에 접근하도록 동기를 부여하는 동일 신경 시스템에 의존하고 있다.[9]

새끼회수행동은 새끼와 어미 모두에게 여러 진화적·유전적 혜택을 제공한다. 새끼들을 땅속 둥지에 모아두면 포식 위험을 줄이면서 동시에 영양과 온기, 자극을 공급할 수 있다. 이는 새끼들의 성장과 강한 스트레스 및 면역 시스템의 발달을 돕는다. 능동적 돌봄과 수동적 돌봄이 연합해서 새끼의 적응도를 높이고, 결과적으로 어미의 적응도까지 높인다. 어미는 새끼와의 밀접 접촉과 유대감 그리고 새끼 냄새로부터 생리적physiologically 보상도 얻는다.[10] 이는 인간이 어린 아기에게 젖을 먹이고 아기를 끌어안고 보듬을 때 마음이 편안해지고 진정되는 것과 같다. 그러므로 갓 태어난 새끼는 자력으로 움직일 수 없어서 어미가 들고 날라야 하는 모래주머니 같은 물체가 아니라, 유대를 형성하고 가까이 두고 싶은 매력적이고 소중한 사회적 파트너다. 이와 같은 보상은 다음에도 새끼에게 접근하게 하는 매우 중요한 동기부여가 될 뿐만 아니라, 접근의 혜택을 깨달아서 활발하게 분비되던 임신·출산 호르몬이 가라앉은 후에도 돌봄 제공자가 회수행동을 계속하게 한다.

종합해보면, 윌리엄 윌슨크로프트와 동료 연구자들이 재미있게 묘사한 연속적인 새끼회수행동은 단순히 무작위로 일어나는 행동이거나 유쾌한 작은 실험 전시물이 아니다. 새끼를 돌보는 포유동물이 자연 상태에서 생존하고 번성하는 데 매우 중요한, 가치 있고 강력하고 자연적인 본능을 매우 정형화되고 희화한 형태로 묘사한 것이다.

여기에서 반드시 이해하고 넘어가야 할 중요한 점은 이 '새끼 돌봄 시스템'이 전적으로 새끼에게 반응하는 일에만 관여하거나 그러기 위해 발달한 독립적인 구조가 아니라는 것이다. 설치류와 인간이 음식, 초콜릿, 포도주, 간식, 중독성 약물, 돈, 원하던 물건, 매력적인 사람, 심지어 아기를 목격했을 때까지 포함해서 유기체가 가치 있는 것에 접근하고 혐오적인 결과를 회피할 때마다 중뇌 변연계 및 피질계가 관여하기 때문이다.[11] 설치류와 인간은 음식과 물건을 가치 있게 여기고 위험한 상태에서도 비축해 두려는 경향이 있는데, 음식이나 물건을 획득하고 모을 때도 중뇌 변연계 및 피질계가 관여한다.[12] 이처럼 뇌 시스템이 새끼회수만 지원하기 위해 진화한 것은 아니다. 장기간 새끼를 돌보는 행동은 트라이아스기 후기*가 되어서야 진화한 것으로 추정되지만, 음식과 짝을 확보해야 하는 필요성은 그전에도 늘 존재했기 때문이다. 따

* 중생대를 3기로 나눴을 때 첫 시기로 쥐라기, 백악기가 뒤를 잇는다.

라서 새끼회수반응은 보상을 얻는 행동을 하도록 자극하는 기존 시스템에 빠르고 직관적인 방식으로 편승한 것이다.

설치류 새끼회수 시스템의 특징을 인간이 아기 혹은 아기와 비슷한 처지의 타인에게 보이는 반응에 대응시키면 두 행동의 상동성homology을 볼 수 있다. 우리는 피해자에게 마음 쓰거나 피해자와 유대감을 느끼면서도 반응하기에 충분히 안전하고 자신감이 충만할 때만 반응하고 싶은 욕구를 느낀다. 이를 새끼돌봄 시스템의 접근회로가 뒷받침해주는 것이다. 그러나 도움이 필요한 사람을 보더라도 접근하기를 주저할 때가 종종 있는데, 바로 '구경꾼 효과bystander effect'로 설명되는 현상이다. 또한 아기나 낯선 사람을 구해준 후에는 기분이 좋아지기도 하는데, 대체로 구조행위에는 이타주의 행위자와 수혜자 사이 친밀하고 편안한 접촉이 수반되기 때문이다. 예를 들어, 엄마가 놀이터 그네에서 떨어져 울고 있는 아이를 일으켜 세울 때 대부분 아이를 따뜻하게 안아주는데, 그런 접촉이 엄마와 아이 모두를 진정시켜준다. 이것은 능동적 돌봄과 수동적 돌봄이 본질적으로 밀접하게 관련되어 있음을 의미한다. 즉, 능동적 돌봄이 수동적 돌봄으로 이어지고, 수동적 돌봄이 다시 능동적 돌봄을 촉진하는 순환관계가 존재하는 것이다. 인간의 이타주의에 관한 연구는 대개 금전적 보상이나 온광효과warm-glow giving**, 지위 상승 같은 베풂으로 얻는 보상에만 초점을 두고 있다. 그러나 원시 신경생리학의 수준에서 볼 때 어려운 상황에 빠진 사람에게 접근해 도와주며 얻는 내적 보상은 강력한 동기부여가 된다. 이는 인간의 진화 역사 초기에 특히 더 중요했다.

반응을 촉진하는 피해자의 특징

이타적 반응이 새끼회수에서 유래한 까닭에 우리는 긴급하게 도움이 필요한 낯선 어른을 봤을 때 그 사람이 무력한 새끼와 비슷한 상황에 있고 우리가 도울 능력을 갖추고 있다면 도와줄 공산이 크다. 물론 아기들은 본디 취약한 존재로 많은 일을 스스로 할 수도 없다. 앞서 언급한 대로 아기들은 큰 머리와 동그란 눈, 작은 코와 짧은 팔다리 같은 눈을 뗄 수 없을 만큼 매력적인 유아기의 신체적 특징인 유형성숙을 가지고 있다.[13] 아기들은 남의 시선을 의식하거나 자신의 고통과 요구를 숨기지 않고 분명히 내보이기도 한다. 취약함, 무력함, 신체적 유형성숙, 뚜렷이 드러나는 고통 등 복합적 요인들이 결합되어 타인을 돕는 동기로 작용하도록 한다. 좋은 양육자는 재미있는 책에서 에피소드 하나를 다 읽거나 잠을 몇 시간 더 자고 일어난 후처럼 자투리 시간이 났을 때에야

•• 나눔 행위를 통해 자신의 내재적 가치를 느끼고 삶의 만족감도 커지는 효과를 말한다.

비로소 고통스러워하는 아기를 달래는 등의 행위는 하지 않는다. 성공적으로 아기를 돌보려면 시시각각 바뀌는 아기의 요구에 재빨리 그리고 자주 반응해야 한다. 많은 에너지가 소모될 뿐만 아니라 이제야 부모가 된 사람들의 삶을 엉망으로 만들기도 한다. 하지만 양육행위는 우리가 왜 그리고 언제 생면부지의 타인을 돕는지를 설명해주기도 한다. 우리는 피해자가 무력한 상황에 처한 아기의 모습과 비슷할 때, 상대가 진실로 도움이 필요하다고 판단될 뿐만 아니라 목격자가 즉각적으로 상대를 위험에서 구하는 일이 합법적이라고 느낄 때 도움을 제공한다.

반응을 촉진하는 목격자의 특징

이타적 반응을 보이는 도움 제공자인 목격자에게도 특징이 있다. 공감적 또는 이타적 '성격 특성'에 의해 인간의 이타주의가 어느 정도 촉진되는지는 이미 광범위한 연구가 행해졌으므로[14] 여기에서 그런 성격 특성에 초점을 둘 필요는 없다. 친사회적 성격 특성trait prosociality은 이타적 욕구를 변경할 수 있는 것으로 추정된다. 타인에게 느끼는 동정과 도와주고 싶은 욕구는 개인마다 정도의 차이가 있다. 이런 개인차는 이타적 반응의 가능성을 예측하기 위해 주어진 상황이나 상호작용하는 여러 요인에서 기인한다. 예를 들면, 어린 시절에 경험한 공감적 돌봄, 개인의 세계관, 도덕관념, 고통에 대처하는 능력 등에 의해 공감 능력과 이타심이 달라진다. 그러나 개인의 성격 특성은 비교적 안정적이기 때문에 상황에 따라 이타적 반응을 보이거나 보이지 않는 이유를 성격 특성으로는 설명할 수 없다. 예를 들어, 부모는 자식의 고통에 매우 공감하고 차분히 인내심을 가지고 대응하지만 타인에 대해서는 무뚝뚝하게 반응한다. 따라서 다른 사람의 고통에 관해 어떻게 느끼는지를 성격으로 이해하는 것은 적합하지 않다.

이타적 반응 모델의 주요 특성은 목격자가 성공 가능성을 어느 정도로 예상하느냐에 따라 반응이 결정된다는 데 있다. 목격자는 자신의 전문성과 능력("내가 수영할 수 있을까?" "내가 저 사람을 끌어올릴 수 있을 만큼 힘이 센가?" "시간이 있을까?" "돈이 충분히 있는가?") 그리고 상황을 바로잡을 수 있다는 인식("내 도움으로 상황을 바로잡을 수 있을까?" "이것은 만성적인 문제일까?" "피해자에게 회복력이 있을까?")에 기반해 성공 가능성을 예측한다.

이타주의에 관한 다른 설명, 특히 공감이나 성격 특성에 연결지어 설명하는 이론과 비교하면 이타적 반응 모델은 특이하게도 목격자의 **운동** 전문성motor expertise을 강조한다. 사람들은 크게 다치거나 위험에 빠지지 않고 적절한 때에 필요한 반응을 성공적으로 수행할 수 있다는 내적 예측을 운동계motor system로부터 얻으면 위험한 상황일지라도 돕기 위해 달려간다. 명시적인 추론 과정을 거의 거치지 않고 운동계에 의해 반사적으로 재빠르게 계산이 일어난다. 반대로 목격자가 자신의 반응이 효과가 없으리라 예측하면 성가시기는 해도 아주 유용한 새끼돌봄 시스템의 '회피' 회로가 개입할 것이다. 그러면 도움은 제공되지 않는다.

이처럼 우리가 항상 고통에 반응하는 것은 아니라는 사실이 안타깝고 유감스러울 수도 있다. 그러나 그런 특성은 너무 연약하거나 행동이 느리거나 상황을 혼동한 사람이 물살이 거센 바다나 불타는 건물 안으로 뛰어들지 않도록 막아주는 신경계의 중요한 설계를 나타낸다. 성공에 대한 내적 예측 시스템은 단지 상당히 물리적이거나 영웅적인 도움행동에 관해서만 작동하는 것이 아니다. 분주한 거리에서 길을 가다 건물에 기대어 몸을 웅크리고 있는 사람을 보고 도움이 필요한지 묻는 것처럼 일상적인 이타주의로도 확대된다. 거리에서 만나게 되는 도움이 필요한 낯선 사람은 우리가 그 사람의 잠재적 위험을 확실히 알 수 없다는 점에서 갓 태어난 새끼와 비슷하다. 우리는 그 사람이 공격적이거나 전염병이 있거나 다친 척하는 것이거나 아니면 응급 의료 상황 같은 우리가 해결할 수 없는 문제 혹은 정신분열이나 약물 중독 같은 만성적인 질환에 시달리고 있을 가능성을 과대평가할지도 모른다. 실제로 그런 것들은 대개 사람들이 예상하는 것처럼 큰 문제가 되는 것은 아니지만, 위험을 인지하는 경향은 일반적으로 적응적 특성이다. 목격자들이 반응에 관한 성공도를 예측하기 위해 사용하는 내적 계산 메커니즘은 우리가 곤경에 빠지지 않도록 차단해주지만, 행동을 가로막아 당혹스럽게도 하는 것이 사실이다.

이타적 반응 모델이란 무엇인가

타인을 도우려는 욕구가 취약한 새끼를 돌보려는 기본 욕구에서 나왔다는 일반명제는 다행히도 기존에 발표된 이타주의에 관한 여러 이론과 일관된다. 수백 년까지는 아니더라도 수십 년 동안 생물학자, 심리학자, 철학자, 인류학자들은 새끼를 돌보는 본능이 진화를 겪으면서 직계로 한정되지 않고, 유대감이 형성된 가깝고 상호 의존하는 집단 구성원으로 확대되었으며, 도움 제공자와 집단 전체에 이득이 되었을 것으로 추정하고 있다. 데이비드 흄David Hume부터 찰스 다윈Charles Darwin에 이르기까지 여러 저명한 학자들은 인간의 공감과 동정, 나눔과 돕기행위는 부모의 돌봄본능과 관련되어 있다고 봤다.[15] 프란스 더발, 세라 허디Sarah Hrdy, 애비게일 마시Abigail Marsh, 그 외 다른 학자들도 최근 출간한 책에서 이 관점을 지지하고 있다.[16] 그러므로 새끼돌봄에 뿌리를 둔 친사회성에 관한 일반 관점은 새로운 것이 아니며, 비교 심리학자들 사이에서 대체로 받아들여지고 있다. 스테퍼니 브라운Stephanie Brown

은 이타적 반응 모델에 훨씬 더 가까운 의견을 내놓았다. 브라운은 연인, 부모, 자식이 아픈 애인과 어린 자녀, 늙은 부모를 돌보기 위해 상당히 희생할 때처럼 많은 대가를 치러야 하는 확장된 돕기행위를 마이클 누먼이 언급한 접근과 회피를 수반하는 새끼 돌봄 시스템이 어떻게 설명하는지 기술했다.[17] 마찬가지로 마이클 누먼은 인간의 협동심을 설명하면서 새끼돌봄 시스템이 어떻게 확대될 수 있는지에 관한 논문을 썼다.[18] 이처럼 다른 학자들이 설치류의 새끼돌봄에 관여하는 신경생리학을 인간의 이타주의로 확대한 덕분에 이타적 반응 모델의 신경생리학적 요소와 관련한 논란은 줄어들었다. 그렇다면 이타적 반응 모델을 정의하는 것은 무엇일까.

이타적 반응 모델은 이타적 반응 자체를 새끼회수의 형태와 기능 및 기반이 되는 신경호르몬에 연결 지어 생각한다는 점에 있어서 특이하다. 이런 특이성은 잘못 이해된 것으로 보일 수도 있다. 전형적으로 과학자들은 추후에 새로운 자료나 논리가 등장했을 때 비판받지 않으려고 일부러 모호한 주장을 내놓음으로써 자신이 틀렸을 가능성을 교묘하게 피하는 경향이 있기 때문이다. 그러나 현재는 인간의 이타주의와 설치류의 새끼회수 사이 상동성을 탐구해서 얻는 잠재적 이익이 상동성에 관한 합리적 의심을 포기했을 때 치러야 하는 잠재적 대가보다 크다.

내가 새끼돌봄과 이타적 반응의 유사점에 집중하는 이유는 다양하다. 어미가 새끼를 회수하는 방식은 기능적·구조적 측면에서 적극적이고, 영웅적 이타주의 형태와 매우 유사하므로 최소한 두 행위가 같은 메커니즘에서 발생했을 가능성을 살펴볼 필요가 있다. 새끼를 향한 회피-접근 대립반응은 이타주의에 관한 가장 잘 알려진 설명이지만, 지금까지 서로 별개의 개념으로 간주하던 구경꾼 효과와 공감 기반 이타주의와도 잘 맞아떨어진다. 이 두 기존 이론은 인간의 이타주의를 이해하는 데 도움이 되었지만, 연구 문헌에서 공통 영역을 다루는 예가 없고, 심지어 어떤 경우에는 서로 반대 주장을 펼치기도 한다. 대다수 이론가는 사람들이 무리 지어 있을 때 낯선 사람에게 냉담하는 이유나 소중하게 생각하는 피해자에게 고통보다 공감을 더 많이 느낄 때 기꺼이 도와주려고 하는 이유에 집중한다. 새끼회수와 이타적 반응을 상동관계로 보는 상동성 이론은 무리 속에 있을 때 피해자에게 공감은 하지만 행동하지 못하는 이유와 동일한 상황에도 불구하고 반응을 보이는 때가 있는 이유를 모두 설명한다. 이타적 반응 모델에 의하면 돕기행위는 행동에 영향을 미치는 두 가지 요인인 구경꾼 수와 고통의 정도로는 충분히 설명되지 않고, 오히려 타인의 영향과 자신의 전문성을 묵시적 반응 결정으로 알아서 통합해주는 역동적이고 종합적인 신경 프로세스neural process에 의해 설명된다.

흔히 심리학이나 신경과학, 경제학에서는 쉽게 얻은 '공돈'을 기부하는 행위에 관한 상당히 의도된 결정을 보면서 이타주의를 연구하는 것이 일반적이지만, 이타적 반응 모델은 그보다 더 생태학적인 맥락에서 돕기행위를 살핀다. 인류 초기 조상들에게 중요했던 과정들을 포함한 사실상 모든 동기부여 과정에 운동 반응이 내재하지만 흔히 무시되는 경향이 있어왔다. 하지만 상동성 이론은 명시적인 운동 반응을 강조하기 때문에 더욱더 생태학적이다.

이타적 반응 모델은 가장 규명이 덜 된 이타주의 형태인 영웅적 행동을 독립적으로 다루는 유일한 이론이므로 더욱 중요하다. 영웅적 행동은 경고해주기, 쓰다듬기, 음식 나누기, 선물 주기, 시간 내기, 돈 기부하기 등 대부분의 이타주의 형태와 기능 그리고 구조적 측면에서 구별된다. 게다가 영웅적 행동은 행동 욕구를 방해할 수 있다고 알려진 스트레스가 많고 자극적인 상태일 때도 일어난다. 영웅적 행동은 대체로 자신과 무관하고 호의에 보답할 수 없는 모르는 사람을 대상으로 행해지므로 이타주의에 관한 진화론적 이론으로는 설명되지 않는다. 영웅적 행동을 보였던 사람들은 대부분 상대에게 공감이나 동정심을 느끼거나 상대가 어떻게 받아들일지 생각할 겨를도 없이 무의식적으로 도와주기 위해 달려갔다고 말한다. 그러므로 영웅적 행동은 공감 기반의 이타주의와 일치하지 않는다. 수컷이 암컷을 유혹하기 위해 영웅적 행동이 진화했다고 주장하는 성 선택 이론은 매우 물리적인 형태의 이타주의를 제외하면, 거의 모든 이타주의 사례에서 이타적 행동을 보인 여성의 수가 남성보다 많은 이유나 어리고 약한 피해자

를 돕는 인간의 성향에 관해서는 설명하지 못한다.[19]

영웅들이 용감한 행동에 대한 칭찬과 보상을 받는다는 것은 엄연한 사실이다. 그러나 그런 보상이 우리가 이타적 반응을 보이는 주요하고 일차적인 동기는 아닐 것이다. 포유류가 자립할 수 없는 새끼를 돌보기 시작한 것은 대규모 사회집단을 이루어 생활하거나 무리에게 자기의 선행을 알려서 이익을 얻기 시작한 때보다 훨씬 오래전이다. 영웅적 행동이란 나중에 영웅이라 불리게 될 사람이 다치거나 죽을 위험한 상황에서 일어나는 행동을 말하므로 결코 '안전한 내기safe bet'가 아니다. 단적인 예로 카네기영웅기금위원회Carnegie Hero Fund Commission에서 영웅에게 수여하는 카네기영웅메달의 4분의 1가량이 사후에 수여되고 있다. 메달 수상자들은 누군가를 구하려다 목숨을 잃은 영웅(그중 90퍼센트가 남성)이다. 그러므로 이타적 반응 모델은 영웅적 행동에 따른 사회적 또는 성적인 보상을 이타적 반응욕구 진화의 가장 강력하거나 근본적인 요인이라고 가정하지 않고도 이타주의를 설명하는 더 큰 그림의 일부분으로 포함시킬 수 있다.

종합해보면, 영웅적 행동은 혈연선택이나 상호 이타주의reciprocal altruism, 공감 기반 이타주의, 성 선택, 심지어 보편적 돌봄행위를 포함한 공감이나 이타주의에 관한 기존 설명에 잘 들어맞지 않는다. 게다가 영웅적 행동은 그야말로 흔하지 않은 물리적인 행동이기 때문에 실험실에서 연구하는 것이 어렵다. 그에 반해 심리학이나 경제학 분야에서 진행되는 이타주의에 관한 대부분의 연구는 피험자가 가상의 피해자나 익명의 학생에게 어떤 이유도 목적도 없이 기부를 원한다면 버튼을 누르라는 상황만 제시하면 된다. 그러므로 제2차 세계대전 기간의 영웅적 행동이나 이타적 행동의 남녀 차이처럼 실제 영웅의 사례나 영웅 인식에 관한 기술적 사례 연구 및 현상학적 연구 몇 건을 제외하면 영웅적 행동에 관한 독자적 연구는 거의 이루어지지 않았다.[20] 적극적인 돕기행위가 어떻게 진화했고 뇌와 몸에서 어떻게 처리되는지를 다루는 이론을 세울 수 있다면 그동안 설명이 어려웠던 영웅적 행동에 관해 밝혀낼 수 있는 것이 매우 많다. 그리고 이는 수동적 형태의 도움행동도 포괄하면서 포괄적응도inclusive fitness*, 상호주의reciprocity, 구경꾼 효과, 공감 기반 이타주의 같은 기존의 이타주의 이론과도 쉽게 통합할 수 있어야 한다. 이타적 반응 모델에서 말하는 이타적 반응은 형태와 기능뿐만 아니라 신경생리학적 측면에서도 설치류의 새끼회수행동과 매우 비슷하므로 이런 잠재적 유사성을 연구한다면 많은 것을 얻게 될 것이다.

지금까지 사람들이 극도의 위험을 감수하고도 생판 모르는 남을 도와주고 싶은 욕구를 느끼는 이유를 신경생리학적으로 설

* 유전자를 공유하는 자기 자손과 가까운 친족을 통해 유전자를 전달할 수 있는 개체의 능력을 말한다.

명한 이론이 없었다. 이타적 반응 모델은 그뿐만 아니라 다른 사람을 위해 문을 잡아주거나, 무거운 짐을 들고 가는 노인을 돕거나, 다른 대륙에 사는 굶주리는 어린이들을 위해 돈을 기부하는 행동과 같이 일상생활에서 빈번히 일어나는 평범하고도 중요한 돕기행위도 설명해준다. 이타적 반응 모델에 따르면 우리의 타고난 편향과 냉담함도 예측할 수 있는데, 이를 이용하면 현실에서 도움이 가장 필요한 경우에 도움행동을 늘릴 수도 있을 것이다.

이타적 반응 모델의 목표는 새끼회수가 인간의 이타주의를 어떻게 설명하는지를 기존 이론에 맞추어 고찰함으로써 이타주의에 관한 이해의 불균형을 해소하는 데 있다. 이타적 반응 모델에서 내세우는 의견 중에 알고 보면 틀린 것이 있을 수도 있다. 그러나 구체적이고 입증 가능한 가설을 제공함으로써 적어도 모호한 억측만 가득했던 분야라는 한계에서 벗어나 앞으로 나아갈 수 있을 것이다. 다양한 종의 새끼돌봄이 어떻게 행해지고 인간의 이타주의와 얼마나 비슷한지 보여주는 증거가 상당히 많다. 그로부터 많은 아이디어를 비롯해 생면부지의 타인을 돕기 위해 적극적이고 위험하고 심지어 영웅적인 행동을 벌이는 인간의 성향에 관한 이론을 이끌어내고 이용함으로써, 우리는 공감하고 동정심 있고 다정한 인간의 본성에 관한 이론을 확대할 수 있을 것이다.

요약

상동성 이론은 우리가 도움이 필요한 취약한 다른 개체에 접근하고 그들을 구조하고 돌보도록 관여하는 신경 프로세스와 행동 과정이 다양한 종과 맥락에 걸쳐 공통되어 있다는 사실에 근거해서 새끼회수와 인간의 이타주의를 상동관계라고 본다.

이타적 반응 모델은 꽤 단순해 보인다. 게다가 부모의 돌봄이 인간의 공감과 이타심의 핵심이라고 보는, 인간 나눔에 관한 여러 통합적 이론과도 일치한다. 때로는 이타주의를 돌봄행동과 연결지어 생각하는 관점이 사람들에게, 특히 자녀가 있는 사람들에게 '적합한 것으로 느껴진다.' 그러나 이런 관점은 본질적으로 문제가 된다고 인식될 수도 있다. 사람들은 엄마와 연관된 행동을 아빠나 부모가 아닌 사람에게 확장하는 것을 염려한다. 또한 인간을 본능을 소유한 존재라고 생각하지도 않으며, 특별히 다정한 종이라고 여기지 않을지도 모른다. 이런 잠재적 우려는 중요하다. 그래서 사람들의 근심과 걱정에도 **불구하고** 어째서 이타적 욕구가 타당한지 밝히기 위해 나는 책 지면의 대부분을 잠재적 함정을 다루는 데 할애했다.

앞으로 이어질 이야기들은 대체로 이번 장에서 요약한 내용과 비슷한 구성을 따른다. 각각의 장을 통해 새끼회수와 인간의 이타적 반응이 공통조상을 공유하고 있음을 나타내는 주장의 타당성, 능동적·수동적 돌봄과 다른 형태의 이타주의 사이의 뚜렷한 차이, 본능의 본질, 타인을 돕고자 하는 욕구를 지원하는 신경 및 호르몬 시스템, 이타적 반응을 촉진하는 피해자와 목격자의 특징, 더 나아가 이타적 반응 모델이 기존 이론과 어떤 관련이 있고 지금 우리가 함께 논의해야 하는 이유가 무엇인지에 관해 설명해 보일 것이다. 책장을 덮을 때쯤이면, 돌봄 기반 행위를 기준으로 여러 종의 이타주의를 바라보는 관점을 받아들인 독자들은 내가 제안한 설명 모형을 통해 이타주의의 구체적인 측면과 다른 이론과의 미묘한 차이를 찾게 될 것이다. 반면에 이 관점을 받아들이지 않은 독자들은 경험이 뒷받침된 비교적 합리적인 관점 정도로 판단할 것이다. 그럼 본격적으로 이야기를 시작해보자.

제2장

쥐의 새끼돌봄과 인간의 이타주의 사이 유사성

* 이타적 반응 모델의 기본 가정은 우리의 행동이 수억 년에 걸친 극도로 오랜 진화의 역사를 반영한다는 것이다. 그렇게 오랜 시간 동안 우리의 포유류 조상은 자신과 자손의 생존을 보장하기 위해 여념이 없었다. 그러므로 인간 '고유' 능력에 초점을 맞추는 인간행동 모델과 대조적으로 나는 인간이 다른 종과 **공유**하는 것에 초점을 맞췄다.[1] 다른 사람의 의도를 읽고 전망을 공유하는 '마음 이론theory of mind'과 다른 사람의 관점을 이해하고 수용하는 조망수용능력perspective taking ability 같은 의식적 인지 과정은 분명 인간의 이타주의에 일조한다. 하지만 사람들이 이런 인지 과정을 강조하는 이유는 더 많은 인간행동을 설명한다고 입증되어서가 아니라 의식적 인식을 가능하도록 하기 때문이다. 새끼돌봄

과 비슷한 상황일 때 도움을 제공하려는 우리 인간의 욕구는 직접 관찰이 어렵다. 그것이 전개되는 것을 우리 눈으로 확인할 수 없을 뿐만 아니라 행동에 깊은 영향을 미치는 원시 신경계에 그 욕구가 장착되어 있기 때문이다.

설치류의 새끼돌봄에 관한 글을 처음 읽었을 때 나는 인간의 이타주의와 비슷하다는 사실에 매료되었다. 프롤로그에서 소개한 수십 마리의 새끼 쥐를 회수하는 헌신적인 어미 쥐의 행동과 모르는 사람을 구하는 인간의 행동은 형태와 기능뿐만 아니라 그 기반이 되는 신경호르몬도 비슷하다.[2] 이런 유사성은 적어도 두 행동이 '상동관계'에 있음을 암시한다. 즉, 단순하게 우연히 비슷한 게 아니라 공통조상에서 분화되어 진화했다는 말이다. 따라서 이번 장에서는 설치류의 새끼회수와 인간의 이타적 반응 사이 유사성을 서술할 것이다.

상사성 대 상동성

새끼를 회수하고 돌보는 행동과 생면부지의 타인을 도우려는 인간의 욕구가 '서로 같다'고 보는 근거는 무엇일까. 생물학에서 '상동성'은 지금은 거리가 먼 두 종이 특정 형질을 지닌 공통조상에서 분화되기 전에 그 형질을 물려받아 이후 발현된 신체 부위나 신체 과정을 가지고 있을 때 발생한다. 나는 새끼회수와 이타적 반응 사이에도 상동성이 존재한다고 생각하는데, 나의 핵심 주장인 만큼 자세히 살펴보려 한다.

설치류의 새끼회수와 인간의 영웅적 행동이 **비슷해** 보이기는 하지만 실제로는 우연의 일치이거나 편의상 또는 그저 시적인 표현으로 비슷하다고 말하는 경우가 있을 수도 있다. 서로 거리가 멀거나 유전적 계통이 다른 두 종이 비슷해 보이는 신체 부위나 신체 과정을 가지고 있는데, 이것이 공통조상에서 나온 특징이 아니라면 생물학자들은 '상사성' 또는 '상사관계'라는 용어를 사용한다. 상사관계에 있는 형질은 서로 다른 두 종이 비슷한 문제에 관한 합리적 해결책으로서 각각 독립적으로 발달시킨 것을 말한다. 예를 들어, 새와 박쥐를 비교해보면 둘 다 날개가 달려 있고 날 수 있다. 새와 박쥐가 두 날개와 두 다리를 가진 것은 상동성이다. 상어나 어류와는 달리 새와 박쥐 모두 사지동물 계통을 낳은 공통조상에서 발생했기 때문이다. 하지만 박쥐의 날개와 새의 날개는 실제 구조가 다르다. 박쥐의 날개는 길게 뻗은 손가락뼈와 팔뼈 위에 덮인 피부막으로 이루어져 있지만, 새의 날개는 손가락뼈를 전혀 포함하지 않고 팔의 축을 따라 뻗어 있는 깃털로 구성되어 있다. 그러므로 새와 박쥐가 모두 두 날개를 가지고 있고 날 수 있다고 해도 이런 유사성은 각자의 유전적 계통 안에서 독자적으로 진화한 것으로 추정된다. 이 상사성은 유전학적으로 새는 악어와 더 비슷하고 박쥐는 설치류와 더 비슷하다는 이상한 결과로 이어진다. 상사성과 상동성의 개념을 이타적 반응에 적용하면 설치류의 새끼회수와 인간의 영웅적 행동 사이 상동관계를 주장할 수 있다. 여기에는 두 행동이 단순히 **비슷해** 보이는 것뿐만 아니라 공통된 포유류 조상을 두고 있으므로 상동관계가 성립한다는 가정이 깔려 있다. 새끼회수와 인간의 이타주의 모두 같은 신경 영역이 관여한다는 사실에 주안점을 두고 이 가정의 근거를 검토해보려 한다.

설치류 새끼회수와 인간 구조행동의 표면적 공통점

표면적으로 보면 부지런한 어미 쥐가 무력한 새끼를 둥지로 돌려보내기 위해 새끼에게 재빨리 접근하고 회수하는 방식은 물리적·기능적 측면에서 인간의 영웅적 행동과 놀라울 정도로 비슷하다. 두 경우 모두 고통을 보이거나 즉각적인 도움이 필요할 정도로 연약하고 괴로워하는 위험에 빠진 피해자가 있고, 그 피해자를 위험에서 구출해 안전한 곳으로 되돌려놓고 싶은 충동을 느끼는 목격자가 있다. 그뿐 아니라 안전한 장소에 도착한 후에는 대체로 구조자가 구조된 개체를 꼭 껴안는다. 마지막에 이루어지는

그림 4 동물원 고릴라 우리 안으로 떨어진 세 살짜리 남자아이를 다른 고릴라로부터 보호하고자 구조해 안전한 곳으로 옮기는 암컷 고릴라의 모습으로, 구조행동이 담긴 동영상을 보고 그린 그림이다.

출처 스테퍼니 프레스턴, '새끼돌봄에서 비롯된 이타주의의 기원', 〈심리학 회보〉 139, no. 6 (2013).

밀접 접촉은 두 개체 모두에게 생리학적으로 안정감을 느끼게 하고 피해자를 위험 요소로부터 계속 보호한다. 이는 피해자와 목격자 모두의 해로운 정서 자극을 차단해주고, 구조자에게는 보상으로 작용해 미래에도 피해자에게 접근하는 동기를 부여한다. 그림 4는 브룩필드 동물원에서 고릴라 울타리 안에 떨어진 세 살짜리 남자아이를 빈티 주아Binti Jua라는 이름의 암컷 고릴라가 실제로 구조한 사건을 묘사한 것이다. 자기 새끼를 돌보고 있었던 빈티 주아는 의식을 잃은 아이를 안아서 흔들어 깨웠고, 나이 든 다른 암컷 고릴라로부터 아이를 보호하기 위해 안전한 장소로 옮겼다. 이 예는 어미 쥐와 새끼 쥐, 인간 엄마와 아기의 이야기가 아닌 고릴라와 인간 남자아이 사이에 벌어진 특별한 이야기지만, 적어도 구조적으로나 형태적으로 인간의 인명 구조나 돌봄행위와 분명 비슷한 점이 있다.

새끼회수와 인간의 영웅적 행동 사이에는 신중하게 숙고해서 내린 이성적 결정 대신 충동적인 욕구라는 유사점도 있다. 윌리엄 윌슨크로프트의 연구에서 어미 쥐는 무력한 어린 새끼를 회수하려는 열정적이고 심지어 비이성적이기까지 한 다소 고정된 욕구를 보였고, 이는 무력한 새끼가 다시 또 나타나도 사그라지지 않았다.[3] 이처럼 강한 욕구는 새끼의 안전을 확보하려는 강한 압박감을 해결하고자 진화한 메커니즘을 암시하고, 그 메커니즘은 영웅적 행동을 한 사람들이 자신과 무관한 사람이라도 위급한 상황에 놓인 피해자를 봤을 때 반응을 보이려는 '욕구'를 표현하는 방식과 일치한다.

종합해보면, 새끼회수는 인간의 영웅적 행동과 표면적·기능적 특징을 많이 공유하고 있다. 즉, 고통에 처한 취약한 피해자의 절박함과 즉각적 도움 요청은 목격자가 피해자에게 서둘러 달려가도록 촉진함으로써 반응 가능성을 높이고, 구조자는 피해자를 위험에서 구한 후 안전한 곳으로 데리고 가며, 최종적으로 피해자와 구조자 모두에게 보상과 안정을 주는 밀접 접촉으로 마무리된다.

포유류는 사회적 행동에도 높은 유사성을 보이는데, 이는 인간행동과 비인간 동물행동 사이 상동성을 암시한다. 신경과학자 톰 인셀Tom Insel이 이끄는 연구실에서 연구 조교로 일할 당시 나는 들쥐들의 일부일처 결합에 기반이 되는 신경호르몬을 연구했는데, 동물들 사이에 사회적 교류가 일어나게 한 다음 상호작용 과정을 녹화한 후 이것을 코드화했다.[4] 나중에는 에머리국립영장류연구소Emory National Primate Research Center의 필리포 아우렐리, 프란스 더발과 함께 히말라야 원숭이의 사회적 교류를 녹화하고 코드화하는 작업도 했다.[5] 두 경우 모두에서 지배적 개체와 종속적 개체의 사회 스크립트social script*를 쉽게 확인할 수 있었는데, 마치 고전 하이틴 영화를 보는 듯했다. 몸집이 더 크고 자신감도 가득하고 싸움에서 이길 확률이 높은 우세한 '대장'이 항상 있었다. 대장은 자신보다 서열이 낮은 개체에 접근해서 음식이든 짝이든 원하는 무엇이든 빼앗았다. 심지어 우세한 원숭이는 딱히 특별할 게 없어 보이는 땅에 앉겠다고 서열이 낮은 원숭이를 쫓아냈다. 쫓아내는 행위 자체가 사회적 위계를 강화하는 목적처럼 보였다. 서열

* 문화가 제공하는 개체의 행동 방식 지침을 말한다.

이 낮은 개체들은 대부분 우세한 개체를 피해 다니고, 분쟁이 발생했을 때 두들겨 맞지 않으려고 무엇이든 자발적으로 빨리 포기했다. 이런 설치류나 원숭이의 모습이 영화에 종종 등장하곤 하는 급식실에 앉아 불안에 떠는 비쩍 마른 아이와 그에게 접근해 소중한 음식과 함께 자리를 양보하라고 노려보는 학교 일진과 비슷하게 보이는 건, 단순히 동물을 의인화했기 때문이 아니다. 이 사회적 역학관계들은 단순히 비슷해 보이기만 하는 게 아니라 편도체와 시상하부, 테스토스테론과 바소프레신 같은 호르몬이 관여하는 것처럼 실제로 비슷한 신경 및 신경호르몬 과정의 도움을 받는다.[6] 그러므로 설치류와 원숭이, 인간 사이 사회적 행동의 공통점이 많은 것이다. 이런 사실이 사회적 행동의 신경학적·행동학적 상동성을 더 일반화하고 구체적으로 입증한다.

포유류 사이의 뇌 상동성

근본적으로 이타적 반응 모델은 시간이 흐르는 동안 진화가 신경구조와 신경기능을 보호했다는 믿음에 뿌리를 두고 있다. 포유류의 뇌는 수억 년에 걸쳐 형성되었다. 그 과정에서 기존의 구조와 기능이 나중에 만들어질 구조와 기능을 제한하고 실행 방식에도 영향을 미쳤다. 이는 맨 처음 집을 지을 때 사용한 건설 방식이

향후 집을 리모델링할 때 공법을 제약하게 되는 것과 동일하다. 영리한 건설업자처럼 진화는 새로운 문제를 해결하기 위해 이미 있는 것을 우아하고 효율적으로 수정하면서 기존 구조를 재사용한다. 그러므로 우리가 포유류 조상으로부터 물려받은 신경 프로세스는 우리가 의식적으로 관찰할 수 없을 때도 우리 행동에 막강한 영향을 미칠 수 있다.

우리 인간이 다른 종, 특히 설치류와 여러 신경 프로세스 및 인지 과정을 공유하고 있다는 것은 믿기 어려운 사실이다. 게다가 인간의 뇌는 매우 달라 보이기까지 한다. 설치류의 뇌는 인간의 손톱 크기만큼 작고 주름이 거의 없다. 평범한 관찰자의 눈에는 설치류의 뇌와 그보다 크고 더 둥글고 주름도 많은 인간의 뇌(그림 5)가 전혀 닮아 보이지 않는다. 쥐는 인간보다 훨씬 작은 신피질을 가지고 있지만 어쨌든 동일한 신피질이다. 쥐의 신피질도 이전에 유쾌했거나 불쾌하다고 느꼈던 것에 접근할지 회피할지에 관한 결정을 원활히 하기 위해 비슷한 방식으로 편도체와 중격의지핵 같은 원시 뇌 영역과 조율한다.[7] 여전히 못 믿겠다면 고혈압 치료제인 ACE 저해제와 항우울제인 프로작 등의 약물이 인간에게 안전하고 효과가 있다고 입증되기 전에 쥐를 통한 동물실험으로 개발되고 효과가 검증되었다는 사실을 생각해보자. 인간과 쥐의 중추신경계가 뚜렷이 다르다면 불가능할 것이다.

음매 하고 울기만 하는 양을 보면서 아주 멍청하다고 생각할

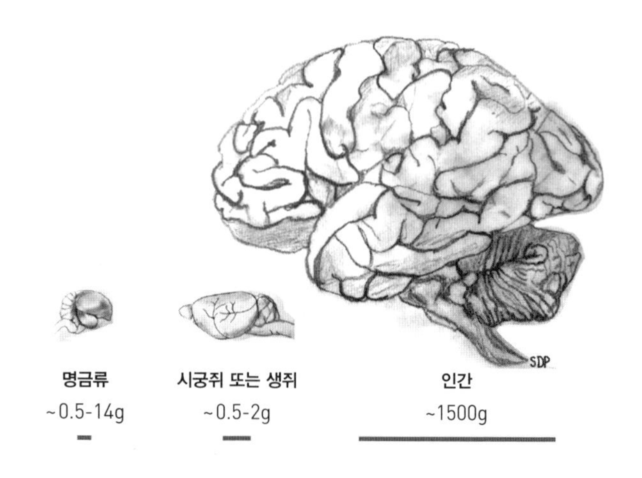

그림 5 각각 조류, 설치류, 인간의 뇌 크기와 복잡성을 비교한 그림으로, 뇌 영역과 그 기능은 매우 유사하지만 크기 차이가 뚜렷하다는 점을 강조하고 있다.

출처 스테퍼니 프레스턴, CC-BY-SA-4.0.

지도 모르지만 사실 양의 뇌는 겉으로만 보면 인간의 뇌와 꽤 비슷하다. 생물 교사가 학생들에게 인간 뇌에 관해 가르칠 때 양의 것을 관찰과 해부 실습에 사용할 정도로 둘은 매우 비슷하다. 물론 신경해부학 시간에 우리가 해부하는 양의 뇌는 인간의 뇌보다 작고, 너프볼*보다 사람 주먹 크기에 더 가깝다. 그러나 구조와 기능적 측면에서 인간의 뇌와 매우 유사하다. 임신, 분만, 자손 확

* 폴리우레탄 재질의 부드럽고 작은 공으로 대개 지름이 10센티미터다.

인, 수유, 양육 등에 관여하는 신경호르몬 과정에 관해 우리가 알고 있는 지식의 상당 부분이 양을 통한 연구로 얻은 것이다.[8] 만일 인간의 신경계가 쥐나 양과 매우 다르다면 인간 뇌에서 일어나는 신경 프로세스에 관한 어떤 유용한 지식도 얻을 수 없었을 것이다.[9] 그러므로 포유류 종에 따라 겉보기에 뇌 크기나 주름에 차이가 있더라도 뇌의 일반 영역이 사실상 모두 같고, 뇌 영역들은 비슷한 기능을 수행하고 유사한 상호 연결을 포함한다. 심지어 쥐와 인간도 비슷한 종류의 정보를 처리하기 위해 같은 신경전달물질과 호르몬을 사용한다.[10]

공감과 이타주의 맥락 안에서도 쥐와 인간이 크게 다르지 않다는 것이 입증되었다. 시궁쥐와 생쥐도 인간과 마찬가지로 동료의 고통이나 문제를 목격하면 스트레스를 받고 흥분한다. 인간의 경우에서처럼 피해자와 목격자 사이 공감적·정서적 미러링mirroring의 결과로 목격자가 피해자를 위로하거나 돕는다. 쥐들도 인간처럼 피해자가 자기와 혈연관계이거나, 친숙한 존재이거나, 비슷한 외상을 경험한 적이 있거나, 고통에 공감할 때 동료를 도울 가능성이 더 크다. 이런 사실은 상동성을 더 뒷받침한다. 일부일처제를 따르는 초원들쥐가 스트레스를 받은 친숙한 동료를 위로할 때(낯선 들쥐는 위로하지 않는다) 인간이 타인의 고통에 공감하고 그 고통을 공유하는 동안 지속적으로 활성화되는 영역인 전측대상피질과 돌봄 유발 신경호르몬인 옥시토신이 관여하는 것이 연구를 통해 밝혀졌다. 이는 쥐의 새끼회수와 인간의 이타주의를 돕는 신경 프로세스가 같은 과정임을 설명한다.[11] 또한 설치류와 인간은 상당히 비슷한 뇌를 가지고 있을 뿐만 아니라 다른 개체의 고통과 요구에도 비슷하게 반응한다. 반응할 때와 반응하지 않을 때 모두 입증되었는데, 설치류는 인간의 돌봄과 친사회성을 지원하는 동일한 뇌 영역과 신경호르몬을 통해 반응을 보인다.[12]

상동성을 신경호르몬계 진화보다 훨씬 더 이전으로 거슬러 올라가 살펴보는 것도 충분히 생각해볼 수 있다. 심지어 개미도 복잡하고 영리한 방법으로 함정에 빠진 동료 개미를 구출하는데, 구출 방법은 상대 개미와 유사성의 정도, 함정의 종류, 함정에서 빠져나기 위한 적절한 방법에 따라 바뀐다.[13] 상동성에 대한 의구심이 드는 것은 당연하다. 나 역시 개미의 구조행위가 정말 인간의 이타주의에 상응하는 것이라고 단언하기가 망설여지지만 보기에도 비슷할 뿐만 아니라 분명 비슷한 기능을 수행한다. 게다가 기본 메커니즘도 같다. 즉, 함정에 갇힌 개미는 지나가는 개미가 감지할 수 있는 호르몬을 분비하고, 그렇게 목격자가 된 개미가 전염성 스트레스 반응을 일으키면서 반응을 보이는 것이다.[14] 개미의 전염성 스트레스 반응은 우리 인간이 보이는 전염성 스트레스와 흡사하다. 인간의 몸은 복잡한 산술까지 해야 하는 대중 연설처럼 긴장되는 사건이 일어나는 동안 스트레스를 받으면 코르티솔이라는 호르몬을 분비하는데, 공감하며 지켜보는 목격자에게도 코르티솔 분비를 유도한다.[15] 따라서 도움행동을 촉진하기 위해 전염성 스트레스를 이용하는 것은 중추신경계 진화보다 먼저 발생했거나, 도움행동을 자극하는 방법에 극심한 제약이 있어서 각 동물종이 독립적으로 비슷한 해법을 만들어냈을 것이다. 즉, 상동성이라기보다는 상사성에 가깝다.

인간과 다른 포유류의 뇌 시스템과 기능이 상동관계에 있다고 해서 인간에게 고유한 성질이 있음을 배제한다는 의미는 아니다. 나는 공학 및 건축 분야에서 위대한 업적을 이룬 인간의 능력에 감사한다. 미시간주의 추운 겨울날, 따뜻한 집에 앉아서 휘몰아치는 차가운 빗속, 나뭇가지 아래 불쌍하게 웅크리고 있는 새와 다람쥐들을 창밖 너머로 관찰하고 있으니 말이다. 그러나 인간의 '특별함'에 지나치게 초점을 두다 보면 자칫 다른 동물과의 유사성을 간과할 수 있다. 생존을 보장하는 중요한 기술은 포유류의 뇌에 '단단히 각인되어' 있다. 예를 들어, 뇌는 처벌을 피하고, 보상을 추구하고, 적응적인 선택을 위해 지각과 감각을 통합하는 법을 경험을 통해 배우는 데 매우 능숙하다.[16] 이와 같은 유산은 인간의 많은 행동이 다른 종과 공유하고 있는 만큼 즉흥적이지만 여전히 복잡한 계산을 통해 일어날 수 있음을 의미한다. 그러므로 우리가 하는 결정은 우리가 믿고 싶은 것보다 이전의 정서적 경험에 더 많은 영향을 받고, 반대로 다른 종들은 우리가 알고 있는 것보다 더 정교한 과정을 해낼 능력이 있다.

비인간 동물들은 그들의 생태환경이 전문화된 기술을 요구할 때 인간을 뛰어넘기도 한다. 예를 들어, 소뇌는 운동행동과 운동학습에 관여하는데, 돌고래나 범고래 같은 고래목 동물은 소뇌의 크기가 커서 먼 거리를 3차원적으로 항해할 수 있다(그림 6).[17] 돌고래가 영장류처럼 사회집단을 형성해 생활한다는 사실에서 알 수 있듯이 돌고래는 바다에 사는 비영장류 포유동물치고는 신기할 정도로 똑똑하다. 인간도 종종 이 사실을 인정한다. 그러나 침팬지, 보노보, 돌고래, 까마귀처럼 우리가 '똑똑한' 동물이라고 생각하는 명단에 없는 작은 설치류도 놀라운 행동을 일으키는 전문 신경기관을 가지고 있다. 예를 들면, 메리엄캥거루쥐는 배너꼬리캥거루쥐처럼 밀접한 관련이 있는 종보다 더 큰 해마를 가지고 있다. 메리엄캥거루쥐는 몸집이 작으므로 자기보다 몸집이 크고 더 센 동물이 굴로 쳐들어와 사막 분지에서 몇 달 동안 채집해야 모을 수 있는 씨앗을 훔쳐 달아난다 해도 이를 막을 수 없다. 그래서 이 문제를 해결하기 위해 씨앗을 조금씩 나눠 사막 곳곳에 몰래 숨겨두는 특별한 방법을 쓴다. 이 설치류는 먹이를 은닉한 장소를 기억했다가 건기 동안에 '분산된 식량'을 다시 효율적으로 찾아낼 수 있다.[18] 이와 비슷하게 먹이를 저장해두는 새도 있는데, 산갈가마귀는 로키산맥처럼 겨우내 눈으로 덮여 있어서 먹이 저장고가 쉽게 발각되지 않는 한랭 기후의 고지대에 산다. 먹이를 가장 많이 저장하는 가을에는 한 시간에 최대 500개까지 씨앗을

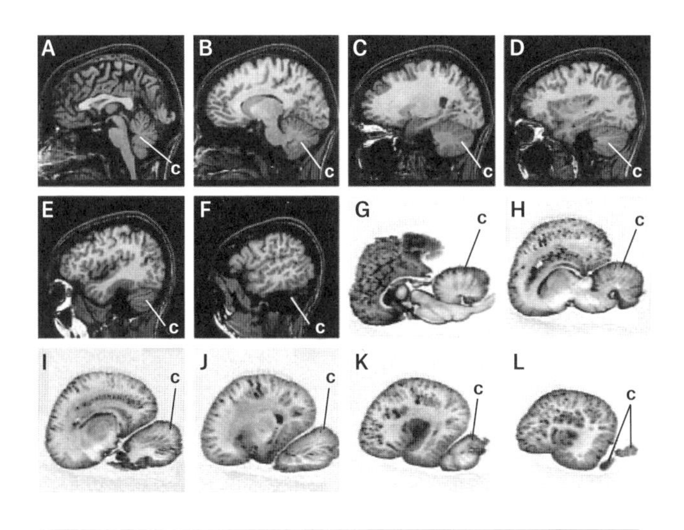

그림 6 인간과 병코돌고래의 소뇌 이미지로, 3차원으로 헤엄치는 수중생물종의 공간 항해와 기억력을 지원하는 뇌 영역의 상대적 크기가 증가했음을 보여주고 있다.

출처 로리 머리노Lori Marino 외, '돌고래 소뇌의 상대적 용적과 영장류와의 비교Relative Volume of the Cerebellum in Dolphins and Comparison with Anthropoid Primates', 〈뇌, 행동 그리고 진화Brain, Behavior and Evolution〉 56, no. 4 (2000).

저장하고, 최대 24킬로미터 떨어진 곳까지 옮기는 것으로 추정된다. 한 번 겨울을 나는 동안 최대 1만 개의 씨앗을 비축하고 그 위치를 기억해서 생산 활동이 불가능한 긴 시간을 버틴다. 먹이를 저장하는 캥거루쥐처럼 산갈가마귀도 배내측피질이라 불리는 해마의 크기가 더 크다. 요란한 캘리포니아덤불어치처럼 먹이를 저장하지 않는 까마귀과 조류와 비교해도 전체 전뇌 용적 및 몸집 대비 해마에 들어 있는 신경세포가 더 많다.[19]

포유류와 조류에게 기능이 특수화된 해마가 있다는 사실은 신경학적 상동성을 주장할 때 매우 중요하다. 3억여 년 전 계통분기clade[•]로 포유류가 조류에서 분리되어 나와 탄생했기 때문이다. 따라서 포유류와 조류는 공간 학습을 가능하게 하고 각 동물종의 독특한 생태환경 안에서 먹이를 획득하도록 돕기 위해 발달한 식별 가능한 뇌 구조가 비교적 비슷한 위치에 있다. 인간의 해마는 심한 기억상실을 일으키는 알츠하이머병에 걸렸을 때 영향을 받는 영역이다. 조류의 해마는 인간을 포함한 포유류의 해마와 상동이라고 여겨지는데 세포 구성, 배열, 뇌신경 연결, 신경화학, 세포 종류가 서로 비슷하기 때문이다. 심지어 서로 오래전에 분리된 분류군일지라도 상동관계라면 비슷한 성질을 갖는다. 식량을 저장하기 위해 특수화된 해마는 식량을 저장하지 않았던 조상(까마귀과가 박새과에서 분리되기 이전의 공통조상은 먹이를 저장하지 않았다)과 관계없이 진화한 것으로 보인다. 그러고 나서 각 과에 속하는 조류종들이 독자적으로 이 특수화된 기관을 발달시킨 것이다. 조류 사이에서 해마가 상사기관이라는 말이지만, 이런 상사성은 해마가 대부분 상동기관이라는 믿음에 모순되지 않는다. 척추동물에게 공간 기억 특수화가 일어나야 할 때, 무작위로 기존 구조 하나를 선택해서 그 일을 할당하거나 목적을 위해 완전히 새로운 뇌 영역

• 공통조상으로부터 진화된 생물 분류군을 말한다.

을 만드는 게 아니라, 일관되게 해마라는 동일 뇌 구조에 의존하기 때문이다. 오히려 진화는 원래 어떤 일을 반복 수행할 능력이 있는 내측창백핵medial pallidum** 의 세포와 기능을 기반으로 한다.

새끼회수와 구조행동의 생리학적 공통점

인간의 뇌와 신경계는 위험 회피하기, 짝짓기, 식량 얻기, 자손 기르기 같은 몇몇 특정한 행동을 촉진하기 위해 포유류 계통에서 수억 년에 걸쳐 진화한 것이다. 대부분 이 모든 것이 명시적이고 의식적인 사고의 도움 없이 이루어진다. 새로운 행동이나 능력이 우리의 레퍼토리에 나타날 때마다 그 목표를 이루기 위해 기존의 유전자·신경·호르몬 메커니즘을 다시 사용하는데, 대체로 동일 유전자가 발현되는 방식에 작은 변화를 주는 방법을 쓴다.[20] 인간이 작은 오두막을 대신할 저택을 발명하듯 새로운 생태학적 문제를 해결하기 위한 새로운 방법을 '발명'할 수도 있다. 그러나 두 경우 모두 약간의 수정을 함으로써 문제를 잘 해결하는 것이 대

** 행동 선택과 관련 있는 것으로 여기는 대뇌기저핵 중 하나로, 선조체에서 신호를 받아 시상망으로 보내는 역할을 한다.

체로 더 효율적이고 효과적이다. 뇌도 집처럼 기존 상태가 문제 해결을 강력히 제한하기 마련이다.

신경 메커니즘 재사용의 예로, 새끼회수에 관여하는 시스템은 도파민, 옥시토신, 바소프레신, 아편제 같은 여러 신경호르몬과 신경전달물질을 통해 활동하는 중뇌 변연계 및 피질계에 상당 부분 의존한다. 이는 유대관계의 자손을 얻고 싶어 하는 인간의 욕구에만 관여하는 신경회로가 아니다. 유기체가 경험을 통해 보상이나 쾌락을 얻을 수 있으리라 예상하는 것에 욕구를 느낄 때 언제든 작동한다. 여기에서 보상은 갓난아기부터 알코올이나 중독성 약물, 심지어 인간이 최근에야 발명한 멋지고 비싼 지갑이나 신발까지 광범위하다.[21] 서구 산업화 사회의 특권층 사람들은 음식과 물, 배우자와 자손 같은 보상을 얻는 것을 당연하게 생각할지도 모른다. 그러나 이런 보상은 생존에 필수적인 요소일지라도 현실적으로 항상 얻을 수 있는 것은 아니다. 그러므로 중뇌 변연계 및 피질계는 포유류가 이 필수 요소들을 감지하고 기억하고 찾아내도록 보장하는 빠른 학습 및 강력한 동기부여 과정을 이용한다. 우리가 다른 사람을 돕는 결정을 내릴 때도 이 신경회로가 관여하는데, 돈처럼 현대적이고 추상적인 형태의 도움이 필요한 결정일 때도 마찬가지다.[22]

새끼돌봄의 일부 측면은 새끼가 아닌 다른 보상에 접근할 때 일반적으로 요구되는 과정과 다르다. 예를 들어, 새끼돌봄은 특이하게도 임신·출산 과정에 의해 강화될 수 있고 매우 특정한 시상하부핵인 내측시각교차전구역 영역에서의 활동이 필요할 것이다.[23] 하지만 중뇌 변연계 및 피질계의 구성요소 대부분은 여러 종이 공통으로 가지고 있으며 다양한 맥락에서 활성화된다. 많은 과학자가 중뇌 변연계 및 피질계가 포유류의 새끼돌봄과 인간의 친사회적 행동에 관여한다는 데 동의하고 있다. 그러나 구체적으로 새끼회수를 인간의 이타적 반응과 연결 지어 설명하는 것은 이타적 반응 모델뿐이다. 조금은 독특한 이 이론을 많은 독자가 낯설어 할 수도 있다. 그러나 이타적 반응은 어미가 갓 태어난 새끼를 돌보는 맥락에서 확장된 것임이 분명하다.

어미만 하는 행동이 아닌 새끼돌봄

동물 모델 중에서 돌봄반응을 가장 잘 보이는 것은 출산 직후의 어미인 반면, 인간의 이타적 행동은 다양한 사람에 의해 행해지고 특히, 영웅적 행동을 보인 사람 대부분이 남성이라는 사실은 영웅적 행동을 다루는 이론에 골칫거리가 될 것이다. 더욱이 아직 부모가 되지 않았거나 나이가 어린 학생들도 출산 전후 상태가 아니지만 종종 베풀고는 한다. 인간의 영웅적 행동과 새끼돌봄의 사이의 상동성을 뒷받침하기 위해서는 새끼돌봄에 관여하는 신경호르몬 메커니즘이 다른 맥락에서도 일어나야 한다.

이타적 반응 모델에서는 전혀 문제될 게 없다. 설치류의 새끼 회수행동이 막 출산한 어미뿐만 아니라 수컷이나 보통의 암컷 사이에서도 나타나기 때문이다.[24] 대개 어미가 아닌 쥐들은 처음에는 두드러지고 어쩌면 불쾌할 수도 있는 냄새를 방출하는 낯선 새끼 쥐를 피한다. 심지어 수컷은 자기 새끼가 아닌 무력한 새끼를 잡아먹으려고 하는 때도 있다.[25] 들쥐(그림 7)를 연구할 때 그런 경우를 직접 목격한 적이 있다. 들쥐는 시궁쥐와 같은 설치류지만, 인간처럼 일부일처제를 따르는 좋은 동물의 예다. 설치류와 조류 중에서 먹이를 미리 저장해두는 종과 그렇지 않은 종을 비교할 때와 마찬가지로 일부일처제를 따르는 들쥐 종과 그렇지 않은 들쥐 종의 뇌와 행동을 비교하면 무엇이 다른지 확인할 수 있다. 연구팀에서 내가 맡은 업무는 짝짓기를 하지 않은 수컷 들쥐가 자신과 무관한 새끼에게 보이는 행동과 유대를 형성한 파트너와 짝짓기를 한 후에 보이는 행동을 비교하는 일이었다.[26] 일부일처제를 따르는 초원들쥐들은 매우 분명하고 눈에 띄게 행동이 바뀌었다. 짝짓기 전에는 울타리 안쪽 반대편 구석에 있는 낯선 새끼를 피했지만 짝짓기 후에는 헌신적인 어미 쥐처럼 낯선 새끼에게 다가가서 품어주고 쓰다듬었다. 가끔은 짝짓기하지 않은 공격적인 수컷이 새끼를 먹으려는 것처럼 보이면 나는 일부러 짝짓기

그림 7 서로 유대를 형성한 들쥐 부부가 새끼돌봄 시스템과 중복되는 신경호르몬 메커니즘에 따라 새끼를 함께 돌보는 모습이다.

출처 스테퍼니 프레스턴, CC-BY-SA-4.0.

를 시켜주었다. 짝짓기 후 행동 변화는 두드러졌다(우리 연구팀은 흥미로운 후속 연구에서 초콜릿 사탕을 대신 갖다놓고 새끼의 시각적 특징을 작고 갈색이고 길쭉한 대상으로 제한하려고 했다. 그러나 단 한 마리의 수컷도 초콜릿 사탕에 가까이 가거나 그것을 품지 않았다. 엄밀히 말해, 먹을 수 있는 유일한 것이었는데도 먹지 않았다. 이는 아마도 새끼 쥐와의 유사성 때문이라기보다 음식으로서의 초콜릿 사탕에 관해 더 많은 것을 말하는 것일지도 모른다. 하지만 나는 그렇게 생각하지 않는다).

수컷 설치류와 처녀 설치류가 새끼돌봄 모드로 전환되는 방법은 여러 가지인데, 모두 근본적인 새끼돌봄 시스템의 회피-접근 대립구조를 반영한다. 일반적으로 임신 기간과 출산 후에 분비되는 호르몬을 인공적으로 암컷에게 주사하면 암컷은 돌봄 모드로 바뀔 수 있다.[27] 이는 호르몬이 새끼돌봄을 유발하는 역할을 한다는 사실을 가리킨다. 1960년대에 신경동물행동학자 제이 로젠블랫Jay Rosenblatt이 처음 실험을 통해 보였고, 그 후로 수백 차례 반복된 동일한 실험을 통해 확인되었듯이 수컷과 처녀 설치류도 낯선 새끼에게 익숙해지거나 모성 호르몬을 주입하면 돌봄행동을 보일 수 있었다.[28] 로젠블랫은 부모가 아닌 쥐들을 아무 관련 없는 새끼 쥐와 오랜 시간 접촉하게 놔두었다. 처음에는 대놓고 새끼를 피하다가 일주일 정도 지나자 적극적으로 피하는 일이 줄었고, 나중에는 호기심 어리게 새끼에게 접근하더니 마침내 어미 쥐처럼 새끼를 돌보기 시작했다. 이런 변화는 처음 부모가 된 인간 부모나 돌보미가 아기를 받아들이기 위해 시간을 들이고 마침내 익숙해져서 유대감을 형성한 다음, 믿음직스러운 양육자로 성장하는 과정과 크게 다르지 않았다. 쥐는 일부일처제를 따르지 않으며 야생 상태의 수컷 혹은 처녀 쥐들은 일반적으로 새끼를 돌보는 데 동참하지 않으므로 이처럼 새끼돌봄 모드로 바뀌는 것은 더욱 인상 깊다.

설치류만 하는 행동이 아닌 새끼돌봄

지금까지 우리는 흔한 실험실 쥐에서 얻은 연구 결과를 중점적으로 살펴봤다. 비록 설치류와 인간의 새끼돌봄에 관한 동기부여 과정이 비슷하다고 하더라도 포유류 사이 상동성을 주장하려면 설치류 외의 다른 종에 관해서도 가시적이어야 한다. 사실 양, 원숭이, 인간, 심지어 조류에 관한 여러 연구를 통해 새끼돌봄에 관여하는 신경·호르몬·행동 과정이 서로 비슷하다는 것이 밝혀졌다. 오징어나 악어, 흰동가리, 방울뱀같이 진화계통수phylogenetic tree에서 우리 인간과 거리가 먼 비포유류 종들도 어미 쥐처럼 태어난 지 얼마 안 된 취약한 새끼를 포식자로부터 보호하기 위해 따로 격리한다고 알려져 있다.[29] 초원들쥐나 마모셋원숭이, 타마린원숭이처럼 일부일처제를 따르는 종의 수컷들은 아버지가 되어 새끼를 돌볼 때, 새끼를 회수하는 수컷 쥐가 그랬듯이 옥시토신, 바소프레신, 프로락틴 같은 호르몬 분비가 증가하고 테스토스테론 분비는 감소한다.[30] 이 같은 변화에는 임신과 출산 과정이 필요하지 않고, 파트너와 새끼 그리고 이전 양육 경험에서 얻은 여러 계기의 자극을 수반한다.

새끼돌봄 메커니즘의 세세한 구조는 종마다 자신의 생태환경에 맞춰야 하므로 조금씩 다르다.[31] 예를 들어, 암컷 양은 동시에 태어난 많은 새끼 양 틈에서 남의 새끼를 돌보는 실수를 저지르지 않기 위해 자기 새끼의 정확한 모습을 재빨리 익힌다고 했다.[32] 원숭이, 유인원, 인간 같은 영장류는 청소년 시절부터 일찌감치 돌봄에 참여하는데, 소속된 집단이 동종 부모 양육의 혜택을 누릴 수 있을 뿐만 아니라 어릴 때의 '아기 돌보미' 경험이 나중에 자기 자식을 돌볼 때 필요한 과정을 준비시켜주기 때문이다.[33] 하지만 호르몬 수용체의 정확한 수와 위치가 종에 따라 다르다고 해도 돌봄 과정에 관여하는 신경 영역과 신경호르몬이 같으므로 종이나 양육 환경의 차이가 상동성을 훼손하지는 않는다. 먹이를 저장하는 동물의 공간 기억력과 마찬가지로 동종 부모 양육과 자기 새끼만 돌보는 부모 양육은 필요할 때 독자적으로 발생한다는 주장이 있다.[34] 그러나 이 두 경우 모두 같은 신경 영역에서 일어나고 같은 신경호르몬이 연루되어 있으며 완전히 새로운 과정이 필요하기보다 유전자를 전사하는 방식처럼 작은 변화만 있으면 되기 때문에 상동성이 있다는 결론을 내린다.

새끼를 돌보는 수컷

인간 아버지는 여성의 모성애적 돌봄을 지원하는 임신과 출산, 수유를 경험하지 않는데도 아이가 태어나면 여성과 비슷한 호르몬 변화와 행동 변화를 겪는다는 것이 새끼돌봄을 연구하는 여러 과학자에 의해 밝혀졌다.[35] 인간 수컷은 아버지가 된 후 여성 호르몬인 프로게스테론이 증가하고 남성 호르몬인 테스토스테론은 감소한다. 하지만 대체로 출산 전후의 여성처럼 심한 호르몬 변화를 겪지 않으므로 남성이 아기를 돌보려면 아기에게 더 익숙해져야 한다. 그래도 어쨌든 변화가 일어날 때는 여성과 동일한 기본 시스템의 변경을 통해 일어난다.

남성들은 아버지가 되면 어머니들처럼 아기의 불편함에 더 즉각적으로 반응하게 되고, 이런 성향은 이후에도 유지된다. 다시 말해, 한번 아버지는 영원한 아버지인 것이다. 인간 아버지들은 젖분비 조절 호르몬인 프로락틴 분비가 증가하고 테스토스테론이 감소했을 때 인형을 더 오래 끌어안고 아기 울음소리에 더 많은 걱정을 내비쳤다.[36] 비슷한 연구에서 아기에 대한 공감 능력과 아기를 도우려는 욕구는 아버지가 아닌 남성보다 아버지인 남성들이 더 높았다. 그들의 반응은 프로락틴의 분비와 함께 증가했고, 비록 아기가 우는 동안에는 테스토스테론이 증가했지만 전체적으로는 테스토스테론이 감소했다.[37] 테스토스테론의 감소는 양육 및 사회성 모드로 변환되었음을 나타내는 것일지도 모른다. 그러나 호르몬 분비 반응은 맥락에 민감하다. 예를 들어, 자녀를 보호하거나 경쟁적이어야 할 때는 여전히 테스토스테론이 많이 분비되지만, 필요할 때는 순간적으로 테스토스테론을 억제하고 에

스트로겐을 늘리면서 다정하고 좋은 양육자가 되도록 했다.[38]

인간 남성과 인간 여성은 당연히 돕는 방식이 다를 수 있다. 남성이 더 명백하게 육체적으로 보호하려는 성향이 강하며, 옥시토신보다 바소프레신이나 테스토스테론의 영향을 더 많이 받을 것이다. 앞에서 언급한 카네기영웅메달을 받은 남성들의 예를 다시 살펴보면, 지인보다 모르는 사람을 구한 사례가 훨씬 많았고, 그들이 구조한 피해자 중에는 아주 어리거나 나이가 많은 취약한 사람이 많았다.[39] 남성은 여성보다 보통 몸집이 크고 힘도 세고 더 빠르다. 그러므로 이타적 반응 모델에서는 신경계가 회피가 아닌 접근회로를 활성화하도록 제어가 가능한 신체적 능력이 있는 남성이 긴급한 상황을 인지할 가능성이 크다고 추정한다. 게다가 남성들은 육체적 능력과 위험 추구욕, 능력 과시욕에 관여하는 테스토스테론의 영향을 받아 행동에 나서려는 경향이 있다. 진화심리학자인 마틴 데일리Martin Daly와 마고 윌슨Margo Wilson의 '생애사 이론life history theory'에 따르면 수컷의 테스토스테론 변화는 잠재적 짝짓기 파트너를 유혹하고 경쟁자를 이기기 위해 힘과 권력, 전문 기술을 더 적극적으로 보여주기 위해 발달했다(이로 말미암아 짓궂게도 젊은 나이에 죽을 위험도 커졌다).[40]

생애사 이론에서 더 나아가 어떤 연구자들은 영웅적 행동이 진화한 것은 남성들이 더 훌륭한 파트너로 인지되고 칭송받고 그래서 선택받는 것을 뒷받침하기 위해서라고 가정한다.[41] 영웅적 행동을 한 사람들은 대대적인 대중의 관심을 받고 공식 기념식에서 메달과 상금까지 받는다. 그 대표적인 예가 발작으로 선로 위에 떨어진 학생을 구조해서 유명해진 뉴욕 지하철 영웅 웨슬리 오트리다.[42] 그의 용감함을 기리는 공식 기념식이 열렸고, 뉴욕 시장은 그에게 공로패를 수여했다. 오트리는 포상금으로 1만 달러를 받았고, 미국 전역의 거의 모든 신문과 주요 언론에서 그의 이야기를 보도했다. 그 후 웨슬리 오트리는 영웅적 행동을 주제로 한 학술대회의 포스터 모델이 되었다. 비록 언론의 관심이 항상 유쾌하지는 않지만 매우 물리적이고 위험한 상황에서 영웅이 된다는 것에는 항상 보상이 뒤따르는 듯하다. 그러나 영웅적 행동에 대한 보상이 존재한다고 해서 오트리 같은 영웅이 무언가를 **바라고** 행동한다거나 보상이 이타적 반응을 진화하게 한 이유라는 의미는 아니다.

인류 역사를 살펴보면, 집단 구성원이나 이성에게 환심을 사기 위해 영웅적 행동처럼 귀중한 행동을 보이려는 욕구는 인류가 점차 대규모 집단을 형성해 생활하기 시작한 비교적 최근에야 유의미해졌다. 그에 반해서, 여성들과 그들의 남성 파트너 또는 가족들이 아이가 성숙해질 때까지 계속 보호했던 것은 그보다 훨씬 오래전부터였을 것이다. 오늘날에는 영웅다워 보이는 것이 구애행위처럼 개인적으로나 사회적으로 장점이 될 수도 있고 이타적 반응이 훌륭한 이유를 설명하는 근거가 되기도 하지만, 돌봄행동의 유익함보다 막강하거나 오래되지는 않았다. 오트리는 한 아이의 아버지면서 좁은 공간에 대한 전문지식도 갖추었기 때문에 이타적 반응 모델의 특정한 상황에 매우 적합한 이상적인 목격자였을 것이다. 그는 상당히 좁은 공간에서 작업하곤 하는 건설노동자였기에 지하철이 머리 위로 지나가더라도 선로와 전동차 사이 좁은 공간에 청년과 자신이 자리할 공간이 충분하다고 판단 가능했기 때문이다.

혈연관계가 아닌 경우의 새끼돌봄

윌슨크로프트의 실험 속 어미 쥐는 자신과 무관한 새끼도 기꺼이 회수했다. 그러므로 새끼를 돌보는 행동은 분명 혈연관계의 범위를 넘어서도 적용 가능하다. 단순히 계산하면 우리 인간은 자기 자식과 친족을 더 도우려고 해야 하지만 다양한 종과 여러 사례를 살폈을 때 친족관계가 아닌 개체를 돕는 경우도 많다. 이를 반드시 비적응적이라고 할 수는 없다. 왜냐하면 돌봄 확장은 그것을 막는 강한 선택 압력selection pressure*이 없는 상황에서 일어나기 때문이다. 게다가 다른 개체를 돕는 것이 자신에게도 이득이 된다.

시궁쥐와 생쥐는 대개 냄새와 낯익힘을 통해 친족을 식별하는데 근친 교배를 막아주는 메커니즘으로도 작용한다. 하지만 친족을 식별하는 **능력**이 있더라도 비친족 새끼를 돌보는 것을 막는 강한 선택 압력은 없을 것이다. 그래서 혈연관계가 아닌 새끼에게도 비슷한 돌봄반응이 가능하다. 설치류는 땅굴에 사는 '은둔형 동물'이므로 자신이 속한 사회집단을 벗어나 비친족 새끼와 접촉할 가능성이 없다. 그러므로 윌슨크로프트의 실험처럼 이례적이고 인공적이며 일어날 가능성이 없는 상황에서만 그런 행동을 보였을지도 모른다. 비친족 새끼를 회수하는 기묘한 상황이 야생에서는 거의 일어나지 않고 그래서 악용될 가능성이 없다는 점을 고려할 때, 새끼돌봄 메커니즘이 비친족 새끼의 돌봄을 막지 않는다고 해서 이타적 반응이 비적응적이라는 의미는 아니다.

협력집단이나 사회집단, 심지어 개미처럼 '진사회성eusocial' 집단**을 형성해 생활하는 일부 종은 집단 내 다른 개체를 돌보는 사회구조를 구축하고 있다. 불안정하게 공급되는 먹이를 집단 구성원끼리 나눠 먹고, 수적 우세가 제공하는 안전을 통해 포식자를 방어할 수 있으므로 집단 전체에 이득이 된다. 예를 들어, 프레리도그는 위험한 포식동물을 보면 경고하기 위해 큰 소리를 낸다.

- * 환경에 적합한 형질을 지닌 개체에 유리하도록 자연이 가하는 압력으로, 이를 견딘 개체가 생존과 진화에 유리하다.
- ** 개미처럼 구성원들이 자신의 번식 기회를 포기하고 여왕이 알을 낳도록 돕거나 새끼를 공동으로 돌보는 고도로 분업화된 집단이다.

다른 무리에게 안전한 굴속으로 피신하라고 신호를 보내는 것이다. 무리의 규모가 작으면 작을수록 포식자를 감지할 수 있는 개체가 적고, 목숨을 잃는 개체는 많아질 것이다. 만약 집단 구성원 간 관계가 비교적 긴밀하지 않다면 혼자 포식자에게 노출되는 위험을 감수하더라도 무리를 구하는 집단생활의 이점이 감소할 것이다. 원숭이들도 무리에게 위험을 경고하기 위해 소리를 지른다. 사바나의 원숭이들은 심지어 포식자에 따라 다른 소리를 낸다. 포식자가 독수리라면 경고음을 들은 원숭이들은 위를 쳐다보며 수풀 속으로 피하고, 뱀이라면 땅을 살피면서 도망간다.[43] 비록 자기 새끼를 정확히 식별하고 새끼와 유대를 형성할 수 있는 종이라 할지라도 생존을 위해 다른 개체에 의존해야 한다면 새끼돌봄 메커니즘은 반응 대상에 덜 엄격하다.

사회적 동물인 영장류는 부모가 되어 상당한 호르몬 및 뇌의 변화가 일어나기 전부터 새끼를 돌보는 것으로 미루어, 윌슨크로프트의 실험 속 설치류보다 더 강한 돌봄본능을 타고났을 것이다.[44] 원숭이의 경우, 청소년 원숭이와 비친족 처녀 원숭이도 새끼를 돌보고 가끔은 수컷도 새끼를 돌본다. 그런데도 모성 호르몬은 여전히 중요한데, 새끼를 대하는 어미 원숭이의 태도와 관심, 돌봄과 보호 본능을 일으키고 증대시킨다. 돼지꼬리원숭이는 부모가 아니더라도 새끼 원숭이를 돌보는 동물로 알려져 있는데, 임신 호르몬에 흠뻑 젖어 있는 임신한 암컷은 출산 전이라도, 특히 에스트로겐을 투여했을 때 새끼 원숭이들에게 훨씬 더 많은 관심과 돌봄을 제공했다.[45] 유인원은 본능적인 새끼회수행동과 비슷한 방식으로 돕기도 한다. 예를 들어, 실험자가 물건을 떨어트리면 자동적으로 줍는 것을 돕는다.[46] 대형 유인원보다 발달 정도가 늦고 인간과 덜 비슷하다고 여겨지는 구세계원숭이•인 랑그루원숭이 암컷들은 생애 어느 단계에 있든 갓 태어난 새끼 원숭이에게 강한 관심을 보이는데, 아기가 울면 바로 반응해서 안거나 업으려고 한다.[47]

인간도 집단을 형성해 생활하는 사회적 동물로서 가족의 범위를 벗어나 타인에게도 돌봄을 제공한다. 자신이 낳지 않은 아무 관련이 없는 아이를, 심지어 생물학적 부모를 모르더라도 수양 자식으로 받아들이거나 입양해서 키운다. 입양 부모라 할지라도 아이와 강한 유대감을 형성하고 평생 돌봄을 제공한다. 그러므로 인간은 혈연관계와 비혈연관계의 개체 모두에게 돌봄을 제공한다고 말할 수 있다. 이제 막 새끼를 낳은 어미가 아니더라도 돌봄을 제공하는 사회적 동물이 많고, 새끼회수와 신생아에게 끌리는 성향에서 비롯된 이타적 반응은 다양한 종, 다양한 양육 환경과 다양한 나이의 암컷과 수컷 모두에게 여전히 나타날 수 있다.

향후 연구에서는 이타적 반응 모델이 예측하는 조건에 있을

• 주로 아프리카나 아시아에 서식하는 원숭이로 아메리카에 서식하는 신세계원숭이와 대비된다.

때, 즉 피해자가 어리고 무력하고 연약하고 고통스러워하는 상황에 처해 있고 목격자가 제공할 수 있는 도움을 필요로 할 때 목격자는 혈연관계가 아니더라도 피해자에게 접근할 가능성이 크다는 점을 입증하는 것에 중점을 두려 한다. 구경꾼 패러다임에서는 목격자인 인간이 고통스러운 상태에 처한 낯선 유아를 발견하더라도 더 능력이 있거나 관련 있거나 친숙한 사람이 있으면 접근하려 하지 않는다고 가정한다. 보통 사람들은 일을 잘못 처리하거나, 상황을 악화시키거나, '상관할 바 아닌 일'에 개입해서 비난받을까 봐 두려워한다. 신경계 회피경로의 지원을 받는 이런 두려움 탓에 우리는 피해자를 걱정하더라도 행동에 나서지 않는다. 그래서 공감이 항상 이타주의로 이어지지 않는 것이다.

그러나 실제로 공공장소에서 부모와 떨어진 아이들이 낯선 사람의 도움을 받는 경우가 종종 있다. 이타적 반응 모델에 따르면 돌봄 경험이 많고, 고통에 적절히 대응하고, 타인의 시선을 별로 신경 쓰지 않는 사람들이 피해자에게 접근한다. 아이들에게는 아마 도움을 구하기 위해 비위협적인 낯선 사람을 찾는 보충 전략이 있을 것이다. 이는 아직 검증되지 않았지만 낯선 목격자와 어린이 피해자 사이 양방향 역학이 작용한다는 것을 암시한다. 이타적 반응 모델에 관한 연구는 물론 쉽지 않다. 어떤 것은 중요한 윤리적 문제가 수반되기도 한다. 그러나 그런 상황들을 모방해 어미가 무력한 새끼를 회수하는 맥락을 모의실험 하는 방법들이 존재한다. 우리는 이미 피해자가 어른일 때보다 아기나 어린아이일 때, 특히 즉각적인 도움과 애정 어린 돌봄이 요구되는 상대일 때 사람들이 기부금을 기꺼이 내려고 한다는 사실을 연구를 통해 확인했다.[48] 기존의 증거가 이타적 반응 모델을 지지하고 있다는 말이다. 그러나 아직은 더 많은 증거가 필요하다.

요약

이타적 반응이 무력한 새끼를 돌보려는 유전적 욕구에서 진화했다는 의견을 받아들이기 위해 과학자들은 다양한 종 사이에 보살핌을 지원하는 상동한 신경계와 행동 체계가 있음을 증명해야 했다. 특히, 설치류 어미가 갓 태어난 새끼 쥐를 회수하는 행동에 결부시켜 설명하는 이타적 반응 모델은 증명에 관한 부담이 더 심하다. 우리는 쥐가 아니다. 그리고 우리는 누군가 자기 자식을 돕는 것을 보면서 특별히 깊은 인상도 받지 않는다. 그런 이유에서 이번 장은 이런 잠재적 함정에도 불구하고 새끼회수와 이타적 반응이 다음과 같이 여러 측면에서 유사하다는 것을 보이기 위해 마련되었다.

- 구조적·기능적 차원에서 어미 쥐의 새끼회수와 위험에 빠진 모르는 사람을 구조하는 행동 모두 위험에서 즉시 구해야 하는 무력하고 위태로운 개체가 관련되어 있다.
- 인간의 뇌는 설치류를 포함한 다른 포유동물의 뇌와 비슷하다. 뇌의 크기나 뇌 영역의 크기, 신경전달물질 수용체는 생태환경에 따라 바뀐다. 그러나 전반적인 상태나 상대적 위치, 상호 연결성, 기능은 여전히 비슷하고, 심지어 두 종이 공통조상에서 분리된 후 각자 독립적으로 특수화가 일어났어도 비슷하다. 그러므로 새끼를 돌보는 맥락에서 신경회로 시스템의 **상동성**을 입증하는 광범위한 자료도 있듯이, 우리 인간이 설치류를 포함한 다른 포유류와 신경계 및 신경회로 특징을 공유하고 있다고 보는 것이 타당하다.
- 다양한 포유류 종의 새끼돌봄과 인간의 이타주의는 같은 신경 영역과 신경호르몬의 지원을 받는다. 편도체, 중격의지핵, 전측대상피질, 전전두피질, 옥시토신 등이 그 예다.
- 설치류의 새끼회수는 어미 설치류에게서만 나타나는 행동이 아니다. 새끼를 돌보는 행동은 처녀 설치류와 수컷 설치류에게서도 나타나며 필요한 기본 메커니즘도 같다. 예를 들어, 모성 호르몬 변화, 유대감 형성, 새끼에게 익숙해지기 과정 등을 겪는다.
- 새끼돌봄 메커니즘은 시궁쥐나 인간에게만 한정되지 않는다. 생쥐, 들쥐, 양, 원숭이, 인간, 심지어 어느 정도는 조류와 어류에서도 비슷하게 새끼돌봄행동을 지원한다.

- 인간 수컷과 아버지도 비슷한 신경호르몬 변화를 통해 무관심한 태도에서 관심과 반응을 보이는 태도로 바뀌고 아기를 돌본다. 따라서 어미 쥐가 새끼를 회수하는 방식에 초점을 두고 있지만, 새끼 돌봄 설명 모델을 수컷과 인간 전체에도 적용할 수 있을 것이다.
- 돌봄행동이 대체로 혈연관계의 새끼를 대상으로 일어나고 이타적 반응이 낯선 사람에 한정된다고 해도, 그 메커니즘은 다수의 포유류 종에서 비친족을 포함하는 다른 사회적 파트너를 돌보는 행동도 지원한다는 것이 입증되었다. 사회적 동물인 영장류는 집단 내 다른 개체에 돌봄을 제공하고, 알맞은 조건에서는 낯선 개체에 이타적 반응도 보일 수 있다.

이 모든 연관성을 고려했을 때 새끼를 회수하는 어미 쥐와 불타는 건물이나 차가운 물속에 뛰어드는 인간에게서 관찰되는 유사점들은 두 행동의 상동관계를 나타낼 수 있다. 갓 태어난 포유류 새끼들은 무력하고 발달 속도가 느리므로 생존을 보장받기 위해 도움이 절실하다. 새끼회수와 인간의 이타적 행동은 이런 포유류 공통의 요구에서 진화했으므로 비슷하다고 할 수 있다. 그뿐만 아니라 비록 개체, 성별, 발달 시기, 종에 따라 각기 다른 생태학적 요구에 맞춰 변경될 수 있지만, 행동에 관여하는 신경 및 신경호르몬 메커니즘 역시 비슷하다는 걸 알 수 있다.

제3장

다양한 형태의 이타주의

* 이타적 반응 모델은 인간의 이타적 반응을 설명하기 위해 충분히 서술한 설치류의 적극적 새끼회수행동을 확대하는 데 중점을 둔다. 그 이유는 인간이 즉각적이고 적극적 형태의 도움행동인 이타적 반응을 보이는 동기에 관해 현재 과학적 관점에서 최소한의 것만 알려져 있기 때문이다. 그러나 사실 인간의 도움행동은 여러 다양한 형태로 일어난다. 그러므로 이타적 반응에 관한 하나의 이론으로 **모든** 형태의 이타주의를 설명할 수도 없거니와 그러려고 해서도 안 된다. 오히려 다양한 이타적 행동의 진화론적 기원과 뇌와 몸 안에서 일어나는 공통된 과정에 근거해서 분석해야 한다.

이타적 반응 모델은 설치류 어미가 갓 태어난 무력한 새끼를 회수하는 특정한 행동과 연관 있고, 설치류의 새끼회수와 가장 명백히 유사한 것은 인간의 영웅적 구조행동이라고 했다. 이는 무력한 새끼를 안전한 장소로 데려다 놓기 위해 새끼에게 달려가는 어미 쥐의 행동과 형태뿐만 아니라 기능 면에서도 같다. 지금까지 학자들은 영웅주의가 어떻게 진화했는지뿐만 아니라, 뇌와 몸에서 어떤 과정을 거쳐 일어나는지에 관한 아무런 실질적인 이론도 내놓지 못했다. 그러므로 새끼회수 시스템이 다른 형태의 이타주의에 적용되지 않는다고 밝혀진다 해도 인간의 영웅적 행동과 어떤 관련이 있는지를 이해하는 것 자체는 여전히 유용할 것이다.

그러나 이타적 반응 모델은 새끼돌봄과 비슷한 상황일 때 활성화될 수 있는 목격자의 강력한 동기부여 상태에 초점을 두고 있는 만큼 더 다양한 형태의 도움행동도 설명한다. 엄밀히 말해서, 영웅적이거나 신체적으로 활동적인 맥락처럼 보이지 않더라도 목격자가 제공할 수 있는 즉각적 도움이 필요한 피해자가 관련된 맥락이라면 여전히 도움행동을 촉진할 수 있다. 동기를 유발하는 조건이 성립하는 한 이런 동기부여는 사람들이 직접 대면할 수 없는 피해자에게 금전적 기부라는 추상적인 도움을 제공하기로 한 결정에도 관여한다. 이타적 반응은 행동의 형태가 아닌 근본적인 관찰자의 동기부여 상태에 의해 정의된다. 이 점을 구별함으로써 우리는 진화한 시기가 다른 다양한 도움 형태들은 물론이고, 서로 다른 신경 및 행동 메커니즘의 지원을 받는 도움 형태들을 분리할 수 있다.

심리학과 이타주의 분류체계

나는 도움 제공자가 연약한 피해자의 고통과 즉각적인 요구를 인지한 후 도와주고 싶은 동기를 느꼈을 때에 해당하는 모든 형태의 도움을 이타적 반응이라 정의하겠다.

이 정의는 간단한 구조행위나 새끼회수뿐만 아니라 매우 폭넓은 이타적 반응까지 망라한다. 그러나 진화 과정이나 동기부여 및 신경호르몬 과정이 다른 이타주의는 제외한다. 예를 들어, 사람들이 사회적 규범을 따르기 위해서나 힘 있는 이웃이나 상사의 환심을 사기 위해서 혹은 장기적으로 전략적인 목표를 이루기 위해서나 다른 사람을 감명시키기 위해서 누군가를 돕는다면 아무리 유용하고 값어치 있는 도움이라도 이타적 반응으로 간주하지 않을 것이다. 그런 유형의 도움행동에는 피해자의 명백한 요구를 해결해주려는 진실하고 즉각적인 욕구가 관련되어 있다기보다 고차원적인 목표나 계획이 동기가 되었기 때문이다.

진화 과정에서 나중에 등장했거나 여러 가지 복잡한 인지 과정에 의존하는 도움행동도 이타적 반응에서 제외된다. 예를 들어, 사냥이나 전쟁, 방한 구조물 짓기 같은 장기적 목표를 이루고자 자신이 속한 집단과 협력하려면 여러 장기적인 인지 과정과 신경심리학적 과정이 필요하다. 단순한 구조행동에는 이런 과정들이 필요하지 않다. 비록 많은 사람이 협력에 관한 이론을 전개하면서 인간에게 나타나는 모든 형태의 이타주의를 대변하는 양 서술하고 있지만, 협력과 협력에 필요한 인지적 과정들이 반드시 돌봄행위 그 자체를 가능하게 하려고 진화한 것은 아니다.

협력과 전략적 도움이라고 해도 신생아처럼 약한 피해자를 인지함으로써 그 행동이 시작되었을 때는 이타적 반응이 수반되는 것이 **가능**하다. 예를 들어, 도로변에 고장 난 자동차 옆에 서서 꼼짝도 못 하는 남자가 있다면 그 남자의 곤경이 차를 세우도록 동기를 부여했으므로 여러분은 차를 세워 남자를 도울 수 있다. 이 경우 이타적 반응의 요소가 행동에 관여한 것이다. 그러나 만일 그 남자가 여러분이 운영하는 자동차 정비소의 고객으로, 전에 그의 차를 제대로 고치지 못했다는 죄책감에 차를 세웠거나, 넓은 마음과 친절한 모습으로 동승자에게 좋은 인상을 주고 싶었다거나, 부모님에게 배운 옳은 일에 관한 교훈이 떠올라서 행동한 것이라면 같은 도움행동이라도 이타적 욕구와는 관련이 없다. 새끼 돌봄과 아무 관련 없는 다른 동기와 고려 사항이 도움행동에 수반되기 때문이다. 그러나 이런 고려 사항은, 특히 결정을 내릴 만한 충분한 시간이 있을 때 목격자의 반응과 함께 나타나거나 반응을 늘리거나 제한한다. 이처럼 이타주의에 이르는 경로에는 여러 가지가 있고, 그 경로들이 다양한 강도로 결합해서 상황에 따라 반응을 증가시키거나 감소시킨다. 만일 이타주의 분류체계 아래에 행동을 분류할 수 있는 선험적 규칙이 있다면(예를 들어, 구조 행동이면 이타적 반응이고, 자기과시가 있으면 성 선택*이라고 보는 것이다) 더 깔끔하고 정돈된 느낌이 들겠지만, 실제로 뇌가 작동하는 방식이 아니다. 뇌는 본래 다양한 유형의 정보를 연결하고 연상 작용을 통해 지속적으로 통합한다. 이런저런 정보가 동시에 작용하기 때문에 종종 무의식적으로 적응적 반응을 일으키는 것이다.

다른 분류체계의 맥락에서 '이타적 반응'을 본다면, 이 적극적인 도움행동은 심리학자인 필릭스 워너켄Felix Warneken과 마이클 토마셀로Michael Tomasello가 말하는 외현적 '돕기행동overt helping'과 비슷하다.[1] 외현적 돕기행동이란 어린아이들과 유인원, 개, 돌고래 같은 사회적 동물에게도 나타나는 가시적 형태의 행동으로 정의된다. 그러므로 돕는 행동은 인간 어른에게만 존재하는 유형의 이타주의보다 더 원시적인 행동으로 여겨진다. 어린아이나 비인간 동물들이 서로를 돕는 행동 방식에도 이타적 욕구가 관련되어 있을 수 있지만, 반드시 그렇다고 가정해서는 안 된다. 반대로 모든 이타적 반응이, 특히 인간에게 일어나는 경우의 외현적 돕기행

* 수사슴의 뿔처럼 생존에 불필요해 보이지만 번식을 위해, 즉 암컷에게 구애하기 위해 발달시킨 특징들이 있다는 이론이다.

동과 같다고 가정할 수도 없다. 예를 들어, 세계 곳곳에서 굶주리는 고아들의 고통과 요구를 목격했을 때 우리는 연민을 느낄 것이고, 직접 목격한 아이들이 아닐지라도 고아들을 돕기 위해 수주나 수개월이 지나야 당사자에게 혜택이 돌아가는 기부금을 낼 것이다. 이런 반응은 직접적이고 명시적인 돕기행동처럼 보이지 않더라도 이타적 욕구가 뒷받침하고 있을 것이다. 반대로 손에 짐이 많아 힘들어하는 사람을 보면 그 사람의 명백한 고통과 요구를 인지했거나, 배려심 있는 사람처럼 보이고 싶거나, '좋은 사람'이 되어야 한다고 배웠기 때문에 혹은 다른 여러 복합적인 이유에서 우리는 출입문을 잡아줄 것이다. 문을 잡아주는 모든 경우가 가시적이고 직접적인 행동을 수반하더라도 오직 상대방의 어려운 사정이 행동의 동기가 되었을 때만 이타적 반응으로 간주할 것이다.

나와 연구진은 대학교 캠퍼스에서 학생인 척 가장한 채 행복한 표정이나 슬픈 표정을 짓고 서서는 어떤 경우에 행인들이 문을 잡아주는지 관찰하는 실험을 수행했다. 도움이 더 필요해 보이는 건 슬픈 표정을 짓고 있는 사람이었지만, 실제로 사람들은 행복해 보이는 사람에게 더 많은 도움을 주었다. 그러나 실험 장소를 병원으로 옮기자 붕대를 감은 채 슬픈 표정을 짓는 사람을 더 많이 도와주었다. 그리고 아픈 환자 곁에 있어주는 일보다 기부금 요청을 받았을 때 슬픈 표정의 환자들을 더 많이 도왔다.[2] 따라서 우리는 여러 가지 동기로부터 남을 돕지만, 돕는 행동의 성질만

봐서는 그 동기가 무엇인지 명확하게 알 수 없다. 이처럼 이타적 반응을 외현적 돕기행동으로 구분하는 것은 이 이론이 정립된 맥락에서 보면 비인간 동물종의 돕기행동을 설명하는 데 꽤 유용하다. 물론 죄책감을 회피하거나 착해 보이거나 '도덕적'이고 싶은 확연히 다른 동기들이 동물종에게 의미가 없다고 가정했을 때 이야기다. 그러나 친화 동기affiliative motive와 전략적 동기strategic motive가 다른 동물종에도 존재한다고 보고되었고, 행동만 봤을 때는 새끼돌봄 동기와 구별이 어렵다.

이타적 반응은 프란스 더발의 '지향성 이타주의directed altruism'와도 어느 정도 겹친다.[3] 지향성 이타주의는 특정 개체를 겨냥해 일어나는 이타주의를 가리키는 것으로, 유인원들의 위로행동 같은 직접적인 도움행동과 경고음 내기 같은 인지적 과정이 짧고 훨씬 많은 종에게 나타나는 이타적 행동을 분리하려는 목적에서 만들어진 범주다. 앞서 예를 들었듯이, 프레리도그나 원숭이는 무리에게 포식자의 접근을 알리기 위해 목숨을 걸기도 한다. 덕분에 무리의 생존 가능성이 커지는데, 이는 어떤 특정 개체 하나만을 위한 행동이 아니다. 이런 이타적 반응의 표준 사례는 한 개체가 또 다른 개체를 직접 돕는 지향성 이타주의와 같다. 그러나 여러 개체를 도울 수 있는 이타적 반응의 예도 있고, 상대방의 요구나 고통이 동기가 되어 발생한 게 아닌 지향성 이타주의의 예도 있다. 2018년 전 세계 사람들은 텔레비전 방송을 통해 해저 동굴에 갇힌 태국 유소년 축구팀 이야기를 접했다. 일부 시청자들은 소년들의 이야기에 감명을 받고 구조 작업을 돕기 위해 지구 반대편으로 기부금을 보냈다. 소년들의 무력함, 취약함, 고통, 즉각적인 도움 요청이 동기가 된 이와 같은 기부 행위는 이타적 반응이라고 할 수 있다.

하지만 '돕기행동'이나 '지향성 이타주의'의 좋은 예라고는 할 수 없다. 기부자들은 다른 동물종에게는 나타날 수 없는 추상적인 도움을 제공했고, 먼 곳에서 도움을 제공하는 이들은 직접적인 구조행위 등의 노력을 수행하지 않았고, 수혜자가 한 명의 개인이 아닌 한 무리의 소년들이었기 때문이다. 반대로 지향성 이타주의라도 이타적 반응으로 보일 수 있지만, 운전자가 동승자에게 깊은 인상을 심어주고 싶어서 차를 세우고 낯선 사람을 돕는 사례처럼 동기가 다르다면 이타적 반응이라고 할 수 없다. 돕기 범주와 지향성 이타주의 범주에 속한다고 기술되는 이타주의 유형은 서로 겹치는 부분이 많다. 게다가 둘 다 비교적 최근에 밝혀진 비인간 영장류의 도움행동과 많은 동물에게 존재해 포괄적응도를 높인 행동을 분리하는 데 유용하다. 그러나 이 범주들은 각각 다른 신경생리학적 과정에 의해 촉진되는 인간의 다양한 도움행동들을 분리하는 데는 도움이 되지 않는다. 포유류의 진화 과정에서 다양한 시기에 걸쳐 생겨난 행동들이지만 외면적으로는 비슷해 보이기 때문이다.

발달심리학자인 크리스틴 던필드Kristen Dunfield는 다른 분류체계를 고안해 친사회적 행동을 돕기helping, 나눔sharing, 위로comforting로 분류했다. 이 세 유형의 행동은 서로 다른 시기에 발달했고, 각각 다른 사회인지 및 신경 프로세스에 의해 촉진된다.[4] 그의 분류체계는 도움행동을 궁극-근사 메커니즘ultimate and proximate mechanism*에 연결하는 것을 목표로 설계되었다는 점에서 나의 분류체계와 비슷하다. 하지만 다양한 종이 공유하는 더 원시적인 운동동기부여 상태motor-motivational state(어떤 사람을 위로하거나 위험에서 구하기 위해 달려가도록 하는 동기부여 상태 등)에 초점을 맞추기보다 인간에게 두드러지게 나타나는 상대방의 요구를 파악하는 정신적 능력에 주목하기 때문에 이 분류체계 역시 이타적 반응에는 잘 맞지 않는다. 던필드의 분류체계도 동기부여가 되어 있어야 하고, 적절한 도움행동을 알고 실행해야 한다는 비슷한 필수조건이 있지만, 앞선 두 분류체계와 마찬가지로 인간의 다양한 발달 시기에 등장하는 여러 가지 이타주의를 설명하기 위해 설계되었으므로 다양한 동물종에 존재하거나, 인간의 발달 초기에 생길 수 있거나, 돕기, 나눔, 위로를 모두 아우르는 이타적 반응은 다루지 못한다(흡혈박쥐를 예로 들면, 추운 밤을 견뎌내기 위해 양분과 따뜻한 접촉이 필요한 어린 박

- 진화론적으로 타당성을 상실했지만 여전히 남아 있는 본능을 근사 메커니즘이라 하고, 타당성이 남아 있는 본능을 궁극 메커니즘이라 한다.

줘가 먹이 사냥에 실패했을 때 먹이를 나눠 주는 행동은 돕기, 나눔, 위로가 모두 포함되어 있을 것이다).

기존에 분류된 이타주의 유형들은 다양한 종이나 여러 생애 단계에 어떤 행동이 흔하게 혹은 드물게 나타나는지를 판단하기 위해 고안되었다는 맥락에서 보면 모두 타당성이 있다. 유인원이나 어린아이들에게서 돕기행동이 일어나는 동안에는 도움을 주게 된 동기나 근원적인 생리적 작용, 인지 과정을 추적하기가 어렵지만, 실험자가 물건 집는 것을 도왔는지, 다른 유인원에게 나뭇가지를 빌려주거나 어린 유인원에게 먹이를 제공했는지 정도는 쉽게 구별할 수 있다. 나는 언제, 어떤 목적을 위해, 어떤 신경학적·생리적 과정을 거쳐 행동이 진화했는지를 기반으로 이타적 행동 유형을 정하는 분류체계를 원한다. 이타적 욕구에 자극받은 행동이기만 하다면 진화 및 발달 과정에서 나중에 생겨난 추상적 형태의 도움행동이나 먼 거리에서 행해진 분배 형태의 도움이라도 이타적 반응이라 할 수 있을 것이다. 앞서 언급한 개미의 구조행동을 연구했던 학자들도 지적했듯이[5] 다양한 도움행동에는 그 기저를 이루는 과정인 이타적 반응이 있다. 그러나 그 기저 과정을 따로 뽑아내는 데 적합한 이타주의 범주가 없다는 점이 아쉽다.

사회심리학자 앤 맥과이어Anne McGuire는 다양한 유형의 사건과 관련해서 사람들이 보고하는 돕기행동의 특성을 연구해 이타주의 분류체계를 고안했다.[6] 맥과이어는 이타적 행동이 대부분

일상적casual 도움, 물질적substantial 도움, 감정적emotional 도움 또는 응급emergency 도움 중 하나이며, 행동의 혜택과 빈도수, 비용을 인지하고 그것들에 미루어 사람들이 어떤 행동을 할지 판단한다는 것을 알아냈다. 이 분류체계는 돕기행동의 동기를 수반하며, 무엇보다 응급 도움을 유일하게 포함하고 있다. 하지만 이전 분류체계들과 마찬가지로 행동에 관련된 동기 및 진화 과정보다 겉으로 보이는 특성에 따라 분류하고 있다. 어떤 사람은 상대방의 무력함과 아기와 같은 상태가 동기가 되어 네 가지 도움 중 어느 하나를 제공한다. 누군가를 위한 도움에 비용이 많이 들거나 '진정으로 이타적인지' 집요하게 평가하는 것은 평범한 사람들에게 중요하다. 이는 공감 기반의 이타적 행동과 남에게 자신의 선량함을 보여주려는 그다지 바람직하지 않은 동기에서 취하는 행동을 분리해야 하는 과학자들에게도 마찬가지다. 그러나 이런 집요함은 진화적 혜택이 있어야 발생하고 오랫동안 유전체 속에 유지되어 온 생물학적 성향을 이해한다는 그들의 목표와 무관하다.

사회심리학에서 과학자들은 도움행동을 분류할 때 그 분야의 목표를 반영해서 각자 다른 분류체계를 사용한다. 특히, 사회심리학자 대니얼 뱃슨Daniel Batson은 사람들이 단지 피해자로부터 얻은 슬픔이나 고통을 줄이려는 이기적인 욕구에서뿐만 아니라 진정한 이타적이고 타인 지향적인 관심, 즉 동정으로 다른 사람을 도울 수 있음을 보이기 위해 평생을 바쳤다.[7] 많은 이론가가 '진정한 이타주의'는 존재하지 않는다고 가정한다. 어떤 도움행동이든 도움을 제공하는 사람에게도 득이 되고 그런 이기심에서 남을 도울 수도 있기 때문이다. 하지만 뱃슨의 동기 구분은 그런 가정에 모순된다. 그가 말한 '공감적 관심'과 '개인적 고통'의 구분은 오늘날에도 여전히 연구의 중심 주제로 다루어지고 있다. 이는 도움 제공자의 근본적인 동기에 초점을 맞춘 유일한 분류체계지만, 아쉽게도 역시나 이타적 반응을 정확히 포착하지 못한다. 왜냐하면 속수무책인 피해자의 상황을 보면서 사람들은 공감하거나 고통을 느낄 수 있는데, 각자 다른 감정을 느낀다고 말하더라도 어쨌든 사람들의 행동을 촉진하기 때문이다.

이런 실험에서 피해자를 목격한 대부분의 사람들은 자신의 개인적 상태에 몰입해 상황에 관해 생각하거나, 긴급하지 않은 보통의 상황이라면 어떤 행동을 취해야 할지 결정할 시간을 갖는다. 엄밀히 말해, 사람들은 공감적 관심은 없지만 고통을 느껴 도와줄 수도 있고, 반대로 공감적 관심을 느꼈다고 해서 항상 행동에 옮기는 것도 아니다. 공감 없이도 행동이 일어날 때와 공감이 행동을 촉진하지 않을 때가 있다는 차이가 생긴다. 이타적 반응 모델이 즉각성 정도, 전문성, 상반된 목표를 고려할 시간 등의 요인을 토대로 차이를 설명하기 위해 고안된 이유다.

설치류의 새끼돌봄과
수동적 돌봄, 능동적 돌봄

설치류의 새끼돌봄을 서술하는 과학자들은 '수동적' 돌봄과 '능동적' 돌봄이라는 두 가지 돌봄 형태에 관해 이야기한다. 수동적 돌봄이라는 용어는 새끼와 몸을 밀착하고 젖을 먹이고 새끼를 핥고 쓰다듬는 것과 같이 일반적으로 둥지 안에서 행해지는 양육에 가까운 도움 형태를 묘사한다. 능동적 돌봄은 안전한 보금자리를 떠나고 이에 따라 더 많은 에너지를 필요로 하는 두 가지 특정 행동, 즉 둥지짓기와 새끼회수를 서술하기 위한 용어다.[8] 이런 분류가 조금 혼동될 수도 있다. 예를 들어, 젖 먹이기는 수동적 돌봄이지만 에너지 측면에서 어미 쥐에게는 비용이 많이 드는 행동이다. 게다가 둥지짓기와 새끼회수는 그다지 비슷해 보이지도 않는다. 둥지짓기는 오직 먹이와 안전 같은 즉각적인 요구가 충족되었을 때만 수행되는 기대행동으로, 중요한 장기적 효과가 수반된다. 반면에 새끼회수는 덜 긴급하고 더 장기적인 일에 쏠려 있던 에너지와 관심을 가져와서 즉각적인 문제를 해결하는 것이다. 또한, 둥지를 지으려면 어딘가에서 재료를 가져와야 하는 만큼 둥지 재료도 회수행동을 일으킨다. 새끼회수와 유사한 행위를 보이므로 그 공통점에 주의를 기울일 만하지만 새끼는 둥지 재료를 모으는 일보다 더 강한 동기와 보상이 된다.

수동적 돌봄과 능동적 돌봄 메커니즘은 겹치는 부분이 상당하다. 두 돌봄 형태를 항상 분리한다면 이 점을 파악하기 어려울 수 있다. 엄마가 되었을 때 수동적 돌봄과 능동적 돌봄은 동시에 일어나고, 두 가지 모두 임신 및 출산, 육아를 지원하는 무수히 많은 신경 변화와 호르몬 변화, 행동 변화로 말미암아 더욱 촉진된다. 더욱이 수동적 돌봄에 관여하는 옥시토신과 바소프레신 같은 신경펩타이드가 능동적 돌봄행동도 지원한다. 유능한 양육자는 수동적 돌봄과 능동적 돌봄을 모두 해야 한다. 두 돌봄 형태는 모두 다른 방식으로 기피하는 개인(새끼)에게 접근하도록 한다. 그래서 적절한 상황에서 도움이 필요한 상대를 향한 회피 혹은 접근이라는 내적 갈등을 겪게 한다. 수동적 돌봄과 능동적 돌봄은 모두 미래에 돌봄행동을 증가시키는 긍정적인 보상을 만들어낸다. 이처럼 수동적 돌봄과 능동적 돌봄 형태는 개념·진화·메커니즘 차원에서 공통점이 많은 만큼 완전히 별개의 것으로 여기고 싶지 않을 것이다(그림 8). 그럼에도 불구하고 수동적 돌봄에는 필요하지 않지만 능동적 돌봄인 새끼회수에는 필요한 추가적인 특징이 있고, 그 특징을 인간의 이타주의를 설명하는 데 적용한 사람이 아직 없으므로 나는 능동적 돌봄에 주안점을 둘 것이다. 설치류의 능동적 돌봄은 시상하부의 특정 영역과 특정 신경운동 그리고 동기가 필요한데, 동기는 사람들이 피해자에게 공감하더라도 왜 항상 돕지 않는지, 피해자를 목격했을 때 흥분하거나 스트레스를 받

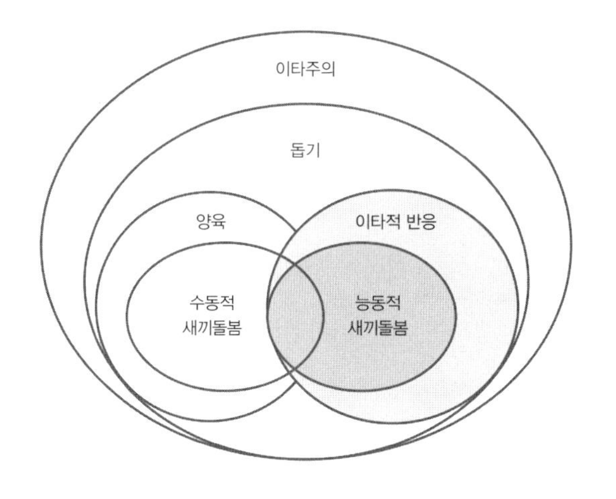

그림 8 도움행동의 다양한 유형을 보여주는 벤다이어그램으로, 전부는 아니더라도 일부 행동은 새끼돌봄 시스템에 의존한다. 새끼돌봄 시스템은 수동적 돌봄 형태와 능동적 돌봄 형태를 포함하는데, 그중 후자가 이 책의 주제이기도 하다.

출처 스테퍼니 프레스턴, '새끼돌봄에서 비롯된 이타주의의 기원', 〈심리학 회보〉 139, no. 6 (2013).

거나 고통스러우면서도 왜 돕기를 마다하지 않는지를 이해하는 데 도움이 된다. 지금까지 영웅적 행동은 위로처럼 수동적인 형태의 도움을 설명하는 공감 기반 이타주의 모델에 통합되기 어려웠지만, 능동적 돌봄을 설명하는 데는 유익하다.

나는 이 책 전반에 걸쳐 '능동적 돌봄' 대신에 '이타적 반응'이라는 용어를 사용하고자 한다. 동일 신경회로의 자극을 받아 발생하는 비교적 덜 물리적인 도움행동은 물론이고, 영웅적인 구조행동과 같은 말 그대로의 회수행동도 모두 포괄하는 용어이기 때문이다. 게다가 '이타적 반응'이라는 용어는 동일한 신경·호르몬 과정에 많이 의존하는 수동적 돌봄과 능동적 돌봄을 인위적으로 분리하는 문제도 피할 수 있게 한다. 예를 들어, 비록 기부 행위 자체가 실제로는 '능동적인' 물리적 반응이 아니고 기부자가 실제 구조행위를 수행하는 게 아니라 할지라도, 누군가는 텔레비전 공익 광고에서 도움이 필요해 보이는 사람을 봤을 때 그를 '구하기' 위해 기부금을 낼지도 모른다. 이런 금전적 기부도 새끼회수와 비슷한 맥락에서 피해자에 의해 동기가 부여되었다면 여전히 이타적 반응으로 간주한다.

미시간대학교의 브라이언 비커스Brian Vickers, 레이철 사이들러Rachael Seidler, 브렌트 스탠스필드Brent Stansfield, 대니얼 와이스먼Daniel Weissman과 함께 수행한 뇌 영상 실험이 이 과정을 보여주는 예다. 실험에서 연구자들은 참가자들에게 다양한 가상의 구호단체에 관한 소개 글을 읽게 하고, 먼저 시행한 손가락 두드리기 실험finger tapping trial*을 통해 얻은 돈 가운데 원하는 액수를 피해자들을 돕는 데 기부할 기회를 주었다.[9] 피해자에 관한 정보는 각 구호단체를 소개하는 짧은 글을 통해서만 전달되었으며 참가자

* 주어진 시간 동안 손가락 두드리기 비율을 측정해서 신경근 시스템의 기능과 운동 제어 능력을 측정하는 심리 검사다.

들이 누군가를 직접 '구조'할 수는 없었다. 비록 소개 글이 실제 구조를 목격하는 것만큼 인상적이지는 않았지만, 참가자들은 즉각적인 돌봄과 도움이 필요한 아기나 어린이들을 도와주는 자선단체에 많은 돈을 기부했다. 예를 들어, 산사태로 손해를 입거나 보트가 뒤집혀서 구조해야 하는 어른들보다 집중치료실에 있는 아기나 가정 폭력 피해 어린이들에게 더 시선이 갔다. 어린 피해자들을 돕게 하는 또 다른 동기는 운동신경 반응의 계획 및 생성을 돕는 뇌 영역 활동과 관련 있었는데, 이는 마음 가는 대상에게 접근하도록 준비시키는 성공 가능성 가득한 신체적 반응이라는 행동 동기의 증거로 해석된다.

이제 이타적 반응이라는 개념으로 되돌아가서 즉각적이고 물리적인 구조행동이 실제로 일어나지 않더라도 새끼돌봄과 비슷한 맥락이기 때문에 일어나는 사례라면 이타적 반응이라는 용어를 사용하고, 그 반응이 일어나는 과정을 적용해 설명해보고자 한다.

이타주의와 수동적 돌봄

현재 이타주의를 연구하는 학문에서는 이분법적으로 수동적 돌봄과 능동적 돌봄을 나누고 있다. 흔히 연구자들은 타인의 고통에 관한 우리 인간의 세심함이 자신의 자식에게 세심하고 공감해야 한다는 요구에서 나온 것이라고 가정한다.[10] 프란스 더발과 필리포 아우렐리는 영장류가 싸움 이후에 다치거나 마음 상한 동료를 어떻게 위로하는지, 즉 껴안거나 털 고르기를 통해 어떻게 화해하는지 연구했다.[11] 침팬지, 고릴라, 보노보를 포함한 많은 종이 타 개체를 위로하는 행동을 한다는 것이 입증되었다. 그러나 원숭이로부터는 그런 증거를 발견하지 못했다. 짧은꼬리원숭이 어미들은 싸움의 주체가 자기 새끼더라도 안심시키지 않는데, 이것은 집중적 양육행동이 신생아 초기 단계로만 한정되어 있음을 암시한다. 비인간 영장류의 공감 및 이타주의를 보여주는 2천 건 이상의 사례 연구 보고서에서 연구자들은 다른 유인원들 사이에서는 고통에 가득 찬 동료를 위로하는 모습이 관찰되었지만 원숭이는 그렇지 않다는 것을 알아냈다.[12]

이처럼 포유류의 위로행동이 뇌가 큰 대형 유인원 사이에서만 일어난다고 할지라도 완전히 다른 분류군에 속하고 뇌 크기 또한 훨씬 작은 까마귀도 위로행동을 보인다는 사실을 고려하면 위로행동 자체가 크기가 큰 신피질을 요구하는 것은 아니다.[13] 까마귀는 실제로 유인원처럼 유대 형성을 포함해 여러 사회적 행동을 표현하고, 짝을 지어 새끼를 기르고, 느린 발달 속도를 보인다. 그러므로 동물들이 무리를 지어 생활하는 것은 단순히 뇌 크기의 문제라기보다 사회적 행동을 설명해주는 증거라고 볼 수 있다. 지금까지 내용을 종합해볼 때, 수동적이고 양육적인 형태의 돌봄은 다양한 종에게서 두루 관찰되며 이론적으로 새끼돌봄과 관련 있다. 그러나 설치류의 새끼돌봄에 관한 연구 문헌에서 말하는 '수동적 돌봄'으로 분류한 학자는 없다. 더욱이 유인원이 보이는 양육행동은 구조행동 같은 능동적인 도움 형태와 구분되지 않으며, 그 자체가 새끼돌봄 회로와도 연관되어 있지 않다(물론 편도체와 전측대상피질 같은 개별 영역들이 이 시스템에 연루되어 있기는 하다).

사회심리학과 신경과학은 수동적 돌봄과 능동적 돌봄을 분리해 어느 하나의 원형적인 형태로서 연구하지 않는다. 통제된 실험 환경에서는 피험자들이 대체로 멀리 있는 사람이나 때로는 도움이 필요하지 않은 사람에게도 간접적으로 돈을 기부하기 때문이다. 우리는 사람들이 마음 상한 친구를 포옹해주면서 달래거나, 지친 아이를 껴안아 주거나, 보트에 탔다가 차가운 물에 빠져 구조된 사람에게 담요를 덮어주는 등 수동적 돌봄행동을 보이는 것을 됨됨이라고 생각한다. 이렇게 다정하고 위로가 되는 행동은 일상생활에서는 물론이고, 곁에 있어주는 것 자체가 관계의 성질을 정의하는 친밀한 사회적 유대관계에서 더욱 중요하기 때문이다.[14] 발달심리학자들은 아이가 힘들어하는 부모나 실험자를 위로할 때 같은 수동적 돌봄을 연구한다.[15] 아이들은 채 한 살도 되지 않은 어린 나이에도 가상으로 꾸며낸 상황에서 다른 사람을 안아주거나 쓰다듬는 등 돕기행동을 보인다. 심지어 수동적 도움행동인 위로하기를 능동적 돕기행동에 섞기도 하는데, 슬퍼하는 부모에게 필요한 물건이나 기분이 좋아질 물건을 가져다주었다.

수동적 돌봄과 위로행동은 피해자뿐만 아니라 돕는 사람과 집단 전체에도 이득이 된다. 고통스러운 일을 겪은 후에는 위로하는 사람과 위로받는 사람 모두 혼자보다 함께 있을 때 더 빠르게 마음의 안정을 찾는데, 스트레스가 신경계에 미치는 장기적 영향이 최소화되기 때문이다.[16] 이처럼 상대방과 자신을 동시에 위로하는 양방향 연결은 모성애적 돌봄에 매우 중요하며, 서툴기는 해도 인간 아이들에게서도 가끔 관찰된다. 우리 집에서는 막내딸이 넘어지거나 흥분하면 큰애들이 막냇동생을 진정시키기 위해 안간힘 쓰며 동생에게 사실상 헤드록을 거는 거나 다름없는 행동을 하곤 했다. 큰애들은 자신들의 '돌보기 행동'에 대항해 막내가 몸부림치는 동안 놀란 마음을 스스로 진정시키고 좋게 생각하려고 애썼다. 이와 비슷하게 프란스 더발은 감정이 격앙되는 사건이 일어나면 상호 위안을 구하고자 큰 더미를 이루듯 서로의 몸 위로 뛰어 올라가는 짧은꼬리원숭이들 사이에서 고통이 퍼지는 장면을 묘사했다.[17] 연구자들은 원래 어미와 새끼의 유대 형성 메커니즘에서 생겨난 이런 생리학적인 연결이 어떻게 스트레스를 감소시키고 돕기행동이 건강 증진으로까지 이어지는지를 살펴보고자 이 현상을 더 깊이 연구하고 있다.[18] 때때로 사람들은 이런 양방향 보상을 인간이 이타적 존재가 아니라는 증거로 본다. 오직 자신의 불편한 마음을 달래기 위해 남을 돕는다고 볼 수 있기 때문이다. 돕기 메커니즘이 진화론적으로 안정적인 전략이 되기 위해서는 이타적 행동을 하는 사람도 이득을 얻어야 한다는 점을 고려하면 이는 근시안적인 생각이다. 이 메커니즘은 적응적 방식으로 가장 취약한 사람을 돕고, 유대 형성과 긍정적 상태를 촉진하며, 부정적 상태를 줄이고 목격자가 다시 피해자에게 접근하도록 장려한다. 고통스러워하는 사람에게 접근할 때 느낄 불편하고 잠재적인 위험한 감정을 없앤다는 것은 분명 강력하다.

어떤 사람들은 포옹하기, 토닥거리기, 쓰다듬기 같은 수동적 돌봄행동은 돌봄 제공자에게 비용이 발생하지 않으므로 이타주의로 간주하지 말아야 한다고 주장한다. 하지만 내 생각은 다르다. 모든 물리적 도움에는 에너지와 기회비용이 들고, 돕는 동안에는 외부 위협에 대한 경계가 떨어지게 마련이다. 게다가 돕기행동은 사회관계에 위험요소가 되기도 한다. 비인간 영장류 사회에서는 싸움에서 패배한 동료를 위로하면 주도권을 얻은 녀석이 패배자를 편들었다는 이유로 공격하고 벌을 줄 것이다. 위로에 필요한 밀접 접촉은 높은 사회적·정서적 위험도 수반한다. 친밀감은 오로지 아주 제한적인 관계와 조건에서만 환영받는다. 누군가를 위로하거나 혹은 품에 안으려다가 저지당한 적이 있다면 잘 알 것이다. 그런 상황에서 받게 되는 정서적 처벌은 정말 현실적이다. 또한 어떤 사람들은 위로받는 것을 불쾌하게 생각할 수도 있다. 상대방이 자신을 가르치고 통제하려 들고 어린애 취급을 하면서 난처하게 만든다고 느끼기 때문이다. 밀접 접촉 행위가 아기를 달래기 위해 진화한 것이라는 사실에 비춰보면 충분히 나올 수 있는 반응이다.

포옹하는 것 역시 낯선 사람에게 1~2달러를 건네거나 실험자가 떨어트린 연필이나 종이를 집어주는 것처럼 우리가 연구하는 다른 형태의 이타주의 못지않게 비용이 든다. 설령 여러분이 성경 속 가난한 여인처럼 생존을 위해 하루 생활비를 포기하고 헌금한 것이 아니거나 누군가에게 수천 달러를 기부해도 속이 쓰리지 않다면, 이는 특별하게 큰 대가를 치러야 하는 행동은 아닌 것이다. 여러 점을 미루어볼 때 수동적 돌봄은 실제로 매우 실질적인 비용이 수반되며, 평범하고 규범적이라 할지라도 원초적이고 중요한 도움의 표현으로 중요하게 받아들여야 한다. 그림 9에서 보여주고 있듯이 부모가 자녀를 위로하는 것은 자연스러운 모습이다. 이제 속상해하는 낯선 사람이나 울고 있는 친구, 심지어 울고 있는 여러분 친구의 아이에게 동일한 수동적 위로를 한다고 상상해보자. 새끼돌봄 맥락 이외의 상황에서 사람들이 타인에게 자신의 고통을 내보이는 것이 드물고 돌봄도 거의 제공하지 않는다는 사실은 결국 행동을 수반하는 데 큰 비용이 든다는 것을 증명한다.

인간의 수동적 돌봄에 관해서는 더 많은 연구가 필요하지만

그림 9 〈마돈나와 아이Madonna with Child〉 원작을 에스더 스탠스필드Esther Stansfield가 재해석한 흑백 그림으로, 어머니와 아기 사이에서 흔히 볼 수 있는 친밀하고 따뜻하며 유대감과 만족감을 충족시키는 접촉을 묘사하고 있다.

쉽지 않은 일이다. 피험자들 대부분 서로 모르는 관계라서 접촉하거나 가까이 다가가는 것을 좋아하지 않기 때문이다. 이를 해결하는 한 가지 방법은 관계와 돌봄을 연구하는 학문에서 흔히 사용하는 연구 방법을 적용하는 것이다. 바로 서로 아는 사이인 피험자 한 쌍이 실험실이라는 어느 정도 자연스러운 환경에서 상호작용하는 동안 파트너의 고통을 위로하기 위해 보이는 접촉이나 반응을 측정하는 것이다.[19] 신경과학자 인디아 모리슨India Morrison과 연구진은 천천히 달래듯이 어루만지는 접촉에 선택적으로 반응하는 피부 속 특정 신경섬유(달래는 행동과 생리학적 보상을 연결하는 신경섬유)를 자세히 살폈다.[20] 심리학자 캐슬린 보스Kathleen Vohs와 연구진은 실험실에서 사람들이 스트레스를 유발하는 일이 일어난 후 위로나 배려를 위해 의자를 상대와 얼마나 가까이 놓는지를 측정했다. 내가 속한 연구실에서 수행한 실험에서는 피험자들이 스트레스를 받은 실험 파트너에게 가까이 다가가 앉지는 않더라도 격려와 안심시킬 만한 말을 해주는 것을 볼 수 있었다. 서양 문화에서는 안면이 없는 사이에서의 밀접 접촉을 매우 금기시하다 보니 의자를 가까이 당겨서 앉는 것조차 이상하게 보일 수 있다. 수동적 돌봄을 연구할 때는 특히 창의성이 요구되는데, 수동적 돌봄과 능동적 돌봄을 구별해 인간 이타주의를 이해하고 유용성 여부를 밝히는 데 도움이 되기 때문이다. 게다가 수동적 돌봄은 사람들이 일상생활에서 서로를 돕는 가장 흔하지만 영향력 있는 방법이면서도 영웅적 행동보다 훨씬 많은 빈도로 발생하므로, 이에 관한 연구는 그 중요성을 강조해도 부족하다.

이타주의와 능동적 돌봄

앞서 나는 설치류와 인간의 수동적 돌봄을 이해하는 것이 적절하고 중요하다고 주장했다. 그러나 이 책은 **능동적** 돌봄을 우리 인간의 이타적 반응까지 확대하는 데 초점을 두고 있다. 내가 이 점에 중점을 두는 데는 몇 가지 이유가 있다. 지금까지 능동적이고 영웅적인 형태의 도움행동은 주로 현상학적인 관점에서 연구되었는데, 영웅들의 사례를 연구하거나 어떻게 영웅이 되었는지에 관한 자기 보고 형식을 통해서였다.[21] 능동적 도움은 이타주의에 관한 진화론적 이론이나 신경과학 이론에서 구체적으로 다루어진 적이 없고, 심지어 새끼돌봄을 뒷받침하는 기초 이론에서도 다루어지지 않았다. 이전 이론들은 타인의 고통에 관한 민감도, 동정심, 공감 능력에만 초점을 두고, 뒤따르는 도움이 어떤 유형인지, 도움행동이 몸과 뇌에서 어떻게 성립되는지는 살펴보지 않았다. 능동적 돌봄 형태의 대표적 예인 구경꾼 효과에 관한 연구는 도움이 필요한 사람에게 능동적이고 물리적으로 접근하는 행동을 자세히 살핀다.[22] 그러나 대부분의 연구는 언제 인간이 도움의 욕구를 느끼는지를 알아내기보다 왜 돕기행동을 **행하지 못하는지**를 설명하고 있다. 게다가 구경꾼 효과의 전형적인 예는 금전적 도움, 구조행위, 위험, 전문성 같은 이타적 반응에서 중요한 특징을 거의 포함하지 않는다. 수동적 돌봄에 관한 연구에도 해당되는 말이지만, 능동적 돌봄에 관한 선행 연구가 일부 분야에서 어떤 식으로든 수행되었더라도 실제 독자적인 형태로서는 연구되지 않았다. 그러나 능동적 돌봄은 수동적 돌봄과 확실히 구분되며, 본질적으로 새끼회수나 구조행동과 유사함이 분명하다.

요약

자연을 그 마디를 따라 나눔으로써* 그리고 비슷한 진화적·동기부여적·신경적·생리적 과정에서 파생된 이타주의 형태들을 따로 모아놓음으로써 우리는 우리와 가장 가까운 사람, 즉 우리의 도움을 진정 필요로 하는 사람들에게 세심한 돌봄과 보호를 제공하도록 수천 년에 걸쳐 진화한 강력한 메커니즘을 이해하게 되었다. 앞으로 여러 학문 분야와 다양한 차원의 분석을 통해 얻은 정

* 플라톤이 한 말로, 고기를 마디에서 절개하면 더 쉽게 자를 수 있듯이 세상을 나누기 좋게 미리 정해진 마디를 따라 분류함을 뜻한다.

보를 하나의 단일 이론 틀 안에 혼합한다면, 이질적이기만 했던 여러 이타주의 이론들을 확장된 하나의 이론 체계로 통합할 수 있을 것이다.

제4장

본능이란 무엇인가

* 인간에게 타인을 돕는 타고난 능력이 발달했다는 주장은 그것을 일종의 본능 또는 **욕구**라고 말하기 때문에 특히 더 설득력이 없어 보일지도 모른다. 그렇다 할지라도 이타주의처럼 상황에 유연하고 세심한 본능을 우리 인간이 어떻게 가지게 되었는지를 살펴볼 필요가 있다.

이타적 반응은 '본능에 따라' 일어난다. 그러나 통제할 수 없는 분별없는 행동이거나 개체나 상황에 상관없이 항상 똑같이 나타나는 행동이라는 의미는 아니다. 오히려 본능적 행동을 포함해 대다수의 행동은 개인의 유전자, 생애 초기의 삶, 환경, 현재 상황 등에 민감하도록 설계된 정교한 신경계에 부호화되어 있는데, 그 방식이 유연하고 대체로 적응적이다. 이는 설치류도 마찬가지다.

그러므로 우리는 개인과 상황에 따라 현저히 다른 본능을 가질 수 있고, 욕구라고 해도 이롭지 않을 때는 대개 억제한다.

천성과 양육 사이의 엄격하고 비현실적인 구분은 이해가 어려운 플라톤 철학의 형상form과 같다. 과학자들은 새로운 연구 결과를 두고 인터뷰를 할 때마다 거의 매번 "그러니까 이것은 타고나는 것입니까? 아니면 길러지는 것입니까?"라는 질문을 받는다. 최근 〈시카고 트리뷴〉은 신경생물학자 페기 메이슨Peggy Mason과 그의 동료 연구자들이 수행한 생쥐의 이타주의에 관한 연구 결과를 천성 대 양육 논쟁의 소재라고 표현했다.[1] (그건 그렇고 정말 이런 논쟁을 벌이는 사람이 있을까?) 내가 공감을 주제로 강연할 때마다 공감이 타고나는 것인지 아니면 길러지는 것인지를 묻는 사람이 꼭 있다. 내가 대학원생이던 시절, 미국심리학회American Psychological Association, APA가 발간한 잡지 〈모니터〉에 실린 과학전문기자 베스 에이자Beth Azar의 기사 제목이 이 점을 정확히 포착하고 있었다. '천성과 양육, 상호 배타적이지 않은 두 영역Nature, Nurture: Not Mutually Exclusive'이라는 간결한 제목은 그 후로 관련 이야기가 나올 때마다 인용되고 있다.[2] 천성과 양육을 구분하는 것만 보아도 세상사를 흑백 논리로 보거나 세상이 양립할 수 없는 정반대의 것으로 구성되었다고 보는 서양 사람들의 사고방식을 엿볼 수 있다. 정반대의 것들도 평화롭게 공존한다고 이해하는 동양의 음양 사상과는 대조적이다.[3]

한때 과학자들은 모든 행동은 아닐지라도 어떤 행동들은 동물의 DNA에 부호화되어 있어 훈련 없이도 표출된다는 의미에서 '각인된hardwired' 행동이며, 외부 자극이 없을 때는 완벽하게 내부에 압축되어 있다고 믿었다. 그러나 20세기 후반에 이 생각을 바로잡는 증거가 하나둘 쌓이기 시작했다. 당시 나는 학생이었고, 우리는 프랑수아 트뤼포François Truffaut 감독의 동명의 영화에서도 묘사되었듯, 늑대에게 길러진 '야생 소년'을 비롯해 '야생의 아이들'을 다룬 다큐멘터리를 보았다.[4] 정상이 아닌 부모에 의해 변기 의자에 사슬로 묶인 채 유아기를 보낸 소녀에 관한 다큐멘터리인 〈지니Genie〉도 봤는데, 지니의 사례는 프랑스 아베롱에서 발견된 야생 소년 빅터보다 200년이나 지난 20세기 미국에서 벌어진 일이라서 훨씬 더 충격적이었다.[5] 지니는 비바람을 피할 수 있는 집이 있었고 굶주리지도 않았지만, 발달 초기에 필요한 정상적인 심리사회적·언어적 상호작용을 완전히 박탈당했다. 빅터와 지니 모두 인간이라기보다는 동물에 더 가까운 이상한 방식으로 말하고 행동했다.

두 아이의 사례는 심리학자들에게 우리 인간이 걷고 뛰고 말하는 것이 뇌에 각인된 능력일지도 모르나 이런 기본적인 능력을 펼치기 위해서는 적절한 발달 환경이 필요하다는 것을 시사했다. 빅터와 지니는 발견 당시에 엄밀히 말하면 어린아이였지만 이 아이들의 새로운 양육자가 아이에게 성인 수준의 언어를 가르치고 사회의 한 구성원이 되도록 교육하는 일이 사실상 불가능했다. 이처럼 자연 상태와 비슷한 환경에서 찾아낸 증거, 여러 더 통제된 환경에서 얻은 사례를 기반으로 연구자들은 언어가 발달하려면 '결정적 시기'가 필요하다는 점을 깨닫기 시작했다. 언어 능력을 습득하기 위해서는 결정적 시기에 적절한 외부 자극과 교육이 필요한 것이다. 이 개념은 조류 같은 다른 종에게도 확대 적용되었다. 일례로 참새목의 금화조 새끼가 금화조의 전형적인 노랫소리를 낼 수 있으려면 결정적 발달 시기에 아비 새의 노랫소리를 반드시 들어야 한다. 인간의 언어 습득 능력이 매우 뛰어나서 어린 미취학 아동이라도 어른처럼 완벽한 문장으로 말하기도 하고 때로는 여러 언어를 구사할 수도 있지만, 언어가 인간의 뇌에 각인된 능력이라는 점은 오직 말이 필요한 발달 단계에서 적절한 지원이 제공되었을 때 발달한다는 의미와 일맥상통한다. 더욱이 난독증, 자폐증, 언어장애의 사례가 매우 많다는 사실을 고려할 때, 언어 발달 순서가 교란되거나 지연되거나 변경될 수 있는 길이 수천은 아니더라도 수백 가지는 있을 것이고, 그중 상당수는 단순히 유전적 과정뿐만 아니라 환경적 과정에서 유래한다.

다양한 종에게서 나타나는 새끼돌봄과 이타적 행동도 마찬가지다. 예를 들어, 어린 시절 좋은 돌봄을 받지 못한 짧은꼬리원숭이 암컷은 어른이 되었을 때 역시나 무심한 어미가 된다.[6] 이와 관련해 가장 최근에 진행된 쥐의 초기 발달에 관한 실험에서는 어미 쥐가 둥지 안 자신의 갓 태어난 새끼에게 제공하는 '수동적' 돌봄인 핥기와 쓰다듬기 행동이 나중에 새끼의 행동과 생리적 기능을 발달시키는 데 영향을 미친다는 것이 증명되었다. 둥지 안에서 어미로부터 종 특유의 쓰다듬기 자극을 더 많이 받은 새끼는 감정을 조절하고 스트레스 요인에 대응하는 능력이 더 뛰어나고, 새끼회수에 중요한 역할을 하는 뇌 영역인 시상하부 안쪽 내측시각교차전구역에서 에스트로겐과 옥시토신 사이 다양한 신경 상호작용도 발달한다.[7] 따라서 이타적 반응은 동기부여와 운동준비motor preparation 차원에서 본능적이라고 할 수 있다. 나는 이 관점에서 이타적 반응을 서술할 것이다. 1900년대 생태학자들이 회색기러기가 알을 회수하는 본능을 묘사했을 때처럼 이타적 반응으로 이어지는 특성(예를 들어, 즉각적인 도움이 필요한 취약한 대상)을 '해발인releaser•'이라고 하겠다. 본능적 행동은 '인간 이하'의 동물들(인간이 아닌 유인원이나 원숭이는 가상의 진화계층구조에서 '하위' 계층에 속하고 우리 인간은 그 위에 서 있다고 생각한 과학자들이 그들에게 붙였던 용어다)이나 하는 행동으로, 우리는 인간이 동물들보다 우위에 있다고 생각하므로 '본능'이나 '본능적'이라는 단어 자체가 문제가 되는 것이다. '인간은 특별하다'라는 이런 주장은 인간의 모든 결정과 오직 인간의 결정만이 욕구나 본능이 아닌 이성적이고 명시적이

• 고정행동패턴을 유발하는 모든 자극을 말한다.

고 의도적인 인지 과정을 반영한다는 믿음과 연결되어 있다. 그렇다면 우리는 무엇인가. 동물인가? 그렇다. 실제로 우리는 동물이다. 그렇다면 인간이 쥐의 기본 본능을 따르고 있다면 어떻게 이성적인 결정을 내릴 수 있을까? 본능을 따르는 존재라면 어떻게 맥락과 상황, 상대방, 기분에 따라 멋지게 결정을 바꾸는 것일까?

이 물음의 답을 찾으려면 진화 이론에서 파생된 단순한 고정관념과 인간과 비인간인 동물 사이 구분을 버려야 한다. 우리는 뇌가 지닌 뛰어난 장점을 자세히 살펴봐야 한다. 그래야 어떻게 뇌가 오랫동안 적응적으로 베풂을 촉진할 수 있도록 (혹은 차단할 수 있도록) 설계되어 왔는지를 제대로 이해할 수 있다. 브라질너트만 한 설치류의 뇌도 이처럼 뛰어난 설계가 되어 있다. 절대 단순하지 않은, 포유류의 중추신경계는 동물로서 우리 모두가 직면한 먹이 찾기, 짝짓기, 어린 새끼의 생존 보장하기 등의 문제를 해결하기 위해 2억 년 동안 계속 진화했다. 설령 우리 인간이 설치류 형제보다 특별한 인지 능력을 추가로 가지고 있지 않다고 할지라도, 두렵거나 불안하거나 상충하는 목표가 없고 돕는 행위를 긍정적으로 생각할 때라면 상대방에게 유대감을 느끼고 도움을 줄 수 있도록 포유류의 뇌는 동기부여된 행동을 촉진할 것이다. 엄밀히 말해, 이 책은 인간이 남을 돕는 본성을 특별히 타고났음을 보이는 데 역점을 두기보다, 우리의 돕기 '본능'은 예측 가능할 뿐만 아니라 억제된 상황에서도 진화의 역사 덕분에 본능적으로 행동으로 나타날 수 있음을 보이는 데 집중하고 있다.

일찍이 1908년, 초기 사회심리학자인 윌리엄 맥더걸William McDougall도 다음과 같은 비슷한 주장을 펼쳤다. "우리는 연약하고 방어력이 없는 존재가 학대 당하는 상황을 보거나 그런 이야기를 들을 때, 특히 그 상대가 어린아이라면 동정심과 보호하고 싶은 충동이 일어난다. 그때 일어나는 반응은 자기 아이의 울음을 들은 엄마가 느끼는 감정이나 아이를 지키기 위해 당장이라도 달려가고 싶은 충동만큼이나 직접적이고 즉각적이다. 그리고 우리의 반응과 엄마의 반응은 본질적으로 같은 과정을 거친다."[8] 수천 년 동안 존재해온 '단순'하지만 고상한 이 신경계 설계는 우리 인간의 광범위한 학습과 전략을 지원할 뿐만 아니라, 충동적 욕구가 더 장기적인 목표와 경쟁할 때 그 욕구를 억제하도록 돕는 대뇌피질 프로세스에 의해 확대되었다. 그렇다고 할지라도 이타적 충동은 초기 동물행동학 연구에서 묘사된 고정행동패턴fixed action pattern과 많은 공통점을 가지고 있다.

고정행동패턴과 새끼회수

이타적 반응 모델에 따르면 새끼회수는 도움이 필요한 무력한 자기 새끼의 상황과 비슷한 상황에 놓인, 자손이 아닌 새끼에게서 표출될 수 있는 일종의 '고정행동패턴'을 나타낸다. 이는 새들의 공동육아를 설명한 '잘못된 대상을 향한 양육misplaced parental care' 가설과 비슷하다.[9] 동물행동학자 콘라트 로렌츠Konrad Lorenz와 니코 틴베르헌이 설명한 고정행동패턴의 예로 자주 등장하는 회색기러기는 알이 둥지 밖으로 굴러 나가려고 하면 그 알 위에 앉거나 알을 회수한다.[10] 회색기러기는 자기 알만 회수하는 게 아니다. 모성이 발휘되는 상태에서는 알과 비슷하게 생긴 어떤 물체라도 회수한다. 또한 생물학자 제임스 굴드James Gould는 회색기러기의 알 회수행동을 다음과 같이 묘사했다. "알을 굴리는 행위는 인상적이다. 알을 품고 있는 회색기러기가 둥지 근처에서 알을 발견하면 갑자기 관심을 보이고 집중한다. 회색기러기는 그 알에 시선을 고정하고 서서히 일어나서 알 위로 고개를 뻗는다. 그러고는 부리 아래로 알을 정성스레 굴려서 다시 둥지 안으로 밀어 넣는다."[11]

회색기러기는 알을 목격하고 회수행동이 한 번 표출되고 나면 실험자가 알을 밖으로 옮겨 놓을 때마다 계속해서 다시 알을 둥지로 밀었다. 그런 점에서 회색기러기의 알 회수행동은 압축되고 고정된 '운동 프로그램'으로 여겨졌다. 이런 회색기러기의 행동은 알에만 특정된 것도 아니었다. 회색기러기들은 크기와 색깔이 달라도 야구공, 돌, 맥주 캔, 심지어 작은 동물의 두개골 같은 물체까지 알과 비슷해 보이면 회수하곤 했다. 회수에 앞서 목을 길게 뺀 후 맞는 물체인지 확인하는 '찔러보기' 행동이 먼저 일어났다. 찔러본 후에 삶은 알이면 먹어버리고 질퍽한 물체면 회수를 거부하곤 했다. 뾰족하거나 모서리가 있는 물건은 절대 회수하지 않았다. 게다가 '초정상supernormal' 자극에 해당하는 크기가 더 큰 다른 조류종의 알은 훨씬 더 빨리 회수했다.[12] 극단적인 예로, 회색기러기들은 자기 알보다 배구공을 선호했다.

그림 10은 로렌츠와 틴베르헌이 연구하면서 포착한 회색기러기의 행동을 묘사하고 있다. 그들은 이를 1939년 논문에 발표했다. 첫 번째 그림부터 세 번째 그림까지 각각 회색기러기가 정상적인 알에 주목하고, 그 알을 뒤로 굴리고, 지키기 위해 그 위에 앉는 모습이고, 마지막 그림은 인위적으로 크게 만든 부활절 달걀 모형을 회수하려고 시도하는 모습이다. 어미 회색기러기는 부활절 달걀을 굴려서 가져가려고 했지만 크기 때문에 성공하지 못하자 결국 '당황한' 모습을 보였다. 회색기러기들은 알이 둥지 안에서 따뜻함과 안전함을 보장받도록 해야 했고, 그래서 근처에 굴러다니는 알처럼 생긴 매끈하고 둥글고 볼록한 모양의 물체를 회수하는 반응으로 고정행동패턴이 진화했다. 이 물체들은 회색기러기의 고정행동패턴의 '해발인'이라 불리며, '신호자극'이라는 특징을 가지고 있어서 회색기러기의 행동을 유발한다. 여기에서 이런 상세한 개념을 언급하는 이유는 이타적 반응 모델에서 피해자와 그들이 처한 상황의 특징이 신호자극과 비슷하기 때문이다. 회

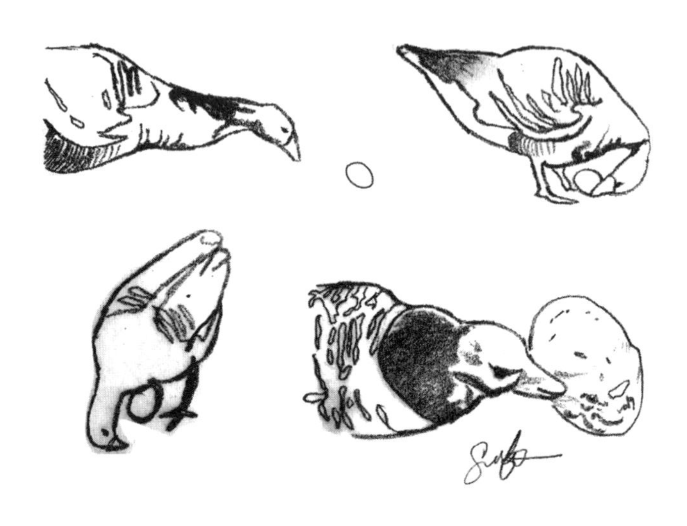

그림 10 회색기러기가 정상 자극과 초정상 자극을 포함한 여러 알을 둥지로 회수하는 과정에서 보인 일련의 동작을 묘사한 그림이다. 회색기러기는 초정상 자극도 회수한다.

출처 사라 스탠스필드Sarah Stansfield가 다음 자료를 바탕으로 다시 그린 그림. 콘라트 로렌츠, 니콜라스 틴베르헌, '회색기러기의 알 굴리기 행위를 통해 살펴본 지시적 행동과 본능적 행동Taxis und Instinkhandlung in der Eirollbewegung der Graugans', 〈동물 심리학 저널Zeitschrift für Tierpsychologie〉 2 (1938).

색기러기가 알이나 둥근 물체를 둥지로 끌고 가듯이 피해자의 특징은 목격자의 구조 반응을 '방출'하게 한다. 그러므로 도움이 필요하다는 신호를 가리켜 목격자의 구조 반응을 '방출'하는 신호라고도 말할 수 있다. 행동을 방출한다는 것은 마치 사전에 프로그래밍되고 습관화된 운동행동처럼 적절한 조건에서 그 행동이 바로 나오도록 준비되어 있다는 말과 같다.

회색기러기의 고정행동패턴은 아마도 둥지 밖으로 떨어진 알을 확실히 회수하고 보호해야 한다는 엄청난 선택 압박 때문에 진화했을 것이다. 이 메커니즘이 우연히 맥주 캔을 회수하는 이상한 행동을 일으킬 수 있다고 해도 자연에서는 그다지 문제가 되지 않는다. 자연에는 그런 일련의 행동을 우연히 방출시키는 물체가 적기 때문이다. 하지만 여기에도 아주 명백한 예외가 존재하는데, 바로 '탁란*'이다. 남아메리카에 서식하는 '소리 지르는 찌르레기'는 다른 종의 새 둥지에 자신의 큰 알을 몰래 넣어 다른 어미가 키우게 한다.[13] 몸집이 더 크고 목소리도 더 큰 새끼 찌르레기는 숙주 새가 알을 품고 먹이를 주는 반응을 일으키는 '초정상' 해발인이며, 결과적으로 숙주 새가 자신의 새끼보다 침입자 새끼에게 먼저 먹이를 주게끔 만든다(숙주 새가 찌르레기의 알을 자기 둥지에서 치우려고 하면 어미 찌르레기가 숙주 새의 알들을 쪼아 죽일 것이라는 주장도 있다. 이런 경우라면 어미 새가 자신의 알이나 새끼가 아님을 식별하는 능력이 있다고 해도 결국 본인에게는 도움되지 않을 것이다). 조류의 회수반응은 여러 방법으로 억제되기도 한다. 예를 들면, 이전에 우연히 회수한 맥주 캔처럼 원하지 않는 물건이 둥지 안에 있으면 그것을 알아차리고 둥지에서 치우는 능력이 내장되어 있다. 오직 알을 품는 단계와 부화 단계 사이에서만 알을 회수하는 습성도 회수반응을

* 다른 새의 둥지에 알을 낳아 대신 기르도록 양육을 맡기는 형태를 말한다.

억제하는 기제로 작용해서 '아무 때'나 다른 새의 알이나 이상한 물건을 수용하는 것을 막아준다.

이처럼 일찍이 회색기러기에게서 발견된 동물행동학적 발견과 이 책의 출발점인 설치류의 새끼회수 사이에는 비슷한 점이 많다. 두 행동 모두 안전하고 따뜻한 둥지에서 분리된 새끼를 어미가 다시 데려오는 것이기 때문에 말 그대로 어미에 의한 새끼 회수다. 두 회수행동은 새끼를 낳은 암컷에게서 관찰되는데, 자신의 혈연인 무력한 새끼를 보호하기 위해 진화한 것이다. 게다가 두 회수행동에는 어미가 가장 필요로 할 때 일어날 수 있는 고도의 동기부여 행위가 필연적으로 수반된다. 새끼회수는 새끼를 발견한 순간부터 최종적으로 운동명령이 내려질 때까지 계속 완벽한 운동행동으로 표출되는 것은 아니라는 점에서 고정행동패턴은 아닐 것이다. 그러나 조금은 고정된 행동이라는 증거가 있다.

초기 신경생리학자들은 설치류의 새끼회수반응이 부호화된 뇌 영역을 찾아내기 위해 뇌의 넓은 영역을 손상시키고 해당 뇌 범위를 좁혀갔다. 반응을 촉진하기 위해 연구자들은 몸 내부 및 외부 환경의 문제를 탐지하는 데 관여하는 전측대상피질에 손상을 가했는데, 그때 어미 쥐가 자신의 꼬리를 둥지에 가져다 놓으려고 하는 이상한 행동을 보였다. 정식 논문으로 받아들여지기에는 분량이 모자란 듯한 오래된 소논문에 짧은 주석으로 덧붙여진 이 뜻밖의 발견은 정상적인 상태에서 전측대상피질에 의해 어느 정도 개량되는 꽤 고정된 운동 계획이 있음을 암시한다.[14] 심리학자 버턴 슬롯닉Burton Slotnick은 틴베르헌이 기술한 큰가시고기의 고정행동패턴을 이용해 설치류 암컷의 새끼돌봄행동을 설명하면서 동물행동학의 고정행동패턴과 설치류의 새끼돌봄 사이 공통점을 암시했다.[15]

고정행동패턴이 본능적인데도 불구하고 현대 생물학자들은 그것이 압축되어 있거나, 선천적이거나, 변경할 수 없거나, 통제 불가능한 행동이라 여기지 않는다. 오히려 다음 세 가지 특징을 지닌 즉흥적이고 전형화된 행동이라고 여긴다. 첫째, 한번 실행되면 제어하기 어렵다. 둘째, 정상적으로 성장하고 있는 모든 개체에 의해 표출된다. 셋째, 맥락의 영향과 유전자 외적 영향을 받기 쉽다.[16] 예를 들어, 슬롯닉은 고정행동패턴을 설치류의 새끼돌봄으로 확대할 때 설치류가 행하는 일련의 돌봄행동이 물고기에게서 관찰되는 것만큼 고정적이지도 단계적이지도 않을 것이라는 조건을 붙였고, 전두엽과 대상 영역, 중격부에 의해 체계화되는 유연한 반응을 포함했다.[17] 포유류의 신경계는 본질적으로 목표지향적이고 맥락에 민감하다. 그러므로 '선천적'이라고 여겨지는 행동도 융통성이 없거나 비인지적이지만은 않다. 단지 개체의 유전자, 발달 이력, 현재 상황 등을 계속해서 반영하면서 동기부여가 높고 자신의 주된 목표를 극대화하는 암시적 결정이 영향을 미치는 것이다.

새끼회수와 각인된 행동

'각인된' 행동이라는 말은 사람들이 단순하다고 생각하는 동물의 행동을 가리킬 때나 과학자가 아닌 일반인들이 노력이나 학습 없이 일어나는 것처럼 보이는 인간행동을 이야기할 때 가장 많이 사용된다. 사실 과학자들은 경멸적으로 사용할 때를 제외하면 '각인된'이라는 용어를 거의 사용하지 않는다. 오해의 소지가 있기 때문이다. 이 단어는 다세포 유기체도 유전자 기반의 신경생리학적 메커니즘을 가지고 있다는 사실을 숨긴다. 생물 작용 대부분에는 천성과 양육 사이 엄격한 구분이 없다. 심지어 아메바도 맥락을 인식한 이타주의를 보이고, 개체 간 차이를 보인다. 무성생식을 하며 독립생활을 하는 이 단세포 동물은 먹이가 부족하면 서로 뭉쳐서 새로운 먹이원에 '손을 뻗을 수 있게' 점액 덩어리slug를 형성한다. 점액 덩어리에는 '사기꾼cheater' 세포가 포함되어 있는데, 이 세포는 경쟁을 통해 자실체fruiting body의 포자 안에 들어가 새롭고 더 풍요로운 환경으로 이동한다. 반면, 아메바의 다른 세포들은 생식에 관여하지 않는 줄기를 형성해 척박한 환경에 그냥 남는 이타주의를 보인다.[18]

한편으로 이타적 반응 모델의 대전제는 꽤 단순하다. 인간의 이타주의는 새끼돌봄에서 취약한 대상을 돌보려는 성향으로 진화한 포유동물의 유산을 나타낸다. 하지만 다른 한편으로는 단순한 이 이론을 향한 지나친 단순화를 피하는 동시에 간결할 뿐만 아니라 정확하기까지 하다는 점을 이해하는 데 반드시 필요한 여러 주의사항과 복잡한 특징이 있다.

뇌의 상동성에 뿌리를 둔 이론이나 성선설 같은 단순해 보이는 이론들은 다른 사람이 설명하는 현상을 일부러 복잡하게 만듦으로써 심각한 허수아비 논증 오류*에 빠지게 한다. 프란스 더발과 함께 정립한 지각-행동 공감 이론perception-action theory of empathy을 예로 들면, 이 이론은 우리 인간이 무의식적으로 다른 사람의 감정과 기분을 모방한다고 해석했다.[19] 결과는 뻔했다. 우리의 이론을 비판하는 논문이 쏟아져 나왔다. 사람들은 자기가 관찰한 모든 사람의 표정을 흉내 내며 돌아다니지 않기 때문이다. 게다가 맥락이나 관심사, 상충하는 목표, 하향처리 인지 과정의 영향을 받아 공감이 변한다는 것도 쉽게 증명할 수 있다. 사실 이 점에 관해서는 기존 이론을 설명하며 명백하게 밝혔지만, 요지만 찾아 읽거나 기억하려는 (혹은 비교적 일반적이지는 않지만 다른 사람의 이론을 짓밟거나 무색하게 하려고 잘못 해석하는) 세태를 이겨내지 못했다.

여러 점에서 나는 리처드 도킨스Richard Dawkins의 의견과 맥락

* 논쟁에서 상대방을 허수아비처럼 공격하기 쉬운 가상의 적으로 생각해 공격하는 데 몰두하지만, 허수아비는 진짜 논쟁 대상이 아니므로 논쟁의 본질과 초점을 잃는 오류에 빠진다.

을 달리한다. 하지만 유전자는 '이기적이다'라는 아주 간단해 보이는 그의 이론에 담긴 복잡한 특징을 간과한다면 이론이 왜곡될 수 있다는 그의 말에 동감한다. 《이기적 유전자》를 쓴 후 도킨스는 유전자에 중점을 두고 전개한 그의 이론이 **인간 자체**가 이기적이라는 의미가 아니었다고 몇 번이나 설명해야 했다.[20] 사실일 것 같지 않은 그의 말이 최근 출간된 30주년 기념판 서문에 다시 한번 실린 것을 보면 분명하다. 도킨스는 다음과 같이 말하면서 책 제목에 대한 유감을 고백했다. "나는 많은 비평가, 특히 목소리 높여 비판하는 철학에 정통한 비평가들이 제목만 보고 책을 고른다는 사실을 발견했다. 분명 이것은 《벤자민 버니 이야기》나 《로마제국 쇠망사》에도 해당하는 말이다. 그래서 책에 주석을 많이 달지 않으면 '이기적 유전자'라는 제목 자체만으로는 책 내용에 관한 느낌을 제대로 줄 수 없음을 알았다."

사람들은 이론을 지나치게 단순화하려는 경향이 강하므로 여기에서는 새끼돌봄에 관한 기본 과학을 제시하기보다 흔히 불러일으키는 오해를 다루는 데 중점을 두고 있다. 참고로 이 책의 기반이 된 논문에서는 새끼돌봄의 과학적 근거에 초점을 맞췄다.[21]

윌리엄 윌슨크로프트 실험에서 어미 쥐가 보인 행동은 해당 종의 수준에서 새끼회수가 각인된 행동임을 암시하는 것일 수 있다. 나는 새끼회수를 각인된 행동이라고 규정해도 괜찮다고 생각하지만, 각인된 행동으로서 새끼회수가 일어나는 맥락을 설명하기 위해서는 각인된 행동이 무엇을 의미하는지에 관한 중요한 사항을 이해할 필요가 있다고 본다. 새끼회수 메커니즘은 유전자와 호르몬 각각의 해발인, 상황적 요인까지 복잡하게 혼합된 여러 요인에 의존하고 있고, 각인된 행동이라 할지라도 이 요인들 덕분에 상당히 유연하고 상황에 맞는 행동이 될 수 있다. 어떤 것이 어떻게 뇌에 각인되는지에 관한 설명은 단순하고 압축된 고정행동패턴보다 복잡하다. 게다가 신경계의 멋진 설계를 통해 천성이 어떻게 양육과 자연스럽게 통합되는지에 관한 이해도 필요하다.

윌슨크로프트의 연구를 비롯한 초기 연구 이후로 수십 년 동안 새끼돌봄에 관한 연구는 새끼회수가 적응적 의미가 있는 상태에서만 일어난다는 것을 보여주었다. 만일 짝짓기를 하지 않은 모든 쥐가 혈연관계가 아닌 낯설기만 한 새끼 쥐를 우연히 접할 때마다 새끼 쥐의 요구에 매우 민감하게 반응한다면, 이는 해로운 결과를 가져올 것이다. 동물들에게는 흔히 새로운 것을 꺼리는 강력한 성향이 있는데, 처음 보는 먹이나 같은 종이지만 낯선 구성원, 포식자, 노출되기 쉬운 열린 공간에 이르는 수많은 위험을 피할 수 있게 도와준다. 따라서 신경계에 내장된 회피-접근 두 갈래 회로가 새끼의 요구를 회피하던 쥐를 부지런한 양육자로 탈바꿈하도록 한 것이다. 에스트로겐과 프로게스테론 같은 호르몬은 어미 쥐가 임신한 기간 내내 변하는데, 특히 분만 후에 변화가 크다. 이와 같은 호르몬의 변화는 어미 쥐의 뇌를 실제로 변화시키고,

그 결과 새끼 쥐는 그 자체로서 어미 쥐에게 회수행동과 밀접 접촉을 일으키는 매우 중요한 자극과 보상이 된다. 과학자들은 임신 및 출산 기간에 호르몬이 어떻게 변하는지 측정하고, 새끼회수행동에 미치는 영향을 관찰하기 위해 호르몬을 인위적으로 제거 또는 차단하거나, 새끼회수반응을 유도하기 위해 처녀 쥐나 수컷 쥐에게 호르몬을 주입하는 등 무수히 많은 방법을 써서 이 과정을 증명했다.[22]

보통 어미 쥐는 정상적인 상황 아래에서 새끼를 회수하므로, 설치류의 새끼회수가 각인된 행동이라고 해도 가장 기본적인 욕구인 새끼를 잉태하고 분만하고 양육하는 일련의 자연적 사건들을 겪는 과정을 거쳐야만 뇌에 각인될 수 있다. 유전자와 출산 전후 분비되는 성호르몬, 신경전달물질 사이 복잡한 상호작용, 이것들이 뇌에 미치는 모든 가변적 영향이 각인되는 과정을 뒷받침한다. 윌슨크로프트의 연구에서도 어미 쥐들의 개체 간 차이가 컸는데, 이는 새끼회수반응이 고정된 행동이라기보다 여러 복합적 요인들에 의해 변경될 수 있음을 보여주는 것이다. 회색기러기와 마찬가지로 어미 쥐가 새끼를 회수하는 동기부여는 새끼가 태어난 후 처음 몇 주 동안만 일어나고, 비교적 습관적인 돌봄이 뚜렷해지고 신생아가 스스로 방어할 능력을 갖추게 되면 그 동기는 시든다. 예를 들어, 출산 직후에 어미 쥐는 코카인 같은 흥분제보다 자기 새끼에게 접근하는 것을 더 좋아한다. 그러나 그 숭고했던 선택 대상은 몇 주 후 흥분제로 대체되고 만다.[23] 그러므로 어미쥐의 새끼회수는 회색기러기의 알 회수처럼 각인된 행동이라고 할 수 있지만, 어디까지나 중요한 신생아 시기 동안 무력한 새끼가 보내는 내·외부적 신호자극에 맞춰 합리적으로 일어난다.

낯선 사람을 돕는 것이 오류가 아닌 이유

흔히 사람들은 인간의 이타적 반응이 새끼돌봄에서 기원했다면 이를 낯선 사람에게 확대하는 것은 분명 오류거나 실수고 그래서 제거되어야 한다고 생각한다. 우리는 회색기러기가 맥주 캔을 회수했을 때와 동일하게 생면부지의 청년을 구하기 위해 전동차가 들어오는 지하철 선로로 뛰어든 이의 행동도 실수라고 생각할 것이다. 간단히 말해, 만일 진화의 목표가 성공적인 유전자를 보존하고 활성화하는 것이라면 낯선 사람을 구하는 행위는 하지 말아야 한다.

게다가 이타적 반응이 정말로 실수라면 진화가 성가신 결함을 제거할 충분한 시간을 갖게 될 때 사라질 것이 분명하다. 1만 년 또는 10만 년 뒤에는 보트가 전복되어 물에서 허우적거리는 낯선 사람을 자신도 모르게 구조하거나 먼 지역의 고아가 된 아이들에게 기부하는 사람들은 보답이나 이득이 돌아올 사람만 골라 돕거나 친족만 도와주는 차별적인 사람들에 비해 뒤처져 있어야 한다. 인간의 공감에 기반한 돕기행위가 근절되어야 한다는 믿음은 실제로 허수아비 명제가 아니다. 폴 블룸Paul Bloom 같은 현대 학자들은 자신보다 불행한 사람에게 느끼는 너무도 감정적이고 해롭고 한심하고 그릇된 동정심은 억누르고, 이성적으로 공익을 극대화하는 차원의 돕는 결정을 해야 한다는 '공감 반대론'을 펼치고 있다.[24] 어쩌면 진화의 힘으로 말미암아 결국 이 무모한 아량이 사라질지도 모른다. 하지만 그때 즈음이면 우리는 모두 죽어서 누군가 "그렇다고 했잖아요!"라고 하소연하는 것을 들을 일이 없을 것이다. 어쨌든 언젠가 사라진다고 해도 낯선 사람에게로 확대된 이 돌봄행위를 오류나 일시적 결함이 아닌 것으로 간주해야 하는 데는 다음의 많은 타당한 이유가 있다.

1. 낯선 사람을 향한 돌봄 확장을 우연히 혹은 의도적으로 피하기 위해 새끼돌봄 메커니즘을 조절하는 것은 실질적으로 어렵다. 새끼 보호라는 일차적 목표를 우연히 방해했을 때 치러야 하는 적응 비용fitness cost• 이 타인에게 확대되는 것을 차단함으로써 얻게 되는

• 자연선택 메커니즘에서 환경에 적응하기에 더 유리한 형질이 선택되었을 때 그 대립 인자가 치러야 하는 대가를 말한다.

이익보다 훨씬 클 것이다.

2. 신경회로에 내장된 회피-접근 대립구조는 도움행동과 돌봄반응을 연결함으로써 **이미** 우리 자신의 요구와 타인의 요구 사이 균형을 유지하고 있다. 여기서 돌봄반응은 도움을 필요로 하는 희생자들에게서 유발되며, 우리가 지나치게 두려워하거나 불확실해하지 않을 때도 일어난다.

3. 새끼돌봄 메커니즘은 불리한 반응을 방지하도록 이미 개선되어 있을 것이다. 예를 들어, 세라 허디는 영장류와 호미니드가 진화하는 동안 계산적이고 조절된 형태의 동정심이 가능하도록 새끼돌봄 본능이 수정되었다[25]고 주장했다(호미니드는 확장된 실행 과정을 통해 행동 전반에 관한 더 많은 제어 능력을 발달시켰다. 그러나 나는 '오류가 난' 도움행동을 방지하기 위해 본능이 실행되는 방식에 더 주목한다).

4. 우리 두뇌 회로에서 오류처럼 보이는 것은 때때로 불가피한 개인차를 반영한다. 개인차는 '정규분포••'를 보이는데, 여러 기본 유전자가 상호작용하면서 행동이 구체적으로 나타날 때마다 이런 분포가 자연스럽게 발생한다. 이는 이타주의에도 적용되는데, 시내버스가 급정거하는 바람에 어떤 어린아이가 넘어지려 한다면 아이를 구하려고 달려가는 사람이 있는 반면, 한가롭게 자리에 앉은 채 웃

•• 평균값을 중심으로 좌우대칭의 모습을 보이며, 자료 범위의 양쪽 끝에 속하는 값은 소수고 대다수가 가운데에 분포한다.

는 사람도 있을 것이다. 하지만 승객 대부분은 걱정하고 도와주고 싶은 마음이 들더라도 아이가 바로 자기 옆에 있거나 크게 위험한 게 아니라면, 도와줄 수 있다는 확신이 들지 않으면 자리를 지키고 있을 것이다. 새로운 것, 어린아이, 위험, 도움 요구 인지 등에 관한 민감도는 목격자마다 다를 수 있는데, 이런 개인차에 대해서는 별도로 제7장에서 서술할 것이다. 사람들의 이런 성향은 평상시에는 문제가 되지 않고, 여러 유전자와 환경의 영향을 받는 행동일 때 개인별 반응 분포를 불가피하게 형성한다.

5. 이타적 반응의 대다수는 약간의 돈을 기부하거나 시간을 조금 내는 것 같은 작고 계산된 비용이 수반된다. 그러므로 우리는 어떻게 보면 사이코패스적 행동 같고 다른 한편으로는 가난한 사람들을 위해 평생을 헌신하는 듯한 잘못된 이타주의 형태를 목격할지도 모른다. 하지만 그런 극단적인 예들은 대체로 억제된 적응적 시스템이 있음을 암시한다.

6. 우리가 이타적으로 행동할 때 대부분 적은 비용이나 진귀한 대가를 치르지만, 사회집단 속 개개인이 유전자를 공유하거나 나중에 우리를 돕게 된다면 분명 그 대가를 뛰어넘는 적응 **혜택**fitness benefit도 존재할 것이다. 우리의 선행을 다른 사람들이 목격하고(직접 상호성), 그것을 높이 평가한 누군가나 피해자가 우리 또는 우리 친족에게 보답해올(간접 상호성) 수 있기 때문이다. 또한 돌봄본능에 의존하는 협동 정신에 의해 집단 전체도 부분적으로나마 혜택을 얻

는다. 이타적 반응은 장기적 스트레스나 고통이 건강, 집단 화합, 포식 위험에 미치는 부정적 영향을 완화하기도 한다.[26] 게다가 누군가를 도우면 도파민과 옥시토신이 분비되면서 기분이 좋아진다.[27] 그러므로 직접 상호성의 도움을 베푸는 성향은 대가가 요구될 뿐만 아니라 우리 자신과 주변 사람들에게까지 실질적인 혜택을 준다.

이와 같은 이유에서 나는 이타적 반응을 진화를 통해 제거하거나 앞으로 제거될 오류로 간주해야 한다고 생각하지 않는다. 도움본능은 번식 성공을 위해 필수적이므로 억제하기 어렵고, 구체적인 (주로 적응적인) 상황에서만 방출되는 기제가 그 균형을 잡아준다. 게다가 전략적이거나 세심히 통제된 베풂을 허용하도록 이미 어느 정도 정제되어 있다. 더욱이 오직 소수의 사람, 즉 분포 스펙트럼의 끝에 속하는 사람들만 문제 있는 반응을 내보내는 성향이 있고, 대다수는 포괄적응도, 상호성, 집단 결속, 정서 및 건강 개선으로 얻은 이익이 동반되는 저비용의 작은 도움을 베푼다. 설명을 종합해보면, 이타적 반응은 적응적 행동이며, 이타적 반응 모델은 포괄적응도와 상호성, 협력(제8장에서 자세히 설명할 것이다)을 통해 추후 얻게 되는 이익에 초점을 맞추는 이타주의에 관한 궁극적 차원의 메커니즘과 기존 관점들을 수용하고 있다.[28]

진화된 뇌 시스템의 구조적 오류

앞서 뇌가 어떻게 여러 신호를 함축적으로 통합해 하나의 전체론적 해석을 이끌어내는지를 설명하고, 우리가 관련 신호에 집중한다면 상당히 정확한 추측을 할 수 있도록 진화했다는 사실을 이해했다. 그런데 그렇게 진화된 뇌 시스템으로 말미암아 우리는 적응적인 다른 구조에 깊이 박혀 있는 체계적 오차에 취약하다. 따라서 상황이 **항상** 우리에게 유리하도록 돌아갈 수는 없다. 그럼에도 불구하고 뇌 메커니즘이 작동하는 방식을 보면 어떤 문제가 발생하는지 추측할 수 있고 문제를 피할 기회를 얻을 수 있다. 우리의 뇌 시스템이 작용하는 편향된 방식은 특히 피해자가 정말로 취약하고 무력하고 긴급한 도움이 필요한지 아니면 우리가 스스로 잘해낼 것인지를 판단하게 하는 '신호자극'을 잘못 지각하게 함으로써 오류를 일으킨다.

연구 결과를 보면 유전자와 호르몬, 행동이 변하듯이 인간의 지각과 행동 역시 먼 과거와 방금 지나간 과거에 의해 변화할 수 있는 방식이 매우 다양하다. 엄밀히 말해서, 누구라도 특정 상태나 결과를 과대 추측하거나 과소 추측하는, 대표적인 오류를 범할 구조적 동향이 있는 상황에 놓일 수 있다. 그렇다고 해서 이타주의가 엄연히 오류라는 말이 아니다. 하지만 객관적인 위험이나 확률을 무시한다는 점에서나 자기 자신의 목표나 가치관, 계획에 호응하는 게 아니라는 점에서 객관적으로 오류로 분류될 가능성이 있다.

고통과 요구를 연관 짓는 데서 비롯된 오류

학습된 편견의 예로, 어릴 때 학대를 겪은 사람은 실수를 저지르거나 누군가를 화나게 하는 사람을 목격할 때마다 그 사람이 신체적 또는 언어적으로 공격당할 것이라고 잘못 생각할 수 있다. 이 목격자는 어른이 되어 친절하고 수용적인 사람들 사이에 둘러싸여 있더라도 유년기 경험에서 학습된 다소 적응적 선입견이 있어서 실수하면 벌을 받는다고 생각한다. 그 결과, 학대를 당한 적 있는 사람들은 누군가를 화나게 할까 봐 두려워하고, 실수하지 않으려고 하고, 다른 사람들을 만족시키려고 하고, 화가 난 듯한 사람은 피하려고 애쓴다. 우리 가족이 처음으로 키운 반려견 커밋도 그랬다. 커밋은 캘리포니아 산호세 거리에서 구조된 테리어 종인데, 구조되기 전에 분명 아주 힘든 시기를 보낸 듯했다. 입양 후 몇 년 동안 누군가 '안 돼!'라고 말하거나 화가 난 게 아니라 신이 나 목소리를 높여 말하기만 해도, 심지어 텔레비전 소리에도 겁을 먹고 몸을 움츠리곤 했다. 마치 입양되기 전 터득한 끔찍한 생존법인 양 머리를 낮추고 꼬리를 다리 사이에 숨긴 채 슬금슬금 뒤로 물러섰다. 커밋의 벌에 대한 과잉 각성은 몇 년 동안 계속되었다. 마침내 커밋은 다정한 우리 가족의 돌봄 방식을 알게 되었지만, 여전히 가끔은 눈치를 본다. 배우자로부터 학대를 당했음에도 불구하고 그가 베푸는 친절을 믿으려 하는 것처럼, 생애 초기 환경에 진정으로 적응하고자 생겨난 반응은 이후 삶을 힘들게 만들 수도 있다.[29]

이타주의에 적용해 말하자면, 어린 시절에 긍정적인 경험이 없는 사람은 표현하는 법이 서툰 어른으로 자라나 정말 힘든 상황에서도 약한 모습을 보이거나 도움을 요청하지 않을 가능성이 크다. 이처럼 학습된 표현 절제는 늘 화를 내거나 따뜻한 보살핌을 거부하는 양육자를 만났을 때 적응하는 방식 중 하나다. 그러나 이는 나중에 진심으로 도와주려는 친구나 가족에게 역효과를 불러올 수 있다. 힘든 성장 과정을 경험한 사람들은 절대 자신의 고통을 내비칠 정도로 본인의 요구사항을 명확하게 내보이지 않을 것이고, 주변 사람들이 적절하게 반응하는 것을 어렵게 만들 수 있다. 말이 없는 사람들은 심지어 다른 사람의 고통까지 인정하지 않을 수도 있는데, 이 역시 화를 잘 내는 부모 곁에서 배운 반응이다.

아이오와대학교 병원에서 진행된 실험에서 나와 연구진은 암, 간염, 신장 질환, 심장병 등 다양한 불치병이나 심각한 병을 앓고 있는 환자들을 인터뷰하고 이를 영상으로 기록했다.[30] 인터뷰 결과 가장 눈에 띈 것은 모든 환자가 심각한 건강 문제를 안고 있음에도 저마다 자신을 표현하는 방식이 매우 달랐다는 점이다.

'낙천적인' 환자들은 밝고 긍정적이었고 심지어 농담하거나 웃으면서 오히려 인터뷰를 진행하는 연구자를 편안하게 해주려고 했다. '과묵한' 환자들은 조용하거나 말수가 적었고 자신의 문제를 털어놓는 것을 피했다. '애석해한' 환자들은 지나치게 감정적이지는 않았지만 슬퍼하고 생각이 많았다. '심란한' 환자들은 감정적이었고 자신의 병과 가족을 생각하면서 인터뷰 내내 울었다.

이 영상을 본 피험자들은 하나같이 심란한 환자들이 가장 도움이 필요한 사람들이라고 말했다. 그러나 되도록 그런 환자들 대신 행복하고 도움이 덜 필요해 보이는 낙천적인 환자를 돕고 싶다고 했다. 과묵한 환자 중에서도 가장 말이 없던 환자는 자신의 문제에 한마디도 하려고 하지 않았고, 계속 한두 단어로만 대답했으며, 카메라를 피하는 등 인터뷰 내내 불편해했다. 그 환자의 반응은 미국 중서부 출신의 나이 든 농부치고는 그다지 이례적인 게 아니었다. 그러나 자신의 요구를 말하지도 고통을 내비치지도 않았기 때문에 인터뷰 영상을 본 피험자들은 그의 어려운 사정을 알아차리지 못했다. 그래서 그가 처한 상황이 다른 환자들 못지않게 나빴음에도 불구하고 피험자들은 그에게 가장 적은 공감과 기부금을 제안했다. 어쩌면 여러분에게는 농부의 과묵함을 제대로 읽고 '그의 눈 너머에' 숨은 고통을 알아채는 능력이 있을지도 모르겠다. 실제로 공감 능력이 가장 뛰어난 피험자들은 너무도 완벽하게 가려진 농부의 요구를 감지하지 못한, 그래서 도와주고 싶은 욕구가 제한될 수밖에 없었던 보통 사람들보다 그에게 깊이 공감했다. 이처럼 우리는 타인의 고통 속에서 숨은 요구를 유추하기 때문에 만일 상대가 취약함을 숨기거나 무시하도록 훈련되어 있다면 고차원적인 요구라 할지라도 알아채지 못할 수 있다.

고통이 요구를 드러낸다는 필요조건은 사람들이 의료적으로 응급한 상황을 응급 상황이 아니라고 혹은 반대로 잘못 추정하게 만들 수도 있다. 집 안에서 가족 중 한 명이 고통스러워하며 비명을 지르면 대부분 확인을 위해 급히 달려가지만, 알고 보니 침대 모서리에 발가락을 찧거나 팔꿈치를 부딪혔을 뿐 응급 상황이 아님을 알게 된다. 반대로 응급 의료 상황인데도 불구하고 도움이 필요하다는 '방출' 신호나 신호자극이 없어서 위급하게 보지 않을 때도 있다. 예를 들어, 심장 부근에 날카롭고 강렬한 통증이 있으면 보통 심근경색의 징후라고 보는데, 여성의 경우 그런 통증이 수반되는 경우가 적다. 게다가 의료 전문가들은 남성과 비교해서 여성에게 나타나는 통증을 인지하고, 진짜라고 믿고, 치료하는 것에 편견이 있다. 그 결과, 여성에게 무력감과 식은땀, 독감 비슷한 증상을 일으키는 심근경색이 실제로 발병했을 때 많은 여성 환자는 자신이 왜 그렇게 아픈지도 모른 채 통증이 사라지기만을 바라다가 제대로 된 치료를 받지 못하고 자기 집 침대에서 사망에 이르는 경우도 있다. 그 증거로 처음 증상을 느끼고 의료 전문가에게 진료를 받기까지 걸리는 시간은 여성이 남성보다 34퍼센트나 오래 걸렸고, 병원에 도착한 후 재관류 치료*를 받기까지도 여성이 남성보다 23퍼센트나 더 기다려야 했다.[31]

또 다른 흔하고도 까다로운 경우로 뇌졸중을 들 수 있는데, 뇌졸중은 고통이나 손상을 나타내는 징후가 없어서 생명을 위협하는 부상을 치료하는 것처럼 적절한 치료가 진행되지 않는다. 젊고 건강한 사람이라 할지라도 운동 중에 부상 등으로 뇌졸중이 생길 수 있는데, 헤딩을 하거나 공에 맞거나 다른 선수와 충돌하거나 혹은 스키를 타다 나무에 부딪히는 등이 그 예다. 하지만 이렇게 다치더라도 뇌 혈압이 높아져 심한 두통이 발생하지 않는다면 고통에 찬 비명소리, 출혈 등이 없어 생명을 위협하는 치명상처럼 보이지 않을 확률이 크다. 시간이 지체되고 나서 마침내 뇌졸중임을 알게 되었을 때는 이미 뇌에 충혈이 생겼기 때문에 당사자에게 '이상 증세'가 보일 수 있다. 그렇다고 반드시 응급실로 가는 것 또한 아니다. 뇌졸중이나 외상성 뇌 손상은 이상하고 비논리적인 발화나 신체의 부분 마비 또는 한쪽 눈 실명으로 이어질 수 있다. 우리는 다친 사람을 보더라도 그 사람이 바보 같은 행동을 한다고만 생각할 뿐, 우리의 반응을 유발하는 자극이 없으므로 처음엔 그냥 웃어넘기기도 한다. 영국 배우 너태샤 리처드

* 약물을 사용하거나 기계적으로 혈전을 제거해 막힌 관상동맥의 혈류를 회복시키는 치료법이다.

슨Natasha Richardson 역시 그랬다. 그는 퀘벡에서 스키 강습을 받다가 넘어져서 머리를 부딪혔다. 당시 두드러진 손상 징후를 보이지 않아 응급구조대원이 되돌아갔다. 호텔로 돌아간 후 그는 '몸이 안 좋아서' 구급차를 불렀지만, 이틀 후 경막외혈종* 으로 사망했다. 구급대원의 말을 인용하자면 "머리에 외상을 입었을 때 출혈이 있을 수 있다. 몇 시간 또는 며칠 후에 악화되기도 한다. 하지만 사람들은 매우 치명적일 수 있다는 사실을 깨닫지 못한다. 우리는 사망 가능성까지 경고하지만, 보통은 그냥 웃어넘긴다. 진지하게 받아들이지 않는 것이다."[32]

불행하고 흔한 또 다른 비극은 사람들이 가끔 소리 한번 지르지 못하고 익사하는 것이다. 심지어 수영을 할 줄 아는 잠재적 목격자들에 둘러싸여 있을 때도 그런 비극이 벌어진다. 지난 수십 년 동안 발생한 어린이 사고사 중 익사가 두 번째로 큰 비중을 차지하고, 더 어린 1~2세 유아의 가장 주된 사망 원인이라는 사실 역시 절대 가볍게 넘길 사안이 아니다.[33] 물속에 너무 오래 빠져 있으면 영화 〈죠스〉에서 상어의 공격을 받을 때처럼 몸부림치거나 비명을 지르기 어려우므로 근처에서 수영하던 사람, 수상구조대원조차 누군가 물에 빠졌다는 것을 알아차리기 어렵다. 물속에

* 외상에 의해 뇌를 둘러싸고 있는 경막의 혈관에서 출혈이 발생하는 외상성 뇌출혈을 말한다.

들어간 사람이 다시 물 밖으로 나오지 못하더라도 이 상황을 알아차릴 신호가 없다는 말이다. 신호음을 들어도 보상으로 주스를 얻지 못한 실험 쥐나 절대로 나오지 않는 후식을 기다리는 저녁 식사 손님처럼 제공되지 않을 결과를 향한 사전 기대가 강하게 있는 경우를 제외하면, 정보의 결핍은 뇌에서 정보의 한 형태로 받아들여지기 어렵다.

여성의 심근경색, 뇌졸중, 익사 같은 이례적인 응급 상황은 극단적이고 지속적인 영향으로 끔찍한 결과를 낳을 뿐만 아니라, 우리의 뇌가 피해자의 요구를 신생아의 고통 같은 신호자극이나 해발인에 아주 밀접하게 연관시키도록 진화했으므로 문제를 바로잡기도 어렵다. 따라서 대중의 건강에 관한 메시지를 만들고 도움을 장려할 때는 이타주의나 영웅적 행동이 가져다주는 이점부터 비극을 조장할 수 있는 진화적 유산의 잠재성까지 모두 이해하는 것이 중요하다.

위험 인지의 개인차

의사결정편향에 관한 연구에서 가장 흔한 주제 중 하나는 대니얼 카너먼Daniel Kahneman의 《생각에 관한 생각》에도 나와 있듯이 위험을 회피하려는 경향이다.[34] 수십 년에 걸쳐 쌓아온 카너먼의 행동경제학 연구 결과를 담고 있는 이 책은 위험회피경향과 그 밖에 여러 편향에 관해 설명하고 있다. 그의 연구에 따르면, 사람은 개인에 따라 위험을 회피하거나 추구하는 정도가 다르지만 동물들은 전반적으로 위험을 회피하려는 경향이 더 강하다. 바로 불확실성에 직면했을 때 생존 위협을 막아줄 적응적 행동이기 때문이다. 그러므로 원숭이나 인간 아이나 처음 보는 음식과 익숙한 음식이 있을 때 후자를 선택할 가능성이 더 큰 것이다. 만약 처음 보는 음식을 먹는다고 해도 식중독 등의 위험을 피하고자 처음에는 시험 삼아 아주 천천히 먹거나 매우 적은 양을 먹는다.[35] 조심하는 것은 오랜 시간 우리에게 많은 도움이 되었다.

이타주의 맥락에서 일어나는 구경꾼 효과는 위험회피의 좋은 예다.[36] 사람들은 피해자의 고통을 인지하고 긴급한 상황임을 이해하지만 정확히 무슨 문제가 있는지, 어떻게 도와야 할지, 어떤 결과가 나올 것인지는 여전히 확신하지 못할 것이다. 이런 불확실성은 반응하기를 꺼리게 만든다. "조심하는 것이 후회하는 것보다 낫다"라는 옛말이 있을 정도다. 특히, 피해자가 상호 의존하는 사이가 아닌 자신과 전혀 무관한 타인이고, 다른 목격자에게 오히려 더 도와야 할 책임이 있거나 확실히 도와줄 수 있을 것 같은 누군가가 보일 때 회피하는 경향은 더 커진다.

그림 11은 여성의 표정에서 내적 상태를 추측한 것으로 행복한 모습과 화난 모습을 보여주고 있다.[37] 가장 왼쪽 끝과 가장 오른쪽 끝에 있는 사진을 보면 여성의 감정을 쉽게 구별할 수 있다. 하지만 중간 부분은 어떠한가. 신호감지 이론에 따르면[38] 두 확률

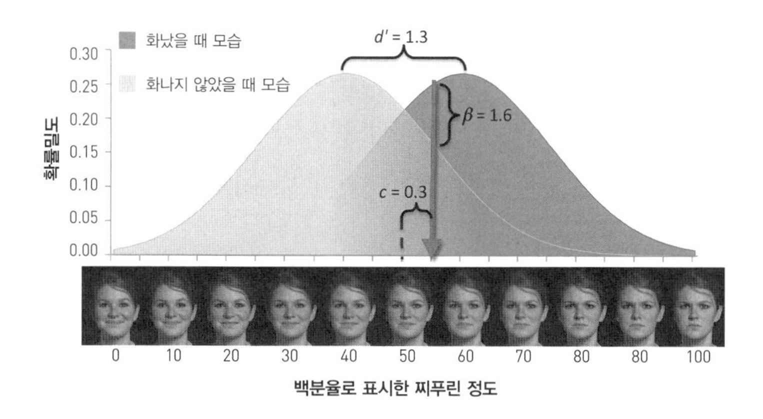

그림 11 신호감지 이론을 적용해 연속적인 표정 변화를 설명한 연구에서 발췌한 그래프다. 중간 범위에 속하는 표정에 관해 사람들이 받는 인상은 훨씬 가변적이다.

출처 스펜서 린Spencer Lynn 외, '경제적 및 신호감지 관점에서의 의사결정: 통합 프레임워크 개발Decision Making from Economic and Signal Detection Perspectives: Development of an Integrated Framework', 〈심리학 프런티어Frontiers in Psychology〉 (July 8, 2015).

밀도함수 그래프 꼭대기 사이의 서로 겹치는 영역은 어느 범주로 분류해야 할지 불분명한 때를 나타낸다. 사람들이 대체로 같은 의견을 내는 명확한 표정 사이의 애매한 영역gray area에서 어떤 사람은 화난 얼굴이라기보다 행복한 얼굴이라고 보고, 또 어떤 사람은 그 반대로 보는 경향이 있다. 예를 들어, 불안이나 학대 경험 때문에 강한 편견이 있는 사람은 분노의 감정을 감지하는 역치가 낮아서 대다수 사람이 화난 얼굴로 생각하지 않을 표정에서도 화가 났다고 인지할 가능성이 크다. 일반적으로 우리의 뇌는 상대방이 행복한데도 화났다고 생각하는 '거짓 경보false alarm'보다 정말 화가 났는데도 행복하다고 '오인'하는 것을 피하도록 프로그램된 듯하다. 특히, 피곤하거나 시간 압박이나 스트레스가 있을 때 혹은 앞에서 언급했던 여러 이유에서 최악의 시나리오가 예상될 때 거짓 경보는 더 심해진다.

이런 위험편향은 일반적으로 적응적 현상이지만 극복하기 어려운 끔찍한 행동을 유발할 때도 있다. 예를 들어, 한 경찰관에게 폭력을 연상하게 하는 위험한 동네가 있다고 하자. 그 동네의 상황이 급변하면 경찰관은 스트레스를 받고 불안해할 것이다. 그의 연상은 인지 실패를 회피하고자 위협을 과잉 인지하는 타고난 성향을 반영할 뿐만 아니라 유색인종과 빈곤층에 관한 학습된 틀린 고정관념도 반영한다. 이 문제를 해결하려면 그들을 향한 부정적 고정관념을 바꿀 필요가 있다. 또한 존재하지 않는 위험을 잘못 인지했을 때 내려지는 분명하고 공개적이고 무서운 처벌도 있어야 한다. 행동의 결과를 예상할 수 있다면 뇌가 과거의 경험을 현재의 신호에 자연스럽게 통합하기 때문에 편견에 따라 행동하지 않을 수 있기 때문이다.

원숭이나 인간 유아들도 힘이 세고 우두머리 노릇을 하는 또래에게 얻어맞으면 무의식적으로 자기보다 약하고 서열이 낮은 개체에게 화풀이한다. 이들은 화풀이를 당했을 때 되받아 공격하는 무서운 또래에 비해 그냥 참을 가능성이 크다.[39] 가정에서 아내를 폭행하고 직장에서 남성 직원보다 여성 직원에게 더 공격적으로 대하는 남성들이 있는데, 그들이 그러는 이유는 그렇게 행동해도 처벌을 모면할 수 있다고 은연중에 생각해서다.[40] 여기에는 의식적인 사고가 필요하지 않다. 사람들은 경험을 통해 사물과 사람 그리고 상황에 수반되는 위험이나 보상을 연결 지어 생각할 수 있고, 그런 연상 작용은 무의식적으로 결정을 편향되게 만든다.[41] 따라서 우리의 편향된 신경계에서 발생하는 진짜 오류를 해결하기 위해서는 암암리에 다른 사람을 해석하는 방식을 바꿔야 하고, '타당해' 보이는 본능이라고 해도 그 본능이 받아들일 수 없는 행동을 유발한다면 이를 막기 위한 유인책을 재정립해야 한다.

점화자극

지금까지 우리는 본래부터 신경계에 내장되어 있거나 발달 초기에 학습되는 편향에 관한 이야기를 했다. 인간은 바로 이전에 접한 사건, 즉 '점화자극local prime'에 의해서도 일시적으로 영향을 받을 수 있다. 점화자극은 우리가 흔히 말하는 편향은 아니지만 인지 편향을 일으킨다. "우리는 항상 마지막 전쟁 중이다You are always fighting the last war"라는 유명한 격언도 있듯이, 최근에 특별히 나쁜 (혹은 좋은) 경험을 한 사람들은 똑같은 결과를 과대 예측하고 결국에는 오류를 범하게 된다. 예를 들어, 더할 나위 없이 멋진 미래의 배우자가 될 수 있는 사람을 만났는데도 불구하고 이전에 사귀던 사람과의 관계가 염증과 절망으로 끝났거나, 새로 사귄 그 사람이 고양이나 어머니에 관한 이야기를 하면서 우연히 건네는 말이 경멸스러운 옛 연인을 떠올리게 해 그 사람을 거부할 수도 있다. 힘센 동료에게 방금 얻어맞은 원숭이는 화나 두려움을 가득 장전한 채 그다음 상황을 맞이하고, 우연히 근처에 있던 서열이 낮은 다른 원숭이에게 분풀이하는 공격성 전위를 일으킨다.[42] 이런 반응은 미리 계획을 세울 필요가 없다. 서열 체계를 따라 내려가는 상당히 반사적인 공격성 전위도 맥락에 민감하다는 점에 주목하자. 어쨌든 원숭이나 인간이나 모두 무리의 우두머리에게 반항할 기회를 잘 이용하지 않는다. 하지만 긍정적인 예도 찾아볼 수 있는데, 노랑초파리에게서도 관찰된 부분적 '맥락 설정context-setting' 편향을 들 수 있다. 이 현상에 따르면, 모르는 사람으로부터 호의를 경험한 당사자가 '보답'의 차원에서 제삼자에게 더 큰 친절을 베푸는 것처럼 좋은 결과를 초래할 수 있다.[43]

요약

이타주의가 무력한 새끼를 돌봐야 하는 요구에서 비롯된 욕구 또는 본능이라는 것은 기억하기가 쉽다. 하지만 많은 독자가 책의 세세한 내용을 건너뛰거나 잊어버릴 것이고 어쩌면 '아기를 돌보는 것처럼 이타주의도 하나의 욕구'라는 주장과 관련된 책이라고만 희미하게 기억하지 않을까 싶다. 이 해석이 타당해지기 위해서는 이타적 욕구가 정확히 언제 발생하는지를 이타적 반응 모델이 명백하게 설명해준다는 점을 기억할 필요가 있다. 사실 이타적 욕구는 유전자와 어린 시절 및 가정환경, 개인차, 상황 등이 복잡하게 뒤섞인 여러 요인을 반영해 일어난다. 이타적 반응 모델은 이타적 반응이 '고정행동패턴'이더라도 아무 상황에서 아무에게나 일어나는 것이 아니라, 새끼돌봄 맥락과 관련 있는 '신호자극'에 의해 '방출'되는 것임을 강조하는 독특한 이론이다. 여기에서 새끼돌봄 맥락은 피해자가 유형성숙의 특징을 지니고 있고, 취약하고, 무력하고, 목격자가 제공할 수 있는 도움이 즉각적으로 필요한 때를 말한다는 걸 다시 한번 상기시킨다. 이런 각각의 특징과 이를 감지하는 성향은 개인의 경험과 전문성에 따라 달라지며, 이는 우리의 신경계와 행동에 천성과 양육이 자연스럽게 뒤얽혀 있음을 나타낸다. 우리는 이타적 반응 모델의 더 세세한 면까지 수용함으로써 우리 인간이 본능적으로 남을 돕도록 진화했다는 일반적인 믿음에서 더 나아가, 언제 도움행동을 하고 또 언제 행동하지 않는지를 이해할 수 있게 되었음을 잊지 말아야 한다.

제5장

신경학적 관점에서 설명하는 이타주의

* 이번 장에서는 이타적 반응에 관여하는 신경학적 기반과 호르몬 기반의 중요한 면을 좀 더 꼼꼼히 살피고자 한다. 이에 관련된 폭넓은 설명과 뒷받침하는 증거는 이타적 반응 모델에 관한 나의 학술 논문에 좀 더 자세히 제시되어 있다.[1] 새끼돌봄 시스템이 돌봄행동과 이타주의에서 어떤 역할을 하는지 이해를 돕기 위해 이제부터 피해자를 향한 신경학적 회피-접근 대립구조, 내재적 보상과 옥시토신의 역할, 신경회로가 인간의 이타주의에 관여하는 때를 포함한 몇 가지 중요한 특성을 설명하는 데 중점을 둘 것이다. 시작해보자.

이타주의를 설명하는 새끼돌봄 신경회로의 중요한 특징

앞서 설치류의 수동적 새끼돌봄과 능동적 새끼돌봄을 지원하는 신경회로에 관해 기술했다. 설치류는 생소하고 낯선 새끼를 보면 처음에는 피하다가 생리적으로 부모와 같은 상태가 되도록 유도되었을 때 적극적으로 접근하는 반응을 보인다(그림 12). 뇌 회로에 내장된 이 대립적 신경구조는 설치류와 마찬가지로 당혹스러울 정도의 무관심과 반응욕구를 모두 보이는 인간의 이타주의를 이해하는 밑바탕이 된다.

타인을 향한 회피-접근 대립반응

설치류의 새끼에 관한 회피-접근 대립구조는 우리가 신경 프로세스를 이해할 수 있는 더 일반적인 방식의 일부로, 상반된 두 행동 사이 균형을 유지하기 위해 서로 반대되는 상태를 이용한다. 이는 바로 동물심리학자 시어도어 슈네일라Theodore Schneirla가 주목한 개념이다.[2] 슈네일라는 1925년 미시간대학교를 졸업하고 이후 뉴욕대학교 교수와 미국자연사박물관 큐레이터를 역임했다. 슈네일라의 초창기 연구는 파나마 군대개미의 습격에 관한 것이었다. 그러나 그가 제안한 대립구조 개념은 이후에 인성, 정신병리, 뇌 편측화brain lateralization*, 집단행동을 포함해 다양한 심

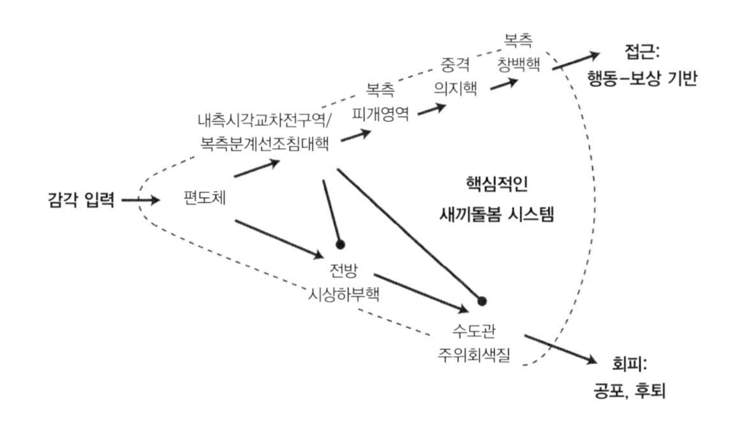

그림 12 설치류의 새끼회수에 관한 연구를 통해 밝혀진 새끼돌봄행동을 뒷받침하는 신경회로 도면으로, 이 신경회로를 통틀어 새끼돌봄 시스템이라 부른다.

출처 스테파니 프레스턴, '새끼돌봄에서 비롯된 이타주의의 기원', 〈심리학 회보〉 139, no. 6 (2013).

리학적 현상에 응용되었다. 그는 럿거스대학교 뉴어크 캠퍼스 동물행동연구소 소장을 오랫동안 맡은 제이 로젠블랫의 스승이다. 로젠블랫은 신경대립구조라는 개념을 동물의 새끼돌봄에 적용한 선구자다. 그는 부모가 아닌 개체들도 새끼에게 익숙해질 시간이 필요하고, 임신과 관련된 필수 신경호르몬이 주어지면 새끼를 회

• 양쪽 뇌에 존재하던 동일한 부분의 기능이 서로 달라지는 현상으로, 그 결과 어떤 기능이 한쪽 뇌에서만 우세하게 발달하게 된다.

수한다는 것을 증명했다.[3] 그의 연구는 마이클 누먼, 앨리슨 플레밍Alison Fleming, 조 론스틴Joe Lonstein 같은 제자들을 통해 오늘날에도 이어지고 있다.

새끼를 돌보는 동물종의 경우, 어린 새끼를 인지하면 회피회로와 접근회로 양쪽에 관여하는 편도체가 활성화된다. 아직 짝짓기하지 않은 동물이나 새끼를 돌본 적 없는 동물의 경우, 어린 새끼를 보면 회피회로가 편도체에서 전방시상하부핵으로 진행되고 그다음 뇌간의 수도관주위회색질로 이어진다. 전방시상하부핵은 척추에 가까운 뇌 아랫부분에 있는데, 이곳의 신경세포들이 체내 과정을 바꿔서 각성 상태를 높이고 생소한 새끼를 피하는 행동을 촉진한다. 설치류 대부분이 부모가 아닌 신분으로 시작하기 때문에 회피가 '초깃값' 상태라고 할 수 있다.

부모가 될 준비가 된 설치류는 편도체에 의해 초깃값 모드인 회피회로가 **억제**된다. 대신에 편도체는 내측시각교차전구역과 복측분계선조침대핵이라는 불필요하게 복잡해 보이는 이름이 붙은 시상하부 영역으로 전사된다. 뇌의 중앙에 자리 잡은 원시 뇌 영역인 시상하부에 이어 그다음으로는 복측선조체가 활성화된다. 복측선조체는 보상과 관련된 신경전달물질인 도파민 수용체가 밀집한 영역으로 새끼에게 적극적으로 접근하도록 동기를 부여한다.

접근회로가 활성화되어 새끼를 회수해 안전하게 둥지 안으로 옮기고 나면 어른과 새끼 설치류 사이 친밀한 접촉이 뒤따른다. 접촉이 일어나면 중격의지핵 같은 복측선조체 영역에서 도파민이 분비되고 도파민으로부터 받은 보상 신호는 아편계 수용체를 통해 강화된다. 그 결과 어른과 새끼 모두에게 추가적인 보상을 제공하게 되고, 따라서 미래에도 접근하게 하는 동기를 부여한다. 전전두피질과 해마, 중격의지핵 사이에도 글루타민산염•이 관여하는 연결회로가 있다. 이는 내측시각교차전구역을 통해 중격의지핵에서 나오는 보상 신호와 새끼를 연결하는 긍정적 연상을 더욱 강화한다. 여러 동물종의 새끼돌봄에 필수적인 옥시토신과 바소프레신 같은 신경호르몬은 어미가 새끼에게 접근하고 새끼와 장기적 유대를 형성하도록 동기부여를 지원하고 중격의지핵에서 신경호르몬의 정체를 기억하게 돕는다.[4] 이런 여러 과정이 결합해서 이제야 엄마가 된 어미 쥐가 새끼에게 관심을 기울이고 돌보도록 강한 동기를 부여한다. 이것은 노력이 필요하기는 하지만 적응도를 높여주며, 어미와 새끼 모두의 생존에 대단히 중요한 과정이다.

주목할 것은 내측시각교차전구역을 제외하면 이 신경회로를 구성하는 영역 대부분이 새끼돌봄에만 관여하는 게 아니라는 점이다. 예를 들어, 중격의지핵과 그곳에서 방출되는 보상 신경전달

• 아미노산의 일종으로 중추신경계에서 주요 흥분성 신경전달물질로 기능한다.

물질인 도파민은 새끼, 돈, 고급 의류 같은 말 그대로 섭취 불가능한 보상뿐만 아니라 음식, 약물 같은 섭취 가능한 것까지 포함해 종류에 상관없이 매력적이거나 유익하거나 중요한 대상을 원할 때면 항상 관여한다.[5] 트라이아스기 후기에 출현한 초기 포유동물들은 장기간 새끼돌봄을 하기 전에 먼저 먹이와 짝짓기 대상부터 얻어야 했으므로 새끼돌봄이 처음부터 이 보상 시스템의 대상은 아니었을 것이다. '돌봄 시스템'이나 '새끼돌봄 회로' 같은 용어를 들었을 때 사람들은 새끼돌봄 시스템을 구성하는 뇌 영역들이 새끼를 돌보는 행동만을 **위한** 것이라고 유추하기 쉬우므로 신경계의 영역 일반성domain-general property을 깨닫는 것이 중요하다. 일반적으로 뇌 영역은 오직 한 가지 행동만 지원하는 경우가 거의 없다. 내가 늘 학생들에게 말하지만 "이타주의를 담당하는 뇌 영역은 따로 없다!" 물론 대뇌피질을 여러 부분으로 나눴을 때 어떤 영역은 얼굴, 집, 회수해야 하는 새끼 등 특정 정보를 선호한다. 하지만 비슷한 정보나 자극으로 활성화되는 더 큰 시스템도 결국엔 참여한다.

돕기행동으로 경험하는 신경학적 보상

윌슨크로프트의 부지런한 어미 쥐 이야기로 다시 돌아가 보자. 어미 쥐가 언제까지 새끼회수를 계속하는지 알아보려던 실험자가 결국 너무 지쳐 실험을 포기할 때까지 어미 쥐들은 실제로 몇 시간이고 혈연관계가 아닌 새끼를 회수했다.[6] 실험에서 어미 쥐들은 새끼가 활송장치를 타고 실험방으로 내려오도록 막대를 눌러야 했는데, 실험 설계상 어느 단계에서도 어미 쥐가 막대를 눌러야 할 이유는 없었다. 어미 쥐들은 그냥 편안하게 둥지에 앉아 있을 수도 있었다. 실제로 초기에 제공하던 음식과 혈연관계의 새끼라는 자연 보상이 제거되었을 때 어미 쥐들은 둥지에 가만히 있었다. 대부분 조건실험에서 쥐들은 먹이 보상이 제거된 후 일련의 시도와 차단을 겪은 다음에는 막대 누르기를 중단한다.[7] 그런데 윌슨크로프트의 부지런한 어미 쥐들은 왜 계속해서 막대를 누른 걸까.

이 이상한 현상을 설명할 여러 가설이 있다. 어쩌면 어미 쥐들은 먹이나 자기 새끼 같은 보상과 막대 누르기 행동 사이 강한 연관성을 잊어버리고는 계속 눌렀을 수 있다. 아니면 먹이나 혈연관계의 새끼가 나오리라는 기대에서 계속 막대를 눌렀을 가능성도 있다. 특히, 아직 아래로 내려오지 않은 자기 새끼가 있는 어미 쥐라면 막대를 계속 누를 게 분명하다. 그러나 둘 다 그럴듯한 설명은 아니다. 왜냐하면 보상이 철회된 후에도 쥐의 행동이 습관화될 수 있음이 여러 차례에 걸쳐 무수히 입증되었고, 쥐에게 자기 새끼를 알아보는 능력이 있다고 알려져 있기 때문이다.[8] 그러므로 만일 어미 쥐가 그저 자기 새끼가 나오기만을 기다리고 있는 것이었다면, 나중에 나온 새끼 쥐가 모르는 쥐임을 알아차렸을 때 둥지로 옮길 이유가 없었다.

전통적인 보상이 없는데도 어미 쥐들이 몇 시간 동안 계속해서 막대를 눌렀다는 사실은 어미 쥐들이 혈연관계의 새끼가 아니더라도 **새끼 쥐의 등장에서 보상을 얻는다**는 것을 암시했다. 어미 쥐의 막대 누르기를 스키너 이론•에 비추어 보면 새끼 쥐가 어미 쥐에게 강한 동기부여가 되므로, 우리가 음식, 물, 알코올, 코카인, 돈, 심지어 칭찬 같은 보상을 얻기 위해 애쓰는 것처럼 어미 쥐도 새끼 쥐를 얻기 위해 수고를 마다하지 않았음을 보여준다. 새끼 쥐와의 밀접한 피부 접촉은 어미 쥐와 새끼 쥐 모두에게 유쾌하면서 스트레스를 풀어주는 경험이 되었고, 이후에 다시 새끼를 회수하는 강한 동기부여가 되었다. 이처럼 다른 개체는 우리가 함께 상호작용하고 싶고 정서적·생리학적 이득을 얻을 수 있는, 대체로 유익하고 강력한 자극이 될 수 있다.

도파민을 수반하는 중격의지핵에서의 보상 과정은 과거에 보상이 되었던 것을 '원할' 때마다 일어난다.[9] 예를 들어, 이제야 엄마가 된 어미 쥐가 비어 있는 둥지보다 새끼와 관련 있는 둥지나 코카인 같은 다른 보상이 들어 있는 둥지를 선호할 때 도파민 수치가 변한다. 더욱이 복측선조체에서 도파민을 제거하면 회수

• 어떤 반응을 통해 긍정적 결과를 얻게 되면 이후에도 유사한 반응을 보일 가능성이 크다고 본다.

행동이 줄어든다. 하지만 그전에 어미에게서 새끼를 분리해 놓았다면 회수행동은 재개된다.[10] 그러므로 "시장이 최고의 반찬이다Hunger is the best pickle"라는 벤저민 프랭클린Benjamin Franklin의 말처럼 허기가 극에 달했을 때 음식이 더 맛깔스러워 보이고 맛도 더 좋듯이 어미 쥐들은 위안을 주는 포근한 접촉을 박탈당했을 때 새끼를 찾아야 한다는 더 강한 욕구를 느끼는 것이다. 새끼회수에 꼭 필요한 내측시각교차전구역과 달리 중격의지핵은 새끼회수에 **필수적**이지 않다. 중격의지핵이 손상되더라도 어미 쥐는 여전히 다른 무엇보다 새끼를 좋아하고 돌보고 새끼를 위해 둥지를 짓고 막대를 누를 것이다.[11] 중격의지핵의 외피가 손상되면 모성 행동과 새끼회수에 지장이 생기지만, 그 영향도 즉시 나타나는 게 아니라 몇 차례 시도한 후나 하루가 지나서야 행동이 중단된다. 이것은 중격의지핵이 새끼회수행동에 정말로 필수적이지 않으며, 오히려 정상적인 환경에서 새끼회수행동이 계속 일어나도록 돕는다는 것을 암시한다.

중격의지핵 외피와 아편유사제opioid는 섭취할 수 있는 보상을 '원하는' 방식이 아니라 그것을 '좋아하는' 방식과 관련되어 있다(무엇인가를 원하는 것은 중격의지핵 내핵 및 도파민과 관련 있다).[12] 예를 들어, 뇌에 아편유사제가 증가하면 종에 상관없이 수동적 돌봄과 능동적 돌봄이 증가한다. 반대로 아편유사제가 감소하면 새끼를 보호하고 회수하고 쓰다듬는 행동이 감소한다. 아편유사제가 없으면 어미 영장류의 새끼를 향한 '집중과 몰입'도 사라진다.[13] 그러므로 내측시각교차전구역이 새끼회수에 **필수적**이지만, 새끼가 확실한 보상과 동기가 되게 하려면 새끼회수 초반에 중격의지핵의 도파민과 아편유사제가 필요하다. 그러면 회수행동을 촉진해서 마침내 습관이 형성되는 것이다.

인간의 이타주의에 적용해보면, 사람들은 남을 도우면 언제 기분이 좋을지 은연중에 예측할 수 있고, 좋아진 기분은 가까운 지인이 도움을 요구할 때나 돕는 행위가 자신의 괴로움을 누그러뜨릴 수 있을 때처럼 합리적일 때 돌봄을 조장한다. 이런 보상 예측은 원시 뇌의 신경회로로 처리되므로 돕고 싶은 욕구는 보상에 관한 의식적인 인지나 예측 없이 생길 수 있다. 그러므로 도움을 제공하는 순간 미래에 보상이 나오리라는 것을 반드시 알고 있었던 것은 아니더라도 보상과 함께 나온 이타적 행위를 무시해야 한다는 주장은 오히려 부당하다. 때때로 사람들은 돕기행동이 주는 혜택을 분명하게 알고 있다. 그런데 이런 유형의 전략적 도움행동에는 다음에 기술되어 있듯이 이타적 욕구를 보완할 수는 있을지라도 이타적 욕구에 반드시 필요한 것은 아닌 인지 및 신경처리가 수반된다.

회피반응을 감소시키고 수동적 돌봄을 증가시키는 옥시토신

새끼돌봄 시스템과 관련해서 많은 연구가 이루어진 또 다른 부분은 신경펩타이드 호르몬인 옥시토신의 역할이다. 어느 종이든 새끼를 낳고 돌보고 새끼와 유대감을 형성하는 데 옥시토신이 대단히 중요하다. 설치류의 옥시토신은 새끼에 대한 자연적 회피반응을 감소시키고, 새끼 품어주기, 새끼가 젖을 먹을 수 있게 등을 동그랗게 구부리기, 핥아주기, 젖 먹이기 같은 수동적 모성 행위를 강화한다.[14] 생쥐의 경우, 옥시토신 유전자(fosB 유전자)가 제거되면 모성 행동이 심하게 손상된다.[15] 생쥐는 옥시토신이 없어도 여전히 혈연관계가 아닌 새끼 쥐에게 접근하고 핥아주고 품어주지만, 새끼를 안전한 둥지로 데리고 가거나 옮길 가능성이 적어진다.[16] 이와 비슷하게 옥시토신이 풍부한 뇌 영역인 실방핵paraventricular nucleus, PVN이 손상되면 어미 쥐는 새끼를 피하거나 종종 잡아먹기도 한다.[17] 새끼회수에 매우 중요한 시상하부의 내측시각교차전구역에서 옥시토신이나 바소프레신의 활동을 차단해도 새끼회수가 제대로 이루어지지 못한다.[18] 복측피개영역ventral tegmental area, VTA, 내측시각교차전구역, 중격의지핵을 포함해 새끼돌봄 시스템에 관여하는 여러 뇌 영역이 옥시토신 수용체를 포함하고 있다.[19] 옥시토신과 도파민은 복측피개영역과 중격의지핵에서 상호작용하며 반응을 촉진한다. 예를 들면, 설치류의 뇌에 옥시토신을 주입하고 나면 도파민성 중뇌 변연계 및 피질계가 활성화된다.[20] 이처럼 중요한 증거로부터 옥시토신이 새끼돌봄을 강화하는 역할을 한다는 것을 확인할 수 있다.

신경계에서 찾은 인간 이타주의에 관한 증거

새끼돌봄에 관한 시궁쥐나 생쥐 실험에서 얻은 증거, 양이나 원숭이 같은 돌봄행위를 보이는 다른 포유동물에게서 얻은 증거를 보면 옥시토신은 도파민처럼 새끼회수를 수행하는 능력에 **필수적**이지는 않다. 하지만 옥시토신도 새끼를 기억하고 새끼와 유대를 형성하게 하는 동시에 새끼에게 접근하는 것에 대한 불안감을 줄여줌으로써 새끼회수를 장려한다.[21] 인간의 이타적 행동에 적용한다면, 옥시토신은 사회적 상황에서 타인을 향한 회피반응을 감소시켜줌으로써 마음 편하게 서로에게 접근할 수 있게 해주고, 가까운 사회적 파트너와 유대를 형성하고 유지하고 촉진하게 해줄 것이다.

비슷한 인간의 돌봄 제공 과정

설치류의 새끼회수를 지원하는 메커니즘은 인간의 돌봄 제공에서 발견되는 메커니즘과 비슷하다. 전반적으로 포유류의 갓난아기는 매력적이고 껴안으면 기분이 좋다. 그래서 원숭이들은 가끔 다른 원숭이의 새끼를 '납치'해서 자기 새끼처럼 껴안고 있기도 한다.[22] 인간의 경우에도 아기 엄마가 아기를 요람에 눕혀 재우거나 유아용 높은 의자에 앉히거나 카시트에 앉혀야 한다고 아무리 말해도 할머니와 할아버지는 어린 손주를 품에 안겠다고 고집부리기도 한다. 마트에서 마주친 생판 모르는 사람이 아기를 만지려고 하거나 심지어 임신한 여성의 배를 만지려고도 하는데, 이는 누군가에게는 기겁할 행동이다. 이런 욕구는 다른 동물종의 어린 새끼에게 적용되기도 한다. 예를 들면, 사람들은 동물원이나 동물보호소에서 사랑스러운 새끼 동물을 보고 만지고 함께 놀기 위해 상당한 시간과 돈을 쓴다. 아이가 부모의 육아 철학에 반할 때도 마찬가지다. 아이가 넘어지거나 다쳤을 때 부모가 반응을 보이지 않아야 아이가 덜 운다고 할지라도 부모는 부리나케 달려가 아이를 일으켜주고 따뜻하고 사랑스럽게 안아주며 달래고 싶은 충동을 느낄 것이다. 그런 행동이 아이의 고통을 더 오래가게 하더라도 그럴 수밖에 없다. 사랑스럽기 그지없는 자기 아이가 괴로워하고 있는 것을 보고도 다가가지 않기란 쉽지 않다. 항상 아이에게 달려가서 반응을 보여야 하는지 아니면 가끔은 혼자 울게 놔둬야 하는지에 관한 내적 갈등이 있거나 육아 철학이 서로 다른 부모들 간에 논쟁이 붙는다는 것은 도움이 필요한 무력한 아이에게 접근하고 싶은 욕구가 얼마나 강한지를 보여주는 증거다.

인간의 뇌에는 어린아이나 일반적인 고통에 반응하도록 자극하는 회로가 있지만 각 상황에 반응하는 방식은 개인마다 차이가 있다. 이 장을 미리 읽어본 어떤 사람은 괴로워하는 아이를 꼭 껴안거나 달래주고 싶은 욕구를 경험한 적이 없으므로 이 설명 모델이 틀렸을 수 있다는 의견을 내놓았다. 반면에 아직 아이를 낳을 나이가 아닌 청소년인 나의 딸은 매일 몇 시간씩 인터넷에서 갓 태어난 귀여운 동물 사진을 찾아서 본다. 이처럼 다양한 반응은 메커니즘이 어떻게 상호작용하는 여러 유전자에 기초해서 작동하는지 보여준다. 유전자는 개인 고유의 유전자 구성과 환경에 영향을 받으므로 매우 다양한 반응을 생성한다. 유전학자 프랜시스 골턴Francis Galton은 1800년대에 중심극한정리•를 이용해서 여러 유전자가 환경적 요인에 사람 키에 관한 정보를 부호화한다는 것을 증명했다.[23] 사람들의 키는 정규분포를 따르기 때문에 대다수가 중간값을 가질 테지만, 중심에서 멀어질수록 아주 작거나 아주 큰 키를 가진 소수의 사람들도 존재하므로 키는 한두 개의 유전자로 부호화될 수 없다. 키에 관여하는 유전자가 오직 한두 개뿐이라면 부모의 키로부터 자녀의 키를 예측할 수 있을 것이다. 그러나 불가능한 일이며 가능하더라도 정확한 예측은 어렵다. 그래서 골턴은 상호작용하는 여러 유전자에 의해 키가 결정되며, 추가로 식습관이나 무작위적인 비유전적 가외변수nuisance variable••의 영향을 받는다고 설명했다. 이는 다음의 관계식으로 나타낼 수 있

• 동일한 확률분포를 가진 독립확률변수 n개의 평균은 n이 커질수록 정규분포에 가까운 분포를 보인다.

으며 유전자 이외의 추가 변수는 W로 표시한다.[24]

$$H = X1 + X2 + \cdot \cdot \cdot \cdot + Xn + W$$

더욱이 수십 년, 수백 년에 걸쳐 인간 사회가 더 산업화되고 영양 공급이 좋아지면서 사람들의 키가 점차 커졌다는 사실은 환경이 키 유전자 발현에 영향을 끼친다는 증거다(그림 13). 기억하자. 유전자는 맥락에 민감하도록 설계되었다. 중립적 표정이 웃고 있는 긍정적 표정인지 인상 쓰는 부정적 표정인지를 결정할 때 어느 한쪽으로 편향되듯이 고통에 처해 도움이 필요한 어린아이를 보면 대부분의 사람들은 돕기 위해 달려가지만, 아이 스스로 문제를 해결하는 방법을 찾아야 한다고 주장하는 사람도 있을 것이고, 행동유발 자극이 거의 없는 데도 서슴지 않고 돕고자 행동하는 사람도 있을 것이다. 키에 관한 빅토리아 시대의 통계 자료나 어린아이의 요구에 관한 다양한 민감도 같은 변이 사례들은 반응욕구를 촉진하도록 설계된 신경회로라도 모든 사람에게서 똑같은 행동을 일으키지 않으며, 같은 사람이라 할지라도 시간에 따라 다른 행동을 하게 한다는 것을 보여준다. 인간이 쥐와 공유하고 있는 신경회로라 할지라도 개인에 따라 그리고 환경 및 상

•• 의도치 않게 종속변수에 영향을 미치는 변수를 가리킨다.

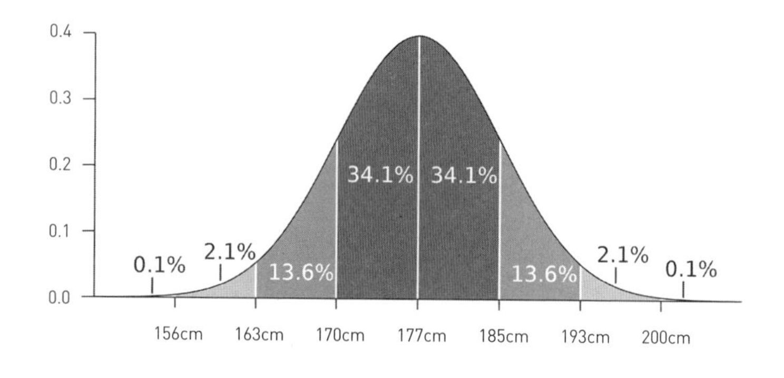

그림 13 미국 남성의 키를 나타낸 상대도수 히스토그램으로, 가운데 측정값인 177센티미터 좌우로 집중된 정규분포를 이루고 있다.

출처 Cmglee, CC-BY-2.5

황에 따라 합리적으로 변하는 복잡한 반응을 생산할 수 있다.

인간의 이타적 반응에 관여하는 신경회로

설치류는 새끼의 냄새와 초음파 울음소리에 특별히 반응하는 반면에[25] 인간은 인간의 청각 시스템에 맞춰서 그보다 주파수가 훨씬 낮은 피해자의 울음을 듣거나 우는 모습을 보게 된다. 생존에 미치는 중요성을 고려했을 때, 인간의 청각 시스템의 주파수 스펙트럼 범위가 발달한 이유가 아기 울음소리를 듣기 위해서라는 주장도 있다(물론 인과관계가 뒤바뀔 수도 있다). 인간의 청각 시스템은 정확하게 아기 울음소리의 주파수인 3~4킬로헤르츠에 매우 민감하다. 인류학자이자 오페라 가수인 윌리엄 비먼William Beeman은 이 주파수가 성악가의 음역에서 감정을 가장 잘 유발하는 부분에 해당한다고 말했는데, 이를 가리켜 '성악가 음형대•'라고 한다.[26]

피해자의 고통을 지각하고 나면 뇌의 여러 영역이 협력해서 사건이 중요하다고 표시하고 반응을 촉진한다. 빠른 지각경로는 우리가 지각하는 것에 관한 세세한 정보를 거의 부호화하지 않지만, 정확히 누가 도움이 필요하고 무엇이 문제인지 같은 세부 정보를 일부러 우선 처리하지 않아도 시상하부에서부터 직접 편도체를 활성화할 수 있다. 편도체에서 시작된 뇌의 빠른 활성화는 뇌간의 자율신경 영역에 직접 투영되어 재빨리 반응을 준비한다. 뇌간 자율신경 영역이 심장박동을 높이고 근육이 반응할 수 있도록 준비시키기 때문이다. 편도체 활성화는 사건이 중요한 자극이라고 표시한 후에 복측피질과 배측피질 양쪽을 따라 후두엽에서 전두엽 쪽으로 진행되는 경로를 통해 상황의 정확한 성질을 계속 확인하는 느린 신경경로를 보강하기도 한다. 이 과정은 비교적 점진적으로 일어나며, 빠르고 효율적인 과정이 놓쳤을 수도 있는 피해자의 신원이나 정확한 공간적 위치처럼 사람, 장소, 상황에 관

• 소리의 공명 주파수 중 에너지가 강화되는 부분을 음형대 주파수라 하는데, 성악가들은 인두강과 구강을 효과적으로 사용해 소리 전달력이 좋은 특별한 음형대를 형성한다.

한 여러 정보를 알아내는 데 필요하다. 게다가 피질에서 일어나는 이 느린 과정은 피해자가 겪는 고통을 우리가 경험했던 과거 다른 사건과 연관 지어 살필 수 있게 한다. 우리가 과거 경험으로 알게 된 특징에 맞춰 반응을 보일 수 있도록 그 사람이나 상황에 관련된 기억을 연결해 생각하도록 하는 것이다.

피해자의 고통과 요구를 인지하고 확인하고 나면 설치류에게 새끼돌봄을 지원하는 뇌 영역과 동일한 뇌 영역이 인간의 이타적 반응을 지원한다(그림 14). 내측시각교차전구역은 설치류의 새끼회수에 특정되어 있었다. 그러므로 피해자에게 영웅적인 행동이라 할 만한 물리적 구조행위가 실제로 필요한 게 아니라면 인간 이타주의에는 관여하지 않을 것이다. 내측시각교차전구역의 잠재적 역할을 확인하려면 아직은 시간이 필요하다. 크기가 워낙 작아서 지금의 기능적 뇌영상 기술인 기능적 자기공명영상으로는 위치를 정확히 찾아내기 어렵다. 이런 기술적 문제로 인해 내측시각교차전구역이 인간행동 전반에 걸쳐 어떤 역할을 하는지 알려진 게 거의 없다. 특히, 이타적 반응 맥락에서 어떤 역할을 하는지는 더욱 알려진 게 없다. 그에 반해서 편도체, 시상하부, 중격의지핵 등 돌봄 신경회로를 구성하는 나머지 뇌 영역들은 어린아이와 돌봄, 이타주의가 관련된 상황에 관여한다는 것이 입증되었다.

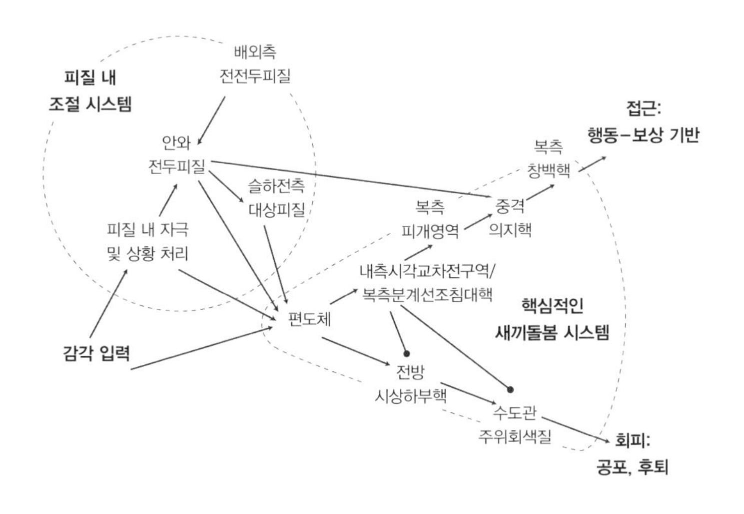

그림 14 새끼돌봄 시스템의 확장 버전으로 인간의 이타적 결정에 참여하는 중요한 전두엽 및 피질 영역 연결 구조를 추가한 것이다. 이것을 확장된 돌봄 제공 시스템이라 부르겠다.

출처 스테퍼니 프레스턴, '새끼돌봄에서 비롯된 이타주의의 기원', 〈심리학 회보〉 139, no. 6 (2013).

감정에 영향을 받는 전두엽의 의사결정 기능

인간의 의사결정 과정이 진행될 때 감정과 피해자, 상황, 도출 가능한 결과에 관한 정보가 안구 바로 뒤에 있는 전두엽의 한쪽 부분에 모인다. 전전두엽에서도 앞쪽 아래에 자리한 이 '안와전두피질orbitofrontal cortex, OFC'은 모든 것을 고려해 이로운 반응을 생산하고자 피해자와 상황으로부터 얻은 단서와 우리의 감정적 반응을 통합한다.[27] 편도체는 상황에 관한 초기 정서반응을 생성하고, 해마와 다른 대뇌피질 영역은 안와전두피질과 중격의지핵이 협력해서 과거 경험에서 배운 피해자나 사건과 관련시킨 연상을 부호화한다. 그래서 우리는 피해자와 상황을 과거 경험을 기반으로 한 맥락에서 살필 수 있다. 더구나 안와전두피질은 편도체로, 특히 기저외측편도체basolateral amygdala, BLA에 있는 기저외측핵으로 신호를 되돌려 보내서 불확실성에 관한 우리의 반응에 영향을 미치게끔 하기도 한다.[28]

상황이 비교적 긴급하지 않을 때 사람들은 종종 가만히 앉아서 선택할 수 있는 것을 생각해본다. 이때 감정, 운동 반응, 각성을 처리하는 더 원시적인 뇌 영역과 안와전두피질이나 배외측전전두피질dorsolateral prefrontal cortex, DLPFC 같은 비교적 최근에 발달한 전두엽 영역 사이에 상호 연결이 일어난다. 비교적 덜 긴급한 상황에서 사람들은 정보에 기반한 선택을 하기 위해 가능한 결과들을 비교하는 시간을 갖는다. 더 오래된 뇌 영역과 비교적 최신의 뇌 영역이 협력해서 가능한 결과들을 떠올리고, 그중 가장 좋은 것을 찾아내서 반응을 선택할 수 있도록 계속 생각하는 것이다.[29] 예를 들어, 카드 게임에서 카드 덱을 정할 때 덱에서 비교적 좋은 카드가 나올 경우와 나쁜 카드가 나올 경우를 의식적으로 확실히 이해하기 위해서는 배외측전전두피질이 필요하다.[30] 그러나 나쁜 카드 덱보다 좋은 카드 덱으로 선택이 기우는 것에는 가능한 결과들에 관한 작동 기억이나 의식적 인지를 필요로 하지 않다.

이런 암묵적인 편중화 과정의 예로는 심리학자이자 뇌과학자인 대니얼 트라넬Daniel Tranel과 뇌과학자 안토니오 다마지오Antonio Damasio가 연구한 아이오와대학교 병원의 기억상실증 환자 '보스웰Boswell'을 들 수 있다. 보스웰은 내측측두엽medial temporal lobe, MTL에 광범위한 손상을 입은 상태였다. 그는 여러 해 동안 자신을 담당해온 간병인을 포함해 사람들의 얼굴을 기억하지 못했다. 친숙한 얼굴과 낯선 얼굴을 봤을 때 나타나는 피부 전도 반응에도 차이가 없었다. 그러나 광범위한 기억상실증에도 불구하고 최근 몇 년 동안 자신에게 잘해준 간병인과 홀대한 간병인을 구별하는 것은 **가능**했다. 최근 그에게 친절했던 간병인을 대면했을 때 피부 전도 반응이 증가했고, 그 사람을 만났거나 알고 있었는지 또는 과거에 그 사람이 자기를 어떻게 대했는지에 관한 뚜렷한 기억이 없는데도 보스웰은 여러 사람 중에서 그 사람을 간병인으로 선택했다. 그의 뇌는 여러 간병인과 나눴던 상호작용에 관한 암시적 정서기억을 간직하고 있었고, 그 기억이 그의 선택을 결정지었다. 보스웰이 해마와 편도체에도 양측성 손상을 입고 있었고, 원시 뇌 영역에 해당하는 해마와 편도체가 일반적으로 정서기억을 생성할 때 필요하다는 사실을 고려하면 이것은 특히나 놀라운 결과다. 무엇보다 보스웰이 자신이 좋아하는 사람과 자신을 도와줄 사람을 잘 선택하지 못했으므로 어쩌면 당시 손상되지 않은 전전두피

질과 선조체가 사람과 음식 보상을 연결해 생각하도록 도와줬을 수도 있다.[31]

우리는 이런 의사결정 과정을 일상생활에도 적용할 수 있다. 예를 들어, 이웃이 찾아와서 설탕 한 컵이나 잔디 깎는 기계를 빌려달라고 하면 중격의지핵과 편도체, 해마가 안와전두피질과 협력해서 그 이웃과의 경험과 그 사람의 과거 행동을 떠올리게 할 것이다. 집에서 파티를 열었을 때 그 이웃은 여러분을 소음문제로 경찰에 신고했을까, 아니면 비싼 포도주를 들고 찾아왔을까. 안와전두피질은 배외측전전두피질과 협력해서 과거의 기억을 마음의 최전선에 위치시키고 이를 기반으로 이웃을 도울지 말지 결정하게 할 것이다. 이런 정보를 고려해서 마당에 서 있는 이웃이 과거에 친절했다면 가까이 다가가서 분명 설탕이나 잔디깎이를 빌려줄 것이다. 그 사람이 무거운 짐을 나르거나 인도에 얼어붙은 눈을 힘들게 치우고 있을 때도 도와주려고 달려나갈지도 모른다.

그런데 만일 이웃이 여행을 가면서 한 달 동안 고양이를 맡아달라고 하는 것처럼 훨씬 수고가 들거나 지속적인 도움을 요청해온다면, 어떻게 할 것인가에 관해 의식적으로 숙고하느라 결정을 내리는 데 시간은 훨씬 많이 걸리고 그 과정 역시 더욱 지루할 것이다. 가만히 앉아서 그 사람이 과거에 내게 무엇을 해주었고, 내가 그 사람을 얼마나 좋아하고, 이번 도움이 관계에 얼마나 보탬이 될 수 있을지, 거절한다면 얼마나 죄책감을 느낄지를 생각하게 되는 것이다.[32] 이런 추가적인 지속적 인지 과정은 사람들이 자신의 장기적 목표와 상반되는 직관적 반응을 억제하도록 도와줄 수 있고, 돕는 행위가 본인에게 이롭다면 설령 돕고 싶은 욕구가 생기지 않더라도 반응하게 해준다. 여러분의 이웃이 아등바등하면서 소파를 현관까지 옮기다가 소파가 너무 무거워 소리를 질렀다고 해보자. 만일 그 사람이 엄살을 부리고 있거나, 힘센 아들이 있거나, 업체를 부를 만한 경제적 여유가 있거나 혹은 지난달에 여러분이 냉장고를 옮기려고 애쓰는 것을 보고도 자기 집 마당 의자에 가만히 앉아 있기만 했다면, 여러분은 손가락 하나도 까딱하지 않을 것이다.

연구자에게나 일반인에게나 이처럼 매우 신중하게 생각해야 하는 경우는 늘 있다. 즉, 도움에 관해 오래 그리고 열심히 생각해야 하는 때 말이다. 물론 그런 숙고를 자주 하는 것은 아니지만, 아주 낮은 수준의 본능적 과정이 여전히 중요하게 작용할 수 있다.[33] 예를 들어, 빈곤에 시달리는 아프리카 어린이들에게 식량을 제공하고자 기부를 독려하는 슬픈 텔레비전 광고를 봤다고 해보자. 겨우 하루를 살아내는 데 필요한 식량을 간절히 바라는 고통에 가득 찬 아이들을 봤을 때, 어떤 결정이든 실행에 옮길 시간이 충분한데도 우리의 원시 뇌에서는 새끼돌봄 시스템이 활성화될 것이다. 도움을 호소하는 감동적인 텔레비전 광고를 본 후에 우리는 분명 소파에서 일어나 지갑을 찾고, 기부 단체의 웹사이트나 전화번호를 확인하고, 너그러운 사람이 된 것 같은 기분이 들면서도 자동차 할부금을 내는 데 지장을 주지 않는 선에서 얼마를 기부할지 정할 것이다.

따라서 이웃을 도울지 말지 결정하기 위해 상당한 시간을 쓰거나 특정 사건을 떠올리고 가능한 결과를 미리 상상할 때, 우리가 생각하는 방식과 얻은 정보는 대부분의 의사결정을 도와주는 상당히 감정적이고 학습된 과정의 아주 작은 일부만을 나타낸다. 그리고 그 과정 중에서 많은 부분을 다른 동물과 공유하는 것이다. 간단한 '기본 점검' 차원에서 장단점을 모두 나열하고 살펴봤을 때 모든 사실이 분명 1번을 가리키고 있지만, 결국 2번을 선택했던 때를 떠올려보자. 내 경우를 예로 들자면, 나는 매일 모든 것을 고려했을 때 카약을 타러 가야 하는 이유가 백만 가지 이상이고 가지 말아야 하는 이유는 기껏해야 하나다. 하지만 카약을 타러 가는 날은 거의 없다. 나는 운동을 더 많이 하고, 큰 금액을 들여 산 카약에서 본전을 뽑고, 긴장을 풀고 삶을 음미하는 방식으로 자연을 즐기겠다는 분명한 목표를 가지고 있다. 그러나 매일 일과가 끝날 무렵, 카약을 타러 갈까 말까 고민하다가 결국에는 맥주와 안주를 손에 들고 소파에 몸을 기댄다. 이것저것 따져보니 운동하러 가는 게 너무 피곤한 일처럼 여겨지기 때문이다.[34]

이처럼 아무리 명시적이고 철저히 계산된 합리적인 결정이라도 암시적 정서 연상, 예상되는 결과 그리고 각각의 특성에 부여되는 가치 등 단순히 장단점 목록에서 얻기 어려운 정보가 그 결정을 뒷받침한다. 인간의 이타적 반응도 마찬가지로 다른 동물 종과 공유하고 있는, 피질 아래에서 일어나는 정서적 과정으로부터 강한 영향을 받는다. 그 정서적 과정은 항상 의식적이지는 않으며, 재빨리 구조된 후 느끼는 온기와 안전감 또는 시원한 맥주를 마신 후 스트레스가 풀리는 기분 같은 즉각적인 보상에 의해 자극된다.

신경경제학적 증거

새끼돌봄과 인간의 이타주의가 정말 뇌에서 상동관계라면 설치류의 새끼돌봄을 지원하는 뇌 영역들은 인간의 이타적 행동이 일어나는 동안에도 활성화되어야 한다. 비록 완벽하지 않고 간접적인 증거이기는 하지만 지금까지의 증거만으로도 충분하다. 어쨌든 시끄러운 소리가 나는 기능적 자기공명영상 기계 안에 가만히 누운 채 영웅적인 구조행동을 다시 되풀이해보는 것은 현대 의학으로 어려울뿐더러 특별히 유용하지도 않다. 이런 한계에도 불구하고, 긴급한 도움이 필요하지 않은 낯선 어른에게 돈을 기부하는 경우처럼 새끼회수와 비슷한 맥락이 아닌데도 타인을 도울 때는 새끼돌봄을 지원하는 뇌 영역인 안와전두피질, 중격의지핵, 뇌섬엽insula lobe*, 편도체 등이 관여한다는 일관된 증거들이 있다.

심리학에서 행해지는 이타주의에 관한 대부분의 실험은 실험자가 피험자(대개 학생, 제안자)에게 일정 금액의 돈을 주고는 일면식도 없는 다른 피험자(대개 다른 학생, 응답자)에게 이 돈을 나눠줄 것인지 아니면 혼자 다 가질 것인지, 준다면 얼마를 줄 것인지 결정하게 하는 행동경제학 게임을 이용한다.[35]•• '최후통첩 게임 ultimatum game'에서 제안자는 새로 얻은 돈 중에서 일부 금액을 응답자에게 제시할 수 있고 응답자는 이 제안을 받아들이거나 거부할 수 있다.••• 객관적으로 보면 공돈이 생기는 것이기 때문에 응답자가 제안을 거부하지 않아야 정상이다. 하지만 거부하는 경우도 종종 있다. 그런 결과를 보면서 경제학자들은 인간은 서로 협력해야 하고 협력하지 않는 이에게는 벌을 내려야 한다는 보편적 선입견을 가지고 있다는 증거로 해석한다.[36] 제안자가 내놓은 액수가 공정하지 않다고 생각할 때 응답자의 뇌섬엽과 전측대상피질에서 뇌 활동이 증가한다. 두 영역은 불공정한 대우와 관련된 부정적 정서 및 감정을 탐지하는 곳으로 보인다. 게임을 하는 동

• 뇌의 외측 고랑에 자리 잡은 대뇌피질 부분으로, 몸의 감각 신호를 받아 뇌의 여러 부위로 연결하며 정서적 정보 처리 과정에 중요한 역할을 한다.

•• 행동경제학 게임에서는 서로 모르는 두 피험자가 파트너가 되며, 흔히 분배를 제안하는 피험자를 제안자, 그에 반응하는 피험자를 응답자라고 부른다. 편의상 여기에서도 이 용어를 사용하겠다.

••• 제안을 받아들이면 두 사람이 돈을 분배해서 갖게 되고 거부하면 두 사람 모두 한 푼도 갖지 못하는 게임으로, 딱 한 번의 제안만 가능하다고 해서 최후통첩 게임이라 부른다.

안 응답자의 배외측전전두피질에서도 활동이 증가한다. 이곳은 불공정한 제안을 거부하고 싶은 욕구를 억제하는 영역으로 여겨지는데, 그렇게 되면 불공정해 보이는 제안이라 할지라도 응답자는 공돈의 혜택을 받을 수 있다.[37] 경두개자기자극법Transcranial Magnetic Stimulation, TMS을 이용한 실험에서 연구자들이 배외측전전두피질 우측을 포함하는 외측전두엽피질의 활동을 차단했을 때, 제안이 공정하지 않다고 판단하더라도 응답자들이 제안을 거부할 확률이 매우 낮았다.[38] 반대로 전전두피질 중에서도 가운데 아래쪽에 있는 복내측전전두피질ventromedial prefrontal cortex, VMPFC(안와전두피질과 비슷한데 크기가 더 크고 경계가 덜 뚜렷한 영역)이 손상된 사람들은 불공정한 제안을 거부하는 경우가 훨씬 **많았다**.[39] 따라서 전전두피질의 측면 영역은 선조체에서 일어나는 보상 추구 과정을 억제하는 반면, 손상을 입지 않은 복내측 영역은 뇌섬엽과 전측대상피질에서 일어나는 혐오 관련 과정으로 촉발된 비교적 단기적인 응징 욕구를 개선하고 더 장기적인 자선이라는 보상을 얻을 수 있게 한다.

'신뢰 게임trust game'에서는 제안자가 실험자로부터 돈을 받고, 그 돈의 일부를 응답자에게 투자금으로 맡기겠다고 제안할 수도 있다. 응답자는 제안된 금액에서 몇 배 늘어난 돈을 받는다. 훨씬 많은 돈을 받은 응답자는 자신이 원하는 액수만큼 제안자에게 다시 돌려줄 수 있다. 물론 돌려주지 않아도 된다. 파트너를 신뢰하고 처음에 돈을 분배한 제안자들은 파트너를 신뢰하지 않거나 파트너가 컴퓨터라고 생각한 사람들에 비해 응답자의 결정을 기다리는 동안 전전두피질에서 더 많은 활동이 일어났다.[40] 게임에 참가한 두 파트너의 뇌를 스캔한 결과, 대체로 서로 신뢰할 때 대상회cingular gyrus• 와 중격septum••, 복측피개영역, 시상하부에서 뇌 활동이 늘어났다. 옥시토신과 바소프레신의 합성을 제어하는 중격과 전시상하부는 이타적 반응 모델을 지원하는 영역인데, 이 게임에서 서로 신뢰하는 긍정적 파트너 관계를 형성할 때 관여한다.[41] 그러나 결정하기 전에 파트너의 반응을 예측하는 데는 대상회가 더 필요하다. 파트너들이 항상 서로를 신뢰할 때는 대상회가 필요 없다. 복측피개영역은 파트너가 **계속** 배반할 때나 신뢰 및 상호 호혜 수준이 낮은 사람이 파트너가 되었을 때 더욱 활성화된다.

종합해보면, 서로 신뢰하는 관계는 인지적 노력을 덜 하더라도 사회적 유대를 형성하고 더욱 협력하게 만든다. 반면에 불안정한 관계는 상대방이 무엇을 할지, 어느 정도로 보상해야 하는지를 더 많이 고민하게 한다. 또 다른 연구에서는 신뢰 게임에 참여한 피험자들의 뇌를 양전자 단층촬영으로 검사했다. 이 게임에

• 전두엽 중앙 중심부에 있는 띠 모양 영역으로 인지적 유연성에 관여한다.

•• 뇌 중앙 아래쪽 변연계의 일부로 보상과 쾌락의 중추라 불린다.

서 제안자는 신뢰를 저버리고 몇 곱절로 불어난 돈을 조금도 나눠주지 않은 파트너를 처벌할 수 있었다. 피험자들이 배신한 파트너에게 벌을 줄 때는 벌을 주지 않거나 그냥 상징적인 정도로 끝났을 때보다 배측선조체dorsal striatum(특히, 그 일부인 꼬리핵caudate nucleus)와 시상에서의 뇌 활동이 더 활발했다. 꼬리핵에서의 활동은 배신당한 제안자가 파트너를 벌하기 위해 내야 하는 금액과 관련 있었다.[42] 배반한 파트너를 벌하기 위해 자기 돈을 들일 때는 내측전전두피질(즉, 안와전두피질과 복내측전전두피질)에서 뇌 활동이 증가했는데, 이것은 피험자들이 만족스러운 선택을 위해 상충하는 목표들을 통합했음을 암시한다. 그러므로 이타적 처벌은 본인 돈이 들어갔다고 하더라도 벌을 내리는 사람에게 보상이 되는 것으로 보였다.

'죄수의 딜레마prisoner's dilemma'는 두 파트너가 서로 협력을 선택하면 두 사람 모두 많은 돈을 받고, 서로 배신을 선택하면 둘 다 한 푼도 받지 못하며, 한 사람은 배신을 다른 사람은 협력을 선택하면 배신한 사람이 다 가지는 게임이다. 어떤 실험에서 이 게임에 참여한 두 여성 피험자가 모두 협력을 선택했을 때 안와전두피질과 중격의지핵에서 뇌 활동이 증가했다. 이에 관해 연구자들은 협력이 보상과 강화를 일으키는 신호라고 해석한다.[43] 피험자들은 배신을 겪었을 때보다 자신의 파트너를 신뢰하고, 그 신뢰를 받은 파트너가 협력으로 보답했을 때 복내측전전두피질과 복측선조체의 뇌 활동이 증가했다.[44] 또 다른 실험에서는 피험자들에게 뇌 스캔 장비를 착용하게 한 후 비슷한 게임을 진행했는데, 가짜 파트너를 지정해 일부러 공정하게 혹은 불공정하게 행동하도록 하고는 가짜 파트너가 손에 전기 충격(이것 역시 가짜다)을 받는 모습을 피험자에게 보여주었다.[45] 기억상실증 환자 보스웰의 경우와 마찬가지로 피험자들은 공정한 파트너를 긍정적으로 인식하고 더 호감을 느끼고 유쾌하고 매력적이라고 평가했다. 게다가 공정한 파트너가 전기 충격을 받는 모습을 지켜볼 때는 불공정한 파트너가 전기 충격을 받을 때보다 '공감적 통증empathic pain'을 더 많이 느꼈다. 즉, 통증 감지를 나타내는 뇌섬엽과 전측대상피질의 활성화도가 증가했다. 특히, 여성과 공감적 성향의 사람들에게 그 효과가 매우 강하게 나타났다. 여성 피험자들은 공정한 파트너보다 불공정한 파트너에 대해 뇌섬엽과 전측대상피질에서의 공감적 통증 반응이 더 낮았다. 그러나 남성 피험자들은 불공정한 파트너가 전기 충격을 받는 것을 봤을 때 공감적 통증 반응이 전혀 일어나지 않았다. 오히려 불공정한 파트너가 전기 충격을 받았을 때 중격의지핵과 안와전두피질에서 뇌 활동이 증가했다. 이 결과를 연구자들은 남성들이 이른바 '남의 불행은 나의 행복'이라는 생각으로 상대방의 고통을 즐긴다는 신호로 해석했는데, 이는 복수하고 싶은 욕구와 연관되어 있다.

종합해보면, 사람들은 축적된 경험을 통해 다른 사람에 관한 정서적 연상을 생성하고, 이를 바탕으로 도움이 필요한 사회적 파트너에게 어떤 반응을 보일지 결정한다. 우리는 협력적인 사람을 좋아하고 그런 사람에게 공감한다. 반대로 우리 마음을 상하게 하거나 우리를 이용하는 사람은 싫어하고 무관심해한다. 그러므로 좋은 선물을 준 적이 있는 이웃이 눈으로 얼어붙은 인도에서 넘어진 것을 목격한다면 얼른 달려가서 도와주고 싶은 욕구를 느끼고 심지어 눈까지 치워줄지도 모르지만, 경찰에 신고를 해 파티를 망치게 한 당사자라면 따뜻한 거실에 서서 넘어지는 모습을 구경하며 고소하다고 킥킥거릴 것이다.

옥시토신 수치가 알려주는 증거

지금까지 설명한 연구들은 새끼돌봄과 연관된 뇌 영역과 정서적으로 의사결정에 영향을 미치는 뇌 영역이 어떻게 인간의 이타적 결정을 지원하는지를 밝혀내고 있다. 앞서 소개했던 행동경제학 게임을 이용한 많은 연구 결과는 옥시토신이 인간의 이타주의에 비슷한 역할을 한다는 것을 뒷받침한다. 예를 들어, 신뢰 게임에서 제안자가 자기 파트너를 신뢰해서 돈을 주고 그 돈을 받은 응답자가 제안자에게 돈을 되돌려줄 때, 특히 의도적으로 처음에 받은 금액 이상의 액수를 돌려줄 때 참가자들의 혈중 옥시토신 농도가 증가했다.[46] 비강으로 옥시토신을 투여한 후 신뢰 게임을 진행하자 제안자들은 파트너에게 더 많은 돈을 주었다. 심지어 사전에 마사지를 받은 사람은 훨씬 많은 금액을 제안했는데,[47] 마사지가 직접적이고 밀접한 피부 접촉을 동반하므로 옥시토신 수용체의 상향조절*을 일으켰을 것이다. 독재자 게임dictator game**에서 응답자에게 더 많은 돈을 주는 제안자는 옥시토신 합성을 부호화하는 촉진유전자의 길이도 길었다.[48] 기능적 신경영상을 촬영하면서 진행된 게임에서도 옥시토신을 투여받은 참가자들은 배신을 겪은 후에도 파트너를 향한 신뢰가 떨어지지 **않았는데,** 이것은 새끼돌봄과 보상기반 의사결정을 전반적으로 지원하는 영역인 편도체와 중뇌, 배측선조체에서의 뇌 활동 감소와 관련 있다.[49] 게다가 옥시토신과 공감적 통증, 금전적 기부 사이에 어떤 직접적 상관관계는 없지만, 옥시토신을 투여하면 다른 사람의 고통에 관한 편도체 반응도 감소한다.[50]

옥시토신과 관련된 이런 실험 중 일부는 되풀이된 적이 없지만, 어쨌든 여러 유사 연구 결과를 종합한 통계 분석에 따르면 옥시토신의 영향은 거의 제로에 가까울 정도로 미미하고 표정을 통한 감정 인지나 외집단 대비 내집단에 대한 높은 신뢰 같은 몇 가지 척도의 수행 능력에만 영향을 미친다.[51] 여기에서 우리가 명심해야 할 기본 원칙은 옥시토신의 진화적 기원과 다양한 동물종에

• 호르몬 수용체가 증가하는 것을 말한다.

•• 최후통첩 게임과 다르게 응답자에게 제안을 거부할 수 있는 권리가 없는 게임이다.

서 이 호르몬이 작용하는 맥락을 고려했을 때 옥시토신이 사회적 유대가 있을 때 행동을 지원한다고 기대할 수는 있지만, 다른 유형의 보상이 개입되는 부자연스러운 실험 상황에도 관여한다고 가정해서는 안 된다는 점이다. 이와 대조적으로 중격의지핵은 사회적 유대가 있을 때뿐만 아니라 동기부여가 되는 보상이 포함된 선택이라면 모두 관여하기 때문에 더 수월하게 다양한 상황에 개입할 수 있을 것이다. 낯선 타인에게 '공돈'을 나눠주는 것처럼 모르는 사람과의 추상적인 금전적 거래보다는 지인과 사적인 교류를 할 때처럼 보살핌과 유대 형성이 수반되는 맥락일 때 옥시토신이 더 많이 분비되는지 분명하게 검사해야 한다.[52]

인간의 자선 기부로부터 밝힌 증거

몇몇 연구에서는 인간이 자선단체에 기부 결정을 내리는 동안 어떤 신경 활동이 일어나는지 살펴봤다. 기부하는 것이 말 그대로 영웅적 행동이나 구조행위는 아니지만, 부유한 대학생에게 이유 없이 공돈을 건넬 때와 비교한다면 기부하는 맥락이 새끼돌봄과 더 비슷하다. 자선 기부에서는 수혜자가 적어도 사람의 마음을 움직일 수밖에 없는 분명한 곤경에 빠진 사람으로 묘사된다.

한 연구에서는 피험자가 기부의 대가로 돈을 받는지(낮은 이타성) 아니면 순전히 기부하는 것으로 끝나는지(높은 이타성), 세금처럼 의무적으로 하는 기부인지(낮은 이타성), 아니면 선물처럼 자발적으로 하는 기부인지(높은 이타성)로 나눠 자선 기부를 비교했다.[53] 피험자가 자선단체로부터 기부의 대가로 돈을 받았다는 걸 알았을 때 도파민성 복측선조체에서 뇌 활동이 증가했고, 선조체가 활성화된 자발적 기부자는 기부금을 두 배나 많이 냈다. 또한 자발적으로 기부한 피험자들은 꼬리핵과 중격의지핵 오른쪽 부위 뇌 활동이 증가했고, 자신의 기부에 훨씬 만족해했다. 이는 사람들이 진심에서 나온 기부를 했을 때 베풂의 '온광효과'를 느끼고 그 자체를 보상으로 느꼈다는 주장을 뒷받침한다.

비슷한 연구에서도 피험자는 자기 돈이나 실험자에게서 받은 돈을 상반된 정치 이념을 지닌 다양한 실제 자선단체에 기부금으로 배정하는 과제를 수행했다.[54] 돈을 받을 때와 그 돈을 자선 단체에 기부할 때 모두 복측피개영역, 배측선조체, 복측선조체를 포함하는 도파민성 중뇌 변연계 및 피질계가 활성화되었다. 이 뇌 영역의 활성화는 피험자가 자부심과 감사함을 얼마나 느끼는지와도 관련 있다. 복측선조체는 자기 돈을 더 많이 들여서 기부할 때도 활동이 증가했다. 더 이타적이거나 자기 돈이 들어가는 기부를 하면 일반적으로 뇌 앞쪽 중에서도 가장 돌출한 부위인 이마극frontal pole과 내측전두엽피질이 활성화되는데, 이는 사람들이 실생활에서 자선단체에 기부하는 기부금 액수와 연관 있다. 피험자들이 받은 돈을 기부할 때는 슬하전측대상피질subgenual region of the anterior cingulate cortex, sgACC의 활동성이 증가했다(그림 15). 다른 연

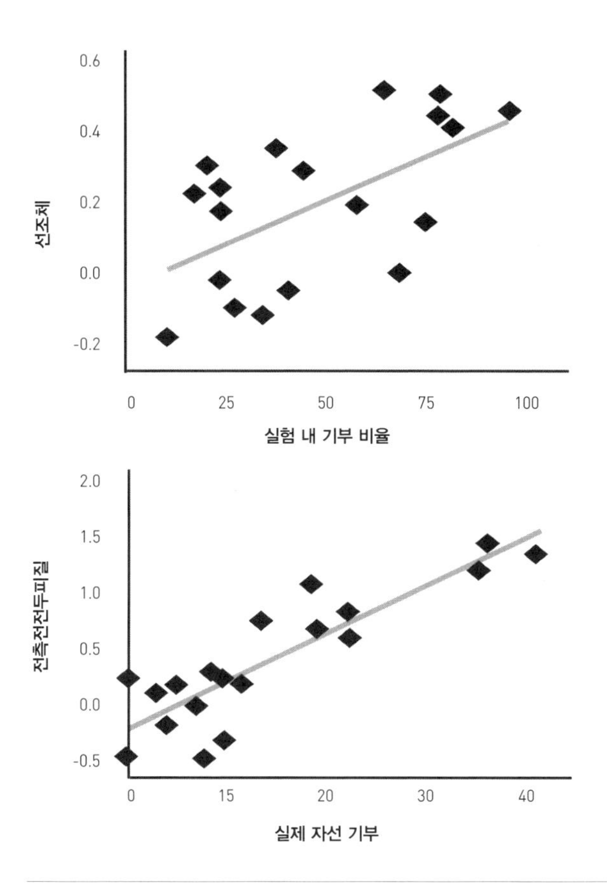

그림 15 실험 참가자들이 자선단체에 많은 기부금을 낼 수록 선조체의 활동이 증가하고, 실생활에서 기부를 많이 하는 사람일수록 과제를 수행하는 동안 전측전전두피질이 분주해진다는 것을 보여주고 있다. 두 영역 모두 확장된 돌봄 제공 시스템에서 중심을 이룬다.

출처 스테퍼니 프레스턴이 다음 자료를 바탕으로 다시 그린 그림. J. 몰J. Moll 외, '자선 기부에 관한 결정을 이끄는 전두엽-중뇌변연계Human Fronto-Mesolimbic Networks Guide Decisions About Charitable Donation', 〈미국국립과학원회보Proceedings of the National Academy of Sciences USA〉 103, no. 42 (October 17, 2006)

구에 따르면, 슬하전측대상피질은 남에게 상해를 입혔을 때 죄책감을 담당하는 영역이기도 하다.

다양한 연구 분야에서 나온 연구 결과를 종합해보면, 슬하전측대상피질이 슬프거나 고통스러운 상황을 겪는 동안 감정조절과 부교감신경계 조절을 돕는 것으로 보아 효과적인 이타적 반응에 반드시 필요하다는 것을 알 수 있다. 이 영역은 안와전두피질, 외측시상하부, 편도체, 중격의지핵, 해마이행부subiculum of hippocampus, 복측피개영역, 청반핵raphe locus ceruleus과 솔기핵raphe nucleus, 수도관주위회색질, 고립로핵nucleus tractus solitarius, NTS 같은 새끼돌봄 시스템과 보상기반 의사결정에 관여하는 여러 뇌 영역에 광범위하게 연결되어 있다. 도움이 필요하다는 표시는 전형적으로 슬픔이나 고통을 포함하는데, 바로 부교감신경계와 슬하전측대상피질을 활성화한다. 예를 들어, 엄마가 아기의 울음소리를 들으면 슬하전측대상피질이 활성화된다. 그러므로 슬하전측대상피질은 가까운 사람의 고통에 대한 이타적 반응을 지원하는 뇌 영역으로 좋은 후보가 된다.[55]

나와 실험실 연구진은 이타적 반응 모델을 직접 더 확인하기 위해 실험 참가자들에게 자기가 번 돈을 기부할 수 있는 다양한 자선단체를 소개하고, 연구가 진행되는 동안 손가락 두드리기 실험을 수행하게 했다.[56] 자선단체를 소개하는 글에는 피험자들이 눈치채지 못하게 다음의 세 가지 변수를 암암리에 대조시켰는데,

도움이 필요한 피해자가 어린아이인지 어른인지, 당장 도움이 필요한지 나중에 해결방법을 준비해도 되는지, 도움의 형식이 보살핌인지 영웅적인 행동인지를 포함했다. 당장 도와주어야 하고 영웅적 행동이 요구될 때 참가자들은 예측대로 어른보다는 어린아이에게 기부하기를 선호했다. 뜻밖에 세 변수가 동시에 작용하는 경우에는 당장 **보살핌**이 필요한 어린 피해자에게 가장 많은 기부금을 내겠다고 했다. 이것은 운동 반응 계획 및 실행을 담당하는 여러 뇌 영역에서의 뇌 활동과 관련 있다. 이 영역들은 같은 실험에서 사람이나 돈을 실험 요소로 포함하지 않는 운동학습 과제인 손 뻗기 과제motor-reaching task를 수행할 때도 관여했다. 따라서 우리는 이타적 반응 모델로부터 예측할 수 있듯이 새끼돌봄 상황과 비슷한 처지에 있는 피해자와 그 상황이 모르는 사람을 향한 이타적 반응을 촉진한다는 것을 보였다.

요약

선행 연구들은 대부분 이타적 반응 모델에 힘을 실어주고 있다. 그 이유는 무력한 새끼를 구조하고 싶은 충동을 느낄 때와 이와는 전혀 다른 실험에서 사람들이 이타적으로 행동할 때 모두 새끼돌봄 시스템과 동일한 뇌 영역이 관여하기 때문이다. 도움이 필요한 아기의 상황과 비슷할수록 이타적 반응은 설치류의 새끼 돌봄을 지원하는 것으로 알려진 피질 아래 원시 뇌 영역(시상하부와 슬하전측대상피질, 뇌간 등)을 더 많이 사용했다. 선행 연구 대부분은 보상기반 의사결정을 담당하는 영역들(복측선조체, 복측피개영역, 중격의지핵 등)이 타인을 도우려는 결정을 내릴 때, 특히 자신에게 상이 되든 다른 누군가에게 벌이 되든 상관없이 자신이 하는 행동을 기쁘게 받아들일 때 중요한 역할을 한다는 것을 보여주었다. 대조적으로 안와전두피질은 상충하는 반응들을 하나로 통합하는 선택을 해야 하는 상황에서 더 활성화되었다. 이는 보상이 서로 일치하는 비교적 본능적인 결정은 피질 아래 원시 뇌의 과정으로 처리되는 반면, 의도적인 결정을 하려면 중격의지핵과 전측대상피질, 뇌섬엽 같은 돌봄에 관여하는 뇌 영역에서 나온 정보를 더 복잡하고 천천히 전개되는 상황에서 합리적으로 결정하도록 도와주는 전두엽 영역에 입력해야 한다는 주장과 같은 흐름이다. 여러 연구에서 다룬 뇌 영역이 다양하다는 점을 고려할 때 '이타주의 담당 영역'이 분명하게 있는 것은 아니다. 그보다는 어느 특정 뇌 영역이 활성화되는 상대적인 양은 연구와 수행 과제, 개인에 따라 달라진다.

실제로 지금까지 어떤 연구도 산업화가 일어나고 화폐 같은 추상적인 도구가 발명되기 훨씬 이전부터 가능했을 도움의 유형을 깊이 살피지 않았다. 물론 돈을 기부하는 것처럼 명시적인 이타적 선택들이 실생활 속에 있고, 뇌 영상 촬영 기술의 발전으로 그런 선택을 연구하는 것이 훨씬 수월해졌다. 자선 기부는 다른 것은 몰라도 도움이 필요한 피해자가 있고, 목격자로서 우리가 반응해야 하는 주목할 만한 동기가 정확하므로 우리가 물려받은 베풂 형태와 조금 비슷하다. 그러나 이런 연구들은 적극적인 도움 욕구를 고려하는 것보다 의식적 숙고를 더 많이 필요로 한다. 도움이 필요한 피해자에게 달려갈 때 결정은 더 간단하고, 대가는 명시적이지 않고, 도움 제공자는 도움 수혜자를 위해 자기 몫의 보상을 희생할 필요가 없기 때문이다.

이타적 반응 모델에 따르면 사람들은 오직 스스로 도와줄 능력이 있다고 느끼고 성공을 예측할 수 있을 때, 즉 평판 걱정 외에 자기에게 너무 큰 위험이 뒤따르지 않으면서 다른 사람을 구할 수 있다는 조건 아래에서 피해자를 구하고 싶은 욕구를 느낀다. 백화점에서 길을 잃은 어린아이에게 다가가거나 이웃집 아이가 다시 자전거에 올라타는 것을 돕거나 넘어질 뻔한 버스 승객을 부축하기 위해 손을 뻗을 때, 우리는 돈을 포기하는 것도 아니고 어떤 실질적인 선택을 해야 하는 것도 아니다. 그런 행동들은 모든 운동 행위가 그렇듯 명목상 어떤 결정일 뿐이다(하나의 행동은 생각할 수 있는 여러 옵션 중에서 선택되기 때문이다). 그러나 이처럼 일상적으로 행해지는 다양한 돕기행동이 돕는 사람 마음속에 뚜렷하게 자리할 필요는 없다. 무력한 아기를 구조하는 행위와 더 유사할수록 돕는 사람의 반응은 여러 옵션 중 하나로 나타나는 대신 훨씬 신속하게 처리 과정을 장악한다.

이타적으로 반응하는 원형적 행위가 일어나는 동안 다른 대안이 있다는 사실은 도움 제공자의 마음이 아니라 상황 특유의 특징을 토대로 한다. 이는 이타적 반응 모델의 중요한 차별점이자 의사결정이나 도덕성, 이타주의를 설명하는 기존 이론에서는 매우 과소평가되는 특징이다.

인간 이타주의에 관한 대부분의 행동경제학 연구와 뇌 영상 연구에서는 통제된 인지 과정을 요구하는데, 이는 남을 도우려는 자연적 동기부여를 **억제**할 가능성이 있다. 왜냐하면 선천적인 추동drive 상태*에서 벗어나도록 하기 때문이다. 예를 들어, 연구자들이 인간 어린이와 침팬지에게서 목격되는 이타적 반응들을 비교했을 때, 도움에 대한 보상을 받았다고 해서 더 많은 도움행위를 보이는 건 **아니**라는 점을 밝혀냈다. 사실 20개월 된 유아들은 도움에 대한 보상을 받았을 때 오히려 돕는 행동이 **감소**했다. 아마도 의도적이고 진정성 있는 베풂에만 뒤따르는 온광효과가 보상으로 받은 돈에 의해 상쇄되기 때문일 것이다.[57]

신경과학에서는 명백히 고통을 겪고 있는 도움이 필요한 누

* 갈증이나 배고픔, 성자극 같은 생존과 번식에 유익한 목표를 충족하도록 동기를 부여하는 상태다.

군가에게 실질적이고 직접적이며 즉각적으로 도움을 제공하는 목격자의 반응을 연구하는 데 있어 필요한 방법을 고안해야 한다. 고전적 방관자 효과나 한 동물이 다른 동물의 고통을 끝내는 비인간 동물 연구가 변형되어 사용될 수도 있다. 그런 방법은 명시적 선택에 필요한 이마극, 배외측전전두피질, 복내측전전두피질 같은 전두엽 영역보다 편도체, 중격의지핵, 슬하전측대상피질 같은 뇌의 후측 및 내측 영역을 활성화할 것으로 기대된다. 게다가 거래가 필요한 추상적인 금전적 실험 과제가 실생활에서 도움을 베풀도록 진화된 형태로 일반화되지는 않더라도 우리의 지식을 지배한다는 점에서 신경과학 연구는 명백한 심사숙고가 반응욕구를 얼마나 차단하거나 억제할 수 있는지 밝혀야 한다.

지금까지 심리학과 뇌과학 분야에서 이타적 반응 모델을 직접 테스트한 연구는 없었다. 하지만 인간 이타주의에 관한 뇌과학 분야 연구를 종합해보면, 모든 증거가 보상기반 의사결정을 수반하는 안와전두피질, 편도체, 시상하부, 중격의지핵, 슬하전측대상피질 같은 뇌 영역들(옥시토신에 의해 조절되는 영역들이기도 하다)과 도파민이 새끼돌봄에 관여하듯 이타주의에도 관여한다고 가리키고 있다. 앞으로의 연구에서는 보다 합리적이고 신중한 비용편익분석기반 결정과의 비교를 통해, 고통스러워하는 도움이 필요한 무력한 신생아라는 특징이 돕기 욕구를 촉진하고 새끼돌봄 시스템을 작동시키는지를 좀 더 직접적인 방법으로 테스트할 수 있을 것이다.

제6장

이타적 반응을 촉진하는 피해자의 특징

* 저명한 인류학자 세라 허디는 "혈연관계든 아니든 아기는 강력한 감각적 덫sensory trap이 될 수 있다"라고 말했다.[1] 우리는 아기에게 끌리도록 진화했기 때문에 무력한 새끼와 어느 정도 비슷한 어린아이나 사람, 상황을 목격하면 주의를 기울이고 그들에게 접근하고 싶은 충동을 느낄 수 있다. 우리가 피해자를 인지하는 데는 다음의 네 가지 주요 특징이 영향을 미친다. 해당 특징을 지닌 사람에게 도움이 필요한 상황이라면 새끼를 돌보는 동물종의 조상을 가진 우리는 그 사람이 어른이거나 생면부지의 타인이더라도 돕고 싶은 욕구를 느낄 것이다. 매우 단순해 보일 수도 있지만, 각 특징이 어떻게 작용하고 또 다른 특징들과 어떻게 상호작용하는지 이해할 수 있도록 이제부터 하나씩 정의하고 설명해보려 한

다(그림 16).

- 취약성vulnerability
- 즉각성immediate aid
- 유형성숙neoteny
- 고통distress

취약성

이타주의에 관한 돌봄 기반 설명 모델이 함축하고 있는 첫 번째 핵심은 사람들은 어린 새끼처럼 **취약한** 피해자에게 가장 강한 이타적 동기를 느낀다는 것이다. 취약성은 우리에게 피해자가 혼자 문제를 처리하기 어렵고 도움이 필요하다는 것을 감지하게 한다. 즉, 피해자가 정말 위험에 처해 있음을 알아채는 우리의 감지력을 높인다. 아기들은 본래 취약하다. 태어난 후 한참 동안 미숙한 상태여서 자기 자신을 돌볼 능력이 없으므로 굶주리거나 잡아먹힐 위험이 크다. 그래서 돌봄본능이 진화한 것이다. 우리는 보통 어른을 취약한 상대로 생각하지 않는다. 하지만 특정 상태나 특정 생애 단계 또는 갑작스러운 비상사태에서는 어른 역시 취약해질 수 있다. 이타적 대응은 영웅적 구조 과정과 같이 성인 피해자

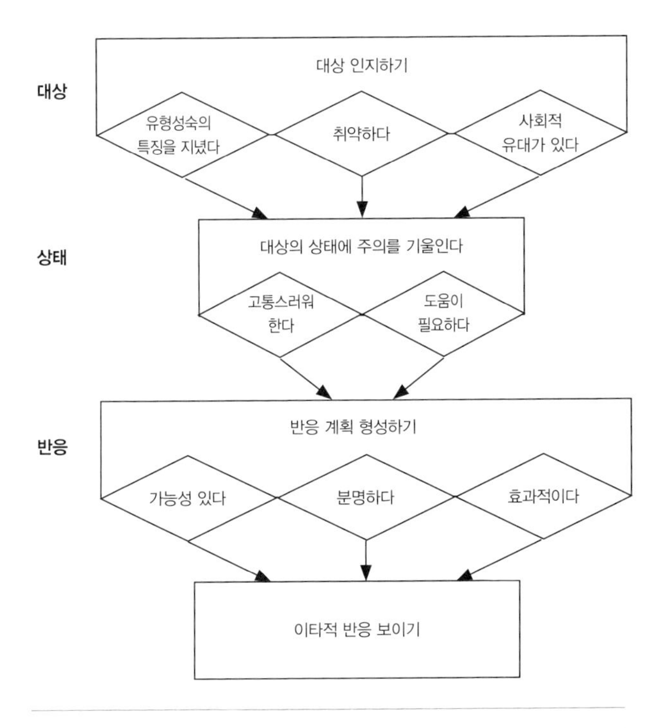

그림 16 이타적 욕구를 방출할 수 있는 요인과 반응을 예측하는 요인을 묘사한 순서도다. 이 요인들이 모두 결합해서 새끼돌봄에 관여하지만, 인간의 이타적 반응이 일어나는 동안에는 연속적으로 하나가 추가되는 방식으로 서로 균형을 맞출 수 있다.

출처 스테퍼니 프레스턴, '새끼돌봄에서 비롯된 이타주의의 기원', 〈심리학 회보〉 139, no. 6 (2013).

가 상황적 요인으로 취약한 상태일 때 강화된다. 가장 유명한 영웅적 이타주의 예는 이미 여러 번 소개한 적 있듯이 뉴욕 지하철에서 선로에 떨어진 청년을 구하기 위해 다가오는 전동차에도 불구하고 선로로 뛰어내린 웨슬리 오트리의 이야기다.[2] 많은 사람이 한 청년이 선로로 떨어지기 직전에 발작을 일으키는 것을 목격했다. 오트리를 포함해 현장에 있던 목격자들은 청년에게 신경계 질환이 있다는 사실을 알았지만, 전동차의 위험으로부터 청년을 구해낼 만한 능력이 없었다. 그 순간 청년은 취약한 상태가 된 것이다. 나이가 어리거나 미성숙해서 생긴 문제가 아니었고 스스로 제어할 수 없는 심각하고 긴급한 문제를 반영하고 있었다. 이런 복합적 요인이 오트리에게 위험에 빠진 청년을 구하도록 즉각적이고 심지어 위험하기까지 한 반응을 촉진했다.

일상적인 사례로, 교통 공학자들은 거리 설계를 통해 취약한 사람들을 돕는다. 두 딸을 둔 엄마인 나는 교차로에 서서 기다리다가 아이들에게 녹색 신호등 속 사람 형체를 가리키며 "걷는 사람이다!"라고 소리치곤 했다. 이제 길을 건너도 안전하다고 알리기 위해서였다. 어린이와 노인, 장애인들은 길을 건널 때 차에 치일 위험이 더 크므로 공학자들은 그들을 '도로 이용 취약자'라고 지칭한다. 신체가 튼튼한 어른들은 차가 지나가지 않는 빈틈을 비교적 쉽게 알아채서 재빨리 길을 건널 수 있고, 파란불이 깜빡이는 짧은 시간에 길 반대편까지 안전하게 도착하는 데 아무런 문제가 없을 것이다. 그러나 도로 이용 취약자는 붐비는 도로를 언제 건너야 할지 판단하기 어려울 수 있다. 횡단보도가 있든 없든 일단 그들은 걷는 속도가 너무 느려서 길 건너편까지 도착하는 것조차 어렵다. 공학자들은 다양한 도로 이용자들을 수용하기 위해 횡단보도 신호등의 보행신호 시간을 늘리고, 도로 이용 취약자 주거 지역에 신호등과 횡단보도 수를 늘린다. 예를 들면, 시각장애인이나 청각장애인의 거주지를 고려하거나, 등굣길에 길을 건너는 어린이가 잠시 차들을 멈추게 하는 보행자 작동 신호기를 횡단보도 중간에 설치하는 것이다. 일반적으로 도로 이용 취약자는 만성적인 문제를 안고 있는 사람들이다(어리다는 것도 만성적인 문제다). 그런데 가끔은 급성 질환이나 부상, 신경질환, 기절 같은 갑자기 발생한 심각한 문제 때문에 일시적으로 아기처럼 취약한 상태가 될 수 있다. 지하철역에서 발작이 일어나 즉각적인 도움이 필요했던 청년처럼 급성 취약성은 평소에 일어나는 일은 아니다. 그런데도 목격자들은 청년의 취약성을 알아차렸고, 그 취약성이 사람들의 반응욕구를 자극했다(단, 그 취약성에 수반되는 다른 특징이 반응욕구에 모순되지 않는다고 가정했을 때다).

어린아이, 취약성, 돕기행동 사이 이런 연관성은 안타까운 결과를 파생시키고 있다. 절실히 도움이 필요한 많은 사람이 단지 우리 눈에 취약해 보이지 않다는 이유로 도움을 받지 못하고 있고, 반대로 실제로 도움이 필요하지 않은 사람들인데도 단지 취약해 보이기 때문에 우리는 그들을 도와주겠다고 나선다. 이렇게 취약성 인지를 복잡하게 만드는 문제에 관해 살펴보자.

취약성 인지의 복잡성

이타적 반응 모델로부터 추론할 수 있듯이 취약성은 우리의 반응 욕구와 관련되어 있으므로 안타깝지만 무관심이나 냉담함으로 이어질 수 있다. 예를 들어, 곤경에 빠진 게 피해자 본인의 책임인 것 같으면 사람들은 당사자에게 달려가려고 하지 않는다. 지하철 선로로 떨어진 게 발작 때문이 아니라 술에 취해서 그런 것이라면 청년은 구조되지 못했을 것이다. 책임에 대한 인식이 반응을 억제하는 것이다. 하지만 열세 살 소년이 술에 취해 지하철 선로로 떨어진 경우처럼 정말 어리고 무력한 피해자가 일시적으로 긴급한 위험에 빠진다면, 여전히 도와주고 싶은 욕구가 있을 수 있다. 스스로 곤경을 자초한 듯한 피해자에게 벌을 내리는 정도는 사람마다 다른데, 사람들은 통계상 정치적 신념과 관련된 무행동inaction(통계적으로 진보주의자가 보수주의자보다 징벌에 소극적이다)을 정당화하는 논리로 사용한다.[3] 중독이나 빈곤 같은 문제로 곤경에 빠질 수도 있지만, 보통은 어떻게 갑작스럽게 위험에 빠지거나 도움이 필요한 상태가 되었는지 제대로 알기 어렵다. 외부의 도움 없이 그 상황에서 벗어나기가 얼마나 어려운지도 이해하기 어렵다. 예를 들어, 술에 취해 지하철 선로로 떨어진 소년이 알고 보니 알코올 중독자인 한부모 가정에서 자란 탓에 알코올에 중독되기 쉬운 유전적 소인이 있었고, 친구까지 잃어 슬픔에 빠져 있었다고 해보자. 어느 누구라도 충격받을 만한 엄청난 문제에 짓

눌려 고통받았을 것이다. 그러니 반드시 그 아이의 잘못이라고만 할 수는 없다. 하지만 지나가던 평범한 행인이 이런 속사정까지 알 리 만무하다. 그러므로 피해자의 곤경을 향한 무관심이 피해자의 상태를 정확하게 알고 보이는 반응이 아닐 수 있으며, 반응을 보이려는 우리의 욕구는 직접 목격한 것이나 상대방의 입장을 더 수용함으로써 추정할 수 있는 것에 깊은 영향을 받는다.

취약한 사람들은 도움을 받아들이고 고마워할 가능성이 더 크다. 그래서 우리는 취약한 사람들을 더 도우려고 하는 것이다. 정말 무력한 피해자는 누군가의 개입 없이는 문제를 고칠 수 없다. 반대로 취약하지 않은 사람에게 공공장소에서 그 사람의 독립심이나 통제력을 훼손하는 도움을 제공한다면 그 사람은 오히려 기분이 상할 수 있다.[4] 어리다는 것과 취약성을 자연스럽게 연결지어 생각하는 경향은 도움받는 사람이 자신이 약하거나 모자란 사람으로 비치고 있다고 생각할 수 있음을 의미한다. 그러면 도움을 제공한 상대가 자기에게 선심 쓰듯 행동하거나, 자신을 어리고 서열이 낮고 힘없는 사람으로 취급한다고 느낄 수 있다.

사람들이 정말로 여러분의 도움을 필요로 하고 또 원하는지 확인하는 것은 사실 매우 어렵다. 예를 들어, 술에 취한 사람에게는 도움이 필요하겠지만 실제로 도움을 원하지 않을 수도 있다. 그 사람은 도와주겠다고 하는 사람을 향해 오히려 거칠게 공격할 수도 있다. 앞에서 예로 들었던 술에 취한 소년이 여러분의 조카라면 어떨지 상상해보자. 조카가 무언가를 사기 위해 20달러를 달라고 부탁해왔다. 큰돈도 아닐뿐더러 치료 목적의 비용이라면 훨씬 많은 돈을 내줄 수도 있지만, 보통 여러분은 그 부탁을 들어주지 않을 것이다. 조카를 사랑하고 조카가 잘되기를 바라기 때문이다. 그러나 조카는 재활 센터에 가기는커녕 하루를 버틸 정도의 현금만 원하고 있다. 복잡한 상황이다. 이런 경우에는 취약성, 어려움, 어린아이, 애정 등 반응욕구를 촉진할 수 있는 여러 특징이 존재한다. 그러나 만일 알코올 중독자인 상대가 여러분의 도움을 원하지 않거나 여러분이 제안한 유형의 도움을 받아들이지 않는다면, 그 사람은 여러분의 에너지와 돈을 고갈시킬 수 있다. 이런 경우는 옳고 그름을 판단하기 어렵다. 즉, 어떤 사람들은 자신의 조카가 스스로 어려움을 헤쳐나가거나 차라리 '인생의 바닥'을 맛보게 놔두는 게 낫다고 생각할 것이고, 반대로 또 어떤 사람들은 조카가 힘들어하는 것을 지켜보는 게 고통스러워서 원하는 것은 무엇이든 주려고 할 것이다. 만약 그 중독자가 더는 어리지 않거나, 변화의 조짐이 보이지 않거나, 건강을 더 해치는 방향으로 돈을 쓴다면 사람들은 침묵으로 돌아선다. 그러므로 취약하고 도움이 필요하다는 게 분명하더라도 피해자가 도움을 원하지 않거나 반응을 보였을 때 충돌이 일어날 조짐이 있다면 도움행동은 뒤따라 나오지 않는다.

신체장애가 있는 사람에게 문을 여는 행위 자체는 매우 힘겨울 수 있지만, 그들은 누군가 도와주기보다 스스로 문을 열거나 혼자 해결하도록 놔두는 것을 더 좋아할 수도 있다. 20세기 미국 남성들은 여성을 위해 문을 열어주는 것이 신사다운 행동이라고 배웠다. 그러나 어떤 여성들은 오히려 무시당하는 듯한 기분을 느꼈다. 아무리 선의에서 한 행동이라 하더라도 여성이 연약하고 무능하고 남성보다 열등하다는 암시가 깔려 있었기 때문이다. 최근 나는 휠체어를 타고 회의실로 들어가려는 한 여성 옆을 지나가게 되었다. 문을 열어줄까 잠시 고민에 빠졌지만, 그 여성은 혼자 할 수 있는 듯했고 이런 상황에 익숙한 듯 보였다. 물론 힘겨워했고 시간도 오래 걸렸다. 하지만 도움은 자기 힘으로 무엇인가를 해냈을 때 느낄 자부심을 빼앗아갈 수 있고, 간섭받거나 '과소평가'되는 기분이 들게 할 수도 있다는 점을 알아야 한다. 내가 본 그 여성은 정말로 무력해 보이지 않았을 뿐만 아니라, 내 호의가 오히려 귀찮게 느껴질 것 같았다. 그래서 개입하지 않기로 했다. 내가 도와주었다면 고마워했을지 아닐지는 알 수 없다. 그런데도 내가 이 이야기를 꺼내는 것은 우리에게는 힘들어하고 취약해 보이는 사람을 돕고 싶어 하는 욕구가 있다는 말을 하고 싶어서다. 그러나 명백한 요구와 분명한 능력 사이를 잇는 연속체에는 애매한 영역이 넓게 존재한다. 우리는 요구나 능력을 암시하는 신호에 매우 민감하지만, 그 신호들이 서로 충돌해서 불확실성이 생기고, 불확실성은 무활동을 촉진한다. 그럼에도 불구하고 발작 후에 지하철 선로로 떨어진 청년처럼 정말로 무력한 사람이 긴급한 도움을 필요로 할 때는 돕고 싶은 욕구를 느낄 수 있다.

나이든 배우자나 병약한 친척을 돌보는 사람, 시설에서 일하는 요양보호사 등 돌봄 제공자들이 자신이 보살펴야 하는 환자의 요구에 너무 익숙해졌거나 기운이 소진되는 상황에 있을 때는 환자의 만성적인 요구가 돕기 욕구를 꺾을 수도 있다. 예를 들어, 알츠하이머나 파킨슨병, 다발성 경화증, 동맥경화, 뇌성마비, 양측하지마비 같은 질병에 시달리고 있는 환자들은 분명 도움이 필요한 사람들이지만, 돌봄 제공자가 옷이나 침구류 교체하기, 화장실 데려가기, 목욕 시켜주기 같은 일상적 요구에 익숙해진 나머지 그런 요구를 긴급하다고 보지 않는다면 환자들에게는 처리되지 않은 요청이 남아 있을 수 있다. 이런 일상적 요구는 건강한 생활을 위해 필요하지만, 엄밀히 말해서 전동차가 점점 다가오는 선로에서 사람을 구해내는 일처럼 **즉각적인** 요구는 아니다. 결과적으로 이런 덜 긴급한 요구는 동일한 반응욕구를 촉발하지 않는다.

내 아버지는 파킨슨병에 걸려 말년에는 무슨 일을 하든 도움을 받아야 했다. 어떤 것을 사용하거나 기억하는 데 문제가 있어서 안경이나 텔레비전 리모컨을 찾거나 태블릿에 인터넷을 연결하는 평범한 일도 하루에 몇 번씩 반복해서 해주어야 했다. 하지만 그런 것들은 아버지에게 중요한 문제였다. 텔레비전을 보거나 태블릿으로 뉴스를 읽는 것은 아버지가 아직 할 수 있는 몇 안 되는 활동이었기 때문이다. 아무리 그래도 이런 일이 일상적으로 반복되다 보니 우리 인내심에 한계가 찾아왔다. 나는 때때로 아버지의 요구에 늦게 반응했고, 아버지는 오래 기다리지 못하고 안달했다. 아버지가 몸을 잘 움직일 수 없고 제어력이 없으므로 자주 도와줘야 한다는 것을 머리로는 이해하고 있었지만 그런 아버지를 보면 저절로 짜증이 났다. 아버지의 취약성과 우리가 아버지를 무척 사랑한다는 사실에도 불구하고 피로감이 쌓이고 아버지의 요구가 긴급한 일이 아니라고 생각하기 시작하면서 우리의 반응욕구는 점점 사그라져 갔다.

만성적인 요구가 도와주고 싶은 욕구를 감소시킨다는 사실은 지속적인 관리감독이 없으면 학대 가능성이 커지곤 하는 요양원에 사랑하는 가족을 맡겨야 할 때 특히 안타깝다.[5] 상냥한 성품을 지닌 사람도 자기가 보살펴야 하는 사람의 반복되는 일상적(그러나 실질적인) 요구에 익숙해지거나 짜증을 낼 수 있다. 무엇보다 긴급하지 않은 일이나 영웅적이지 않은 일을 끊임없이 요청해온다면 돌봄 제공자들은 진이 빠질 수도 있다. 노골적으로 불쾌한 만성적 요구도 한몫한다. 개인적 이익을 바라는 마음 없이 환자용 변기를 비우고, 더러워진 침대 시트를 세탁하고, 화장실을 청소해주는 그들을 높이 기리는 상이나 행사도 없다. 이런 만성적인 문제들이 이타적 욕구를 제한하지만 우리가 원리를 이해하고 적용한다면 충분히 해결 가능하다. 예를 들어, 장기 요양시설에서는 무력하고 쇠락해지고 버림받았다고 느낄 환자들의 관점에 정기적으로 주목해야 한다. 우리도 언젠가 그들처럼 될 것이다. 그리고 도움을 제공할 때는 엄격하게 일정표에 따라야 한다. 즉, 정해진 시간에 약과 음식을 제공하고, 목욕과 사교활동도 해야 한다. 그래야 동기부여에 의존하는 것에서 완전히 벗어날 수 있다. 또한 아무리 일상적인 일이라 할지라도 우리는 그런 일의 공로를 사적으로 그리고 공적으로 인정해줄 필요가 있다. 솔직히 불쾌한 일이고, 사랑하는 가족들도 집에서 더는 감당할 수 없는 일들이 필수불가결하다면, 분명 높은 급여가 보장되어야 한다.

돌봄 제공자들은 할 의향이 있거나 능력이 충분한 일, 그 일을 하는 데 걸리는 시간과 관련해서 때때로 환자와 협상할 수도 있다. 나는 아버지가 일상적이고 사소한 일로 짜증을 심하게 낸 이유를 이제야 비로소 이해한다. 모두 아버지가 삶의 질을 유지하는 데 있어 정말 중요한 일들이었다. 만일 아버지가 무언가를 요청할 때마다 "알았어요! 10분까지 갈게요!"라고 대답하기보다 협상을 통해 요청에 응하는 시간을 10분으로 미리 정해두었다면 어느 정도의 수고를 덜 수 있었을 것이다. 아버지도 자신을 돌보는 일과 관련된 논의를 할 때 참여할 수 있었을 것이다. 그러나 아버지는 무엇인가를 정말로 원할 때는 자신을 억제하기 어려워했다. 게다가 도파민 계열 약물을 투여받고 있어서 더욱 충동적으로 변해갔다. 낮은 감정 억제력은 실제로 환자들이 스스로를 제어하기 어려운 또 다른 취약성이나 다름없다. 그러므로 우리는 공감하고 인내심을 가질 수밖에 없다. 그러나 돌봄, 슬픔, 혼란의 극심한 고통 속에서 객관적인 사고를 하기란 여간 어려운 게 아니다. 이타적 반응 모델을 통해 우리는 이런 유형의 사례들이 타인을 돕도록 진화한 우리의 욕구와 어떻게 상충하는지 이해하고, 이를 통해 사람을 향한 애정에 더 초점을 맞추고, 더 나아가 도움 욕구가 없더라도 동정적 돌봄을 제공하게 하는 반응을 계획할 수 있게 된다.

즉각성

앞서 언급한 취약한 피해자에 관한 예는 보통 긴급한 요구를 포함하고 있었다. 이는 바로 이타적 반응 모델의 두 번째 특징인 즉각성으로 이어진다. 신생아는 본질적으로 취약하다. 그러나 아기들의 요구는 어떤 때는 긴급하고 어떤 때는 긴급하지 않다. 아기의 경우 취약성과 즉각성이 서로 독립적으로 작용한다. 두 성질은 각기 따로따로 또는 함께 엄마의 반응을 유발할 수 있다. 취약한 어른들도 위험한 상황에 처할 수 있는 만큼 가끔 즉각적인 도움을 필요로 한다. 쥐의 새끼회수 사례에도 취약성과 즉각성이 관련되어 있었듯이, 일반적으로 영웅적인 구조에는 두 특징이 모두 관련되어 있다. 따라서 취약성과 즉각성은 같은 특성이 아니지만, 특히 구조행동 같은 이타적 반응의 표준 사례에서 종종 동시에 일어난다.

우리는 피해자가 '혹시라도 나중에 시간을 낼 수 있을 때'가 아니라 **지금 당장** 도움을 요구할 때 가장 강하게 동기화된다. 우리는 종종 누군가 진정으로 도움을 필요로 하는 상황을 목격하면, 원하는 도움을 제공할 수 없을지라도 그 사람에게 공감하고 동정심을 느낀다. 우리는 돕고 싶어 하고 도우려고 계획한다. 그러나 그 요구가 긴급한 게 아니라면 우리는 다른 일을 먼저 끝낸 후에 막연한 미래, 예를 들어, 은행에 돈을 더 많이 저축한 후나 상대적으로 시간적 여유가 있을 때 요구를 처리할 수 있으리라 생각한다. 때때로 피해자들은 정말 취약하고 우리의 도움이 절실히 필요하다. 그리고 우리 역시 그들을 돕고 싶어 한다. 하지만 그 요구가 긴급하게 느껴지지 않으므로 돕기 편한 시간이란 절대 오지 않을 것이며, 피해자를 생각한다는 것만으로 스스로를 자랑스러워하다가 결국에는 행동으로도 옮기지 못할 것이다. 심지어 우리는 피해자의 요구를 최소화하거나 이성적으로 해석해 덜 긴급하거나 덜 중요한 것처럼 보이게 함으로써 우리의 무행동을 정당화할지도 모른다. 슬프게도 참 아이러니다. 왜냐하면 사람들은 종종 누군가를 도운 후에 더 행복하다고 느끼기 때문이다. 이처럼 어떤 사람을 이해하는 것과 실제 반응을 보이는 것 사이의 차이를 가리켜 심리학자 토니 뷰캐넌Tony Buchanan과 나는 '공감-이타주의 격차 empathy-altruism gap'라고 부른다.

우리의 바람과 목표 그리고 실제 반응 사이의 갈등은 경제학자들이 **지연 할인**delay discounting이라고 부르는 개념으로 나타낼 수 있다. 지연 할인은 사람들이 비교적 가까운 미래, 특히 지금 당장 받을 수 있는 작은 금전적 보상을 위해 더 먼 미래에 받을 수 있는 훨씬 큰 보상을 희생하는 것을 말한다.[6] 뜻밖에 횡재한 돈으로 오늘 하루를 어떻게 보낼지는 쉽게 상상할 수 있지만, 더 큰 보상을 받게 된다고 할지라도 나중에 우리가 무엇을 하고 어떤 사람이 될지를 상상하기란 어려우므로 결국 단기간 또는 즉시 받을 수 있는 보상이 심리적으로 훨씬 큰 보상처럼 보인다.[7] 이처럼 더 즉각적인 보상 쪽으로 기우는 성향은 대부분 안타깝기 그지없다. 서양의 산업화 사회만 보더라도 사람들은 대학 졸업장을 따고, 은퇴 후 생활을 위해 저축하고, 다음 달에 더 날씬해져 있을 자신을 위해 오늘 식사를 샐러드로 때우는 것과 같이 장기적인 보상을 위해 항상 애쓰고 있다. 하지만 청년들은 은퇴 이후의 삶을 위해 저축 계획을 세우지만 늘 지금 당장 필요한 구체적인 물건이 생각나서 매달 조금씩 저축하는 것을 해내지 못할 것이다. 학자는 책을 출간하는 일이 자신의 이력에 도움될 것을 알고 집필을 시작했지만 매일 학생과 동료 학자들로부터 받은 이메일에 충실하게 대답하느라 결국 글 쓰는 일을 마무리짓지 못할 것이다. 올해 다

이어트에 성공하고 싶은 누군가는 진심으로 건강한 몸을 원하지만 매일 밤 운동은커녕 팝콘을 먹으면서 텔레비전을 볼 것이다. 이 순간 우리가 선택하는 활동들은 대체로 상상하기 쉽고 참여하기도 쉬우며 단시간에 기분 좋아지는 것들이다. 반면에 책을 쓰거나 건강한 몸을 유지하는 것과 같은 목표들은 추상적이고 먼 미래의 일일뿐만 아니라 달성하기까지 시간도 오래 걸린다. 그래서 우리의 관심을 얻기 위한 경쟁에서 밀리는 것이다.[8]

이타주의도 마찬가지다. **오늘** 당장 도움이 필요해 보이지 않는 누군가가 있다면 우리는 이메일에 답장하거나 설거지를 하거나 커피를 사러 가는 것 같은 더 긴급해 보이는 일을 먼저 처리하느라 그 사람을 돕지 못할지도 모른다. 여러 해에 걸쳐 이런 사소한 결정이 쌓이고 또 쌓일 것이고, 결국 나중에는 가까운 사람을 도와준 일이 얼마나 적은지, 자랑할 만한 이타적 행동이 얼마나 적은지 깨달으며 후회할 수도 있다. 사람들은 실제로 행동하고 남을 돕는 것을 **즐거워하기** 때문에 긴급해 보이지만 덜 소중한 일을 우선시하는 선택은 건강이나 이타주의 측면에서 더욱더 유감스러운 일이다. 한 심리학 실험에서 사람들은 다른 사람과 많은 시간을 보낼수록 더 행복하다고 응답했고, 다른 사람에게 상여금을 더 많이 할당했고, 실험자로부터 받은 5달러 또는 20달러를 자신을 위해 쓰기보다 다른 사람이나 자선단체에 기부했다.[9] 사람들은 커피나 맛있는 점심으로 자신에게 보상할 수도 있었지만, 그보다는 다른 사람의 삶을 향상하는 일에 돈을 썼을 때 훨씬 행복해했다. 이것은 사람들이 타인을 도왔을 때 기분이 좋아지는 베풂의 '온광효과'와 연결되는 현상이다.[10] 추가적인 노력을 기울여야 했지만 하늘에서 떨어진 낯선 새끼를 회수하는 행동 그 자체로 보상을 받는 듯한 어미 쥐들처럼 온광효과는 새끼돌봄 시스템을 통해 우리 뇌에 각인되어 있으므로 매우 강력하다.

즉각적인 요구에 기우는 즉각성 편향이 안타깝지만 이는 대부분 적응적 행동이다. 새끼를 돌보는 포유동물들은 당장 새끼의 안전과 안정, 생존을 보장해야 하므로 고통이나 즉각성을 알리는 신호에 반응성이 매우 좋아야 한다. 게다가 긴급한 요구가 종종 생명에 가장 위협적일 수도 있다. 병원 응급실에서 골절 환자보다 사망할지도 모르는 환자를 우선 치료하는 환자 분류 시스템을 적용하듯이, 우리의 뇌도 더 끔찍한 결과에 직면하고 있는 피해자를 우선시한다. 그것은 대체로 잘된 일이다.

돈이나 음식을 말하든 도움이 필요한 사람을 말하든 간에 우리의 뇌는 즉각적인 보상과 문제에 더 쉽게 반응하도록 설계되어 있다. 이런 편향은 일반적으로 적응적이고 이해할 만하다. 그러나 사람을 쇠약하게 만드는 실질적이고 만성적인 요구를 지닌, 이른바 '보행 가능한 부상자'들이 흔히 간과되고 있음을 의미하기도 한다. 폴 블룸이 공감을 비판하는 글에서 지적하고 있듯이,[11] 즉각성 편향은 도움을 할당하거나 우선순위를 정하는 방식에 문제를 일으킬 수 있다. 예를 들어, 비교적 덜 뚜렷하고 덜 긴급한 그러나 훨씬 더 심각한 위험에 빠진 어른보다 즉각적인 도움이 필요한 어린아이를 먼저 돕도록 강한 동기를 부여한다. 이렇게 이타적 욕구가 즉각성에 반응하기 위해 어떻게 진화했는지를 설명함으로써 우리는 사람들이 자신의 목표나 기대감과 일치하더라도 행동하지 못하는 당혹스러운 사례들과 운이 좋다면 어떤 조처든지 행동을 취하게 된다는 점을 이해할 수 있게 되었다.

유형성숙

유형성숙은 새끼들에게 돌봄을 촉진하는 성질이 있음을 가리키는 생물학 용어로, 새끼들이 생후 초기 짧은 기간에 성장하는 '조성성precocial' 발달을 하는 게 아니라 성장이 느린 '만성성altricial' 발달을 하므로 혼자 생활할 수 있을 때까지 비교적 장기간의 광범위한 돌봄이 필요하다는 사실과 관련 있다. **아기 스키마**baby schema 또는 독일어로 귀여움이란 뜻의 **킨트헨셰마**Kindchenschema라고 부르는 유형성숙의 특징은 매우 매력적이기 때문에 우리가 아기에게 관심을 기울이고 가까이 다가가고 돌봄을 제공하고 싶은 마음이 생기는 것으로 보인다.[12] 콘라트 로렌츠는 종을 막론하고 어른과 비교해서 아기들이 더 둥글고 큰 머리, 더 짧은 코와 팔다

그림 17 종에 상관없이 아기들은 더 크고 더 둥근 머리, 동그란 눈 같은 신체적 '유형성숙'의 특징을 가지고 있다. 이런 특징이 돌봄을 촉진하는 것으로 보인다.

출처 미겔 차베즈Miguel Chavez가 다음 자료를 바탕으로 다시 그린 그림. 콘라트 로렌츠, 《동물 및 인간 행동 연구 2Studies in Animal and Human Behaviour Volume 2》

리를 가지고 있음을 밝혔다(그림 17). 유형성숙이 여러 문화에 관련된 현상이라는 증거로, 미크로네시아의 에피오Epio 부족에는 귀엽고 사랑스럽고 보호가 필요하고 가까이 다가가서 껴안고 싶은 아기나 작은 포유동물 같은 생명체를 가리키는 '비코bico'라는 특정한 단어가 따로 있다.[13]

서양인 중에 **카와이**可愛い라는 일본어를 알고 있는 사람이 많다. 헬로키티처럼 크고 둥근 얼굴이나 젊은 여성들이 입는 베이비돌 원피스•를 보면서 귀엽다는 것을 강조하기 위해 이 말을 쓴다. 카와이는 시간이 흐르면서 점차 의미가 바뀌었고, 지금은 일종의 매력을 가리키는 말이 되었다. 특히, 그 매력을 지닌 대상과 함께 있고 싶거나 그 사람을 돌봐주고 싶은 욕구가 내포되어 있다. 이것은 콘라트 로렌츠와 동물학자 로버트 힌드Robert Hinde가 아기의 귀여움이 어떻게 우리의 돌봄 충동을 불러일으키는지에 관해 설명한 내용과 매우 비슷하다.[14] 또한 일본어에는 아름다움을 의미하는 **우츠쿠시**美しい라는 단어가 있는데, 원래 이 말은 카와이와 매우 비슷한 의미를 포함하고 있었다. 그러므로 일본 문화에서 아름다움과 귀여움이라는 개념은 서로 밀접한 관련이 있을 것이다.[15]

사랑스러운 아기에 대한 돌봄 욕구는 유형성숙의 특징이 있으면서 동시에 취약하고 애착이 가는 자기 새끼일 때 가장 강하

• 허리선이 거의 없고 비교적 짧은 길이의 헐렁한 원피스를 가리킨다.

게 나타난다. 이런 특징들은 신호자극으로 작용하도록 진화했다. 그래서 가끔 혈연관계가 아닌 아기나 낯선 어른, 소비재 물건에도 이타적 반응을 방출할 수 있다. 사람들은 어른이라 할지라도 유형성숙의 특징을 지닌 사람에게 도움을 제공할 가능성이 더 크고, 실수에도 더 관대하다. 뿐만 아니라 어른의 얼굴을 유형성숙의 특징이 있는 얼굴로 변형해서 보여주었을 때 훨씬 매력적이라고 생각했다. 그러나 다른 한편으로는 더 순종적이고 무능하고 유약하고 도움이 필요한 사람으로 여겼다. 이것은 대개 어린아이를 연상하게 하고 감정적 반응을 촉발하는 특징이지만 성인 사이에서는 균등하게 가치 있는 특징은 아니다.[16] 한 연구에서 연구자들은 쇼핑센터의 식당가 같은 공공장소에 누군가 실수로 이력서를 놓고 간 것처럼 상황을 꾸미고 지나가는 사람들의 반응을 실험했다. 이력서는 수신인 주소를 적어두고 우표까지 붙인 봉투 안에 넣어두었다. 이력서 중 절반에는 비교적 유형성숙의 특징이 많은 얼굴 사진을, 나머지 절반에는 그렇지 않은 사진을 붙였다. 예상대로 사람들은 유아적 특징을 지닌 지원자의 이력서를 우편함에 더 많이 넣어주었다.[17]

사진작가 스티브 매커리Steve McCurry는 소련이 아프가니스탄을 점령할 당시, 파키스탄 난민수용소에서 생활하던 아름다운 아프간 소녀를 자신의 파인더에 담아냈다.[18] 이후 〈내셔널지오그래픽〉 표지를 장식하며 역사상 가장 인정받는 한 컷으로 손꼽히게 된 이 사진 속에는 공허한 눈빛으로 카메라를 응시하는 주인공 샤르바트 굴라Sharbat Gula가 있었다. 길게 늘어뜨린 주름 가득한 의상을 입고 얼굴에는 때가 잔뜩 묻은 소녀의 에메랄드빛 큰 눈동자는 난민의 역경에 관심을 보여 달라고 촉구하는 듯했다. 굉장히 매력적인 유형성숙의 특징을 지니고 있고, 누가 봐도 곤경에 처한 듯한 소녀의 사진은 도움이 필요하다는 여러 신호를 동시에 작동시키고 있었다. 그래서 매우 강력했던 것인지도 모른다. 1985년에 게재된 이 표지 사진은 그 후로 국적과 종교가 다른 사람들이라 할지라도 동정과 도움을 받아 마땅한 세계 곳곳 난민들의 요구를 상징적으로 나타내는 사진이 되었다.

유형성숙을 선호하는 성향은 관심과 도움을 끌어내는 데 이용될 가능성이 있다. 예를 들어, 벅스 버니*는 화장을 하고 드레스를 입은 채 위기에 처한 매력적인 아가씨인 척 가장하거나 손동작을 작게 하고 동정하는 듯이 입술을 내밀고 일부러 눈을 크게 뜨고 천천히 깜박이는 등 과장되고 어린아이 같은 행동을 통해 다른 캐릭터들을 교묘히 이용하는 모습으로 그려지곤 했다. 1990년대에 영화감독 마틴 스코세이지Martin Scorsese가 연출을 맡아 동명의 영화를 리메이크한 〈케이프 피어Cape Fear〉에서도 비슷하게 불편한 장면이 나온다. 악당 맥스 케이디가 적의 고등학생

* 미국 단편 애니메이션 〈루니 툰즈〉에 등장하는 회색 토끼로 수컷이다.

딸 대니를 유혹하려고 하는데, 대니는 과장되고 아이 같은 행동으로 그 순간의 부적절함과 자신의 성적 매력을 강조한다. 한국에서는 성별에 상관없이 눈꼬리를 확장하고 턱 끝이나 턱 전체를 축소하는 비싼 성형 수술을 받는 사람들이 있다. 그렇게 하면 부분적으로 더 어려 보여서 매력을 높일 수 있기 때문이다.[19] 현대 문화에서도 더 눈에 띄는 매력적인 장난감이나 만화 캐릭터를 만들기 위해 균형에 안 맞는 과하게 큰 눈과 둥근 머리 같은 유아적 특징을 이용하는 사례가 점점 늘고 있다. 놀란 사람에게서 보이는 커진 눈은 무력한 아기의 큰 눈과 닮았으므로 두려움을 나타내는 표정은 도움과 관심을 유도하기 위해 진화를 거치면서 형성되었다고 보는 의견도 있다.[20]

유형성숙은 취약성, 고통, 즉각적 도움과는 구별된다. 더 고정적이고 대개 어른들에게는 나타나지 않는다. 실제 신생아에게 유형성숙과 취약성은 선천적으로 연결되어 있다. 나이가 들수록 이목구비가 성숙해지고 얼굴은 갸름해지고 코는 길어진다. 그렇게 점차 달라지는 분리 작용 탓에 우리는 취약성, 유형성숙, 사랑스러움이라는 특징을 동시에 지니고 있으면서 우리의 도움이 필요한 실제 신생아에게 가장 강한 이타적 욕구를 느낀다. 어른이라도 유형성숙의 특징을 지니고 있다면 더 쉽게 도움을 유발할 수 있다. 그러나 취약성보다는 그 영향이 덜하다. 취약성은 실질적인 도움 요구와 더 밀접한 관련이 있기 때문이다. 우리는 어른의 크고 둥근 눈에 끌리고, 동기를 느끼고, 그런 눈을 가지고 있을수록 무력한 사람이라고 생각할 수도 있다. 그러나 그 사람이 취약하고 긴급한 도움을 필요로 한 게 아니라면 유형성숙의 특징만으로 진정한 도움 욕구를 일으킬 수는 없을 것이다. 예를 들어, '더락The Rock' 드웨인 존슨Dwayne Johnson*이 발작으로 지하철 선로로 떨어졌다고 해보자. 그가 매우 매력적이고 능력 있고 강인한 사람이라 할지라도 나는 여전히 당황하면서 도와주고 싶은 욕구를 느낄 것이다(물론 그를 함께 들어 올려줄 사람을 찾아야 한다). 큰 눈, 둥근 대머리, 사회적으로 순진한 그의 캐릭터가 유형성숙의 이미지를 조성하므로 어쩌면 호소력이 있을지도 모른다. 이처럼 어리거나 귀여운 것이 이타적 반응을 일으키는 데 이바지하는 것은 맞지만 이타적 반응을 유도하는 **필수적** 요소는 아니다.

상대가 어리고 무력하더라도 도와주고 싶지 않을 때가 있다. 예를 들어, 미국에서는 도움이 필요한 고통스러워하는 아기가 있더라도 모르는 사이고 근처에 더 자격이 되거나 관계 있는 사람이 있다면 일반적으로 아기에게 접근하려고 하지 않는다. 부모들은 의도를 알 수 없는 낯선 사람이 자기 아이에게 다가가거나 아이를 만지는 것을 두려워하고 그러는 사람을 비난한다. 우리는 자신과 자기 새끼 사이로 지나가는 사람을 공격하는 '엄마 곰'에 관

- 미국 프로레슬링 선수 출신 배우로 선수 시절 프로레슬링 링네임이 더락이다.

한 이야기나 그런 엄마 곰에 비유한 이야기를 한다. 원숭이들은 때때로 다른 암컷의 새끼를 '납치'하는데, 납치범은 주로 아직 새끼를 낳아본 적 없는 친척 암컷이나 청소년 원숭이다.[21] 인간과 마찬가지로 원숭이들도 갓 태어난 새끼가 엄마 품에 안전하게 안겨 있을 때는 다른 개체가 다가와서 쳐다보는 것을 허용하고, 가까운 원숭이끼리는 어느 정도 공동육아를 한다. 그러나 부적절한 관심에는 매우 경계한다. 인간과 원숭이 사회에서 볼 수 있는 이런 문화적 규범 때문에 '도와줄' 수 있고 돕고 싶은 욕구가 생기더라도 모르는 아이 일에 간섭하지 않으려는 게 일반적이다.

하지만 예외도 있다. 쇼핑센터에서 길 잃은 아이를 발견했을 때 아이 엄마나 경비원 같은 도움을 줄 수 있는 관계자가 근처에 있거나 어떻게 도와야 할지 모르겠다면 우리는 아이에게 접근조차 하지 않을 것이다. 그러나 자녀가 있는 사람들은 아이를 기른 경험이 있고 공공장소에서 아이를 잃어버리는 것이 얼마나 무서운 일인지 알고 있으므로 그 상황에 개입할 공산이 크다. 그리고 대부분 우리는 아이가 무력하고 혼자고 우리의 도움이 필요하다는 것이 분명하다면 돕고 싶은 욕구를 그대로 따를 것이다.

우리가 신생아에게 더 폭넓게 끌리는 것은 '인식 가능한 피해자 효과'라고도 알려진 '단일 피해자 효과single victim effect'와도 어느 정도 연관되어 있다. 행동경제학자들은 여러 차례 실험을 통해 도움이 필요한 피해자가 다수일 때보다, 심지어 두 명일 때보다 한 명일 때 기부 요청에 응답하는 사람이 더 많음을 보였다.[22] 도움이 필요한 사람이 많을수록 더 도우려고 해야 하는 것이 맞다는 관점에서 보면 이는 이성적이지 않은 결과다(다시 블룸이 주장한 '공감 반대론'으로 돌아간다). 그런데 피해자가 한 명일 때 도움행동은 더 구체적이고, 이해하거나 생각하기 쉽고, 실현 가능성도 있어 보인다. 그뿐 아니라 이타적 반응 모델에 따르면 단일 피해자는 표준적 피해자 유형인 신생아의 사례와 비슷하기 때문에 우리의 돕기 욕구를 더 자극한다고 볼 수 있다. 그간 이루어진 많은 단일 피해자 실험에서 어른이 아닌 어린이 사진을 사용한 것은 우연이 아니다. 이는 모든 조건이 같다면 더 어린 사람에게 더 많은 동정심을 느낀다는 것을 어느 정도 인정한다는 점을 시사한다. 야생동물 보호단체들도 기금을 모으기 위한 홍보자료에 보통 새끼 물개나 새끼 북극곰 같은 귀여운 새끼 동물 사진을 사용한다.[23] 우리 연구진이 수행한 연구에 따르면, 사람들은 노숙자나 난민보다 사랑스러운 바다 수달을 도울 확률이 더 높았다. 설치류, 고양이, 개처럼 다수의 새끼를 낳고 돌보는 종(유전학적으로 인간도 새끼를 여럿 낳을 수 있으므로 여기에 포함된다)은 상대적으로 단일 피해자 효과에 빠질 가능성이 적다. 이타적 반응을 높이기 위해서는 무력한 자기 새끼를 향한 본능적 동기화 스키마와 비슷한 상태가 되도록 하는 방법을 이용할 수 있다. 그러기 위해 자선단체들은 딱 봐도 도움이 필요한 어리고 유형성숙 특징을 지닌 피해자를 전면에 내세워야 한다. 먹을 것과 입을 옷, 잘 곳이 필요한 어른이 수십 명 또는 수천 명 있다고 해도 추위에 웅그리고 있는 그들보다 도움이 필요한 귀여운 아이 한 명을 묘사하는 포스터가 더 많은 도움을 끌어낼 것이다.

이타적 반응이 무력한 자기 새끼를 돕기 위해 진화했다는 점을 고려했을 때 이타적 반응욕구는 그 비슷한 맥락일 때가 가장 강력하다. 우리는 다양한 종에 걸쳐 친족 새끼와 비친족 새끼에 관한 반응을 비교하는 추가 연구가 필요하며, 연구 대상인 종이 일반적으로 친족과 비친족을 차별하는지, 상호관계를 형성하고 사회집단 속에서 생활하는 종인지, 부모가 되었을 때 더 많이 돕는지, 호르몬이 주입되었거나 구경꾼이 있을 때 또는 진짜 부모가 있을 때는 어떻게 반응하는지를 생태학적 초점에서 연구해야 한다. 종에 따라 각기 다른 생태학적 조건을 반영하므로 새끼를 향한 반응에도 차이가 있을 것이다. 야생에서 낯선 새끼를 마주칠 일이 거의 없는 종이나 반대로 긴밀한 사회집단, 특히 친족관계인 집단을 형성해 생활하는 종은 자기 새끼가 아닌 새끼를 돌볼 가능성이 더 크다.

고통

흔히 학자들은 **호모 사피엔스**가 돌봄이 필요한 만성성 발달 포유류이기 때문에 우리 인간이 새끼의 도움 요청 신호를 향한 민감성이 발달했고, 그래서 예로부터 무력한 자기 새끼에게 재빨리 반응할 수 있었다고 추정한다. 세라 허디는 자신의 책《어머니, 그리고 다른 사람들》에서 어미 유인원이 새끼의 고통을 알리는 신호에 어떻게 세심하게 반응하는지 묘사하고 있다. 어미 유인원은 이동하는 동안 배에 매달려 있는 어린 새끼가 떨어지지 않고 편안하게 있을 수 있도록 새끼의 자세를 끊임없이 바꿔준다. 그는 어미 오랑우탄은 "개인 간호사의 세심함과 천사의 인내심으로 새끼가 보내는 신호에 반응한다"라는 영장류학자 카럴 판스하익Carel van Schaik의 말도 인용하고 있다.[24]

진화신경생물학자 폴 매클레인Paul McLean은 새끼가 어른을 향해 구원 요청의 소리를 내도록 도와주는 뇌 영역이 확장해 원시 포유류 뇌가 지금의 포유류 뇌로 진화했다고 주장하면서 그 과정을 다룬 책을 썼다.[25] 메릴랜드주 풀스빌에 소재한 미국국립정신건강연구소에서 일할 때 나는 운 좋게도 매클레인 박사를 만날 기회가 있었다. 그런데 내가 그에게 감탄하게 된 것은 그로부터 몇 년이 지나 그의 논문들을 찾아 읽었을 때였다. 물론 지금은 매클레인의 삼중뇌 이론triune brain theory*을 반박하는 주장이 유행처럼 쏟아져 나오고 있다. 뇌 영역의 신경해부학적 구조와 기능 분화가 종에 따라 그리고 시간이 흐르면서 조금씩 달라진다는 사실이 이미 밝혀졌는데, 그의 이론은 '변연계'라는 용어를 항상 정해진 뇌 영역만을 포함하는 분명하게 정의된 회로라고 잘못 해석한 내용을 담고 있기 때문이다. 나는 종마다 다른 신경해부학 구조의 차이는 각자 생태에 맞게 적응하는 뇌 가소성을 잘 보여주는 것이고, 이런 차이가 있더라도 제2장에서 논의했던 상동성의 일반 개념을 훼손하지 않는다고 생각한다.

고통에 대한 민감성은 영장류나 포유동물 이외의 다른 동물에게도 있다. 하지만 만성성 동물종에게 더 뚜렷이 나타난다. 예를 들어, 배고픈 새끼 새가 내는 소리는 어미 새에게 강한 동기부여가 되어 새끼가 스스로 먹이를 찾을 수 있을 때까지 새끼에게 먹이를 물어다 주도록 자극한다. '탁란'을 하는 몇몇 조류종은 심지어 이런 방출 자극(알의 존재나 새끼 새의 울음소리)에 관한 민감성을 이용해 자기 알을 다른 새의 둥지에 넣는다. 굴러들어온 알이 부화에 성공해 새끼 새가 되면 수양어미로부터 확실하게 먹이를 얻기 위해 유난히 크고 귀에 거슬리는 소리로 먹이를 달라고 한

• 인간의 뇌가 진화 과정에 따라 세 개 층으로 구성되었다고 보는 이론이다. 가장 안쪽에서부터 기본적인 생존과 번식에 관여하는 뇌간과 소뇌를 뜻하는 파충류의 뇌, 감정 작용의 원천인 대뇌변연계를 포함하는 포유류의 뇌, 이성과 고차원적 사고를 담당하는 신피질인 영장류의 뇌 순서를 따른다.

다. 뻐꾸기 새끼는 심지어 최대 여덟 가지 다른 종의 소리를 흉내 내며 먹이를 달라고 조르는 능력이 있어 항상 적합한 숙주를 찾을 수 있다.[26] '비명소리찌르레기screaming cowbird'는 배고픈 정도가 비슷하더라도 숙주 새의 새끼보다 더 강렬한 소리를 낸다.[27] 그렇게 강한 소리 덕분에 여러 새끼에게 분배되어야 하는 제한된 양의 먹이가 그들의 굶주린 입으로 들어가게 된다. 어미 새가 자기 혈육인 새끼보다 큰 소리를 내는 새끼에게 예민하게 반응하는 습성이 있다면 이처럼 강한 도움 요청 신호는 분명 무시하기 어렵다.

탁란 조류종의 적응은 뇌도 변하게 하는데, 비명소리찌르레기는 탁란하지 않는 비슷한 크기의 다른 새보다 해마가 더 크다. 추정컨대 어미가 자기 새끼를 어느 새의 둥지에 맡겼는지 기억하기 위해서는 고도의 공간 기억력이 필요하기 때문이다.[28] 최대 마흔 개의 알을 탁란하고 위치를 추적하는 갈색머리흑조brown-headed cowbird 암컷은 탁란 과정을 돕지 않는 수컷보다 해마 복합체 크기가 더 크다.[29] 더욱이 기생성 탁란을 하는 찌르레기의 해마는 탁란을 하지 않는 비수기보다 '산란기'에 부피가 커진다.[30] 그러므로 동물의 뇌는 종, 개체 그리고 상황에 따라 각기 다른 요구에 맞춰 적응하는 가소성이 있다. 또한 어미 새가 새끼 새의 얼굴이나 자세에도 영향을 받는지 여부를 알게 된다면, 청각적 신호와 비교했을 때 시각적 신호가 어미 새의 반응에 어느 정도로 영향을 미치는지도 추가로 확인할 수 있어 흥미로울 것이다. 애비게일 마시와 동료 연구자들은 우리가 고통에 찬 울음소리를 들을 수 없을 때라도 공포를 보이는 다른 사람의 얼굴을 보면 편도체가 활성화되고 다가가서 도와주게 된다는 것을 알아냈다.[31]

신생아의 울음소리

윌리엄 윌슨크로프트의 실험과 관련해 프롤로그에서 묘사한 새끼 쥐들처럼 고립된 설치류 새끼가 내는 구조 신호는 설치류의 청각 시스템에 주파수가 맞춰진 소리다. 인간에게 듣기 편한 주파수보다 50~70킬로헤르츠 더 높은데, 그래서 새끼 쥐의 구조 요청 소리가 어미에게는 '소리'로 들리더라도 우리는 그것을 '초음파' 신호라고 부른다. 정신의학자 마이런 호퍼Myron Hofer와 연구진은 초음파 울음소리와 돌봄의 연관성에 관한 여러 가지 흥미로운 특징을 설명했다.[32] 예를 들어, 어미 쥐의 신경계는 청각 시스템의 경계선 전체를 새끼 울음소리 주파수에 맞추고, 새끼 울음소리 범위에 있는 하한 임계 주파수의 소리도 감지하므로 언제든 새끼의 울음소리를 알아챌 수 있다. 새끼의 울음소리는 돌봄행동도 촉진해서 능동적 회수행동과 핥기, 쓰다듬기, 젖먹이기 같은 수동적 돌봄행동을 일으킨다. 게다가 새끼 쥐의 울음소리는 깨물기 반응을 곧장 억제한다. 설치류는 새끼를 깨물거나 잡아먹는 습성이 있다. 부모가 아닌 설치류는 실제로 새끼를 잡아먹기도 하지만, 새끼를 입에 물어서 옮겨야 하는 어미 쥐가 새끼의 울음소리를 들으면 그런 습성이 억제된다.

인간 아기 울음소리의 기본 주파수F0는 평균적으로 350에서 500헤르츠 사이이다. 다시 말해 성대가 **1초**에 350회 이상 열리고 닫히기를 반복한다.[33] 인간 아기도 상황에 따라 서로 다른 울음소리를 낸다. 고통스러워 울 때가 가장 강렬한데, 이것은 긴급한 생존 문제에 초점을 맞추도록 진화한 우리의 성향을 보여주는 증거다. 이 분야의 상징과도 같은 1933년 발표된 플레처-먼슨 곡선Fletcher-Munson curve• 에 따르면 아기 울음소리의 주파수대는 인간이 탐지 가능한 최대 주파수인 200~500헤르츠와 거의 일치한다.[34] 아기 울음소리 주파수의 최댓값은 성악가가 감정을 자극하는 소리를 최대치로 낼 때의 음형대 주파수와도 일치하는데 우연이 아닐 것이다. '성악가 음형대', 즉 F4라 불리는 음형대는 최댓값이 대략 3,000헤르츠로, 덕분에 우리는 오케스트라의 큰 연주 소리 속에서도 소프라노의 목소리를 들을 수 있다. 신생아의 울음소리에 관한 연구에 따르면, 갓 태어난 새끼 쥐가 어미와 떨어졌을 때 '분리 울음'을 내는 것과 비슷하게 갓 태어난 무력한 아기는 엄마와 함께 있을 때보다 엄마와 떨어져 있는 출산 직후 몇 시간 동안 열 배나 많이 운다.[35]

실제로 인간 신생아의 울음소리는 워낙 두드러져서 사람을

• 음역별로 귀가 소리에 반응하는 정도를 나타낸 그래프다.

대상으로 하는 실험에서 스트레스를 유발할 때 사용된다. 실험 참가자들에게 슬픔을 유도하고자 가장 많이 사용하는 동영상은 동명의 영화를 리메이크해 1979년에 개봉한 〈챔프〉의 한 장면으로, 권투선수인 아버지가 유난히 격렬했던 시합 후에 사망하자 어린 아들이 흐느껴 우는 신이다. 같은 해 개봉한 영화 〈크레이머 대 크레이머〉에도 귀여운 남자아이가 우는 장면이 있어서 슬픔을 유도할 때 많이 사용되지만, 〈챔프〉를 능가하지는 않는다.[36] 한 연구에서는 〈챔프〉의 장면을 보고 슬퍼진 사람들이 초콜릿을 먹자 기분이 나아지는 모습도 확인할 수 있었는데, 아마도 새끼돌봄과 성취보상에 관여하는 중뇌 변연계 및 피질계에 영향을 준 것으로 보인다.[37]

구조 신호가 자기 아기의 울음소리라면 양육자에게는 특히나 도드라지게 들릴 것이다. 아기 울음소리를 담은 오디오 자료를 들려주는 실험에서 엄마들은 자기 아기의 울음소리를 들었을 때 심장박동과 피부전도반응**이 빨라졌고, 반대로 모르는 아기의 울음소리를 들었을 때는 심장박동이 느려지고 피해자에게 관심이 집중되는 정향반응orienting response***이 일어났다.[38] 물론 이와 같은

•• 정서 자극에 대한 반응으로 피부의 전기 전도도가 달라진다.

••• 새롭거나 갑작스러운 자극이 주어졌을 때 우리 뇌가 본능적으로 그 자극의 잠재적 위협을 감지해 집중하게 된다.

반응의 차이를 사람들이 자기 자식만 돕는다는 의미로 받아들여서는 안 된다. 사실 정향반응은 공감적 관심과 관련 있는 생리적 반응이라고 볼 수 있다. 정향반응이 일어나기 때문에 우리는 도움이 필요한 낯선 사람에게 주의를 기울이고 도와주려고 하는 것이다.[39] 그러나 유대관계가 있는 돌봄 제공자에게 아기의 울음은 단지 위험을 알리는 걱정스러운 신호가 아니라 행동하라고 자극하는 신호이기도 하다. 부모들은 아기 울음에 관한 폭넓은 경험을 하므로 울음의 유형에 기초해서 아기의 요구를 구별하고, 빠르면서도 정확하게 응답할 수 있다. 예를 들면, 배고플 때와 다쳤을 때 우는 소리를 구별하고, 아마 후자의 경우에 더 빨리 반응할 것이다.[40] 특히, 주 양육자는 자기 아기의 고통에 반응성이 매우 높아서 시끄러운 장소나 먼 거리에서도 아기의 신호를 감지하고 응답할 수 있다. 게다가 양육자들은 아기와 아기 울음소리, 울음의 의미, 반응에 익숙하므로 울음소리가 그다지 혐오적이지 않을 것이다. 독일어 화자 부모의 아기와 프랑스어 화자 부모의 아기는 생후 3일만 지나면 울음소리가 구별된다.[41] 요약하자면, 신생아는 양육자의 주의를 끌기 위해 낑낑거리기, 울기, 비명 지르기 같은 고통 신호를 사용하고, 양육자는 그 신호가 중요하고 동기를 부여할 뿐만 아니라 무시하기 어렵다고 인지한다. 그래서 결과적으로 반응이 촉진된다.

새끼돌봄과 이타적 반응 사이에 상동성이 있으므로, 우리는 영웅적인 구조행동이 요구되는 상황이라면 고통 신호가 모르는 사람에게서도 이타적 반응을 끌어낸다고 추정한다. 극심한 통증이나 고통에 울고 있는 어른을 목격했을 때 높은 음높이와 음량 때문에 그 울음이 심상치 않고 걱정스럽게 들릴 것이다. 이런 강렬한 울음소리는 취약성과 즉각적인 요구가 있음을 알리는 신호일 뿐만 아니라 이타적 반응 모델의 다른 요소들을 융합해서 목격자에게 동기를 부여하는 힘도 된다. 그 예로 공감과 이타주의 발달에 관한 연구 결과를 들 수 있는데, 심지어 어린아이들도 옆방에서 다른 아이가 우는 소리가 들리면 하던 일을 멈추고 그 아이를 달래주러 간다.[42]

고통을 숨기는 것의 부정적인 면

사람들이 명백한 고통에 반응을 보인다는 규칙에는 아주 중요한 역설이 있다. 바로 고통이 눈에 보이지 않을 때는 반응하지 **않을 것 같다**는 것이다. 일례로 독립심과 능력을 중시하는 문화에서는 울거나 비명을 지르거나 끙끙 앓는 소리로 고통을 표현하면, 특히 그 사람이 아동기를 벗어났거나 남자라면 상대를 유약하거나 미성숙한 사람으로 인식하는 경향이 있다.[43] 그런 문화에서는 고통스러운 일을 겪어서 우는 어린아이들에게도 '강하게 버텨라'라고 조언하면서 드러내놓고 울지 못하게 한다. 사실 이렇게 고통의 표현을 억누르는 것 자체가 새끼돌봄 메커니즘이 작동하고 있음을 나타낸다. 도드라지고 듣기 싫은 울음소리는 아기의 취약함을 강하게 연상시키므로 사람들은 되도록 빨리 울음이 그치기를 원할 것이다. 일부 문화에서는 이런 역학관계가 더 심하고, 그래서 사람들은 부정적으로 비치지 않으려고 자신의 고통을 숨기게 된다.

사람들이 '고통을 삭이는' 법을 배운다는 사실은 정말 도움이 필요할 때 받지 못하는 경우가 종종 있다는 말이기도 하다. 내가 몸담은 미시간대학교 생태신경과학연구소Ecological Neuroscience Laboratory의 연구팀은 심각한 병이나 불치병을 앓고 있는 실제 병원 환자들과 면담하고 그 과정을 촬영했다.[44] 해당 영상을 실험 참가자들에게 보여주었을 때 참가자들 대부분은 매우 고통스러워하는 여성 환자가 가장 도움이 필요하다고 응답했다. 그들은 여성 환자에게 크게 공감하고 더 많은 도움을 제안했다. 그와 대조적으로 감정을 잘 드러내지 않은 과묵한 남성 환자는 실제로 여성 환자에 못지않은 심각한 병을 앓고 있음에도 불구하고 공감이나 도움을 끌어내지 못했다. 다른 연구진이 진행한 후속 연구에서 대학생들과의 면담 과정이 담긴 영상을 본 실험 참가자들은 과묵한 남성 환자와 마찬가지로 사적인 문제를 설명할 때 감정을 잘 표현하지 않은 학생에게는 공감도가 떨어졌다.[45] 인간은 명백한 고통에 반응을 보이도록 진화했다. 그러므로 사람들이 감정을 억누르거나 숨기면서 '체면을 지킬' 때 우리는 그들의 어려움을 알아차리지 못하고 도와줄 수도 없게 된다.

새끼돌봄 시스템은 본질적으로 겉으로 드러나는 명백한 고통과 도움이 필요한 새끼를 연결하기 때문에 사람들은 표현을 잘하지 않는 피해자가 도움이 필요하다는 것을 알더라도 종종 반응하지 못한다. 예를 들어, 만일 친구에게 다음 날 두려운 진료나 중요한 시험이 있다는 것을 알고 있다면 여러분은 설령 친구가 고통을 표현하지 않더라도 위로의 전화를 하거나 문자 메시지를 보낼 것이다. 이렇듯 노력이 필요한 공감은 자주 일어나는 게 아니다. 사람들은 다른 사람이 어떤 기분일지 생각해보는 소소한 노력도 거의 하지 않는다. 그렇기 때문에 우리가 타인의 배려에 고마워하는 것이다. 역설적이게도 고통을 겪고 있는 사람들은 자신이 억누르고 있는 고통을 다른 사람들이 알아차리고 반응하기가 얼마나 어려운지 과소평가하고 결국 침묵 속에 앉아 있게 된다. 그렇지 않아도 고통스러운데 원망까지 더해지는 셈이다. 우리는 상대방이 우리가 좋아하는 사람이거나 서로 의존하는 가까운 친구, 가족이라면 그 사람의 고통이 어떨지 생각해보려고 노력한다. 심지어 비위를 맞춰야 하는 성마른 상사처럼 좋아하지는 않아도 운명을 같이해야 하는 사람에게도 마찬가지로 노력한다. 그러나 인간이 보여주는 도움행동 대부분은 인간에게 조망수용능력이 있다는 관점만으로 충분히 설명되지 않는다. 다른 사람의 상황을 이해하기 위해서는 노력이 필요할 뿐만 아니라, 이타적 욕구에 비하면 조망수용능력은 그저 약한 동기에 불과해서 인간뿐만 아니라 설치류를 비롯한 비인간 동물들까지도 명백한 고통을 보이는 신생아나 유대가 형성된 파트너를 돌보는 데 적극적인 이유를 설명해줄 수 없다.[46]

가끔 체면을 세우는 것이 중요하기도 하다. 아기같이 고통을 드러내거나 취약함을 보인다면 의존적이고 무능한 사람처럼 보이기 때문에 어른들은 직장 동료나 상사 앞에서 울고 싶지 않을 것이다. 특히, 여성들에게는 너무 감정적이라고 깎아내리는 풍조가 있고, 이미 그런 이미지가 고정관념으로 굳어 있으므로 여성들은 더욱 참아내려 할 것이다. 2008년 미국 대통령 선거 유세 중에 심신이 지친 힐러리 클린턴Hillary Clinton이 선거를 치르면서 미국을 위해 봉사하려는 자신의 열정을 웅변하다가 눈에 눈물을 보인 아주 짧은 순간이 있었다.

> 쉬운 일이 아닙니다. 절대 쉽지 않습니다. 여러분도 알다시피 해야 하는 옳은 일이라는 강한 믿음이 없다면 그 일은 해낼 수 없습니다. 저는 이 나라에서 아주 많은 기회를 얻었습니다. 저는 우리 국민이 퇴보하는 것을 보고 싶지 않습니다. 이는 단지 정치적인 문제를 넘어서, 저에게는 아주 개인적인 문제이기도 합니다. 단순히 공적인 것만도 아닙니다. 저는 무슨 일이 일어나고 있는지 알고 있습니다. 우리가 이 상황을 되돌려 놓아야 합니다.

우리 중 어떤 사람은 어려운 역경에도 불구하고 과감히 나서서 그 일을 하고 있습니다. 우리 각자가 그 일을 하고 있습니다. 모두가 이 나라를 신경 쓰고 있기 때문입니다.

그러나 우리 중 어떤 사람은 옳고 또 어떤 사람은 틀렸습니다. 우리 중 어떤 사람은 준비가 되어 있고 어떤 사람은 그렇지 않습니다. 우리 중 어떤 사람은 첫날부터 무엇을 해야 할지 알고 있지만, 어떤 사람은 무엇을 할 것인지 생각조차 하지 않습니다.

그래서 많이 피곤하고, 유세 일정 중에 운동을 하거나 제대로 된 식사를 하는 등의 행위를 유지하고자 노력하는 일이 실제로는 어렵다는 것도 알지만, 사실 가장 쉽게 먹을 수 있는 음식이 피자일 때는 더더욱 견디기 힘듭니다. 저는 한 나라의 국민으로서 우리를 강하게 믿고 있습니다.

힐러리가 약한 모습을 보인 것은 고작 몇 초였지만, 언론의 집중적인 관심이 쏟아졌다. 언론은 그동안 남자처럼 비쳐온 힐러리가 인간적인 면을 부각하고자 감성 전략을 이용했다고 평가하거나, 어떤 일을 책임지고 맡기에는 너무 감정적이라서 어렵다는 여성에 관한 부정적인 고정관념을 입증하는 모습이라고 보도했다.[47] 해도 욕먹고 안 해도 욕먹는 그런 상황이었다.

엄밀히 말해, 무시될 가능성이 있더라도 자신의 고통을 드러내야 하는 때가 있다. 특히, 상당한 편견을 무릅쓰고 존중받으려고 애쓰는 사람에게는 취약함을 드러내는 것이 너무 큰 문제가 되기도 한다. 고통을 드러내면 곤란해질 수 있고, 문제를 일으킬지도 모르지만 고통을 내보이는 것을 고려해야 할 때도 있는 법이다. 예를 들어, 화를 잘 내는 사장은 자신의 말이 직원들에게 얼마나 상처를 주고 얼마나 못되게 들리는지 깨닫지 못할 것이다. 자기가 하는 말과 행동이 소중한 직원들에게 어떤 영향을 미치는지 똑똑히 목격하게 된다면 그제야 자신의 행동을 후회할 것이다. 어쩌면 변할지도 모른다. 사장이 화를 낼 때 직원들이 고충만이라도 확실하게 표현한다면 나중에 불만을 제기했을 때 몰랐다고는 하지 못할 것이다. 고통을 숨겨야 한다는 생각이 들지라도 이따금 강력한 신호가 제 일을 하게 놔두면 오히려 이익을 얻는 법이다.

우리를 도와주기를 **원하고** 우리의 취약함을 이용할 리가 없는 가까운 사람에게 고통을 숨기는 것은 훨씬 큰 문제가 된다. 내 경우를 예로 들자면, 나는 첫 아이를 임신했을 때 처음 3개월 동안 누구에게도 이 사실을 알리지 않았다. 혹시라도 나쁜 상황이 벌어졌을 때 사람들에게 다시 '임신이 아니다'라고 말하는 상황을 피하는 게 좋다는 문화적 규범을 따른 것이다. 나는 내 고통을 고스란히 드러낼 생각을 단념하고 있었다. 유산한다면 그 사실을 알리기가 난처할뿐더러 이미 일어난 가슴 아픈 일의 고통을 배가시키기만 할 뿐이라고 생각해서였다. 그러나 그때 한 간호사가 이렇게 말했다. "음, 당신이 나쁜 일로 괴로워할 때, 그 상황을 알고 진심으로 응원해주길 **바란** 사람이 없었나요?" 이처럼 친구와 가족에게 문제를 알림으로써 얻는 **이득**이 나에게는 문제를 숨겼을 때 초래할 부정적 결과에 관한 중요한 메시지였다.

사람들은 종종 자신이 좋아하는 사람이 우울증이나 심리불안, 식이장애 같은 정신질환을 앓고 있다는 사실을 너무 늦게 안다. 이런 질환이 있는 사람들은 보통 창피하거나 약해 보이는 것 같아서 또는 남으로부터 평가나 동정을 받는 것이 걱정되어 증상을 감추거나 도움이 필요하다는 사실을 숨긴다. 사람들은 자신의 사교 집단에 속한 누군가 스스로 목숨을 끊었을 때 보통 "그렇게 심한 우울증에 걸린 줄도 몰랐다"라며 놀라워한다. 어떤 때는 가까운 가족도 놀란다. 치명적인 정신적·육체적 건강 문제를 가족에게조차 알리지 못한다면 분명 피할 수 있었음에도 불구하고 끔찍한 결과를 맞게 된다. 우리는 고통을 표현하는 행위가, 특히 도와주고 싶어 하는 가까운 사람들 사이에서 정상적으로 이루어지도록 더 열심히 노력해야 한다.

요약하자면, 고통은 취약성과 요구에 강하게 연결된 신호로 진화했고, 그 신호는 목격자에게 행동하도록 강력한 동기를 부여한다. 그러나 이런 이유 때문에 사람들은 정말로 도움이 필요할 때도 종종 자신의 고통을 숨긴다. 그렇게 고통을 숨기면 나약함이나 취약함을 연상시키는 것은 피할 수 있지만, 피해자와 목격자 모두 불리해지는 경우가 너무 많다. 감정이 진화한 데는 그만한 이유가 있다. 때때로 감정이 제 일을 하도록 놔둔다면 궁극에 가서는 우리를 도울 수 있는 강력한 도구가 된다는 사실을 기억해야 한다.

고통, 공감 그리고 이타주의의 심리학

지금까지 고통은 도드라져 보이고, 우리의 관심을 끌고, 새끼돌봄과 같은 맥락에서 우리의 행동을 끌어내기 위해 진화했다고 주장했다. 이타적 반응 모델의 이런 주장은 고통이 도움행동을 저지한다는 대니얼 뱃슨과 장 드세티Jean Decety를 비롯한 여러 학자 사이에 널리 퍼진 견해와 대립하는 듯하다. 공감 기반 이타주의 가설에 따르면 사람들은 마음이 따뜻하고 평온하고 관심이 있고 애정과 동정을 느낄 때 다른 사람의 요구에 집중하고 사심 없는 도움을 제공한다. 반대로 걱정이 있어서 염려되거나 고통스럽거나 심란하고 속상할 때는 자기 자신의 요구에 집중하고 오직 자신의 고통을 덜어줄 때만 타인을 돕는다.[48] 학생들을 대상으로 한 실험에서 누군가 전기 충격으로 고통스러워하는 것을 목격했을 때, 그 사람이 걱정된다고 한 학생들은 그 자리를 떠도 되는데도 남아서 도와주었고, 타인의 고통을 목격하는 것 자체가 괴로운 성향의 학생들은 의무적으로 남아야 하는 경우가 아니라면 도움을 덜 주었다. 이처럼 사람들은 **능히** 이타적인 이유에서 남을 도울 수도 있지만, 자기 자신의 고통을 덜기 위한 이기심에서도 남을 돕는다.

나와 연구진이 진행한 연구에 따르면, 때때로 고통이 드러나는 방식에 문제가 있었다. 예를 들어, 고통스러워하는 피해자를 본 목격자는 대체로 동정적 반응뿐만 아니라 부정적 반응도 일으킬 수 있다는 뱃슨의 연구 결과와 동일한 결론을 얻었다. 매우 고통스러워하는 환자들의 모습을 담은 영상을 보여주었을 때 피험자 중 일부는 **섬뜩하다**(심란하고 화나고 소름 끼친다)고 말했다. 환자들이 실제로 중병이나 불치병을 앓고 있다는 사실을 피험자들도 잘 알고 있음을 고려할 때, 이런 매우 부정적인 반응은 더욱 주목할 만하다. 다른 사람의 고통스러워하는 모습에서 전염되어 원치 않는 부정적 감정이 일어날 때, 특히 문제가 해결되기 어려워 보이거나 해결되리라는 보장이 없는 듯할 때 타인의 고통을 향한 회피적 반응이 **일어날 수** 있다(어떤 간호사는 "도대체 저 환자는 이 문제를 해결하기 위해 무엇을 하고 있을까?"라고 말하기까지 했다). 그렇다고 희망이 없는 것은 아니다. 보통 사람들은 실제로 행복한 환자들보다 고통스러워하는 환자들의 요구를 더 많이 이해하고, 그들에게 더 많은 공감을 표하고, 도와주겠다는 제안도 더 많이 한다. 그런데 이런 너그러운 마음에도 한계가 있다. 피험자들은 그저 몇 달러를 기부하는 것처럼 환자들과 사회적 교류가 없는 일 대신 직접 환자를 돌봐야만 한다면 비교적 행복해 보이는 환자를 선호했다.[49] 따라서 고통은 분명 지각하고 느끼기 싫은 것이지만, 원래 그렇게 설계된 것처럼 성공적으로 요구를 전달하고 반응을 자극한다고 할 수 있다.

이처럼 이타적 반응 모델의 특성들이 주어진 상황에서 어떻게 균형을 맞추는지 곰곰이 생각해본다면 고통과 이타주의 사이의 복잡한 관계를 예측할 수 있다. 비행기 안에서 아기가 운다면 사람들은 불평한다. 실제로 아기가 고통스러움에 울고 있다면 우리는 아기를 돕도록 진화했으므로 어떻게 보면 이런 상황은 아이러니하다. 그런데 승객들이 짜증을 내는 것이 이타적 반응 모델에 맞는 반응이다. 다른 승객들에게는 그 아기가 어떤 유대관계도 없는 모르는 아기일 뿐이고, 대부분 멀리 떨어져 앉아 있어서 아기의 귀여움에 마음을 빼앗길 리도 없고, 게다가 무슨 문제인지 몰라서 도와줄 수조차 없다. 그러므로 '비행기에서 우는 아기의 울음소리'가 당연히 듣기 고통스럽다. 그렇다는 것은 곧 아기 울음소리가 도드라지고 우리가 그 울음을 멈추도록 하게끔 동기를 부여한다는 증거다. 그러나 우리에게 부모의 보살핌을 특징짓는 유대감, 친숙함, 전문성, 제어력이 없으면 공감하거나 도울 수 없다. 게다가 모르는 아기는 그냥 그대로 두어야 한다는 사회적 규범의 제약을 받기도 한다. 이런 갈등은 보호받아야 할 아이에게 양육자가 보살핌을 제공하지 않거나 심지어 상해를 입히는 아동 학대의 경우에 더 심각한 문제가 된다. 연구에 따르면, 고통은 매우 두드러지고, 동기를 부여하고, 무시하기 어려우므로 아이의 고통이나 울음소리가 몇 시간 또는 며칠째 계속 이어진다면, 특히 영아 산통처럼 뚜렷한 해결방법이 없다면 사람들은 몹시 흥분하게 된다.[50] 이런 상황에서 우리는 어떻게 행동해야 할지 교육을 받아야 한다. 비난이 아니라 지원을 받아야 하며, 흥분을 가라앉히기 위해 극도로 긴장되는 상황에서 스스로 벗어날 줄 알아야 한다. 우리 사회는 양육자가 잠시 휴식을 취할 수 있도록 도움을 제공할 필요가 있다. 인간은 협력적인 사회적 집단 속에서 아이들을 양육하도록 진화했지만, 오늘날 우리 대다수가 경험하는 것은 서구 산업사회 속에서 부모 홀로 양육하는 방식이다. 이런 불일치로 아기의 울음에 극도로 흥분하는 상황이 생겨나는 것이다.

고통이 도움행동을 촉진하지 못하는 때도 있지만, 그와 대조적으로 혐오를 일으키는 극심한 고통이라도 목격자가 상황을 파악하고 개입할 수 있고 행동에 자신이 있다면 도움행동은 일어난다.[51] 포유류의 신경 화학적 스트레스 반응은 우리가 업무로 스트레스를 받았을 때 쿠키를 먹도록 진화한 게 아니다. 소화나 성장처럼 느리고 오래 걸리는 신체 과정을 희생하면서 자율신경계나 대사 과정을 동원해 즉각적인 행동을 촉진하도록 진화했다.[52] 우리의 스트레스 시스템은 스트레스를 받은 목격자가 상대를 구하려면 어떤 높이에서 어떤 방향으로 뛰어들어야 하는지를 모두 안다는 가정하에 즉시 행동해야 한다는 강한 압박을 받는 상황에서 반응의 신속함과 효율성을 극대화하기 위해 진화했다. 그러므로 고통을 알리는 신호가 스트레스 시스템과 자율신경계를 활성화한다고 할지라도, 우리가 행동할 **능력이 없는** 상황에서 강렬한 자극과 심란함을 분출할 뚜렷한 출구까지 없을 때는 무관심이나 짜증, 공격성을 일으킬 수 있다. 이런 심리 상태는 그 자체가 행동을 촉진하기 위해 진화한 것이다.

사람들은 자신이 조종당할 가능성이 있다고 생각하는 경우에도 고통에 직면한 상대와 갈등을 겪을 수 있다. 고통이 도움을 촉진한다는 점을 이용해 일부러 고통을 꾸며내는 사람이 있다. 이런 이유 때문에 어떤 사람들은 피해자를 의심하게 되고, 당황하거나 짜증 내거나 화내거나 역겨워할 수 있다. 세라 허디의 설명에 따르면 마모셋원숭이와 타마린원숭이처럼 공동육아를 하는 신세계원숭이들은 무력한 새끼 원숭이들이 먹이를 달라고 하면 먹이를 나눠준다. 그러나 어린 원숭이들이 나이가 들어 독립적으로 생활할 수 있게 되면 어른 원숭이들이 먹이를 나눠 줄 가능성이 **낮아지고**, 그럴수록 어린 원숭이들은 먹이를 얻으려고 점점 더 강렬하고 혐오적인 방법으로 간청한다. 어떤 때는 음식을 훔치기도 한다. 이런 현상은 이타주의로 유명한 동물 모델인 흡혈박쥐에서도 관찰된다. 흡혈박쥐들은 유년기가 지나 자립 가능한 박쥐에게는 먹이를 잘 나눠주지 않는다.[53]

아기들은 정말 무력하다. 그리고 적어도 유아기 초기에는 아기들이 울음을 이용해 양육자를 **조종**한다고 말할 수 없다. 걸음마기 아기나 더 큰 아이나 어른들처럼 의도적으로 또는 사악한 방식으로 조종하지 않는다. 아기들은 아마 울음을 '이용'해 양육자가 음식과 온기, 편안함을 제공하고 해로운 자극원을 제거하도록 자극할 것이다. 아기들에게 울음은 요구를 전달하는 유일한 방법이지만 사실 어떤 요구는 긴급하지 않을 수도 있다. 그러나 신체적 편안함같이 수동적 돌봄을 향한 요구라고 하더라도 결국 아기의 장기적인 건강과 안녕에 좋은 영향을 미칠 수 있다. 아기들은 양육자가 제공하는 온기와 애정 어린 포옹을 좋아한다. 그래서 요람이나 카시트에 혼자 남겨지면 보통 우는 것이다. 어떤 즉각적인 해결책이 필요한 긴급한 요구가 있는 것도 아니다. 게다가 카시트는 오히려 아기 목숨을 보호해주지 않는가. 아기가 울음을 이용해 어른의 도움을 유도한다고 하더라도 의도적으로 누군가를 겨냥해 음모를 꾸미는 게 아니라 상당히 합리적인 요구사항이 있을 때, 특히 꽤 성가신 현대 기계장치를 접했을 때 운다는 데 모두 동의할 것이다. 따라서 과장되지 않고 조작적이지 않은 진정한 아기의 울음은 도움행동을 일으키는 방출 자극이 된다. 어른이 운다면 우리는 여전히 행동하지 않을 수 있다.

사람들은 고통을 나타내는 소리의 성질에 민감하고, 접촉과 배고픔, 통증 같은 다양한 요구를 나타내는 울음을 구별할 수 있다. 따라서 병원에서 다리에 주사를 맞고 우는 갓난아기가 도서관에서 집으로 가져갈 수 없는 장난감을 두고 반은 징징거리고 반은 울고 있는 18개월 아기보다도 더 많은 동정을 끌어낸다. 후자처럼 징징거림과 울음이 섞인 형태는 보는 사람에게 매우 짜증스러울 수 있다. 특히, 아이가 장난감 기차나 금붕어 모양 크래커 같은 보상을 얻기 위해 그러는 것이라면 우리는 사람을 조종하려 든다고 생각하고 화를 낼 것이다. 우리는 진짜 요구가 있어서 우는 울음인지 아닌지를 **느낌으로** 알아챌 수 있다. 진실한 요구가 포함된 울음은 더 부드럽고 패턴이 있으며, 취약하고 어리고 고통스럽고 도움이 필요하다는 특징이 그 속에 이상적으로 융합되어 있다.

고통은 한 가지만 있는 게 아니다. 여러 상황에서 여러 형태로 발생하며, 어떤 것은 동기부여가 되지만 또 어떤 것은 그렇지 않다. 하지만 무력한 신생아를 돌보는 맥락에 비추어 고통을 이해한다면 패턴을 찾을 수 있다. 도움이 필요한 심각하고 긴박한 상황 속 피해자로부터 발생한 진정한 고통은 목격자에게 동기부여가 된다. 하지만 목격자가 피해자를 모르거나 피해자와 유대가 없거나 무엇을 해야 할지 모르거나 도와줄 형편이 되지 못하거나 조종당하는 듯한 기분이 들 때는 피해자의 고통이 그저 혐오감을 유발할 뿐 도움을 촉진할 가능성은 적어진다.

연구 논문은 고통이 언제 어려운 상황을 향해 달려가게 하고 반대로 도망치게 하는지를 더 구체적으로 밝힐 필요가 있다. 뿐만 아니라 피해자가 목격자와 유대를 형성했는지, 유형성숙의 특징을 지니고 있는지, 명백하게 고통을 내보이고 있는지, 목격자가 제공할 수 있는 즉각적인 도움이 필요한지 등의 이타적 반응 모델의 특성을 포함하는 상황과 포함하지 않는 상황을 대조하는 연구도 필요하다. 이런 연구들은 실제 현실 속에서 고통에 관한 다양한 반응을 보다 완전한 그림으로 자세히 보여줄 것이며, 항상 동정적이지는 않더라도 단순한 자기초점화self-focus보다 훨씬 더 많은 결과를 산출할 것이다.

요약

이타적 반응 모델에 따르면 우리는 무력한 아기의 처지와 비슷한 상황일 때 타인을 돕도록 고무된다. 즉, 돕고 싶은 **욕구**를 느낀다. 엄밀히 말해, 유아에게 내재하는 고유의 특징은, 심지어 그 특징을 지닌 피해자가 어른이거나 모르는 사람일 때도 우리의 반응욕구를 자극하도록 설계되어 있다. 아기란 어리고, 취약하고, 우리가 제공할 수 있는 도움이 필요한 존재다. 때로는 어른도 이런 특징들을 가지고 있으며, 그것들이 더해져 반응하려는 우리의 욕구를 촉진한다. 모든 것이 같다면 아마 취약성, 즉각성, 고통은 유형성숙의 특징보다 더 강한 신호일 것이다. 그러나 우리가 행동하지 못하는 원인이 되기도 한다. 만성적인 요구나 숨겨진 고통, 직접 목격하지 못한 문제들은 우리의 동기부여를 가로막기도 한다. 피해자의 특징들은 온오프 스위치처럼 홀로 작동하지 않는다. 우리가 알고 있는 정보로서 주어진 상황에서 가장 이로운 반응을 도출한다는 목표로 보통의 역동적인 정보처리 과정을 통해 암암리에 신속히 통합된다. 그러므로 이타적 반응이 언제 일어날지 예측하거나 방관하는 유감스러운 편향에 적절히 대응할 수 있도록 진화 과정에서 그리고 우리 몸 안에서 해당 반응이 어떻게 일어나는지를 이해하는 것이 중요하다.

제7장

이타적 반응을 촉진하는 목격자의 특징

* 윌리엄 윌슨크로프트의 부지런한 어미 쥐의 사례에서 봤듯이 새끼 쥐는 본래 호소력 있는 피해자의 특징을 모두 가지고 있다. 즉, 취약하고 무력하고 도움이 필요하다. 게다가 어미 쥐는 어떻게 도와야 하는지 잘 아는 탓에 새끼를 돕는다. 인간도 마찬가지다. 피해자가 유아적 특징을 지니고 있다고 가정했을 때, 목격자에게도 이타적 반응이 일어날 가능성을 억제하거나 향상할 수 있는 특징이 존재한다. 피해자의 특징을 먼저 기술한 이유는 다른 조건이 모두 같다면, 무력한 신생아와 비슷한 상황에 처한 피해자를 도와야 할 때 목격자의 공감 능력보다는 피해자의 특징이 반응에 더 큰 영향을 미치기 때문이다. 그러나 경험에 기초한 이 법칙에도 예외가 있다. 목격자가 적절한 반응을 모르거나 본인의

반응이 제때 작용하리라 예측하지 못한다면 피해자의 특징을 다 갖춘 '완벽한' 피해자라도 도움받지 못할 것이다. 이는 공감이나 이타주의에 관한 다른 이론들과 달리 이타주의를 **행위**로 해석한 이타적 반응 모델에서만 주목하고 있는 부분이다. 행동은 운동계의 제어를 받고, 운동계는 우리의 행동이 어떻게 작용할지 그리고 다른 사람들이 어떻게 반응할지 암암리에 예측하도록 설계되어 있다. 그래서 우리는 전개되는 상황에 맞춰 재빠르게 조절하면서 적응하는 것이다. 다음 네 가지는 목격자가 피해자에게 반응을 보이는 데 영향을 미치는 특징들이다.

- 전문성expertise
- 자기효능감self-efficacy
- 다른 목격자의 존재presence of observers
- 목격자의 성격observer personality

전문성

전문성은 이타적 반응 모델에서 가장 중요하면서도 독특한 특징 중 하나이므로 먼저 설명해보고자 한다. 이타적 반응 모델에 따르면 사람들은 암암리에 의식적 인식의 범위에서 벗어나 스스로 적절한 반응이 무엇인지 알고 있고, 제때 그 반응을 실행할 수 있으리라 예측 가능할 때 피해자에게 반응을 보인다.

전문성은 새끼회수에 관여하는 신경회로가 새끼를 회피하는 회로와 새끼에게 접근하는 회로, 이렇게 서로 반대되는 두 회로를 포함하고 있다는 사실과 관련 있다.[1] 이 대립 회로는 돕는 행위가 부적응적일 때, 예를 들어, 새로운 자극이 위험해 보일 때 자연스럽게 그 행동을 하지 못하게 막는다. 그래서 설치류가 적절한 호르몬이 분비되지 않거나 새끼에게 익숙해지지 않으면 새끼회수를 피하는 것이다. 그러나 호르몬이 분비되고 편안하다고 느낄 때는 새끼에게 접근해서 회수해온다. 인간도 마찬가지다. 새로운 것이나 불확실한 것, 위험한 것이 두려울 때는 돕는 행동을 꺼리고, 준비가 되어 있고 제어가 가능할 것 같을 때 비로소 피해자에게 다가간다.

누군가를 도울 때는 대체로 외적인 운동 행위가 요구되므로 전문성이 이타적 반응 모델과 밀접한 관련이 있다. 아이를 위험한 것에서 물러나게 하는 것과 같은 반사적인 행동은 인간의 기본 운동 능력으로 구성되거나 타고난 꽤 간단한 운동 프로그램에 의존한다. 그러므로 단순한 구조행동은 운동 전문성 없이도 누구라도 행할 수 있다. 단, 목격자가 자신이 피해자를 위험으로부터 구해낼 수 있을 만큼 아주 빠르고 강하다고 예측할 때 가능하다. 때때로 구조행위는 **비범한** 힘이나 기술, 지식도 필요로 한다. 그렇게 해서 이루어진 행위를 보고 우리는 대개 진정한 영웅적 행위라고 해석한다. 긴급한 상황은 아주 빠르게 펼쳐지므로 목격자에게는 가장 중요한 순간에 최선의 반응을 자신 있게 선택할 시간이 거의 없다. 거센 물살 속으로 뛰어들거나 불에 타거나 내려앉은 건물에 갇힌 사람을 수색하는 등 인간의 이타주의는 단순한 구조행위를 벗어나 매우 다양한 맥락에서 요구된다.

몇몇 선행 연구는 전문성이 이타적 반응에 이롭다는 것을 뒷받침하고 있다. 예를 들면, 무심한 목격자들이 사실은 '무엇을 해야 할지' 몰라 아무런 행동도 하지 못했다고 보고한 사례가 있다.[2] 마찬가지로 소방관들은 주택 화재가 어느 특정 순간에 얼마나 위험한지 또는 위험하지 않은지를 학습을 통해 직관적으로 안다고 말한다. 그런 이해와 직감은 끊임없이 변하는 상황에서 신속하고 안전한 결정을 내릴 수 있게 한다.[3] 여러 차례 예로 들었던 발작으로 지하철 선로에 떨어진 청년을 구하기 위해 뛰어든 웨슬리 오트리도 그 상황과 관련된 비범한 전문성을 지니고 있었다.[4] 웨슬리는 자신이 빠르게 반응해서 생명을 구할 수 있었던 것은 건설노동자라는 자신의 직업상 좁은 공간에서 많은 작업을 했던 경험 덕분이라고 말했다. 다가오는 전동차 아래로 두 사람이 들어갈 공간이 있다는 것을 정확히 가늠할 수 있었던 것이다. 이와 비슷하게, 범죄에 맞서 개입한 착한 사마리아인들은 범죄나 응급 상황에 대처하는 훈련을 많이 받은 사람들이었으며, 그들은 스스로를

'강하고, 적극적이고, 원칙을 지키는 감정적인' 사람이라고 묘사했다. '경험이 바탕이 된 내면의 힘에 뿌리를 둔 자기 능력에 대한 자신감'이 그들의 행동을 고무시킨 듯했다.[5]

축구선수가 골대까지의 거리와 가장 가까운 수비수의 위치, 이전에 다친 무릎 상태 등을 종합해서 공을 얼마나 세게 찰지 재빨리 계산하듯이 목격자도 제때 피해자에게 도달해서 구조할 수 있는지를 은연중에 신속하게 계산한다. 웨슬리 오트리의 예를 한 번 더 들자면, 그는 전동차가 얼마나 멀리 떨어져 있는지, 시간이 얼마나 남았는지, 청년을 밖으로 끌어내는 데 얼마나 걸릴지, 혼자서 그 청년을 들어 올릴 수 있을지 없을지를 신속하게 계산해야 했을 것이다. 웨슬리는 청년을 재빠르게 선로 밖으로 옮길 수는 **없지만** 청년을 감싸고 엎드린다면 전동차 아래 공간에 들어갈 수 있다고 예상했다. 감사하게도 그의 예상은 옳았다. 전동차는 가까스로 두 사람 위로 통과했고 그들 모두 무사했다. 웨슬리는 단 몇 센티미터 차이로 운명이 좌우되는 중요하고 복잡한 계산을 순간적으로 해냈다. 그의 계산이 틀렸다면 끔찍한 결과가 발생했을 것이다. 우리 중 누구라도 그 찰나에 계산을 했겠지만, 분명한 것은 그의 전문성이 계산의 정확도를 높였고 두 사람이 살아남았다는 사실이다.

우리 뇌의 운동계는 제때 적절한 반응을 보일 수 있도록 신속하고 정확한 예측을 하게끔 설계되어 있다. 운동계에 관한 대표적인 연구 결과를 보면, 사람들은 높이가 다양한 계단을 그냥 보기만 해도 그 계단을 걸어 올라갈 수 있는지 없는지를 정확하게 가늠할 수 있다. 계단 한 단의 높이가 특정 수치를 넘어가면 사람들은 모두 한결같이 올라갈 수 있다에서 올라갈 수 없다로 의견을 바꾼다.[6] 영장류의 뇌는 다양한 물건을 고를 때 물건에 따라 어떤 운동행위가 필요한지도 예측할 수 있다. 물건에 알맞은 쥐기 방식에 맞춰 전운동피질premotor cortex* 안에서는 쥐기 행동에 관여하는 정확한 뇌 영역과 세포의 종류가 바뀐다. 건포도를 집을 때는 '정밀한 쥐기 방식'을 사용하고 병을 가져올 때는 '손 전체로 잡는 방식'을 사용하는 것이다.[7] 이를 이타적 반응에 적용한다면, 사람들은 자신이 제때 피해자를 구할 수 있는지, 다시 말해서 피해자를 위험 밖으로 끌어낼 수 있을 만큼 빠르거나 힘이 센지 재빨리 계산할 수 있다. 전문성은 대개 미적분을 알거나 피아노를 치거나 덩크슛을 하는 등 순전히 지적 능력이나 운동 능력에 관해서만 논의되지만, 타인의 요구에 언제 반응해야 하는지 결정할 때도 매우 중요하다.

게다가 전문성은 고통스러워하는 동료나 친구를 위로해야 할 때와 같은 사회적·정서적 도움, 즉 수동적 형태의 이타주의에도 한몫한다. 제정신이 아닌 사람과 마주했을 때나 심지어 화났을

* 몸의 여러 움직임과 행동을 조절하는 전두엽 내 운동피질의 부분이다.

지도 모르는 사람을 생각할 때 사람들은 속으로 (때로는 드러내놓고) 자신이 개입하게 된다면 어떤 일이 일어날지 예측한다. '무슨 일인지 물으면 친구가 더 고통스러워할까? 아니면 기분이 조금은 나아질까?' '친구가 더 화를 낸다면 내가 기분을 풀어줄 수 있을까?' 피해자와 친분이 있는 사이라면 우리는 그 사람의 요구에 어떻게 반응해야 할지 등을 더 잘 예측할 수 있다. 이것 역시 지금껏 살아오면서 일상적으로 행해온 사회적 상호작용과 그 사람과의 교류로 얻은 전문성의 한 형태다.

이전에 다른 사람을 위로하려는 시도를 한 적이 있다면 그 경험도 누군가를 도울 수 있다는 자신감을 높이거나 감소시키는 전문성이 된다. 감정을 겉으로 드러내는 것을 장려하지 않는 가정이나 문화에서 자란 사람들은 자신의 고통을 내보이지 않으려고 할 뿐만 아니라, 다른 사람의 고통을 마주했을 때도 그렇게 역동적이고 긴장되는 상황을 경험해보지 않았기에 어떻게 행동해야 할지 잘 모른다. 그 결과, 피해자와 목격자 모두 접촉을 바라면서도 나아가지 못한 채 침묵 속에서 고통스러워한다. 경험의 부재로 이렇게 강렬한 감정 상태를 이용하거나 변화시키는 방법을 모르기 때문이다.

물리적인 상황이나 감정적인 상황에서 성공적으로 도울 수 있으리라는 내적 또는 외적 추측은 반응이 일어날 가능성에 강력한 영향을 미친다. 개념적인 측면에서 전문성은 행동에 더 폭넓은 영향을 미칠 수 있는 자기효능감과 중복된다.

자기효능감

'자기효능감'은 사람들이 자신의 노력으로 원하는 결과를 이루지 못할 것이라 느낄 때 행동하지 않는 것과 관련 있다.[8] 자기효능감은 교육부터 일, 사회적 행동, 재활용에 이르기까지 다양한 맥락에서 행동에 영향을 미친다. 예를 들어, 카풀이나 재활용을 소중한 독립공간과 편리함을 포기해야 하는 일이라고 해석하거나, 헷갈리거나 어려운 일이라고 보거나, 기후 변화라는 어마어마한 문제를 해결하는 데 큰 도움이 되지 않는다고 여긴다면 사람들은 애써 차를 함께 타거나 재활용하려 하지 않는다.[9] 이타주의에 적용해서 말하자면, 자기효능감 결핍은 사람들이 상황을 개선할 수 없다고 생각할 때 냉담한 반응을 보이게 만든다. 자기효능감과 전문성 모두 행동의 결과를 예측하는 것이 필요하므로 서로 겹치는 부분이 있다. 그러나 자기효능감은 사람들이 **물리적** 반응을 보이면서 자신의 도움행동이 문제를 개선하리라 생각하지 않을 때도 관련되어 있다. 예를 들어, 노숙자가 적은 돈을 요청하거나 자선단체가 굶주리는 국가를 위한 기금 마련에 동참해달라고 할 때 기부 행위 자체는 운동 능력을 요구하지 않는다. 게다가 우리

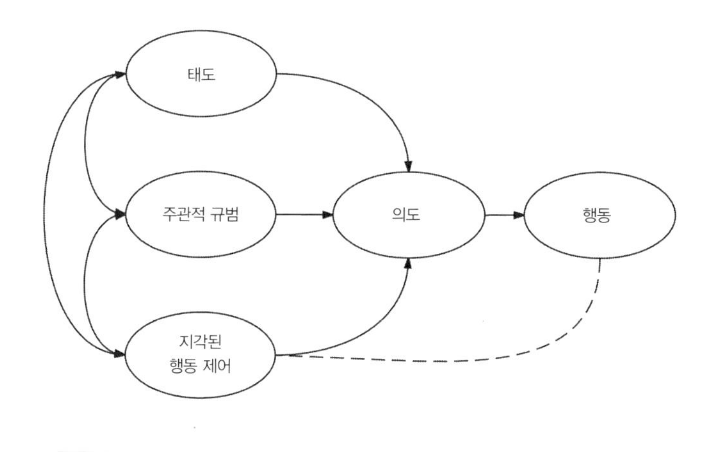

그림 18 계획된 행동 이론을 도식화한 그림으로, 이 이론에 따르면 사람들이 바라는 행동을 수행하고, 그 행위가 다른 소중한 사람들로부터 인정받는 행동이라고 보이기 위해서는 결과를 가치 있게 생각하고, 그 행동을 실현 혹은 성공 가능성이 있는 것으로 보는 것이 중요하다.

출처 로버트 오재나Robert Orzanna가 다음 자료를 바탕으로 그린 그림. 아이섹 아젠Icek Ajzen, '계획된 행동 이론The Theory of Planned Behavior', 〈조직 행동과 인간의 의사결정 과정Organizational Behavior and Human Decision Processes〉 50, no. 2 (December 1991)

에게는 그만한 충분한 돈도 있다. 그러나 단 몇 푼으로 해결할 수 없는 너무 복잡하고도 큰 문제처럼 여겨질 것이며, 이런 생각이 뜨겁게 달아오른 돕고 싶은 의욕에 얼음물 한 바가지를 끼얹게 된다.

계획된 행동 이론theory of planned behavior(그림 18)에서 동기는 행위자와 그가 속한 사회 구성원이 해당 행위를 가치 있게 여기고 **결과를 제어할 수 있다고** 믿는 경우에만 행동으로 전환된다.[10] 그러므로 재활용이나 노숙자를 돕는 일이 옳은 일이라고 해도 친구나 동료가 재활용을 해도 어차피 쓰레기는 매립되고 노숙자는 돈을 받아봤자 약을 사는 게 전부라고 말한다면, 사무실에서 사용한 폐지를 애써 복도 끝에 옮겨 놓거나 거리에서 마주친 남자에게 1달러를 건네기 위해 주머니를 뒤지는 일은 하지 않을 것이다.[11] 결과를 통제할 수 있다는 점은 전문성과 자기효능감 모두 유사하다. 두 경우 모두 자신의 행동이 결과를 좋은 방향으로 바꿀 것이라고 예측해야 하기 때문인데, 이 부분은 이타주의와도 일맥상통한다.

대부분의 사람들은 이타주의가 전반적으로 좋은 것이라고 믿는다. 다시 말해, 이타주의에 관한 긍정적인 태도와 사회적 규범이 있다. 그러나 가난한 사람에게 도움을 제공하거나, 중독자를 돕거나, 난민들을 구조하기 위해 기부하는 행동이 얼마나 도움이 된다고 믿는지는 사람에 따라 매우 다르다. 어떤 사람은 자신이 누군가로부터 받은 도움은 전혀 인지하지 못한 채 그저 모든 성공은 열심히 노력한 결과라고 보는 '능력주의meritocracy'를 신봉한다. 그래서 성공하지 못한 사람을 향해 열심히 노력하지 않았기 때문이라고 단정한다. 이런 사람들은 동정심이 부족하고 남을 도우려고도 하지 않는다. 또 어떤 사람들은 열심히 노력하는 것과 별개로 빈곤, 학대, 질병 속에서도 성공하기 위해서는 안전하고 화목한 가정이나 우수한 지역 학교, 높은 지위의 동료나 멘토 같은 주변 환경이 얼마나 필요한지 고려한다. 이런 사람들은 더 동정적이고 남을 돕는 활동에도 참여한다. 그러므로 가라앉는 카약에 제때 도달할 수 있다고 믿으며 헤엄치는 영웅처럼 정치인도 공공지원 사업에 세금을 사용한다면 사람들이 고질적인 빈곤에서 벗어나 대등한 지위를 얻을 수 있다고 믿어야 한다.

자기효능감은 사람들이 문제의 규모가 너무 커서 해결하기 어렵다고 인식할 때 행동을 꺾기도 한다.[12] '지구 살리기 운동'의 예만 보더라도 엄청난 쓰레기양에 압도당한 사람들은 어떤 실질적인 변화를 일으킬 힘이 본인들에게는 없고 오직 기업들만이 이 문제를 처리할 수 있다고 생각한다. 어떤 때는 문제의 범위가 행동을 막는다. 예를 들어, 열 명이 고통받는 문제가 있다는 것을 알았을 때 우리는 매우 안됐다고 느낄 것이다. 하지만 실제로 1만 명이 같은 문제로 고통을 겪고 있다고 해서 우리의 관심이 문제의 크기에 맞춰 확대되는 것은 아니다. 이것을 '범위 무감각scope insensitivity'이라 한다.[13] 범위의 문제는 앞에서 기술한, 피해자가 두 사람 이상일 때보다 한 사람일 때 더 돕고 싶어 하는 단일 피해자 효과와도 서로 관련 있다. 여러분이 기부할 수 있는 돈이 아주 적다면 특정한 한 사람에게 기부하는 것이 그 사람의 하루를 바꾸게 할 것이고, 여러분의 제어 능력과 자기효능감, 베풂의 온광효과가 증대되는 결과로 이어진다. 이와 대조적으로, 기부할 수 있는 돈이 적은데 도움이 필요한 대상은 셀 수조차 없는 수천 명의 사람들이라면 여러분은 어떻게 그들을 도와야 할지 생각하면서 침울한 기분이 들 것이다.[14] 우리의 작은 보탬이 멀리 떨어진 이국땅의 식량 부족이나 인종 청소, 폭력적 전쟁과 같은 큰 문제를 해결할 수 있으리라 상상하기 어렵다 보니 결국 사람들은 아무것도 하지 않는다. 그뿐만 아니라 작은 변화라도 가져오기에는 자신이 무력하다고 느낀 사건에 관해서는 정보를 일부러 피하기도 한다.

환경보호기금Environmental Protection Fund, EDF이 제왕나비를 돕는 캠페인을 펼쳤을 때 회원들은 놀라우리만큼 뜨거운 반응을 보였다.[15] 우리 연구진은 환경보호기금 홈페이지에 회원들이 게시한 제왕나비에 관련된 경험담을 살펴보았다. 사람들은 나비가 아름답다고 생각했고, 정원이나 교실에서 나비의 특별한 생활사를 직접 관찰했기 때문에 캠페인에도 적극적이었다. 그들은 자신이 기부한 금액으로 유액 분비 식물을 얼마나 심을 수 있는지 잘 알고 있었던 만큼 기부한 20달러로 어렵지 않게 구체적인 성공을 상상할 수 있었다. 다른 연구에서도 비슷한 결과가 나왔다. 가상의 환경 문제에 호소하더라도 작은 얼음 조각 위에 떠내려가는 새끼 북극곰 한 마리의 모습을 보여주면서 지구가 병들고 있다고 광고했을 때 사람들은 더 많이 기부했다.[16] 우리는 도와야 할 피해자가 누구인지, 어떤 방법으로 도와야 할지 실질적으로 인지할 수 있을 때 자기효능감과 만족감을 더 많이 느낀다. 따라서 큰 문제일수록 변화를 가져올 수 있다는 믿음과 자기효능감이 감소하므로 사람들의 의욕은 **감소**한다.

범위 무감각은 정보와 우리의 뇌가 정보를 처리하는 방식 사이의 부분적 인지 불일치로 생긴다. 이타적 반응은 당장 우리의 도움이 필요하고, 우리와 밀접한 자손 같은 직접 관찰되는 구체적인 단일 피해자를 돕기 위해 발달했다. 먼 나라의 난민들을 돕기 위한 기부를 하려면 이보다 훨씬 어려운 능력이 요구된다. 다시 말해, 전 세계 수백 또는 수천 명의 작은 기부금이 어떻게 직접 목격한 적 없거나 이해할 수 없는 문제를 돕는 유용한 자원이 될 수 있는지 상상할 수 있어야 한다. 몇몇 재력가가 거액을 기부하기도 하지만, 자선 기부의 대부분은 그보다 적은 개인 기부자들의 기부금에 의존한다. 그러나 사람들은 자신의 작은 기부가 모여 유의미한 금액이 될 수 있다고 생각하지 않기 때문에 보통 기부를 하지 않는다.[17] 이것이 바로 자기효능감의 문제다. 즉각적이고 구체적인 문제에 이끌리도록 진화한 시스템 안에서 우리는 큰 문제일수록 돕고 싶은 욕구를 **덜** 느끼는 것이다.

어떤 사람들은 기부를 꺼리는 이런 오류가 공감을 생략함으로써 해결되어야 한다고 믿는다. 공감보다는 기부의 비용과 혜택을 합리적으로 계산해서 이를 기반으로 이타적 결정을 내려야 한다는 것이다.[18] 이와 같은 비용-혜택 분석은 자선 기부를 유도하고 이타적 정책에 대한 주민들의 지지를 모으기 위해서도 필요하므로 장기적인 정책 결정에 효과가 있을 것이다. 그러나 개인의 동정심까지 좌지우지할 수는 없다. 우리 몸 깊이 밴 이타적 반응의 특징은 매우 강력하므로 거스르지 않는 것이 더 좋다. 더 나아가 돕고 싶은 욕구가 자연적으로 방출되지 않는 상황에서도 공감과 돕기행위를 불러일으키는 이타적 반응 메커니즘을 이해하고 이용한다면, 우리는 더 많은 액수의 기부금을 모으는 데 성공할 것이다. 그래서 일부 자선단체에서는 기부자와 특정 피해자를 연결하는 방안을 도입했다. 기부자에게 기부 대상자가 되는 어린이나 가족 또는 마을을 직접 선정하게 하거나, 아프리카의 특정 여성 단체에 소액 융자금을 제공하게 하고, 지정된 마을에 소나 염소 한 마리를 사주게 하는 것이다. 연구에 따르면, 얼음 조각에 고립되어 바닷물 위를 떠다니는 새끼 북극곰처럼 즉각적 도움이 필요한 대상을 향한 동정심에 호소하거나, 깨끗한 산골짜기 시냇물처럼 아름답고 매력적인 대상에 끌리는 마음에 호소했을 때 환경 보호를 위한 기부가 증가했다.

다른 목격자의 존재

이타적 반응 모델에 따르면 사람들은 무력한 신생아처럼 자신이 제공할 수 있는 즉각적인 도움이 필요한 피해자를 보면 반응하려는 욕구를 느낀다. 여기에 함축된 의미를 살펴보면 목격자가 많아질수록 돕지 않으려는 심리 현상인 구경꾼 효과와의 중요한 교차점을 발견하게 된다.[19] 구경꾼 효과는 확신이 서지 않거나 겁을 먹었을 때 돕기를 회피하려는 인간의 선천적 성향이라고 여겨지는데, 목격자 수가 많을수록 그 효과도 더 커진다. 특히, 구경꾼 효과 실험에서 자주 사용되는 실험 조건인 응급 의료 상황에 직면했을 때, 사람들은 피해자의 문제가 무엇인지, 어떤 도움이 필요한지, 자신이 피해자를 도울 수 있는 최선의 사람인지, 자신이 개입한다면 어떤 평가를 받게 될지에 관해서 확신이 없거나 중압감을 느낄 수 있다. 새끼돌봄 시스템의 회피경로가 영향을 끼쳐 불확실성이 생기지만 의료 교육 같은 전문성이 그 불확실성을 줄여주므로 반응할 가능성이 커진다. 그런 다음 접근경로가 활성화됨으로써 성공적인 반응을 할 수 있다는 자신감이 커진다. 이와 대조적으로 돕고 싶은 마음에 '물불 가리지 않고' 달려들었는데 알고 보니 상대방이 그저 기쁜 마음에 소리를 질렀다거나, 교통사고를 입은 피해자를 차에서 끌어내었는데 운이 나쁘게도 신체 마비가 된다면 우리는 정말 크게 후회할 것이다. 이런 두려움과 불확실성이 목격자의 마음을 괴롭히고 무반응을 조장하는데, 이는 일반적으로 적응적이며 이타적 반응 모델로 설명할 수 있는 결과다.

이타적 반응 모델은 피해자가 분명 취약하고 고통스러워하고 긴급한 도움을 필요로 한다면 사람들은 다른 목격자가 많든

적든 상관없이 반응하려 할 것이라고 명확히 말한다. 그러나 어떤 사람의 취약성을 확인하는 일은 쉬운 게 아니다. 같은 피해자라고 할지라도 누군가는 분명 무력한 신생아와 다르고(사람을 교묘히 조종하는 데 능해서 쓰레기통을 대신 비우게 만드는 직장 동료), 다른 누군가는 무력한 신생아와 비슷하다(추위 속 교회 계단에 버려진 아기). 그런데 무수히 많은 사례가 양극단 사이 애매한 영역에 속하기 때문에 정말 취약한 피해자인지 아닌지를 목격자가 스스로 판독해야 한다. 게다가 어른은 본래 능력이 있고, 능력이 없더라도 있어 보이도록 사회화되어 있으므로 우리는 도움이 절실한 어른이나 어린이를 접할 일이 거의 없다. 반면에 아기들은 너무 무력하므로 사랑하는 양육자가 돌보지 않고 내버려 두는 일이 매우 드물다.

외향적이거나 모험을 추구하거나 타인의 시선을 신경 쓰지 않는 성격을 가진 사람은 주변 일에 개입하기 좋아하는 성향이 있다. 보통 자기가 사는 동네를 편안하게 생각할 뿐만 아니라 책임감까지 느끼는 사람들에게서 이런 성격이 많이 나타난다.[20] 사이코패스적 기질이 있는 사람, 즉 공감 능력이 없는 사람도 응급 상황일수록 더 많이 도우려는 성향을 보인다. 이는 위험이나 타인의 시선에 거리낌이 없을 뿐만 아니라 어쩌면 영웅적 행동에 관한 자아도취적 보상을 추구하고자 하는 것인지도 모른다.[21] 반대로 위험을 회피하려 하거나 과잉 경계하거나 쉽게 당황하거나 사회 불안증이 있는 사람들은 실수를 두려워하기 때문에 다른 사람을 돕기 위해 달려갈 확률이 낮다. 아마 동아시아처럼 상호 의존적인 문화보다는 미국처럼 독립적인 문화 출신의 사람들이 낯선 사람을 도울 가능성이 클 것이다.[22] 게다가 사람들은 친구나 아는 사람 또는 여성 목격자(남성이든 여성이든 사람들은 지켜보는 사람이 여성일 때 더 많이 돕는다)처럼 힘을 실어주는 사람들에게 둘러싸여 있을 때 도울 가능성이 커진다.[23] 인간이나 설치류나 낯선 존재가 옆에 있을 때는 덜 돕는다. 낯선 존재가 옆에 있으면 스트레스에 반응하는 호르몬인 코르티솔이나 코르티코스테론corticosterone이 증가해 도움행동을 억제하기 때문이다. 만일 스트레스 호르몬을 차단하거나 처음에 잠깐 재미있는 게임을 해서 낯선 개체와 친숙해진다면 결과가 뒤바뀔 수도 있다.[24] 따라서 목격자는 자신의 주변 환경이 편안하게 느껴지고, 다른 사람들이 어떻게 생각할지 신경 쓰지 않고, 낯선 사람에 스트레스를 받지 않을 때 새끼돌봄 메커니즘의 핵심인 회피-접근 대립구조의 지원을 받아 타인을 돕는다.

성격

여러 발달적·생물학적·정서적 과정은 상호작용을 통해 목격자가 일반적인 상황과 특정한 상황에서 언제 도움을 제공할지를 결정하는 데 영향을 미친다. 이 과정들은 개체의 초기 환경이 어떻게 유전자를 변화시켜서 개체가 환경에 대비할 수 있게 하는지에 중점을 두고 천성과 양육의 합리적 **결합**을 반영한다.

일반적으로 이타심을 늘리는 데 영향을 미친다고 생각되는 거의 모든 개인적 특성이나 인생 경험이 실제로 도움이 된다는 몇몇 증거가 있다. 그러나 이런 특성 중 상당수는 도움행동에 미미한 영향만 미칠 뿐이다. 행동은 흔히 목격자가 그 맥락에서 돕는 방법을 알고 있는지 또는 다른 구경꾼이 있는지와 같은 상황적 요인에 좌우된다. 더욱이 영웅적인 구조행동을 한 사람들은 자신이 왜 위험을 무릅쓰고 뛰어들었는지 모르겠다고 이야기한다. 황금률golden rule을 가르쳐준 어머니나 신부님의 교육 방식 덕분이라고 말하지도 않는다(하지만 나치의 홀로코스트 기간에 유대인을 숨겨준 것처럼 지속적인 도움행동에 관해서는 부모나 종교적 가르침도 영향을 미쳤다고 본다). 게다가 심리학자들이 타인을 돕는 이유로 가장 자주 언급하는 공감적 관심empathic concern(차분하고 배려심 가득하고 따뜻하고 상냥한 상태)을 느꼈다고 보고한 영웅은 없다.

공감적 성격

누군가의 이타적 행동을 보고 우리는 그 이유를 대부분 당사자의 성격 탓으로 돌리고는 한다. 천성적으로 다른 사람보다 이타적이고 공감력이 뛰어나다고 보는 것으로, 다시 말해 '친사회적 성격 특성'을 타고난 사람들이 있다고 보는 것이다.[25] 공감적 성격 특징은 대개 자기 보고식 설문지로 측정된다. 설문지는 다른 사람의 감정에 잘 옮는 성향(감정 전염emotional contagion), 도움이 필요한 사람을 동정하는 성향(공감적 관심), 다른 사람의 고통을 목격하거나 긴박한 상황에 직면하면 고통스러워하는 성향(개인적 고통personal distress), 다른 사람의 입장이 되면 어떨지 생각해보는 성향(조망수용perspective taking), 일상 속 소소한 이타적 행동으로 남을 돕는 성향(일상적 이타주의daily altruism) 등으로 성격을 나눈다.[26] 이타주의를 성격 문제로 보는 관점이 학계에도 널리 퍼져 있음을 입증이라도 하듯, 최근 구글 학술 검색 결과를 보면 공감을 측정하는 가장 인기 있는 방법인 심리학자 마크 데이비스Mark Davis의 대인관계반응성척도Interpersonal Reactivity Index, IRI를 인용한 논문이 무려 6만 건이 넘는다. 1983년 발표한 데이비스의 논문을 직접 인용한 논문도 5천 건에 달한다.[27] 나 역시 그의 측정법을 연구에 이용한다. 그러나 공감적 행동이나 이타적 행동을 평가하는 과제와 성격 특성 사이에서 대체로 상관관계를 찾을 수 있지만, 결과의 패턴을 예측하거나 분석하기는 어렵다. 예를 들어, 하나의 하위 척도가 돕기행동을 예측하면 대개 나머지 척도도 같은 양상을 보이지만, 어떤 때는 공감적 관심과 개인적 고통 모두 기부를 증가시키고, 또 어떤 때는 각각의 하위 척도가 예측하는 결과가 다르다. 연구를 통해 발견된 분명한 패턴은 상상력이 풍부한 공상일지라도 공감의 하위 유형들보다 반응을 예측하는 경우의 수가 적다는 것이

유일하다. 이처럼 불일치하는 상관관계를 해결하기 위해서는 더 많은 연구가 필요하지만, 타인의 요구에 주의를 기울이고 동정하고 반응하는 성향이 있다면 목격자들이 상황에 개입한다는 것은 분명한 사실이다.

공감적 성향이나 이타적 성향을 다루는 많은 연구에서는 개인적 고통보다는 공감적 관심으로 기우는 성향을 가지고 있는 사람이 남을 더 많이 돕는다는 것을 증명하기 위해 공감 기반 이타주의의 가설을 뒷받침하는 데 집중하고 있다.[28] 실제로 성격척도가 미치는 영향의 규모를 따지면 얼마 안 될 때가 많고, 공감적 관심과 개인적 고통은 보통 상호 연관되어 있으며, 때로는 개인적 고통이 도움행동을 예측하기도 한다. 사실 성격 특성으로는 사람들의 타인을 향한 실제 반응을 예측하지 못할 때가 너무 많다. 이 책의 관점인 이타적 반응만을 중점적으로 다루는 실험들은 공감적 관심이나 개인적 고통이 도움이 절실한 타인을 향한 우리의 실질적인 행동 반응에 어떤 영향을 미치는지 거의 확인하지 않는다. 심리학자 루이스 페너Louis Penner가 고안한 친사회적 행동평가 지표인 친사회성성격척도Prosocial Personality Battery에서도 하위 요인인 일상적 이타주의 항목은 이타적 행동에 관해 묻지 않고,[29] 누군가에게 길이나 시간을 알려주는 것처럼 피해자의 유형이나 목격자의 전문성에 영향받을 가능성이 적으면서 위험하지 않은 행동에 관해서만 묻는다. 이처럼 공감 및 이타주의를 측정하는 성격특성척도는 중요하지만 부정확하다. 가끔 통계적으로 기부 행위를 예측하지만, 결국 현실 세계의 특정하고 어려운 상황에서 사람들이 어떤 외현적 행동으로 반응할지를 예측하기 위해 고안된 것은 아니다.[30]

애초에 피해자에게 주의를 기울일 가능성도 사람마다 모두 다르다. 타인에게 관심을 기울이려면 뇌가 그 사람의 상태를 인지하고 정보를 처리해야 한다. 타인에게 주의를 기울이려면 본래 그 사람이나 그의 전반적인 안녕에 관심이 있어야 하고, 그 사람의 상태가 본인의 목표와 관련 있다는 믿음이 있어야 한다. 게다가 상황에 개입하면 전염성 고통이나 마음대로 하고 싶은 욕구와의 충돌 같은 문제가 생길 것이라고 예상하지 말아야 한다. 타인에 관한 관심은 부분적으로는 성격으로 설명되지만, 감정을 조절하는 능력이나 타인과의 정서적 애착, 낯선 사람에 관한 걱정, 심지어 더 넓은 세계관(인생이란 '잔인하고 짧은 것'인가, 아니면 우리 모두 한배를 타고 있는 것인가?)을 포함한 다른 여러 요인에 의해서도 설명될 수 있다. 피해자에게 주의를 기울이고 난 후에도 반응할지 말지를 결정해야 하는데, 이때도 "피해자가 '피해자다운'가?" "나에게 책임이 있는가?" "나는 피해자의 감정에 영향을 받는가, 개의치 않는가, 아니면 스트레스를 받는가?" 등 여러 요인의 영향을 받는다. 여기에다가 그 밖에 다른 요인들까지 우리가 친사회적 성격이라고 여기는 것에 기여한다. '친사회적 성격'은 단독적인 성질처럼 들리지만, 실제로는 여러 저차원적인 발달적·심리적·생물학적·후생유전학적 과정들이 복합적으로 결합해 있다. 이 과정들은 따로 분리도 가능하지만 체계적으로 결합되어 있는 만큼, 시간이 지남에 따라 개인에게 미치는 종합적인 영향력으로도 측정 가능하다. 그러므로 내가 얼마나 친사회적인지 또는 친사회적으로 보이고 싶은지를 묻는 설문지는 다른 사람이 나를 어떻게 인식하는지와 대비해서 내가 나를 어떻게 보고 있는지를 알려줄 수 있다. 그러나 **어떻게** 또는 **왜** 그렇게 인식하는지까지는 알려주지 못한다. 이는 더 낮은 차원의 신경생물학적·심리학적 요인을 통해 답을 찾아야 한다.

긍정성 편향

우리가 자기 자신을 보는 관점과 기억은 자신이 지닌 긍정적 특성과 가장 기억에 남는 것, 잊고 싶은 것 등에 초점을 맞추는 경향에 의해 편향되어 있다. 예를 들어, 누군가 나에게 '깨끗한' 사람인지 묻는다면 나는 그저 10분 전에 손을 씻었고 아이들에게 이번 주말에 청소를 부탁했다는 것을 기억하고서는 "물론이지요. 나는 아주 깨끗한 사람입니다"라고 대답할 수 있다.[31] 그 순간 나는 내가 다른 사람들에 **비해** 얼마나 깨끗한지 혹은 청소할 기회가 여러 번 있었는데도 왜 하지 않았는지를 생각하지 않는다. 이제 이타주의에 관한 이야기로 넘어가서, 만일 누군가 나에게 남을 잘 돕는 사람인지 묻는다면 나는 분명 스스로 꽤 자랑스러워하고 긍정적인 행동이라 자신하는, 누군가를 도왔던 때를 뚜렷이 기억해낼 수 있다. 여성들은 잘 돕는 사람처럼 보이도록 사회화되어 있으므로 남성들보다 더 많이 공감한다고 말할 것이다(여성들이 공감을 많이 한다고 응답하더라도 사실상 남녀 이타주의 수준은 비슷하다는 연구 결과들이 있지만, 내 연구에서는 항상 여성들이 더 큰 공감을 보이고 기부도 더 많이 하는 것으로 나타났다).[32]

긍정적인 모습으로 비치고 싶은 성향을 '사회적 바람직성social desirability' 편향이라고 부르는데, 연구자들은 사회적 바람직성을 측정하는 별도의 설문조사를 시행하고 나서 공감적 관심 같은 성격 변수로부터 결과를 예측할 때 사회적 바람직성의 영향을 차감함으로써 편향을 제외하려고 한다. 그러나 이런 접근은 친절이나 선행을 베풀고 싶어 하는 사람들과 본질적으로 관련 있는 공감 등의 특성과는 그다지 잘 통하지 않는다. 게다가 이미 널리 알려져 있다시피 사람들은 자신의 동기에 관해 보고하는 데 서투르다.[33] 아무리 우리가 선행을 중요시하고 높이 평가한다고 해도, 계획된 행동 이론에 따르면 소중한 동료가 도움의 가치를 공유하지 않거나 우리가 상황을 바꿀 수 없다고 판단할 때는 여전히 도우려고 하지 않을 것이다. 그러므로 사람들에게 재활용하는 것을 찬성하는지 또는 자주 남을 돕고 싶은지 물어보기보다 **이번 주**에 전구를 백열등에서 형광등으로 바꾸거나 자선단체에 기부할 계획이 있는지 물어봐야 한다.[34] 종합해보면, 성격진단설문조사는 사람들 사이 실질적 차이를 평가하지만, 그 기저를 이루는 여러 상호작용 과정들을 반영한다. 따라서 이타적 반응 모델과 달리 어떤 사람이 특정한 상황에서 명시적 구조행동을 실제로 행할지 아닐지는 추측하지 못한다.

초기 성장 환경

아동의 친사회적 행동을 조장하는 요인을 살핀 연구에 따르면[35] 일반적으로 성실하거나, 다른 사람을 기쁘게 해주려고 하거나, 소중한 사회적 파트너에게 잘 보이려고 하거나, 좋은 사람이 되는 것을 높이 평가하고 자신의 행동이 타인에게 어떤 영향을 미치는지 고려하는 권위 있는 양육 태도를 지닌 부모authoritative parents 밑에서 자란 사람들이 더 잘 돕는다는 것을 알 수 있다. '옳은' 일을 설명해줄 뿐만 아니라 공감해주고 보살펴주고 따뜻한 행동의 본을 보이는 부모들은 거칠고 엄격하거나 냉혹한 부모들보다 자녀를 더 친사회적인 아이로 기른다. 동물 모델에서도 비슷한 결과를 확인할 수 있다. 쥐나 원숭이의 경우, 세심한 돌봄을 제공하는 부모 밑에서 자란 새끼가 더 사교적이고 배려할 줄도 안다. 반면에 부주의하거나 무심한 양육자 밑에서 자란 새끼는 나중에 형편없는 부모나 불안한 어른 또는 공격적인 사회적 파트너가 된다.[36]

지지는커녕 지나치게 엄격하고 비판적이거나 신체적 또는 정서적 학대를 가하는 부모 밑에서 자란 아이들은 소시오패스나 사이코패스가 될 가능성이 더 크다.[37] 학대 가정이나 비지지적 양육 환경에서 자란 아이들은 다른 사람의 정신적·신체적 고통을 정서적으로 이해하거나 공감하지 못할 수 있다.[38] 심리학자 로버트 블레어Robert Blair와 애비게일 마시의 연구팀은 사이코패스 성향의 사람들은 다른 사람의 고통이나 두려움에 정서적 반응을 보이는 데 문제가 있으며, 이런 현상은 편도체의 작은 크기와 편도체에서의 낮은 뇌 활동과 관련 있음을 증명했다.[39] 앞에서 살펴봤듯이 편도체는 새끼를 향한 회피 모드에서 접근 모드로 전환하는 데 필요한 새끼돌봄 시스템의 구성요소다. 이와 대조적으로 '극단적인 이타주의자'들은 다른 사람의 고통이나 공포에 반응성이 **훨씬** 크고, 편도체의 크기 역시 더 크며 뇌 활동도 활발했다.[40] 중요한 것은 이런 극단적인 이타성을 보이는 사람들은 설문조사나 가상의 과제 수행에서 기꺼이 돕겠다고 대답할 뿐만 아니라 실제 상황에서도 생면부지의 타인을 위해 신장 기증 같은 영웅적인 희생을 한다는 점이다.

가끔 사람들은 사이코패스 성향을 지닌 사람들이 보통 사람들보다 조망수용능력이 **뛰어나서** 다른 사람을 조종하는 데 능숙하다고 믿는다. 사이코패스 성향은 대중적인 응급 상황에 뛰어들고 싶은 욕구를 증대시킬 수 있다. 하지만 미국 범죄 수사극 〈크리미널 마인드〉에 나오는 지능적인 사이코패스는 어딘가에 존재할 수는 있지만 실제로는 거의 보이지 않는 희귀종 조류와 같다. 사이코패스 성향을 지닌 사람들은 어려운 환경에서 성장한 경우가 많고, 정상적이고 생산적인 어른으로서 삶을 살아가기 어렵다. 위험하고 충동적이고 공격적인 행동을 벌여 결국에는 시설에 감금되는 일이 흔하기 때문이다. 하지만 이와 같은 조건들만으로는 창의적인 계획 능력이나 인간행동에 관한 전문성처럼 미디어에서 사이코패스의 특성으로 언급하는 것들을 실제로 입증할 수 없다. 범죄자 데이터베이스를 이용해 사이코패스 성향과 지능을 살펴본 연구자들은 지능지수가 높은 죄수들이 지능지수가 중간이거나 낮은 죄수들보다 폭력적인 범죄를 더 어린 나이에 저질렀다는 것을 발견했다.[41] 그러므로 지능적이고 위험한 형태의 사이코패스라고 해도 남을 조종하고 유해할 수는 있지만, 언제 어디에서나 우리보다 월등한 미치광이 천재는 아니다. 그들도 냉담, 무감정, 자기본위 같은 특성을 억제하고 판매나 차익거래 같은 사회적으로 용인되는 활동에 부지런히 집중한다면 충분히 성공에 이를 수 있다.[42] '진정한 공감'은 못 하더라도, 행동과 그에 따른 결과의 연관성을 명확하게 알도록 교육받는다면, 다른 사람들이 어떻게 느끼는지 상상을 통해 충분히 알 수 있을 것이다.[43] "고양이 가죽을 벗기는 방법이 한 가지만 있는 게 아니다"라는 미국 속담도 있듯이 방법은 많다.

영성

몇몇 연구 결과에 따르면 전통적인 종교나 영성이 목격자를, 특히 남성 목격자를 더 이타적으로 만들 수 있다.[44] 그러나 그런 효과는 종교적 가르침이나 더 나은 사람이 되려는 개인적 노력, 공동체 구성원과 유대를 형성하려는 욕구 같은 본래 사람을 종교로 이끄는 요인들을 반영하는 것일 수도 있다. 종교 공동체에서는 가난한 사람을 위해 봉사하는 것에 대한 사회적 기준이 높은데, 이것이 타인을 도우려는 의욕을 고취한다. 현재 관련 연구는 시작 단계로, 어떤 연구는 종교가 이타주의를 증가시키고, 또 어떤 연구는 그렇지 않다는 결과를 보여주었다. 심지어 종교가 도움행동을 **감소**시킨다는 연구 결과도 있다.[45] 어찌 되었건 간에 구성원 간 유대가 깊은 영적 공동체처럼 봉사를 중요하게 여기는 사회구조는 사람들에게 남을 돕도록 할 것으로 기대된다.

요약

어떤 측면에서 보면 상황적 특성이나 피해자의 특성이 이타적 반응에 더 핵심적이다. 목격자가 무엇을 해야 할지 알고 자신의 행동이 효과가 있다고 생각하는 한, 정말로 무력한 신생아를 닮은 피해자는 대개 목격자에게서 반응을 끌어내기 때문이다. 목격자의 특징 대부분은 중요한 상황이나 피해자를 판별하는 **기준**("저 사람은 정말로 무력한가?" "내가 이 상황을 바로 잡을 수 있을까?")을 바꿔버린다. 또한 상황을 어느 한 방향으로만 보는 구조적 편향(자신감이 넘치거나 확신이 없거나, 모험 정신이 투철하거나 모험이라면 회피하거나)이 있다면 반응 성향도 같은 방식으로 편향될 것이다. 우리는 저차원의 모든 과정을 종합해 하나의 '이타적 성격'처럼 보이도록 평균화할 수 있다. 하지만 이는 하나의 근본적 원인이나 유전자가 변수로 반영된 게 아니라 여러 유전자와 초기 성장 환경, 양육, 문화, 신념, 개인적 목표가 모두 합쳐진 결과다.

이타적 반응 모델에서 가장 강력한 목격자 특성은 성공할 수 있다는 믿음이다. 영웅적 행동의 경우에는 성공할 수 있다는 암시적·명시적 예측은 운동 전문성과 관련되어 있다. 그러나 우리의 기부가 변화를 가져오리라는 믿음 아래에서 제공하게 되는 보다 일반적인 유형의 돕기행동에는 '자기효능감'도 영향을 미친다. 이처럼 이타적 반응은 중대하고 어려운 문제일지라도 개인의 작은 행동을 통해 구체적인 방식으로 **해결될** 수 있다는 점을 강조함으로써 촉진되어야 한다.

제8장

이타적 반응 모델과 다른 이론의 비교

* 이타적 반응 모델은 대부분 심리학과 생물학 분야의 여러 이론과 연구 결과들을 통합해서 이론적 틀을 구축한 것이다. 이 모델은 다른 이론들을 반박하기 위해서가 아닌 더 다양한 현상을 설명하고자 여러 이론을 통합하고 확대해 고안되었다. 이타주의에 관한 이론들은 대부분 궁극적 차원의 이론과 근사적 차원의 이론이라는 두 개의 범주로 분류된다. 진화생물학자 에른스트 마이어Ernst Mayr가 고안한 이 분류체계에 따르면, 궁극적 차원의 이론은 어떤 행동이 어떻게 진화했고, 왜 적응적인지 설명하며, 근사적 차원의 이론은 행동이 뇌와 몸에 어떻게 각인되어 있고, 그 행동이 방출되는 조건이 무엇이며, 한 개체의 생애 동안 어떻게 발달하는지를 설명한다. 이타적 반응 모델이 이타주의에 관한 기

존 이론과 어떤 관련이 있는지 명확히 이해하기 위해 나는 가장 잘 알려진 이론부터 소개하려고 한다. 먼저 궁극적 차원의 진화론적 이론부터 이야기하고, 이어서 근사적 차원의 신경생물학 및 심리학 분야의 이론을 다룰 것이다.

진화론적 이론들

이타주의의 진화를 주제로 다룬 거의 모든 논문은 상호 보완적이고 지배적인 두 전통적 이론을 기본으로 하고 있다. 하나는 포괄적응도 이론이고 다른 하나는 상호 이타주의 이론으로, 이타적 반응 모델은 이 두 이론과 맥을 같이한다. 포괄적응도 이론은 자손이나 자신과 가까운 타 개체를 돌보려는 욕구의 적응성을 설명하는 데 더없이 중요하다. 그러나 포괄적응도와 상호 이타주의 모두 유전자가 아무리 '이기적'일지라도 개체가 어떻게 종에 **관계없이** 자신이 아닌 타 개체(**친족 포함**)를 도와줌으로써 이득을 얻을 수 있는지를 설명하기 위해 만들어졌다. 이 두 이론을 확장한 많은 이론이 비인간 동물들, 특히 꿀벌, 말벌, 벌거숭이두더지쥐 같은 고도로 상호 의존적인 집단을 형성해 생활하는 진사회성 동물에 적용되고 있다. 이타적 반응 모델은 진화와 포유류 뇌의 작동 원리에 관한 기존 지식에 기초해 **인간의** 이타주의를 설명하고자 설계되었다는 점에서 두 이론 및 그 확장 이론들과 구별된다. 이타적 반응 모델은 인간의 이타주의 중에서도 호의를 보답받을 가능성이 희박한, 즉 자신과 무관한 타인을 돕는 영웅적 이타주의나 적극적 형태의 이타주의를 설명하기 위해 만들어졌다. 이런 형태의 이타주의는 다음에 설명할 포괄적응도나 상호 이타주의로는 제대로 설명되지 않는다.

포괄적응도

포괄적응도는 1964년 생물학자 윌리엄 해밀턴William Hamilton의 획기적인 논문 〈이타적 행동의 진화The Evolution of Altruistic Behavior〉에서 처음으로 상세히 기술되었다.[1] '해밀턴의 법칙'에 의하면 도움 수혜자가 도움 제공자와 어느 정도 관련이 있으면 제공자도 혜택을 얻으며, 그 혜택의 정도는 두 개체 사이 근친도가 높을수록 증가한다. 해밀턴이 제시한 공식은 간단했다. "근친도가 r일 때 이타적 행동으로 생기는 혜택이 이타주의자가 치러야 하는 비용의 k배라면 원인 유전자를 양성 선택positive selection• 하는 기준은 k 〉 1/r 이다." 예를 들어, 자녀는 어머니와 절반의 유전자를 공유하고 나머지 절반은 아버지와 공유한다. 그러므로 우리 유전자는 최소한

• 생존에 유리한 유전적 변이가 여러 세대를 거치면서 집단 내에서 증가해 대부분의 개체가 그 변이를 공유하게 되는 과정이다.

다음 세대까지 보존될 것이다. 게다가 만일 자녀가 생식할 수 있는 나이가 될 때까지 긴 발달 과정을 옆에서 도와주고, 그래서 자녀도 아이를 낳게 된다면 적어도 우리 유전자의 4분의 1이 두 세대 동안 유지될 것이다. 만일 **손자 손녀**가 생식할 수 있는 나이가 될 때까지 그들을 돕고, 그들이 자손을 본다면 우리 유전자의 8분의 1이 한 세대 더 살아남을 것이고, 그 후로도 같은 방법으로 세대의 생존은 계속 이어진다. 이처럼 유전자는 처음의 번식 행위로 자손에게만 전달되는 것이 아니라 생후 수년 또는 수십 년 동안 자손을 성공적으로 돌봄으로써 훨씬 더 오랫동안 보존될 수 있다. 진화생물학자이자 유전학자인 존 스미스John Smith는 자신의 친족을 돕는 특정 형태의 포괄적응도를 가리켜 '혈연선택'이라 부르면서, 인간의 이타주의를 촉진하는 데 혈연선택이 하는 역할을 강조했다.[2]

해밀턴은 우리가 비교적 적은 유전자를 공유하고 있는 생면부지의 타인을 어떻게 그리고 왜 돕는지 설명하려 들지 않았다. 그는 그저 유전자가 '대를 잇고 싶어 하는 이기적인 존재'라고 하더라도 타인을 돕는 것은 **유전적** 측면에서 전적으로 **비이성적**인 일임을 지적하고 싶었다. 예를 들어, 만일 자녀가 한 명 있다고 하면 그 아이를 돌보는 데는 기회비용이 수반된다. 수면이나 식사, 경력, 수입을 어느 정도 포기해야 하고, 추가로 생길 수 있는 배우자나 자녀의 수도 제한하게 된다. 마찬가지로 조카가 대학에 다닐 수 있도록 은퇴 자금 일부를 조카에게 준다면 적어도 미래의 경제적 안정이 부분적으로 훼손될 것이다. 해밀턴의 포괄적응도 이론은 유전자를 퍼트린다는 목적이 있다고 하더라도 사람들이 (또는 어떤 유기체가) 어떻게 그리고 왜 부분적으로 관련 있는 타인을 위해 자기 자신을 위한 기회를 포기하는지도 설명한다.

생물학에서 혈연선택이 널리 받아들여지고 있지만, 아이러니하게도 인간 이타주의를 바라보는 사람들의 관점에는 거의 영향을 미치지 않는다. 보통 사람들은 대체로 친척을 도와주는 일에 '이타주의'라는 용어를 사용해 이야기하지 않는다. 친척을 돕는 행위를 자명한 일로 생각한다는 사실은 그 자체로 우리에게 자신을 돌보려는 강력하고 본질적이고 절대적인 동기가 있다는 증거가 된다. 그러므로 남을 도우려는 동기가 피해자의 기분에 초점을 맞춘 건지 아니면 사심 없이 온정과 동정심 가득한 감정을 가졌기 때문인지에 관한 심리학적 논쟁은 포괄적응도와 관련 있는 것은 아니다. 나중에 알게 되겠지만, 평판에 도움이 되므로 이타적 행동을 한다는 경제학적 주장도 유전자에 영향을 끼치지 않는 한 포괄적응도와는 관련 없다. 생물학에서는 어떤 행동이 진화하기 위해서는 적어도 궁극에 가서는 어느 정도의 이익이 수반되어야 한다고 가정한다. 해밀턴의 법칙은 **어느** 종이든 유전자를 공유한 다른 개체를 돕는 것이 합리적인 이유를 설명하기 위해 고안되었으므로 우리가 인간의 '이타주의'라고 여기는 모든 행동을 설명해주지는 못한다. 특히, 이타적 행동을 순전히 이기심이 전혀 없는 동기에서 출발한, 그야말로 생면부지의 타인에게 행해지는 행동으로 규정하려고 고집한다면 더욱 설명하기 어렵다. 게다가 포괄적응도는 그런 이타적 행동이 인간의 뇌와 몸에서 실제로 어떤 변화를 일으키는지, 서로 다른 유형의 이타주의들이 어떻게 각기 다른 메커니즘에 의해 진화하거나 다른 메커니즘의 지원을 받는지를 설명하지 못한다. 따라서 애초에 범위가 한정되어 있는 해밀턴의 법칙은 수수께끼 같은 인간 이타주의 중에서 극히 일부만 다룬다고 할 수 있다.

이와 같은 한계에도 불구하고 혈연선택은 실제로 내가 전개하는 이론을 보완해주면서 이타적 반응 모델의 **바탕**이 된다. 이타적 반응 모델에 따르면 우리는 무력한 자손을 돌보고 보호하고 주의를 기울이도록 동기화되어 있는데, 그 이유는 우리 조상들에게 이로웠기 **때문**이다. 그래서 보통 크게 문제가 되지 않는다면 우리는 친족이 아닌 개체로 돌봄을 확대한다. 포괄적응도 이론은 새끼 보호 메커니즘이 어째서 상호 호혜주의, 다른 사람에게 호감 사기, 상대방 처지에서 생각하기, 자기만족을 비롯한 대부분의 다른 이유보다 더 강력하고 본능적인 동기부여를 제공하는지 설명한다. 물론 이런 과정들이 인간의 돕기행위에 기여한다는 것은 분명하지만, 특정 상황에서 반응욕구를 느끼게 하는 유전적 역할은 다소 미약하고 그것도 나중에서야 영향을 끼친다. 오직 이타적 반응 모델만이 무력한 신생아의 요구와 비슷한 요구가 있는 상황에서(도움 제공자가 행동할 수 있는 즉각적인 도움이 필요한 사람이 있을 때) 사람들이 돕고 싶은 **강한 충동**을 느끼는 이유와 구조자들이 부지런한 어미 쥐처럼 행동하는 이유를 설명한다. 또한 이타적 반응 모델만이 기능적 자기공명영상 실험을 통해 가상의 자선단체를 소개하는 글을 읽은 사람들이 사망 위험률이 훨씬 높은 어른보다 아기나 어린이를 돕는 일에 더 많이 기부하는 이유를 설명한다.[3]

이타주의가 진화하게 된 또 다른 이유 중에서 사람들이 가장 많이 동의한 것은 상호 호혜와 협력이다. 이 두 가설은 인간이 사회집단을 형성해 생활하면서 이타주의가 생겨났다고 주장하는데, 집단생활은 진화의 역사에서 비교적 나중에 등장했다. 이제 이 문제에 관해 이야기해보자.

인간의 사회집단과 이타주의

인간의 이타주의에 관한 궁극적 차원의 이론들은 집단생활의 결과로 이타주의가 발생했다고 본다(인간처럼 무리 지어 생활하고 비교적 고도로 대뇌화된 대형 유인원, 돌고래와 메커니즘이 어느 정도 같다고 보는 이론도 있다). 가장 단순한 이론은 포괄적응도를 확장한 것으로, 어느 정도 관련 있는 집단 구성원을 도와줌으로써 자신도 혜택을 얻을 수 있다고 보는 것이다. 극단적인 예로, 우리가 속한 부족이 같은 섬에서 600년 동안 살고 있다고 해보자. 그러면 우리는 그 섬의 시조로부터 물려받은 유전자를 서로서로 공유하고 있을 것이다. 집단 상호관계는 벌집에 침입자가 나타났을 때 공격하는 꿀벌, 여우의 접근을 서로에게 경고해주는 땅다람쥐, 형제를 찾아 먼 거리를 날아가는 새와 같이 특별히 친밀한 사회집단을 형성해 생활하는 동물종에게서 나타난다. 인간은 꿀벌만큼 서로 밀접한 관계는 아니지만 약간의 상호관계도 협력에 도움이 될 수 있다.[4]

이 개념이 확장된 '집단선택group selection' 이론은 구성원 각자가 비용을 치루더라도 협력하는 것이 협력적 성향이 없는 경쟁 집단과 비교했을 때 궁극적으로 집단 생존에 이롭다고 가정한다. 우리가 속한 부족이 협력적이고 음식을 나누고 공동의 적에 맞서 함께 싸운다면 우리 집단의 유전자는 협력하지 않는 집단의 유전자와의 경쟁에서 승리할 것이다. 기근 같은 자원 부족, 대규모 유행병, 약탈, 유전자풀gene pool의 상당 부분을 순식간에 파괴할 수 있는 이웃 부족의 공격 등 극심한 압박이 있을 때 특히 협력의 효과가 현저히 나타난다. 지금까지 집단선택 이론은 고른 지지를 받지 못하고 있다. 찰스 다윈이 개체 수준에서 자연선택이 일어난다고 말했기 때문인데, 이는 개체를 희생하면서 집단을 돕는 유전자는 번식에 어려움을 겪기 때문이다. 1871년 다윈이 집단선택설을 지지하는 주장을 했다는 점을 고려할 때 이와 같은 비판은 조금 아이러니하다. 집단선택은 집단과 집단 사이 유전자풀이 공간적으로 분리되어 있을 때 성공적이지만 늘 현실적인 것은 아니다.

그렇지만 포괄적응도에 크게 얽매이지 않고 다른 공유된 선호 형질, 예를 들어, 친절이나 유사성 또는 협력과 관련된 표현형 등에서 파생될 수 있다는 이점이 있다.[5]

이런 압박은 집단적 과정에 의존하므로 집단 상호관계나 다층선택multilevel selection이라고도 불리는 집단선택과 관련한 문제는 나중에야 등장했으리라 추정된다. 게다가 혈연관계의 무력한 새끼를 보호하기 위해 시작된 이타적 반응보다 영향력도 막강해 보이지 않는다. 집단선택 같은 궁극적 차원의 이론들은 협력에 관한 근사적 차원의 설명을 제공하지 못할뿐더러, 도움 유형에 따라 협력을 분리하지 않음으로써 궁극 메커니즘과 근사 메커니즘의 중요한 차이를 간과한다. 예를 들어, 침팬지와 흡혈박쥐는 먹이를 공유하는 방식이 비슷하다. 두 종 모두 먹이를 많이 확보한 개체가 덜 가진 힘없는 동료에게 나눠준다. 게다가 둘 다 상당히 내적인 근사 메커니즘에 의존한다. 그러나 박쥐는 음식 나눔을 위해 크거나 복잡한 뇌가 필요하지 않은 능동적 돕기행동을 한다. 또한 그런 협력이 집단생활을 하는 원숭이들 사이에서는 왜 흔하지 않은지가 분명하게 밝혀지지 않았다.[6] 이와 대조적으로, 사냥 중에 사냥감을 궁지로 몰아넣기 위한 협력은 더 많은 조정coordination이 필요한데, 대개 대형 유인원과 돌고래, 인간에게서만 이런 협력이 나타난다. 가난한 사람에게 식량을 제공하거나 식량 부족을 견뎌내기 위해 음식을 비축하고 재분배하는 우리 인간의 능력은 공평함을 보장하고 절도를 피하고 배반자를 알아내 처리하고 이익이 비용을 앞설 수 있도록 더 치열한 노력을 필요로 한다. 이렇게 서로 다른 협력 형태들은 서로 다른 동물종과 생태의 여러 진화 단계에서 다양한 인지적 요건을 통해 생겨나는 것으로 보인다. 인간이 집단생활에 적응하는 과정에서 대대적인 협력이 발생했다고 추정하는 이론들은 이와 같은 차이를 다루지 않고 있다.

주변에 협력할 타인이 없다면 당연히 우리는 협력할 수 없다. 그런 의미에서 집단 맥락의 적절성을 지적하는 것은 의문의 여지가 있다. 집단 협력에 의존하는 이론들은 왜 돌봄행위와 이타적 반응이 겉보기에 비슷하고 유사한 방식으로 작동하는지, 왜 우리와 유전적으로 거리가 먼 설치류 같은 동물종도 돌봄과 이타적 반응을 할 줄 알고 동료의 고통을 알아차리고 도움을 제공하는지를 다루지 않는다. 반대로 타인의 고통과 도움 요청에서 비롯된 동정심으로 협력할 때와 같이 이타적 반응 모델로 설명 가능한 협력 형태들이 있다. 우리는 강둑이 무너졌을 때 발생할 엄청난 피해를 막기 위해 폭풍우가 몰아치기 전 미리 마당에 모래 포대를 쌓고 있는 이웃을 도와줄 수도 있고, 노쇠한 이웃집 할아버지가 넘어져서 팔이 부러지지 않도록 빙판이 된 이웃집 대문 앞을 삽으로 치워줄 수도 있다. 이런 행동에는 기대감, 숨은 동기, 호혜성 또는 자기만족감이 관여하고 있을 수 있다. 그러나 여전히 상대의 취약함과 고통, 즉각적 도움이 필요하다는 것을 감지했을 때 동기부여가 된다. 포유류는 서로의 감정을 공유하도록 진화했기 때문에 우리는 상대방의 고통을 줄이고 그들이 회복되었을 때 기분이 좋아지도록 훈련되어 있다.

호혜성은 집단 내에서 공유된 유전자에 의존하지 않는 포괄 적응도의 확장 또는 대안이라고 할 수 있다. 간단히 말해, 만일 내가 여러분에게 베풀면 여러분도 나중에 나에게 보답으로 베풀게 되고, 그렇게 내 노력이 가치 있어진다는 것이다. 라틴어 법언에는 '여러분이 주니까 나도 준다'라는 뜻의 도 우트 데스do ut des라는 말이 있는데, 사람들이 수 세기 동안 이타주의에서 호혜성이 하는 역할을 의심해왔다는 것을 시사할 뿐만 아니라 그 현상을 정확히 포착하고 있는 듯하다. 가장 기본적인 팃포탯tit-for-tat* 형식을 띠기도 하는 이 전략은 통계적 모델에서 매우 강력하다.

호혜성은 모든 구성원이 서로 아는 사이고 상호 의존적이며 대체로 유전자를 공유하는 소규모 사회집단에서 가장 효과적이라는 점에서 혈연선택과 비슷하다. 그러나 놀랍게도 매우 평범하거나 매우 놀라운 유형의 돕기행동에 적용하기에는 그다지 적절하지 않다. 사람들은 보답받을 가능성이 없는데도 자선단체에 기부하고, 길거리에서 만난 모르는 사람에게 길이나 시간을 알려주고, 주차비를 대신 내준다. 이타주의의 가장 전형적인 형태라고

* 상대가 한 행동을 그대로 따라하거나 맞대응하는 행위를 말한다.

할 수 있는 영웅적인 구조행위는 더더욱 보답을 기대하기 어렵다. 우리가 모르는 사람을 돕는 현상을 설명하기 위해 이론가들은 제삼자로부터 다른 형식으로 **간접적** 보답을 받을 수 있고, 우리와 유전자를 공유하고 있는 다른 사람이 대신 보상받을 수도 있다고 제안한다. 예를 들어, 만일 여러분이 자선단체에 기부하거나 거리에서 만난 낯선 사람을 도와주었다면, 그 상황을 목격하거나 알게 된 누군가 여러분을 좋게 평가하거나 더 큰 호감을 느끼거나 사회적 파트너로서 매력적인 상대라고 생각하거나 함께 가정을 이루어 후손을 남기고 싶어 할 수도 있다. 수렵 및 채집 생활을 하는 부족에서 한 남자가 사냥을 나갔다가 큰 사냥감을 잡았다면 그는 인심이 후하게 부족 사람들에게 고기를 나눠줄 수 있다. 만약 다음 해에 그 사람의 사정이 어려워지면 여유 있는 가정에서는 그가 베풀었던 것을 기억하고 보답으로 음식을 나눠줄 것이다.

진화심리학자들은 남성의 영웅적 행동을 설명하기 위해 잘 도와주는 사람으로 비치는 것과 더 좋은 짝짓기 기회를 얻는 것을 연결해 다루는 데 특히 초점을 둔다. 이 관점은 주변에 다른 목격자들이 있을 때는 사람들이 도움의 손길을 보내지 않는다는 사실과 맞지 않다.[7] 게다가 사람들은 사적인 공간에서 가장 많은 보살핌을 주고받고, 거의 모든 조사와 실험에서 여성들은 공감 능력이 매우 뛰어나고 이타적인 것으로 나타났다. 이타주의를 겉으로 드러내 보이는 것은 아마 공동육아가 흔하고 자신의 행동을 다른 개체가 볼 수 있는 소규모 집단에서 더 효과적일 것이다(굴속에서 단독 생활을 하는 들쥐보다 유인원이나 원숭이 및 앵무새 무리에서 더 효과적일 것이다).

다시 말하지만, 호혜성 역시 궁극적 차원의 이론으로서 한계가 있다. 우선 호혜성은 자체의 근사 메커니즘을 포함하고 있지 않고, 호혜성이 도움의 형태에 따라 분류된 것도 아니며, 새끼돌봄에 비하면 호혜성의 혜택은 나중에야 나타났고, 번식 성공에 미친 영향력도 작기 때문이다. 호혜성 이론은 생태도 다르고 뇌 크기도 훨씬 작은 설치류와 우리가 아주 유사한 외현적 행동과 메커니즘을 가지고 있는 이유도 설명하지 못한다. 어떤 사람들은 호혜성에 서로 주고받은 친절을 누계할 필요가 있다고 주장한다. 하지만 이는 호혜성을 인간의 특징으로만 더욱 제한할 것이다. 서로 혜택을 주고받는 행동이 다른 종에서도 일어나고 내포된 신경정서적neuroaffective 과정을 통해 다루어질 수 있음을 고려할 때 이 의견은 신빙성이 낮다.

행동경제학자 언스트 페르Ernst Fehr와 연구진이 제안한 '강한 호혜성strong reciprocity' 모델에 따르면, 협력하는 집단이 덜 협력적인 집단에 비해 성공 가능성이 커졌기 때문에 인간은 협력하고, 또 협력하지 않는 사람을 벌하는 비특이적 성향이 진화했다.[8] 학생 절반이 제안자가 되고 나머지 절반이 수혜자가 되는 '독재자 게임'의 결과가 강한 호혜성을 지지한다. 이 게임에서 두 학생 집단은 서로 모르는 사이다. 제안자는 실험자로부터 10달러를 받게 되는데, 그중 일부를 수혜자에게 주고 나머지는 본인이 가질 수 있다. 아예 주지 않아도 되지만 평균적으로 제안자들은 받은 돈의 절반을 모르는 사람에게 내준다. 절반이 공정이나 공평의 합리적 척도임을 나타내는 것 같지만, 반드시 나눠주어야 한다는 압박이 전혀 없었다(제안자가 어떤 결정을 하든 아무도 알지 못하고, 수혜자는 제안자와 아무 관련 없는 남이며, 나눠준다고 해도 아무런 보답이 없다)는 것을 고려할 때 경제학자들에게 이런 결정은 비합리적이다. 제5장에서 설명한 최후통첩 게임에서는 수혜자가 제안자의 제안을 수락하거나 거절할 수 있는데, 만일 거절하면 수혜자와 제안자 모두 돈을 갖지 못한다는 규칙이 있었다. 이 규칙은 공정한 대우를 장려한다. 게다가 비협력적인 파트너를 벌하기 위해 자기가 받을 수 있는 돈을 기꺼이 포기하는 사람들의 마음을 보여준다. 사실 이 부분이 바로 강한 호혜성 모델의 핵심 요소다. 연구진은 기능적 자기공명영상과 경두개자기자극법을 이용해 오른쪽 배외측전전두피질이 장기적 공평함을 위해 개인의 금전적 이득을 거부하도록 돕는 과정에 어떻게 관여하는지 설명했다.

강한 호혜성 모델은 다른 궁극적 차원의 설명 모델들과 비교하면 근사 메커니즘과 그것이 작동하는 맥락을 더 구체적으로 설명한다는 장점이 있다. 물론 독재자 게임의 신뢰도가 과장되어 있다고 할 수도 있다. 왜냐하면 많은 피험자가 자신의 결정을 다른 사람과 공유하지 않겠다는 실험자의 말을 믿지 않을 수도 있기 때문이다. 사실 정보가 노출될 길은 많다. 피험자 스스로 자신의 결정을 누설해서 평판에 관한 우려를 자초할 수도 있다. 우리는 양심에 의해서 공평한 제안을 하는 것이 '옳은 일'이고 기분 좋은 일이라는 것을 안다. 그러나 이런 방법론적인 문제들은 **왜** 우리가 남에게 베푸는 일은 좋은 것이고 이기적인 행동은 나쁜 것이라고 믿는지를 질문하게 한다. 우리에게는 공평함을 추구하려는 강한 성향이 있는 것 같다. 하지만 이것을 협력과 비협력을 응징하기 위한 유전적 성향으로 **봐야** 할지는 의문이다.

심리학자 필립 짐바도Philip Zimbardo에 따르면, 우리는 "어머니와 아버지, 담임 교사, 경찰, 성직자, 정치가, 앤 랜더스Ann Landers와 조이스 브라더스Joyce Brothers* 같은 사람들뿐만 아니라 규칙을 세우고 그 규칙을 어겼을 때의 결과를 정해놓은 다른 모든 '진짜' 세상 사람들로부터" 권위에 복종하는 법을 배운다.[9] 마찬가지로 지그문트 프로이트Sigmund Freud, 한스 아이젠크Hans Eysenck, 버러스 스키너Burrhus Skinner, 앨버트 밴듀라Albert Bandura 같은 초기 심리학자들도 인간은 초기 성장 과정의 경험, 예를 들어, 무엇인가를 나누면 칭찬을 듣고 이기적이거나 공격적이면 비난받았던 경험으로부터 옳고 그름을 배운다고 주장했다. 이렇게 행동과 결과의 연관성

* 두 사람 모두 미국의 유명 조언 칼럼니스트다.

은 우리가 성장하는 동안 내면에 매우 깊이 자리 잡게 되므로 교육받은 것을 기억하지 못할 때도 쉽게 불러내진다.

천사와 악마가 양쪽 어깨에 앉아 조언하는 만화 속 장면처럼 '내면의 목소리', 즉 아이젠크가 말한 양심이자 프로이트가 말한 자아 이상ego ideal은 도덕적 논쟁이 있는 상황에서 정서가 바탕이 된 과정을 통해 '옳은' 결정을 내리는 법을 배운다. 무엇을 할 것인지 고민할 때 우리 몸은 빠르게, 종종 암암리에 뚜렷한 정서적·감정적 반응을 일으키고, 이 반응이 역사적으로 좋았던 선택 쪽으로 우리를 안내한다. 우리는 내면의 '천사'가 해주는 조언을 따르는 상상을 할 때는 자부심을 느끼고, 다른 사람을 화나게 하는 못된 짓을 하는 모습을 상상할 때는 죄책감을 느낀다. 엄밀히 말해서, 만일의 사태를 예상할 수 있고, 배울 수 있는 뇌를 가지고 있고, 협력이 필요한 문제에 직면한 집단에서 생활하고 있다면 협력은 언제나 일어날 수 있다. 포유류의 뇌는 일반적으로 베풂의 보상과 고통이라는 벌을 배우고 서로 분리하는 능력을 지니고 있다. 여기에 전망할 줄 아는 능력까지 더해져, 우리는 여러 가능한 선택과 결과를 미리 그려보거나 더 장기적인 이익을 위해 본능적 반응을 억제할 수 있다. 그러나 이와 같은 전망 능력은 다른 종과 공유하고 있고, 인간 집단이나 인간의 인지 능력과 관련 없는 것처럼 보이는 더 기본적이고 강력한 메커니즘 위에 존재한다. 심지어 어린아이들도 숨바꼭질을 하는 동안에 속았다는 기분이 든 술래가 화를 내기 전에 그만큼 놀이가 재밌고 도전적이었다는 점을 깨닫도록 상황에 맞춰 어떻게 숫자를 세고 숨을지를 빨리 습득한다. 이렇게 외줄 타기처럼 균형을 맞추는 일에는 협력적인 뇌는 물론이고, 그 이상으로 학습하고 전망할 수 있는 뇌가 필요하다.

종합해보면, 강한 호혜성 모델은 행동의 지원을 받고, 근사 메커니즘과 맥락을 포함한다. 하지만 이 이론이 **인간의** 사회집단 생활과 관련되어 있고 종종 고도의 인지 능력을 언급하기 때문에 나는 강한 호혜성이 나중에야 등장했고 새끼돌봄보다 행동에 미치는 영향이 강하지 않다고 본다. 강한 호혜성 자체가 아예 유전적으로 부호화되지 않았을 수도 있다.[10] 따라서 협력은 나중에야 나타난 가장 근본적인 새끼돌봄 메커니즘의 확장을 나타내는 것일 수 있다.

요약

포괄적응도와 상호 이타주의는 이타주의를 설명하기 위해 제안된 주요 이론이다. 각 이론에는 개념을 확대한 하위범주 이론이 포함되어 있다. 여러 종에 걸쳐 두 이론의 타당성을 뒷받침하는 유의미한 증거들이 있으며, 서로는 상충하지 않을뿐더러 이타적 반응 모델과도 충돌하지 않는다. 포괄적응도는 부모가 자기 유전자의 절반을 공유하는 자손에게 즉각적이고 세심하면서도 광범위한 돌봄을 제공하는 행동이 **왜** 적응적인지 설명하므로 이타적 반응 모델에 매우 중요하다. 상호 이타주의는 명시적 전략이나 이유가 있어서라기보다 동정심에서 남을 돕거나 협조할 때마다 새끼돌봄 메커니즘을 끌어들일 수 있다. 어쨌든 인간 사회집단에서 진화하여 광범위한 인지 과정이 필요하다고 여겨지는 다른 형태의 이타주의와 비교할 때, 이타적 반응 모델의 이타주의는 돕기 반응에 관한 초기 압박이 훨씬 뚜렷하고, 유전자에 더 큰 영향을 미치며, 다양한 동물종과 사례에 존재하는 것으로 추정된다. 이런 궁극적 차원의 설명 모델들은 매우 폭넓어서 어느 종이나 상황에 적용할 수 있다는 장점이 있지만 동시에 약점이 되기도 한다. 너무 일반적이어서 인간이 보이는 **특정한** 형태의 이타주의가 어떻게 진화했고 어떻게 뇌에서 구현되는지를 설명하지 못한다.

많은 동물종이 다양한 방식으로 타 개체를 돕고 서로 협력한다. 포괄적응도와 상호 이타주의 이론은 여러 맥락에서 발생하는 거의 모든 돕기행위를 설명할 수 있는 기발한 도구다. 그러나 인간의 이타적 반응의 본질을 설명하기 위해서는 유전자를 공유하지 않은, 쉽사리 보답을 기대할 수 없는 생면부지의 타인을 향해 영웅적 행동을 보이는 이유를 설명할 수 있는 좀 더 정밀한 도구가 필요하다.

근사적 차원의 이론들

이타주의를 설명하는 궁극적 차원의 이론들에 반복적으로 발생한 한계점은 도움행동이 우리의 뇌와 몸에 어떻게 각인되어 있고, 언제 일어나게 되고, 이타주의 유형에 따라 어떻게 다른지 설명하지 못했다는 데 있다. 인간의 도움행동을 활성화하고 촉진하는 근사 메커니즘이 자루를 생성하는 아메바나 경고 소리를 내는 땅다람쥐, 먹이를 공유하는 흡혈박쥐의 근사 메커니즘과 같다고 가정해서는 안 된다. 물에 빠진 모르는 사람을 구하기 위해 물속에 뛰어들려는 인간의 욕구를 서열이 낮은 침팬지가 더미에서 나뭇가지 하나를 꺼내 쥐는 일을 허락하는 힘센 침팬지의 행동 방식과 비슷하다고 가정해서는 안 된다. 무엇보다 이타적 반응 모델의 유용성을 확고히 하기 위해서는 동일한 현상이나 같은 유형의 이타주의를 설명할 때 제시할 궁극적 차원 이론과 근사적 차원 이론에서 나온 자료에 일관성이 있어야 한다.

선천적으로 접근을 억제하는 회피반응을 활성화한다는 점에 있어서 이타적 반응 모델은 권위 있는 인물이나 구경꾼이 이타주의를 어떻게 억제하는지를 다룬 사회심리학적 연구와 일치한다. 이 책에서는 공감을 많이 다루지 않았지만, 이타적 반응 모델은 사회심리학에서 말하는 공감 이론에 부합하도록 고안되었다. 하지만 내가 강조하고 싶은 것은 공감은 긴급한 상황에서 목격자가 달려가 도와주고 싶은 충동을 느낀 경우에 항상 주관적으로 경험되는 것이 아니며, 시공간에 걸쳐 펼쳐지는 상황 속에서 더욱 두드러진다는 점이다. 보상기반 의사결정 과정을 통해 뇌가 어떻게 돕기행동을 지원하는지에 관해서는 사회신경과학 이론들과 밀접한 관련이 있다. 하지만 나는 운동준비의 역할에 더 주안점을 두고자 한다.

심리학과 신경과학에서는 무엇이 인간으로 하여금 낯선 타인을 돕게 하는가에 관해 다양한 근사적 차원의 설명 모델을 제시했다. 대량 학살 같은 잔인하고 고통스러운 역사적 사례에서 나타난 뚜렷한 무관심을 설명하기 위해 초기 이론들은 권위자나 구경꾼의 역할에 초점을 맞췄다. 그 후로 연구자들은 우리가 언제 공감할 수 있고 언제 진정으로 타인의 요구에 관심을 갖는지 설명하려고 애썼다. 최근에는 공감 및 이타주의에 관한 연구를 더 폭넓은 영역인 의사결정 연구와 통합해, 학습과 확률 그리고 감정이 어떻게 돕기 결정을 지원하는지를 설명하기 시작했다. 이타적 반응 모델은 기존의 근사적 차원 이론과 맥을 같이하지만, 새끼돌봄을 통해 궁극적 차원과 근사적 차원의 관점들을 통합할 목적으로 설계되었으므로 몇 가지 측면에서 기존 연구와 다르다. 오직 이타적 반응 모델만이 목격자 스스로 어떤 행동을 취해야 할지 알고 있고, 목격자는 의식적이고 신중한 의사결정 과정 없이 행동하며, 고통과 스트레스가 목격자의 돕기행동을 촉진한다고 가정한다. 게다가 이타적 반응 모델은 상황에 기초해서 누가 도움을 제공할지 구체적으로 예측할 수도 있다. 새끼를 돌보는 포유류인 우리 인간은 무력한 자손을 보호하려는 욕구와 비슷한 상황에 있을 때 지켜보는 일과 돕는 일 사이에서 자연스레 돕는 선택을 이행할 수 있다. 그러나 결정할 시간이 충분하다면, 이 직관은 전통적으로 돕기행위에 직접적으로 관여한다고 여겨온 공감이나 사려 깊은 감정에 병합하게 된다.

권위에 대한 취약성

이타적 반응에 관한 가장 크고 유의미한 연구는 아이러니하게도 사람들이 도움이 필요한 타인에게 얼마나 도움을 제공하려 하지 않는지를 보이기 위해 설계된 것이다. 이 연구 전통은 제2차 세계대전 기간 동안 유대인 대량 학살을 중단시키기 위한 결정적 조치가 취해지기 전까지 사람들이 어떻게 학살에 참여하거나 혹은 지켜보기만 했는지를 파악하기 위한 전후 사회심리학 운동에서 파생되었다. 연구자들은 세상을 지배하려고 발악하는 극악한 독재자에 초점을 두기보다 학살이 잘못된 행동인 걸 알면서도 얼마나 많은 평범한 시민이 가만히 지켜보기만 하거나 심지어 동참까지 했는지에 더 많은 관심을 두었다. 우리 인간은 배려할 줄 아는 존재로 주변 누군가 무고한 사람을 다치게 하거나 사망에 이르도록 한다면 한마디라도 하고 싶다고 생각할 것이다. 또한 누군가 대량 살상이라는 잔학 행위를 도와달라고 부탁해온다면 마땅히 거절해야 한다고 생각할 것이다. 그러나 현실과 연구 결과는 우리 마음속 선한 천사가 특정 조건 아래서 추락한다는 것을 입증했다.

심리학자 스탠리 밀그럼Stanley Milgram은 좋은 가정에 태어난 전형적인 미국인 남성조차 자신의 안전을 해치는 위험이 존재하지 않거나 금전적 보상이 없을 때는 '권위자'(실제로는 그냥 평범한 교사)의 지시를 따른다는 것을 보였다.[11] 그의 첫 번째 연구에 참여한 학생 마흔 명은 기억력 테스트에 답하지 못한 동료 학생에게 가장 낮은 단계의 전기 충격(15볼트의 '가벼운' 충격)을 가하라는 권위자의 맨 처음 지시를 모두 따랐다. 학생들은 300볼트의 '강한 충격'이 될 때까지 전압을 계속 높이라는 지시에도 응했다. 물론 지시를 따르지 않은 몇몇 학생도 있었지만, 거절하더라도 불이익이 없고 무엇보다 친구가 고통스러워하는 게 명백한데도 70퍼센트나 되는 학생들이 가장 높은 단계인 450볼트의 '매우 위험한 충격'을 가했다. **이타적 욕구**는 이처럼 우리 인간이 냉담하고 잔인하기까지 하다는 명백한 증거와 정면으로 충돌하는 것처럼 보인다. 하지만 밀그럼의 연구 자료는 피험자들이 피해자를 향한 접근 및 회피 반응 사이에서 근본적인 갈등을 겪는다는 점에서 이타적 반응 모델과 완벽하게 부합한다. 사람들은 제약을 받거나 겁먹었을 때 당연히 남을 도우려고 하지 않는다. 더욱이 밀그럼의 실험에 참여한 학생들은 피해자가 자신과 먼 사이일수록 지시에 따를 가능성이 조금 더 컸다. 심지어 학생들은 피해자의 고통에 책임을 지고 싶지 않거나 고통받는 모습을 보지 않기 위해 회피하거나 시선을 돌린 채 장치 다이얼을 되도록 살짝만 돌렸다(윌슨크로프트의 논문에서처럼 이렇게 무작위적이고 세부적인 내용은 아무리 인간의 민감성을 실질적으로 입증해주는 것이라고 해도 현대 논문에서는 허용되지 않는다).

보통 밀그럼의 연구와 함께 언급되는 실험이 짐바도의 스탠퍼드 감옥 실험이다. 밀그럼의 피험자들처럼 교육 수준이 높은 스탠퍼드대학교 학생들에게 무작위로 교도관이나 죄수 역할을 맡게 한 모의실험이다.[12] 그 내용은 다음과 같다. 며칠 전만 하더라도 강의실 옆자리에 앉아 함께 공부하던 친구를 교도관을 맡은 학생들이 괴롭히고 비인간적으로 대하는 일도 아주 자연스럽게 해냈으며, 심지어 지켜보는 눈이 적은 밤에는 그 강도를 높였다.[13] 밀그럼과 마찬가지로 짐바도의 실험 결과 역시 동정심을 가치 있게 여기고 서로 존중하도록 사회화된 '선한' 사람도 권위자의 위치에 놓이면 비인간적으로 변할 잠재력이 있음을 보여주었다. 밀그럼과 짐바도는 사람들이 자신은 오로지 명령에만 따랐을 뿐 상해에는 책임이 없다고 자기합리화를 하고, 문제의 원인을 권위자에게 전가하며, 자신에게는 면죄부를 주는 등 잔인함을 허용하고 있음을 강조했다.

두 연구와 그에 수반된 이론들은 이타적 반응 모델과 일맥상통한다. 이타적 반응 모델에서는 겁을 먹었을 때나 서로 다르거나 반대되는 목표를 추구하려고 할 때는 돕고 싶은 욕구를 느끼지 않는다고 보기 때문이다. 현실 세계에서 권위자로부터 특정 행동을 요구받은 사람들은 흔히 그 지시를 따르지 않으면 자신 혹은 가족의 목숨까지 위협받는다고 느낀다. 군인들은 불안한 시기에 돈이나 식량을 얻고 보호받기 위해 권위자에게 기댄다. 게다가 인간은 다른 사회적 포유동물처럼 일련의 상과 벌로 유지되는 위계 속에 존재한다. 위계질서가 존재하는 예로는 침팬지 무리를 들 수 있는데, 프란스 더발은 《영장류의 평화 만들기》라는 책에서 침팬지의 사회집단 속에서 우두머리 수컷이 자신의 권력을 지키기 위해 치명적인 힘을 어떻게 사용하는지를 비롯해 무리 내 전략적 권력 다툼에 관해 폭넓게 묘사했다.[14] 인간 사회에서 엄격한 위계는 학교 운동장을 포함해 여러 곳에 존재한다.[15] 따라서 인간을 적응도를 높이는 선택을 위해 오랜 시간에 걸쳐 스스로 상과 벌을 좇는 사회적 동물이자 학습하는 동물이라고 가정한다면, 타인에게 해를 가하는 행동이 아주 예측 불가능한 것도 아니다. 군인들은 명령 수행에 **열중**할 필요가 없는데도 매우 열중한다. 밀그럼의 실험 참가자들이 피해자에게 가해야 할 고통 수준을 스스로 선택할 수 있었음에도 70퍼센트나 해당하는 피험자가 심한 고통을 주는 방법을 선택한 것과 동일하다. 사람들은 흔히 잔인함을 실행에 옮기기 위해 인간성을 말살하는 방식에 기대는데, 처음부터 스스로를 덜 인간적이게끔 보이게 하면 타인의 고통을 나누거나 유감스러워할 필요가 없어지기 때문이다. 이는 바로 인간이 타인의 고통에 신경 쓰는 성향을 타고났다는 증거다.

구경꾼 효과

제2차 세계대전 이후 사회심리학자 존 달리John Darley와 비브 라타네Bibb Latané는 타인이 고통받는 동안 사람들이 가만히 방관하는 이유를 연구했다.[16] 구경꾼 효과를 측정하는 전형적인 실험에서는 보통 연구 보조원이 공공장소에서 다치거나, 고통스러운 척하거나, 피험자에게 실험 주제와 무관한 과제를 내주고 도중에 옆방의 누군가가 고통스러워하는 소리를 들려준다. 그런 다음에 피험자가 피해자처럼 보이는 사람에게 접근해서 도와주기까지 얼마나 걸리는지를 측정한다. 일반적으로 피험자들은 주변에 다른 사람이 있으면 반응도가 떨어졌다. 이것을 가리켜 '대중적 무관심' 또는 '구경꾼 효과'라고 부르며, 여러 사람이 있을 때는 '책임 분산'이 반영되는 것으로 보였다. 목격자가 여럿 있을 때는 나 말고도 도와줄 수 있거나 자격을 갖춘 다른 사람이 있을 수 있다고 생각하기 때문에 아무도 나서서 책임지고 도와주려 하지 않는 것이다. 이런 현상은 〈데이트라인Dateline〉이나 〈당신이라면 어떻게 하시겠습니까?What Would You Do〉 같은 리얼리티 TV 프로그램에 단골 소재로 등장한다. 공공장소에서 연기자가 다친 척을 하거나 기절하면 사람들이 어떤 반응을 보이는지를 살피며 우리 사회에 만연한 무관심을 가감 없이 보여준다.

구경꾼 효과에 관한 연구는 보통 뉴욕에서 발생한 키티 제노비스Kitty Genovese 살인 사건처럼 실제 사건과 비슷한 상황을 연출해서 진행된다. 처음 보도된 신문 기사에 따르면, 제노비스가 자기 집 뒷골목에서 전 남자친구에게 칼로 마흔세 번이나 찔리는 동안 서른여덟 명의 이웃이 그녀의 비명을 듣거나 그 장면을 목격했지만 아무도 도우려 하지 않았다.[17] 이 이야기는 우리가 낯선 타인들에 둘러싸여 있고, 타인에게 동정심이나 유대감을 느끼지 않는 현대사회에 살고 있음을 보여주는 단적인 예로 제시되었다.

키티 제노비스 사건과 실험 속 구경꾼 효과, 이타적 반응 모델 사이에는 여러 가지 접점이 있다. 그러나 뉴스 머리기사나 기사 제목이 암시하는 의미를 그저 받아들이기만 할 게 아니라 실험 자료를 자세히 살펴보는 게 중요하다. 예를 들어, 구경꾼 효과를 측정한 달리와 라타네의 실험에서 사람들은 마음대로 반응할 수 있거나, 방에 머물러야 한다는 지시가 없거나, 피해자를 먼저 만나 유대를 쌓을 수 있을 때 같은 자연스러운 상황에서는 실제로 도움을 제공했다. 두 연구자가 1968년에 진행한 실험에서는 홀로 피해자를 접한 거의 모든 피험자가 도움의 손길을 내밀었고, 대부분 반응을 보이기까지 10초도 걸리지 않았다. 피험자들은 고통스러워하는 소리를 들은 후 반응하기까지 다른 어떤 생각도 들지 않았다고 전했다. 홀로코스트가 일어났을 때도 사람들은 자신이 군인의 감시 대상이 아니고, 유대인 피해자의 고통을 목격한 뒤로 공감과 애정, 동정, 도와야 한다는 책임감을 느꼈을 때 피해자를 집에 숨겨주고 도왔을 공산이 컸다. 이런 조건일 때 이타주의자들은 '위험을 고려하거나 칭송되거나 비방받는 것을 고려할 새 없이' 그저 행동해야겠다는 충동을 느꼈다고 말한다.[18] 키티 제노비스 사건 속 이웃들도 보도된 것처럼 실제로 그렇게 무심하지는 않았다. 십여 명의 사람들이 비명 소리를 들었지만 그 소리가 그다지 명확하거나 길지 않았다고 진술했고, 분명 도와달라고 소리친 남자도 있었다.[19]

사람들은 분명 '책임 분산'을 경험한다. 그러나 언급된 여러 상황에서 사람들이 보인 무행동이 불합리한 것은 아니다. 늦은 밤 어두운 골목에서 칼을 휘두르는 미치광이를 말리려고 한다면 분명 다치거나 목숨을 잃을 수 있고, 최소한 폭력 범죄의 목격자라는 위험한 역할을 장기간 맡아야 할 것이다. 학생들을 피험자 삼아 실험을 진행하는 실험자가 자기 지시를 순순히 따르지 않는 학생을 꾸짖거나 벌로 학점을 주지 않을 수도 있다. 이는 중상류층 출신의 편안한 대학 생활을 누리는 학생들에게 충분히 위협적이다. 거리에서 고통에 몸부림치는 사람은 끔찍한 전염병에 걸렸을지도 모르고, 금방이라도 급변해서 여러분을 계략에 빠트리려고 할 수도 있다. 위급한 의료 상황에서 누군가를 돕는다면 오히려 여러분이 상황을 악화시킬 수도 있고, 나중에 벌을 받거나 이용당할 수도 있으며, 심지어 목숨까지 잃을 수도 있다. 경찰을 부르는 것도 다소 위험이 뒤따를 수 있다. 문제가 되지 않을 수도 있는 불확실하고 변덕스러운 상황에서 신고를 했다가 도리어 그 경찰이 두려움과 인종적 편견과 총기 사용으로 상황을 악화시키고 비극적 결과를 초래하는 사례를 이미 많이 목격했다. 어쩌면 인간은 우리가 바라는 것처럼 이타적인 존재가 아닐지도 모르며, 권위에 영향을 받고 구경꾼에 의해 행동이 억제될 수도 있다. 하지만 자신이 개입했을 때 발생할 위험과 보상을 재빨리 계산할 줄 아는 만큼, 할 수 없는 일에 무턱대고 달려드는 일도 없다. 이타적 반응 모델의 핵심 개념인 회피-접근 대립반응을 통해 우리는 사람들이 위험한 상황에서 쉽게 도우려고 하지 않는 이유를 설명할 수 있다. 동시에 사람들이 **개입**하는 때(전문성이 있거나 피해자의 고통을 직접 목격했거나 피해자와 개인적으로 친분 있는 사이일 때)와 그 이유도 설명 가능하다.

제2차 세계대전 이후, 1980년대 후반과 1990년대에 들어 이타주의 및 이타주의 부재에 관한 연구가 급증하면서 사회심리학에서는 우리 내면의 '더 착한 천사'를 연구하는 쪽으로 초점을 바꿔 상황 대 개인의 상대적 영향, 이타주의의 기저를 이루는 감정 대 회피, 회피반응과 이타주의가 기질이나 성격에 어떤 영향을 받는지 등을 시험했다. 그 시기의 연구 결과와 이타적 반응 모델과의 관련성에 관해서는 다음에서 개괄할 것이다.

공감 기반 이타주의 가설

공감 기반 이타주의라는 이타주의에 관한 이 새로운 심리학은 신학자이자 사회심리학자인 대니얼 뱃슨의 많은 연구에서 비롯되었다. 뱃슨은 여러 차례에 걸친 기발한 실험을 통해 사람들이 실제로 '진정한 이타주의'를 실천할 수 있다는 것을 입증했다. 즉, 사람들은 때로 진심으로 동정을 느끼고 걱정하는 마음으로 타인을 돕는다는 것이다.[20] 이런 계통의 연구는 인간이 본래 이기적이고 자신에게 이익이 될 때만 남을 돕는다는, 나날이 커지는 믿음에 맞서려고 애썼다. 그는 이기심이 없다거나 이익을 얻기 위해 행동한다고 보는 잘못된 이분법을 무시하면서, 사람들이 소중하게 생각하는 사람의 안녕에 '공감적 관심'(동감, 동정, 인정, 온정)을 느끼고 그들의 요구에 집중할 때 구체적으로 어떤 도움행동을 취하는지를 서술했다. 공감적 관심은 도움행동을 촉진하는 효과가 있지만 목격자가 '개인적 고통'을 느낄 때, 즉 불안해하고 걱정하고 고통스러워할 때는 반드시 도와야 하는 상황에서만 돕는 것 같았다. 공감과 타인을 위한 돕기행동과의 연관성을 증명하고자 끈질기게 연구해온 뱃슨은 공감 기반 이타주의의 동기적 바탕을 연구하기 위해 실험연구experimental research라는 실험으로 직접 자료를 수집하는 방법론을 개척했다. 이 연구 방법은 오늘날에도 계속 사용되고 있다.

같은 맥락의 발달심리학 연구에서도 아동에게서 비슷한 결론이 도출되었다. 인간의 공감 능력은 비교적 생애 초기에 발달하는데, 심리학자인 낸시 아이젠버그Nancy Eisenberg와 캐럴린 잰웍슬러Carolyn Zahn-Waxler가 이끄는 연구진은 아이들이 다른 사람의 어려움에 동정을 느낄 때 돕는다는 사실을 알아냈다.[21] 심지어 걸음마기 아이들도 괴로워하거나 아파하는 사람에게 주의와 관심을 보이고, 종종 상대의 고통을 덜어주기 위한 행동을 취한다. 잰웍슬러의 보고서에서 주인이 아픈 척을 하자 반려견이 다가와 주인에게 주의를 기울이거나 낑낑거리거나 주인 무릎에 머리를 올려놓는 반응을 보였다는 내용은 특히 인상적이었다.[22] 간단히 언급된 이 내용은 비인간 동물이 타 개체에 관심과 도움을 제공한다는 초기의 과학적 기록이라고 할 수 있다. 동물의 도움행동은 그 이후로 개, 유인원, 설치류를 포함한 여러 동물에 관한 실험을 통해 더 자세히 연구되고 있다.[23]

가장 최근에 발표된 관련 연구에서는 인간이 타인의 고통을 공유하는 정도를 신경학적 차원에서 설명하고 있다. 인디아 모리슨과 타니아 싱어Tania Singer는 사람들이 신체적 고통을 직접 경험할 때뿐만 아니라 다른 사람의 고통을 목격할 때도 전측대상피질과 전측뇌섬엽이 활성화된다는 것을 밝혀냈다.[24] 이 효과는 수십 차례 반복 실험을 통해 입증되었다.[25] 확장 연구로 진행된 실험에서는 피험자들이 상대방과 문화, 인종, 심지어 축구팀처럼 같은 외집단에 속하거나 외과 의사들처럼 시간이 지나 고통에 익숙해진 후에는 고통을 덜 경험한다는 것을 보여주었다.[26] 아이오와대학교에서 우리 연구진이 앤트완 베차라Antoine Bechara, 앤토니오 다마지오Antonio Damasio, 안나 다마지오Hanna Damasio, 톰 그레바우스키Tom Grabowski, 브렌트 스탠스필드, 소니아 메타Sonya Mehta와 함께 진행한 연구에서는 화나 두려움 같은 감정에 관한 자신의 경험과 타인의 경험을 상상할 때, 본인의 경험을 기반으로 타인의 경험을 이해할 수 없는 게 아니라면 동일한 신경 특성화 패턴neural signature과 감정 흥분이 일어난다는 것이 입증되었다.[27]

일반적으로 공감 기반 이타주의는 이타적 반응 모델과 일맥상통한다. 공감적 관심 상태가 도움행동의 동기가 되고, 그것이 발전해서 새끼를 위한 도움을 촉진하고, 나중에는 다른 집단의 구성원이나 낯선 사람에게로 확장되었다는 점이 동일하다. 두 이론 모두 인간은 자신이 무엇을 해야 하는지 알고 있을 때 자기와 비슷하거나 유대감을 형성했거나 친숙한 집단 구성원에게 공감하고 그들을 잘 도와주려 한다고 가정한다. 연구자들은 사람들이 자신의 신경기질neural substrate* 을 이용해 타인의 정신적·육체적 고통을 처리한다는 데 전반적으로 동의한다. 하지만 그다음에 어떤

- 특정 행동이나 인지 과정을 조절하는 중추신경계의 일부다.

과정이 일어나고, 타인과의 감정 공유를 얼마나 의식적으로 인지하고 있는지에 관해서는 의견이 분분하다(나는 공유된 감정을 항상 의식하는 것은 아니라고 생각한다).[28]

이타주의에 관한 공유된 감정과 공감의 효용성에 전반적으로 동의하지만, 공감 기반 이타주의 이론은 이타적 반응 모델과 충돌하는 것 같다. 공감 기반 이타주의 가설에 따르면 위급 상황에서 피해자의 고통을 목격한 사람들은 스트레스를 받거나 흥분하거나 고통스러워하므로 도움행동이 촉진되지 않을 것이다. 하지만 이타적 반응 모델에서는 그런 위급 상황이 오히려 도움행동을 촉진한다. 이런 모순은 **고통**이라는 말이 서로 다른 의미로 쓰이고 있음을 암시한다. 뱃슨이 말하는 '개인적 고통'은 즉각적인 도움이 필요하지 않은 상대방을 직접 도울 수 없을 때 나타나는 주관적이고 불편한 감정이나 동기상태motivational state를 가리킨다. 이와 대조적으로 이타적 반응 모델에서 말하는 고통은 상대방의 즉각적인 도움 요청이 진짜이거나 뚜렷하다는 것을 나타내는데, 이는 목격자가 의식적 차원에서 감정을 공유할 필요가 없는 긴급하고 불쾌한 문제가 있다는 신호다. 뇌는 개인적 경험으로 정제된 유사한 신경표상nerual representation*을 이용해 상대방의 상태를 정확하게 고통으로 처리하기만 하면 된다. 즉, 사람들이 행동이 차단될 정도로 고통을 느끼거나 겁에 질리지 않는다는 말이다.[29] 더욱이 전문성을 지닌 사람들은 나설 준비가 되어 있으므로 위급한 상황에서 좌절이나 망설임 없이 행동을 취하게 된다. 이것이 바로 이타적 반응 모델의 핵심 원리다. 따라서 메커니즘에 주의를 기울이면 공감 기반 이타주의 이론과 이타적 반응 모델은 하나로 수렴된다. 하지만 공감하지 않더라도 주저 없이 영웅적인 구조행동을 하는 이유를 설명할 수 있는 것은 이타적 반응 모델이 유일하다. 교감신경계와 스트레스 호르몬이 활성화하면서 행동이 촉진되는 것이다.[30] 이렇게 이타적 반응 모델은 위험하고 영웅적인 행동이 요구되는 상황에서 사람들이 상대로부터 동정심을 느끼는 대신, 자신 역시 불안하면서도 보답을 기대할 수 없는 생면부지의 피해자를 돕는 행위처럼 다른 설명 모델로 밝히기 어려운 사례들을 위해 만들어졌다.

정서, 의사결정 그리고 신경과학

이타적 반응 모델에는 부분적으로 의사결정 과정이 수반된다. 심리학에서는 대체로 의사결정을 연구하는 사람과 공감 및 이타주의를 연구하는 사람이 구분된다. 하지만 행동경제학이나 사회신경과학에서 가끔 이 두 개념이 만나기도 한다. 정서나 의사결정에 관한 사회신경과학 이론들은 과거 이론들처럼 학습된 도덕성

• 신경세포들이 나타내는 정보의 내용으로, 뇌가 가지고 있는 외부 세계에 관한 모델이라 할 수 있다.

이나 초자아에 연결 짓지 않는다. 하지만 여전히 사람들이 정서 신호와 과거 경험을 바탕으로 이로운 선택을 예측하는 신경학적 과정에 내적으로 (때로는 외적으로) 영향받는다고 가정한다.[31] 예를 들어, 독재자 게임에서 제안자가 주어진 10달러를 파트너와 한 푼도 나누지 않기로 결심한다 해도, 파트너가 화를 내거나 친구들이 이기적이라고 비난할 게 마음에 걸려 결국 반반 나누는 결정을 내릴지도 모른다. 베풀 줄 아는 멋진 사람이 되고 싶은 사람은 전액 기부 후에 자신에게 쏟아질 찬사를 어떻게 누릴 것인지에만 관심이 있을 수도 있다. 배가 고프다면 나중에 사 먹을 맛있는 샌드위치를, 가난하다면 밀린 수도 요금을 생각할 수도 있다. 이처럼 개인마다 중요도가 다르고 과거와 현재의 조건을 통합하는 여러 정보가 의사결정 과정에 투입된다.

의사결정에 관한 실험에서도 새끼돌봄에 관여하는 중뇌 변연계 및 피질계의 뇌 영역들이 활성화되었다. 예를 들어, 뇌 스캔 영상 실험에서 사람들이 이타적인 결정을 할 때 안와전두피질과 중격의지핵, 뇌섬엽, 편도체가 일반적으로 더 활성화되는 것으로 나타났다. 의식적이고 계획적인 결정을 할 때는 안와전두피질이 더 많이 관여하고 보상에 반응해서는 중격의지핵이 더 활성화된다. 경제학 게임에서 배신자에게 벌을 내릴 때 중격의지핵이 활성화되는 현상에 관해 일부 연구자들은 응징을 '기분이 좋아진다'는 징후로 해석한다. 물론 그와 같은 해석을 뒷받침하는 충분한 근거가 있는 것은 아니다. 의사결정에 관한 이론과 데이터는 이타적 반응 모델과 일맥상통하고, 이타적 반응 모델의 기초를 이룬다. 그러나 이타적 반응 모델은 이타적 반응 자체에 더 초점을 맞추고 있다. 인간의 의사결정 과정에는 의식적이고 신중한 사고가 필요하다고 여겨지지만, 이타적 반응 모델은 일반적으로 그런 의식적 사고 없이도 은연중에 이타적 행동 욕구가 일어날 수 있다고 가정한다. 게다가 더 상세한 예측도 하는데, 내측시각교차전구역과 슬하전측대상피질, 신경호르몬이 앞서 기술한 조건에서 돕고자 하는 욕구를 지원한다. 이타적 반응 모델 가설은 이타적 욕구가 어떻게 진화했고 왜 적응적인지에 관한 궁극적 차원의 설명들과 많은 부분 통합되어 있는 만큼 기존의 신경과학적 관점과 구별된다는 차별점이 있다.

요약

이타주의가 어떻게 진화했고 우리 뇌와 몸에서 어떻게 구현되는지를 다룬 주요 몇 가지 이론이 있다. 이타적 반응 모델은 전반적으로 기존 이론들과 상충하지 않는다. 오히려 포괄적응도나 혈연선택 이론, 감정이 뇌에서 일어나는 의사결정에 어떻게 영향을 미치는지에 관한 이론에 많이 의존한다. 행동에 관한 궁극적 혹은 근사적 설명이 대부분인 기존 이론들은 근사 메커니즘이 어떻게 진화하고, 어떻게 여러 종에 적응적 메커니즘으로 작용하는지를 고려하지 않으며, 도움행동이 방출되는 조건을 구체적으로 명시하지 않는다. 궁극적 차원의 이론은 대부분 영역 일반적이고 종 일반적이다. 이 이론들은 진사회성 동물이나 밀접한 상호관계를 유지하는 동물종을 설명하고, 인간이 어떻게 집단을 형성하고 협력하도록 진화했는지 이해시키는 데 중점을 둔다. 근사적 차원의 이론은 대부분 의식적 숙고에 초점을 두고 증거를 찾는다. 그 이유는 연구를 설계할 때부터 이미 의식적 사고에만 초점을 두게끔 구상되어 있기 때문이다. 이타주의에 관한 대부분의 이론들은 우리가 피해자와 관련 있고, 도움을 제공하면 보답받을 수 있고, 사려 깊은 사람처럼 행동하려 한다는 기본 원리에 기반을 두고 있다. 하지만 이타적 반응 모델은 그 원리에서 벗어난 형태의 도움행동까지 다루는 유일한 이론으로서 남을 돕는 결정은 의식적 사고가 필요 없고, 무력한 자기 새끼에게 반응할 때와 비슷한 욕구를 느낄 때는 모든 종에 통용되는 메커니즘에 의존한다고 가정하고 있다.

에필로그:

왜 지금 이타적 반응 모델을 고려해야 하는가

* 지금까지 이타적 반응 모델을 설명했다. 이 모델에 따르면 생판 모르는 타인에게 이타적 행동을 취하고, 심지어 영웅적 구조행동까지 보이는 인간의 이타주의는 느리게 발달하는 무력한 새끼를 돌보고 새끼의 요구에 재빨리 반응해야 했던 포유류 조상을 둔 우리의 진화적 계통을 반영하는 것일 수 있다. 그래서 인간은 아기처럼 어리고 무력하고 취약하면서 고통스러워하고 즉각적 도움이 필요해 보이는 피해자를 보면 돕고 싶은 욕구를 느낀다. 이 과정은 역사적으로 적응적이었고 인간 특유의 인지 능력이 필요하지 않은 원시 뇌 회로의 도움을 받는데, 신경호르몬 회로가 직관적으로 빠른 반응을 보장한다.

모성을 지닌 설치류의 능동적 돌봄행동은 임신하고 출산하는 과정에 의해 촉발되어 많은 신경호르몬 변화가 수반되는데, 그 결과 새끼를 회피하던 어미가 새끼에게 접근하고 돌보려는 강력한 동기를 표현한다.[1] 그렇다고 해서 새끼를 낳은 암컷만 도움행동을 보인다는 것은 아니다. 실험 쥐의 경우, 수컷과 새끼를 낳지 않은 암컷도 낯선 새끼에 적응할 시간이 충분히 주어지자 새끼를 돌보았다.[2] 어미 쥐와 어미가 아닌 쥐 모두에 내재하는 회피-접근 신경회로의 변환을 통해 돌봄을 제공한다.

남성과 엄마가 아닌 여성도 준비를 마치면 돌봄을 제공할 수 있지만, 모성애적 돌봄의 기원은 이타주의에 나타나는 강력한 남녀 차이도 설명한다. 수동적이고 뒤에서 보살피고 꾸준히 해야 하는 돕기행동은 대부분 여성에게 편중된 반면, 공개적으로 칭송받는 영웅들은 적절한 힘과 전문성과 모험정신을 고루 갖춘 남성인 경우가 더 많다.[3] 많은 문화에서 여성은 다정해야 하고 남성은 용감해야 한다고 가르친다. 이것이 돕기행동에서의 남녀 차이를 어느 정도 설명해줄지도 모른다. 그러나 그 차이는 돌봄 제공자와 보호 제공자로서 보유하고 있는 신경생물학적 기원을 반영하는 것일 수도 있다. 양성평등지수가 비교적 높은 문화에서 부모가 모두 일하는 가정일지라도 엄마가 여전히 자녀 양육을 더 많이 담당하고 있다는 것이 그 증거다.[4]

프롤로그에서 소개한 윌리엄 윌슨크로프트의 어미 쥐처럼 인간에게도 도움이 필요한 피해자를 향한 선천적인 회피-접근 대립반응회로가 내재한다는 것이 나의 주장이다. 사람들은 피해자를 보고 압도되거나 무서워하거나 도와줄 수 없다고 느끼거나 피해자의 동기를 확실히 알지 못할 때 접근을 꺼린다. 그러나 새끼돌봄과 비슷한 상황일 때, 즉 취약하고 무력하고 고통스러워하고 즉각적인 도움이 필요한 피해자가 있을 때 목격자에게 성공적으로 도와줄 수 있는 능력이 충분하다면 접근 모드로 바뀐다. 어미 쥐와 새끼처럼 목격자와 피해자 사이에 유대관계가 있다면 목격자가 접근 반응을 보일 가능성은 훨씬 커진다. 우리가 유대를 형성한 사회적 파트너 곁에서는 편안한 상태를 느끼고 정말 무력한 어른을 마주할 일이 거의 없다는 점을 고려했을 때, 회피와 접근이라는 신경심리학적 대립구조는 확실하게 우리의 너그러운 영혼이 이용당할 것 같지 않을 때만 반응하도록 한다.

우리 인간의 지각 및 인지 체계는 요구가 정말로 긴급한 것인지, 적절한 반응이 무엇인지, 적절한 반응을 제때 실행할 수 있는지를 정확히 예측하도록 설계되어 있다. 사람들은 수영을 못하면 차가운 물속으로 뛰어들지 않고, 누군가를 둘러업고 밖으로 옮길 힘이 없다면 불타는 건물 속으로 돌진하지 않는다. 자신의 지식수준을 벗어난 의료적 문제가 있는 사람에게 섣불리 달려가지 않으며, 울고 있는 친구가 있다 해도 괜히 마음을 더 뒤흔들 수 있으니 어설프게 개입하지 않는다. 이런 회피성 덕에 우리는 확실히 자기 자손과 가족을 돌볼 수 있고, 가끔은 우리의 생존이나 적응도가 지나치게 훼손되지 않는 선에서 모르는 사람을 돕는다. 회피-접근 두 갈래로 나뉜 신경생리학적 구조가 내포되어 있다는 것은 의식적인 계산을 하지 않고도 반응을 예측할 수 있음을 의미한다. 더 나아가 이 대립구조는 영웅들이 비용과 이익, 보상 가능성 여부, 공감이나 동정심 등 흔히 공감이나 이타주의를 촉진하는 요인이라고 보는 것들을 따져보려고 멈추는 대신 '그냥 반응했다'라고 말하는 이유이기도 하다.

도움행동이 '욕구'에서 나온다고 서술하고 있지만 그렇다고 그 반응이 어리석거나 단순하거나 경솔하다는 건 아니다. 본래 이타적 반응은 실제로 피해자, 목격자, 상황에 관한 정보를 신속하게 통합하고 이를 기반으로 미루어 적응적일 때만 일어난다. 생물학자들이 '본능'이라는 말을 본능적으로 행동한다고 여긴 아메바, 어류, 조류, 설치류 같은 동물종을 기술할 때 사용하더라도, 그때의 반응은 오직 여러 유전자가 동시에 활동해야 하는 후생유전학적 시스템에 내재하는 성향으로 초기 발달과 현재 상황에 영향을 받는다. 그러므로 비교적 기본적이거나 본능적인 행위에도 맥락에 민감하고 개체 변이를 허용하는 복잡한 성질이 포함되어 있다. 게다가 본능은 특정한 동물행동학 메커니즘을 통해 뇌에 부호화되기 때문에 만일 우리가 그 메커니즘을 이해할 수 있다면 정상적이거나 예상되는 반응을 예측할 수 있을 뿐만 아니라 회색기러기가 알 대신 배구공을 회수하거나 사람들이 옆집 개를 구하려다

차가운 연못에서 목숨을 잃을 때처럼 이상하고 원치 않는 반응도 예측할 수 있다.

이타적 반응 모델은 비록 많은 것을 설명하는 이론이기는 하지만 오직 직관적이고 적극적인 욕구를 방출하는 상황에만 적용된다. 또한 모든 형태의 이타주의를 설명하지 못하고, 그렇게 하려고도 하지 않는다. 여왕벌의 먹이를 소화하기 쉽도록 부드럽게 만드는 일벌의 행동부터 수천 마일 떨어진 타국의 억압받는 사람들을 돕기 위해 협력하는 유럽연합 회원국에 이르기까지 이타주의는 폭넓은 행동범주다. 인간의 모든 베풂 행동을 설명하겠다고 하는 이타주의에 관한 이론들은 비용이 들어가거나 도움을 제공하는 행위라면 무엇이든 이타주의 범주에 넣고, 겉으로 어떻게 보이느냐에 따라 이타주의의 유형을 규정하려는 경향이 있다. 하지만 이타적 반응 모델은 자연을 그 마디를 따라 나누고, 이타주의 유형들이 어떻게 진화했고, 어떻게 우리 뇌와 몸에서 처리되는지에 따라 분류한다.

우리는 인간에게만 나타나는 이타주의 유형이나 동감, 동정심, 공감적 관심 또는 타인의 기분을 고려할 줄 아는 능력이 관련된 특정 이타주의 유형이 지닌 '특별함'에 감정적·심리적으로 애착을 느낄 수도 있다. 이런 유형의 돕기행동은 분명히 존재해왔고, 수십 년에 걸친 공감 기반 이타주의와 인간의 조망수용능력에 관한 연구가 입증해줄 것이다. 그러나 인간에게만 특정되지 않은 욕구라도 친구나 가족과의 밀접 접촉을 통해 경험하는 것처럼, 따뜻하고 다정하고 긍정적인 감정을 수반하는 이타적 행동에 관한 필요성과 우리의 요구는 계속될 것이다. 그러므로 이타적 욕구는 여전히 '따뜻'하고 '포근'하다. 다만 보상에는 반드시 금전적 대가가 따르지 않으므로, 행동을 결정하기 전에 의식적으로 보상에 젖어 있을 필요는 없다. 사람을 구조한 후에 기분이 좋아지는 것은 정상적이고 적응적인 결과로서 미래에 같은 행동을 반복하고 싶은 욕구를 강화한다. 특히, 보상은 도움 제공자에게 이득이 되기 **때문에** 유전체 안에 계속해서 존재하는 메커니즘의 한 부분일 수밖에 없다. 그러므로 보상이 도움행위를 '진정으로 이타적인' 행동이라고 해석하는 데 방해 요인이 될 이유는 없다.

왜 지금인가

인간의 돕기 능력을 주제로 출간된 책이 상당히 많고 논문도 수천 편에 이른다. 이 광대한 공간 어딘가에서 나는 공감에 관한 내 개인적인 생각부터 이타주의 이론의 개관, 인간의 선에 이르기까지 아주 다양한 주제를 가지고 책을 쓸 수도 있었다. 그런데 왜 인간의 돕기행동을 주제로 책을 집필했을까, 그것도 왜 지금일까?

우선 새끼회수와 이에 관한 신경학적 기반을 서술한 내용을 살펴보면 인간의 이타주의(특히, 이전에 많이 설명되지 않았던 영웅적 행동)와 매우 유사하므로 둘 사이 특정한 상동성을 설명하는 것이 중요했다. 우리 안에 내재하는 회피-접근 대립반응이 왜 우리가 냉담한 방관자가 되기도 하고 공감력이 뛰어난 도움 제공자가 되기도 하는지, 왜 사람들이 인간을 지독히 이기적이거나 경이로울 정도의 너그러운 존재로 묘사하는지 이해하도록 도와주기 때문이다. 수백 건까지는 아니더라도 수십 건에 이르는 여러 동물종의 새끼돌봄에 관한 연구로부터 타 개체를 향한 회피와 접근으로 양분되는 선천적 반응 모드가 도출되었는데, 이 회피-접근 대립구조를 이용해 우리는 인간에게 위험하거나 성공하지 못할 것 같을 때는 방관하도록 만드는 일종의 자동안전장치가 있고, **더불어** 돌봄 제공자로서 공감하고 즉각적으로 반응하는 능력도 진화했다는 가정을 함께 도출해냈다. 만일 우리가 아무 관련이 없는 타인을 돕는다면, 비록 욕구에 의한 것이라 할지라도 이를 '실수'나 '오류'로 치부해서는 안 된다. 바로 인간의 생존을 돕기 위해 수백만 년에 걸쳐 진화한, 우리 몸과 뇌의 내적 과정을 통해 방출된 행동이기 때문이다.

영웅적 행동은 친사회적 돕기행동 중에서 가장 연구가 뒤떨어져 있고 밝혀진 사실도 매우 적다. 영웅적 행동은 동물들의 경고음, 사회적 털 다듬기, 위로행위, 먹이 나눔, 모르는 사람에게 적은 돈을 기부하겠다는 실험 참가자의 반응처럼 일반적으로 연구되는 이타주의 유형과 완전히 다르다. 통제된 실험 환경에서, 특히 뇌 영상 촬영 실험에서 영웅적 행동을 재연하는 것은 어렵다. 이타적 반응 모델은 자기 자손을 보호하고 싶은 적응적 욕구에서 어떻게 울고 있는 친구를 다독여주거나 모르는 사람을 구하기 위해 강물로 뛰어드는 행동이 나올 수 있었는지 이해하게 한다.

이타적 반응 모델은 포괄적응도, 호혜주의, 구애 신호, 구경꾼 효과, 공감 기반 이타주의 같은 이타주의에 관한 기존 이론들과 일맥상통한다. 하지만 이타적 반응 모델이 신경생물학적 차원에서 동물 모델을 기반으로 한 것이기 때문에 돌봄 제공에 바탕을 둔 다른 이론들보다 훨씬 더 구체적일 수 있다. 이타적 반응 모델에 따르면 동정심, 집단 협동, 비용편익분석, 단순 과시 행동 같은 특징들이 존재하고 이것들이 사람들에게 도움이 되지만, 이 특징들이 생겨나거나 유용하게 쓰이기 아주 오래전부터 포유동물들이 의존적인 새끼를 돌봐왔다는 점을 미루어보면 이타적 반응의 **주된** 동기나 **초기** 동기는 아니다. 이타적 반응 모델은 설치류나 심지어 새, 개미처럼 뇌가 매우 작은 종에서 비슷한 도움행동이 관찰되는 이유도 설명한다.

이런 이유에서 나는 포유류의 새끼회수와 돌봄에 관한 마르지 않는 신경생물학적 정보의 우물을 인간의 이타주의에 바로 적용한다면 매우 많은 것을 얻을 수 있다고 믿는다. 이타적 반응 모델의 목적은 인간에게 관찰되는 매우 이상한 사랑의 행동까지 설명할 수 있는 더 포괄적이고 통일된 이론 체계에 기존 이론들을 통합하면서 인간의 이타주의에 관해 이해되지 않았던 부분을 채워나가는 것이다.

이 책에 소개된 몇몇 의견은 나중에 알고 보면 틀린 것일지도 모른다. 만일 새끼돌봄을 하는 동물 모델에 무엇인가 크게 잘못된 게 있다면 이타적 반응 모델의 과학적 기반이 흔들릴 것이다. 감사하게도 이 이론에 영향을 미친 다양한 연구자와 연구 방법, 동물종의 수를 생각한다면 그럴 가능성은 없는 듯하다. 이타적 반응 모델은 썩은 사과 같은 연구자 한 명에 좌지우지되지 않는다. 심리학자들에게 '심리 효과' 주장을 철회하라고 요구하는 최근 제안된 많은 통계적 기법의 영향도 받지 않는다. 비록 이 설명 모델의 일부는 향후 수정이 필요하다 할지라도, 구체적이고 입증 가능한 가설을 제공했다는 사실은 우리가 너무 자주 빠지곤 했던 불분명한 추측에서 벗어나 이해를 높이도록 도왔다.

이타주의의 미래

나는 이타주의의 여러 측면에 상당히 확신한다. 나는 우리가 흔히 마주하는 매우 다양한 상황에서 보통 사람들이 어떻게 행동할지, 뇌의 어느 영역이 관여할지 예측할 수 있어서 마음이 편안하다. 어떤 자극이 강력하게 행동을 통제하는지, 언제 행동을 억제하는 편향이나 행동하려는 욕구를 느끼는지도 알 수 있다. 동기부여로 일어나는 이타주의가 반사적인 형태의 이타주의와 어떻게 다른지도 이해하고 있다. 그러나 이타적 반응 모델에도, 특히 모르는 사람에게 베푸는 도움행동에 관해서는 아직 증명되지 않은 몇 가지 면이 있다. 게다가 인간의 선과 도덕성에 관련된 측면은 일부러 미해결 상태로 남겨두었다.

회수행동의 필요충분조건으로서 내측시각교차전구역

사람을 대상으로 하는 실험연구에서는 어미 쥐의 새끼회수에서 가장 필수적 신경영역인 내측시각교차전구역을 인간의 이타주의와 관련지어 연구를 진행한 적이 없다. 내측시각교차전구역이 뇌의 내측 깊숙한 곳에 자리 잡은 아주 작은 신경핵이기 때문에 뇌전도 신호나 경두개자기자극법 같은 두피에서 측정하는 장치를 통해 접근이 어렵고, 기능적 자기공명영상으로도 위치를 찾기 어려우므로 이타주의와 이 뇌 영역의 관련성을 입증하기란 쉽지 않다. 게다가 내측시각교차전구역이 정말로 회수행동에 특정된 뇌 영역이라면, 물리적인 회수행동과 매우 유사하거나 친족의 안전이 걸려 있는 상황에서만 활성화될 것이다. 하지만 짧은 사건이 반복적으로 제공되는 동안 꿈쩍하지 않고 가만히 누워 있어야 하는 뇌 스캐너에서는 그런 상황을 모의설정해 실험하기란 어렵다.

종 차이

포유류 사이의 뇌 상동성이 분명하다고 할지라도 신경회로의 각 영역 안에 들어 있는 신경전달물질, 신경조절물질, 호르몬, 수용체의 정확한 수와 분포 같은 아주 구체적인 세부사항은 서로 다르다. 짝짓기한 암컷과 수컷 사이의 유대감 형성을 보여주는 동물 모델을 예를 들면, 일부일처제를 따르는 초원들쥐와 그렇지 않는 저산대밭쥐montane vole를 비교했을 때 초원들쥐의 중격의지핵 안에 옥시토신 수용체가 여섯 배 이상 많이 들어 있다.[5] 따라서 중격의지핵과 전두엽피질 같은 뇌 영역들이 설치류, 영장류, 인류의 도움행동을 자극할 때 비슷하게 협력한다고 하더라도 종에 따라 서로 다른 생태와 짝짓기 습성을 토대로 신경회로 연결에 차이가 있을 것이다.[6] 시상하부의 아주 작은 부분이지만 새끼 회수에 필수적인 내측시각교차전구역도 그랬듯이, 살아 있고 깨어 있는 인간에게서 매우 작은 뇌 영역을 측정하는 것은 심한 제약을 받기 때문에 종 차이를 입증하려면 시간이 걸릴 것이다.

편협한 이타주의와 신경의 상관관계

연구에 따르면, 사람들은 피해자가 친숙하고 상호 의존적인 관계일 때 더 민감하게 반응한다. 이는 설치류에서도 입증되었는데,

쥐들은 아는 쥐가 갇혀 있으면 풀어주려 할 것이고, 모르는 설치류보다 같은 종이거나 함께 자란 종을 더 도와줄 것이다.[7] 게다가 사람들은 인종, 민족, 국가, 응원하는 대학이나 축구팀 등 다양하게 정의되는 내집단의 구성원에게 관심이 편중되는 강한 경향이 있다. 외집단 구성원의 고통을 목격했을 때는 사람들 머릿속에 공감적 고통이 적게 발생한다.[8] 유색인종은 병원에서 시스템적으로 진통제를 덜 처방받는다.[9] 게다가 우리는 파트너의 고통을 가만히 구경할 때보다 자신의 욕구를 충족시킬 목적에서 남을 아프게 할 때 마음의 동요를 덜 느낀다. 어떤 때는 초연한 태도가 도움이 된다. 예를 들어, 의사는 예방 접종으로 우는 아이의 고통에 익숙해지거나 아기의 울음을 다르게 받아들이고, 부모는 잠을 조금 더 잘 수 있도록 아기가 울어도 그냥 내버려 둘 필요가 있다. 연구자들은 인간의 편협한 이타주의가 가져온 최종 결과에 관해 연구하고 있지만, 우리 인간이 어떻게 그 결과에 이르렀는지를 다룬 연구는 없다.

공감에 관한 지각동작 모델perception-action model은 우리가 비슷하거나 친숙한 사람에게 더 공감하는 이유를 설명한다. 그 근거는 첫째, 다른 사람이나 정서 상태, 상황에 관한 우리의 표상은 경험을 통해 다듬어진다는 것이고 둘째, 보살필 줄 아는 사회적 동물로서 우리는 공동운명의식을 지니고 있고 호의에 보답할 수 있는 친숙하고 상호 의존적인 내집단 구성원을 도움으로써 이득을 얻는다는 것이다.[10] 우리는 내집단 구성원에게 더 많은 주의를 기울이고 그들의 기분을 더 잘 이해하고 상상할 수 있다. 게다가 성장하는 과정에서 피부색, 나이, 옷 입는 스타일, 성별 같은 단순한 형태학적 특징을 인지하고 처리하면서 더 많은 경험을 통해 더 쉽게 정보를 처리할 수 있다. 사람들은 자신의 목표와 무관할 때는 타인의 고통이나 요구를 무시할 가능성이 있다. 특히, 상대방과 경쟁하거나 상대방에게 해를 가하고 싶을 때는 그럴 공산이 더 크다. 자신의 목표 지향적 행동을 취하는 동시에 다른 사람의 상태를 신중히 살피는 것은 신경심리학적 차원에서 충돌이 일어나므로 두 가지를 동시에 효과적으로 실행하는 것은 불가능하다. 따라서 우리는 어떻게 자기와 비슷한 사람에게 더 호의를 갖게 되는지는 **어느 정도** 알고 있지만, 그런 반응을 지원하는 정확한 신경 네트워크에 관해서는 제대로 아는 것이 없다. 그저 지금까지 그런 유감스러운 결과를 상세히 기록했을 뿐이다.

자기와 비슷한 사람에게 공감하는 '생래적hardwired' 성향을 약화시키기 위해 우리는 사람들에게 외집단 구성원과의 긍정적 경험을 풍부하게 제공하고, 고정관념을 전파하거나 대중을 오도하는 매체를 피하고, 통증 같은 것에 대한 편향되고 주관적인 판단에 의존하는 것을 멈춰야 한다. 의사들은 환자의 고통 수준을 판단할 때 자신의 관점을 강조할 게 아니라 규칙에 기반을 둔 의사결정 체계를 따라야 한다.

고차원적 정신 능력인 추론과 도덕성과의 관련성

이타주의에 관한 다른 이론들은 대체로 집단 구성원과 협력하고 자기 생각을 다른 사람이 어떻게 받아들이는지를 고려할 때, 필요에 의해 더 큰 뇌와 도덕 지능 및 일반 지능이 선택되었다고 가정한다. 남편이 즐겨 부르는 노래 중 내가 가장 좋아하는 노래 가사가 말하듯이 나도 "그렇게 확신할 수 있으면 좋겠다." 이타적 반응 모델은 고차원적인 인지 과정에 의존하지 않는 이타주의 형태를 다루려고 애쓴다. 인지 능력이 나중에야 생겨났고, 그 이전부터 존재해오던 돕기 능력이 바탕이 된다고 가정하기 때문이다. 이런 관점에 비추어 나는 사고하는 큰 뇌를 탄생시킨 특정 선택 압박에 관한 어떤 주장에도 아직 확신할 수 없고, 그래서 **의도적으로** 인지적 능력이 언제 그리고 어떻게 진화했는지를 명시하지 않았다.

내가 다른 이론들을 확신하지 못하는 이유는 대부분 영장류 중심의 이론인 데다가 큰 뇌가 있어야 협력하거나, 이타적으로 행동하거나, 똑똑하다고 가정하기 때문이다. 하지만 말 그대로 '새대가리'를 가지고 있는 조류도 인간과 마찬가지로 여러 뛰어난 재주를 가지고 있고, 그에 관한 증거는 날이 갈수록 더 많이 발견되고 있다. 그러므로 사회적 지능은 영장류이기 때문에 또는 뇌 크기가 크기 때문에 뛰어나다기보다 사회적 생태와 더 밀접한 관련이 있을 것이다. 생물학자 로버트 트리버스Robert Trivers는 협력이 자연적으로 발생할 수 있고, 이를테면 같은 사람을 반복적으로 만나는 경우나 돌봄이 수반되고 신경가소성이 관여하는 긴 발달 기간을 가지는 것처럼 알맞은 조건이 형성된다면 협력이 안정적인 전략이 될 수 있다고 주장했다. 그러나 그는 뇌와 몸에서 어떤 과정을 거쳐 협력이 일어나는지, 포유류와 조류 사이 어떤 메커니즘 차이가 있는지는 구체적으로 설명하지 않았다.[11]

비슷한 이유에서 나는 이타적 반응 모델이 새끼를 돌보는 **포유류**에게 적용된다고 말했다. 특히 포유류 사이 상동성을 더 확신하기 때문이다. 그러나 사실 이타주의는 곤충과 조류 같은 다른 종에서도 관찰된다. 새들은 사회적 유대 형성, 속임수 쓰기, 먹이 공유, 도구 사용, 일화 기억, 스트레스 전염, 거울 속 자기 인식 등 인간의 '의식consciousness'이 필요하다고 여겨지는 과정을 수행할 수 있다. 아프리카회색앵무는 인간의 말소리를 모방하는 것뿐만 아니라 인간 아이들과 비슷한 방식으로 앞에 존재하지 않는 것을 포함해 다양한 사물과 그 사물의 성질을 가리키는 단어를 학습할 수 있다.[12] 만일 복잡한 사회적 과제나 실용 과제를 수행하기 위해서 고도로 대뇌화된 큰 뇌가 필요하다면 새는 어떻게 그런 과제를 해내는 것일까? 사람들 사이에서는 스트레스가 전염되어 그에 대한 반응으로 호르몬 및 자율신경계 변화가 일어난다는 것이 입증되었는데, 이런 스트레스 전염이 금화조 부부 사이나 심지어 병아리 사이에서도 발견되었다.[13] 개미는 인간의 스트레스 전염

메커니즘과 매우 비슷한 메커니즘에 의해 갇혀 있는 다른 개미를 구조한다. 즉, 갇혀 있는 개미가 스트레스 호르몬과 비슷한 호르몬을 분비하면 이것이 지나가던 동료 개미에게 스트레스를 일으키게 되고 결국 지나가던 개미가 갇힌 개미를 도와주는 것이다.[14]

뇌 크기보다 이타적 반응을 예측할 수 있는 더 좋은 변인은 사회적 유대와 자손 보호인 것 같다. 어미 새는 새끼가 알을 깨고 나오면 깃털이 다 나고 둥지를 떠날 수 있을 만큼 튼튼해질 때까지 먹여주고 보호해주면서 전반적으로 돌본다. 어떤 조류종은 암수가 유대를 형성하고 함께 새끼를 돌본다. 서로의 존재와 행동에 관한 정교한 정보가 요구될 수 있는 대규모 사회집단을 형성해 생활하는 조류종도 많다. 비행에 도움이 되는 작은 머리를 보완하기 위해 새의 좁은 뇌 공간에 더 많은 신경세포가 밀집해서 들어 있을 가능성도 있다.[15] 이타적으로 행동하기 위해 큰 뇌가 반드시 필요한 것은 아니지만 인지적 복잡성을 보이기 위해서는 많은 신경세포가 필요하다.

겉에서 보면 새의 뇌는 더 작고 둥글며 주름이 적고 구성도 조금 다르지만, 새끼돌봄 시스템의 핵심이 되는 중뇌 변연계 및 피질계가 새의 뇌에도 보존되어 있을 수 있다. 공간 기억과 방향 읽기 기능을 담당하는 해마형성체, 대뇌기저핵과 상동기관인 X영역Area X, 운동 학습 및 실행에 관여하는 선조체, 심지어 신피질까지 새의 여러 신경 영역은 기능과 구조면에서 인간 및 설치류의 신경 영역과 상동기관 또는 상사기관이다.[16] 새의 뇌에서도 도파민이 분비되는데, 도파민은 선조체와 창백핵pallidum, 운동계의 연결을 통해 인간의 학습을 지원하듯 새의 노래 학습을 지원한다(그림 19).[17] 새들은 인간의 옥시토신과 유사한 메소토신mesotocin 같은 신경펩타이드도 가지고 있다. 옥시토신과 상동물질인 메소토신은 수컷 도마뱀에서도 발견되었는데, 일부일처제를 따르는 들쥐에게서 처음 발견된 암수 결합 메커니즘처럼 메소토신은 적어도 한 도마뱀 종에 있어서 기능적으로 짝짓기와 밀접한 관련이 있다.[18] 사실 옥시토신 같은 신경분비성 노나펩타이드neurosecretory nonapeptide는 전구동물과 후구동물*로 분리되기 **이전인** 6억여 년 전에 진화한 것으로 보이는데, 난생동물인 조류, 태생동물인 설치류 그리고 인간의 체액 균형과 출산 과정을 돕는다는 증거가 여러 종에서 발견되었다.[19] 그러므로 태반이 있는 포유동물인 단궁류synapsid**에서 오래전에 분리되어 나와 석형류sauropsid***로 분류되는, 아주 작은 뇌를 가지고 있는 조류도 포유류에서 관찰되는 것에 상응하는 신경구조와 신경호르몬, 신경기능을 소유하고 있을 것

* 동물의 발생 초기에 장차 소화기관이 될 부분과 연결되는 구멍이 그대로 입이 된 동물이 전구동물이고, 그 구멍이 항문이 되고 입이 따로 만들어진 동물이 후구동물이다.

** 양막류의 일종으로 오늘날 포유류의 조상과 현생 포유류를 포함한다.

*** 파충류와 조류를 포함하는 포괄적인 분류군이다.

새의 대뇌

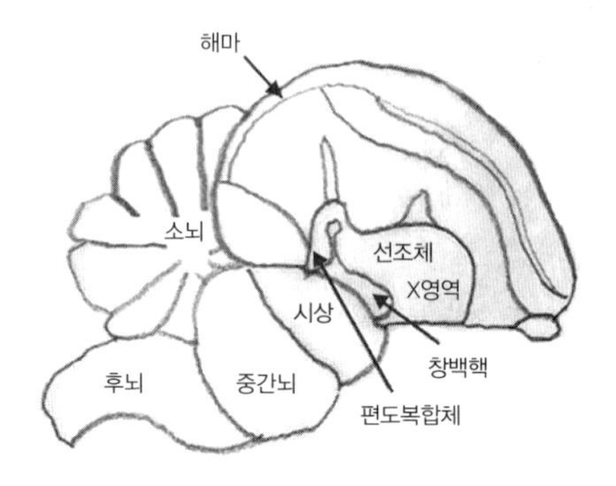

인간의 대뇌

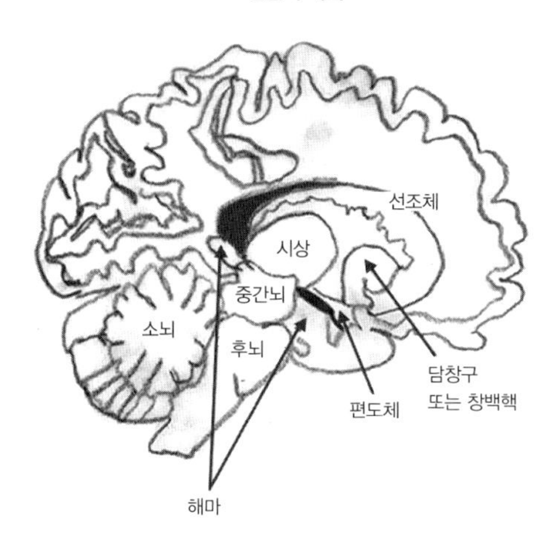

그림 19 이타적 반응에 관여하는 선조체, 창백핵, 피질 영역을 강조한 그림으로, 이 뇌 영역들은 인간과 조류 모두에 존재하고 비슷한 기능을 지원하므로 서로 상동기관이라 할 수 있다.

출처 스테퍼니 프레스턴이 다음 자료를 바탕으로 다시 그린 그림. 크리스티나 시모니안Kristina Simonyan 외, '인간의 말과 새소리의 도파민 조절: 비판적 검토Dopamine Regulation of Human Speech and Bird Song: A Critical Review', 〈뇌와 언어Brain and Language〉 122, no. 3 (September 1, 2012).

이다. 이처럼 포유류 뇌와 조류 뇌의 유사성을 고려할 때(심지어 파충류나 곤충과도 어느 정도 유사하다) 이타적 반응에 작용하는 메커니즘이 포유류를 넘어 다른 종에게로 확대되는 것이 가능하다. 나는 추가 증거가 더 나오기를 기다리고 있다.

다양한 동물종에 나타나는 새끼돌봄의 진화에 관한 가설들은 영장류에 초점을 맞춤으로써 편향되어 있다. 우리는 암수가 함께 육아에 참여하지 **않는** 대부분의 영장류를 보면서 새끼돌봄의 원형은 어떤 돌봄도 제공하지 않고 그 후로 암컷만 새끼를 돌보다가 제한적인 조건에서(포유동물의 9퍼센트) 암수가 함께 새끼를 돌보도록 진화했다고 가정한다. 실제로 동물계의 나머지 동물들의 경우 이 진화 패턴의 순서가 매우 다르다.[20] 예를 들어, 진골어류teleost fish•는 새끼를 전혀 돌보지 않다가 **수컷** 혼자 양육하기, 암수 함께 양육하기 과정을 거쳐 암컷 혼자 양육하기로 변화한 것으로 추정된다(초기에 암컷 혼자 새끼 돌보기를 했다고 밝혀진 종은 오직 한 종이다).[21] 열대어 시클리드와 조류의 경우 대체로 암수 공동육아가 **원형**이었으며 그 상태에서 때때로 암컷의 단독 육아가 생겨났을 것으로 추정한다. 반면에 포유류의 새끼돌봄 형태는 그 반대 순서로 진화했다. 암컷 혼자 새끼를 돌보는 새도 더러 있지만, 대

• 트라이아스기에 생겨났으며 빗살이 있는 지느러미를 지닌 어류의 분류군으로, 현존하는 어류 대부분이 여기에 속한다.

부분의 조류종은 암수가 함께 새끼를 돌본다. 그런데 일부 자료는 수컷이 혼자 새끼를 돌보는 것이 돌봄의 원형 상태였음을 가리키고 있다. 심지어 일부 조류종은 앞서 말한 선형적인 순서와 정반대의 순서로 진화한 것처럼 보인다. 난생에서 태생으로 진화했다가 나중에 다시 난생으로 돌아간 경우도 몇몇 있고, 암수가 함께 육아를 담당하다가 암컷이나 수컷이 혼자 육아하는 것으로 되돌아간 경우도 많다.

다시 뇌의 상동성을 이해하기 위한 이야기로 돌아가서, 다양한 종이나 분류군 사이에 공유하고 있는 유전자와 뇌 영역, 호르몬이 있고, 그것들의 표현형, 발현 시기, 비율이 특히 발달 초기에 달라질 수 있는 만큼 종마다 매우 다양한 행동을 보인다고 가정하는 것이 더 현실적으로 보인다. 그러므로 새끼의 요구에 반응하는 뇌와 몸을 만드는 유전자 및 설계도를 공유한다는 주장은 조상과 똑같은 방식으로 새끼를 돌보는 새로운 종이 저절로 나온다는 말이 아니다. 오히려 짝짓기, 임신, 출산, 새끼 돌보기에 관한 뇌와 몸의 반응은 각각의 종과 개체의 상황에 맞춰 필요에 따라 새로이 나타날 수 있고, 종분화 과정의 일부로서 각 생태 속에서 생존에 이로운 과정들을 증폭시킬 수 있다.[22] 여러 종과 분류군에 나타나는 비슷한 메커니즘이 매번 독립적으로 자연 발생했을 가능성이 없다는 사실은 절약parsimony의 원리*가 적용된 것이다. 종이나 분류군에 상관없이 비슷한 신경 프로세스와 신체 과정이 필요한 포유류의 새끼돌봄은 자연발생적으로 진화한 것처럼 보이지만, 사실 몇 개의 기본적인 신경계 구성요소에 의존하고 있다. 신경계 구성요소들은 발달 초기 유전자 발현 시점과 순서를 바꿈으로써 수적으로나 형태적으로 제한된 변형을 허용한다. 이것은 케이크를 굽는 일과 비슷하다. 무슨 이유로 케이크를 만들든 어떤 맛을 원하든 간에 거의 모든 케이크에는 밀가루, 달걀, 설탕이 기본 재료로 들어간다. 웨딩케이크든 소풍용 케이크든 다단 케이크든 평범한 단층 케이크든 초콜릿 케이크든 레몬 케이크든 간에 케이크를 만드는 사람은 그저 기본 재료의 배합을 바꾸거나 몇 가지 재료를 추가하기만 하면 된다. 케이크의 기본 재료가 달라질 일은 없다.

이제 남은 문제들을 해결하기 위해 우리는 여러 분야를 아우르는 더 많은 협력 연구가 필요하다. 특히, 심리학 및 신경 이론에 영향을 미치는 진화생물학, 고생물학, 유전학, 발달신경생물학 분야의 지식을 통합할 필요가 있다. 이타주의에 관한 우리의 관점은 뇌가 작고 인지 능력이 없는 원시적 동물에서 뇌가 크고 항상 의식적 숙고를 하는 고등동물인 인간으로 진화가 진행되었다는 왜곡된 가정에 얽매이지 말아야 한다. 종에 따라 다르고, 심지어 같

• 생물의 상동성을 기반으로 해당하는 모든 생물 분류군의 진화적 변인을 최소한으로 가정하는 원리다.

은 종이라도 개체에 따라 다르게 보이는 행동들이 어떻게 유전체의 작은 변화에 의해 발생하는지 이해해야 한다. 사실 유전체의 아주 작은 변화는 우리에게 중요한 특성이 눈에 띄게 달라지는 변화를 일으키기도 한다. 나는 내 전문지식을 기반으로 새끼를 돌보는 포유류 사이 상동성의 가능성에 초점을 두었지만, 이런 과정들이 다른 계통수 가지로 대략적으로나마 확대되리라 예상한다.

마지막 한마디

인간행동 중에서 가장 높이 칭송받는 것이라 할지라도 이타적 행동을 이해할 때는 인간이 동물이라는 사실을 고려해야 한다. 음식, 짝짓기, 새끼 기르기 같은 생존에 깊은 영향을 미치는 문제를 해결하고 환경에 적응하기 위해 인간과 다른 동물은 타 개체의 요구를 인지하고 예측하고 그것에 반응하는 방식을 개선하는 긴 진화 과정을 공유해왔다. 인간이 언제 그리고 왜 행동하기를 원하는지 이해하기 위해서 과학 지식 창고에 축적된 다른 종으로부터 얻은 방대한 지식을 적용하는 것은 어떨까.

인간의 이타적 반응에 관해 이타적 반응 모델은 지금까지 대체로 무시되었던 틴베르헌의 네 가지 차원의 행동 분석*을 아우르며 궁극적 설명과 근사적 설명을 통합한다. 이타적 반응 모델에서는 이타주의를 실험실에서 측정할 수 있는가라는 실제적 우려를 통과한 특별하거나 멋진 인간 고유의 인지적 과정이라고 보기보다 생태적·생물학적 관점에서 고찰해야 하는 행동으로 규정한다. 앞선 예들로 살펴보았듯이, 경제학과 심리학 분야에서 진행되는 이타주의에 관한 실험은 대부분 피험자에게 모르는 사람에게 공돈을 얼마나 나누어줄 것인지를 물었다. 이는 인간과 인류의 조상 그리고 여러 동물종이 '날 것 상태'에서 경험하는 이타주의와 전혀 비슷하지 않았다. 심지어 돈이 사람들 마음가짐을 변화시키기도 했다.[23] 실험자로부터 받은 '돈'의 '액수'조차 모르는 상대방에게 돈을 나눠줄지 아니면 본인이 모두 가질지를 고민할 때와 긴급한 도움이 필요한 낯선 사람을 목격하고 생각할 틈도 없이 달려가 돕는 것을 정할 때의 마음가짐은 확실히 다르다. 초기 인류는 아기나 친족 그리고 상호 의존적인 집단 내 동료를 위험에서 구할 때나, 어려움에 직면해 고통스러워하는 아는 사람에게 달려갈 때나, 비용 편익을 따지지 않았을 뿐만 아니라 다른 사람과 보상을 주고받지도 않았다.

이타적 반응 모델은 외현적 운동 반응을 유일하게 강조한 이론이다. 공감과 이타주의는 흔히 대대적인 명시적 사고와 숙고가

• 그는 동물의 행동을 이해하기 위해 메커니즘, 개체 발생, 계통 발생, 적응적 의미를 분석할 필요가 있다고 제안했다.

요구되는, 고차원적이고 추상적인 인지 능력에서 나오는 것으로 묘사된다. 우리는 분명 누군가를 도울지 말지에 관해 열심히 그리고 오래 생각한다. 그러나 뇌는 경험으로부터 배우고 재빨리 결과를 예측하도록 설계되어 있다. 특히, 운동계는 우리의 몸이 무엇을 성취하고 무엇을 성취할 수 없는지, 반응할 수 있는 최고의 방법이 무엇인지, 얼마나 빨리 반응할 수 있는지에 관한 전문가적 지식을 암암리에 자연스럽게 생산하는 '전문성'에 의해 정의된다. 운동계는 예측을 상당히 잘하고 정확하며, 의식적 숙고 없이 그 순간 행동해야겠다는 결정을 내릴 때 핵심을 이룬다. 이타적 반응은 행동, 즉 운동계가 관여하는 엄밀한 의미의 운동 행위로 이해되어야 한다.

인간은 본질적으로 사회적 동물이다. 생존하고 번영하기 위해 다른 사람이 필요하다. 우리는 서로 무언가를 주고받는다. 이런 역학관계를 이해하기 위해서는 우리 주변에 있는 사람뿐만 아니라 다른 동물종도 살피고 더 나아가 인류의 먼 과거까지 살필 필요가 있다.

나는 이 책의 독자들이 인간 이타주의의 본질을 탐사하는 이 짧은 여정을 즐겼기를 바란다. 앞으로 인터넷에서 귀여운 강아지 사진을 보거나, 미끄럼틀에서 미끄러진 어린아이를 도와주고 싶어 마음이 요동치거나, 먼 나라의 어느 난민 이야기에 깊이 감동하게 된다면 그것이 바로 '이타적 욕구'임을 인지하게 될 것이다.

이타적 욕구는 결코 완벽하지 않지만 자연스럽고 적응적이고 합리적이며 때로는 재미를 선사하고 아름답기까지 하다.

감사의 글

지난 수개월, 아니 수년 동안 함께 보내야 하는 시간과 주말을 희생하며 내가 일하는 동안 사랑과 재치, 독립심으로 지원을 아끼지 않은 가족에게 먼저 고마운 마음을 전한다. 서로를 돌보는 것이 지닌 의미와 가치를 이해할 수 있게 도와주고, 오랜 시간 사랑과 활기를 듬뿍 건네주신 어머니와 아버지에게도 감사드린다. 이 책이 나올 수 있도록 뒤에서 든든히 도움의 손길을 내준 컬럼비아대학교 출판부의 편집자 에릭 슈워츠와 미란다 마틴에게도 매우 감사하다고 말하고 싶다.

미주

서문: 무엇이 우리를 다정하게 만드는가

1. See Helen Sullivan, "Florida Man Rescues Puppy from Jaws of Alligator Without Dropping Cigar," *The Guardian*, November 23, 2020, https://www.theguardian.com/us-news/2020/nov/23/man-rescues-puppy-from-alligator-without-dropping-cigar; Vaiva Vareikaite, "60 Times Florida Man Did Something So Crazy We Had to Read the Headings Twice," *Bored Panda* (2018), https://www.boredpanda.com/hilarious-florida-man-headings/?utm_source=google&utm_medium=organic&utm_campaign=organic.
2. "Pregnant Woman Rescues Husband from Shark Attack in Florida," *BBC News*, September 24, 2020, https://www.bbc.com/news/world-us-canada-5428069; Cara Buckley, "Man Is Rescued by Stranger on Subway Tracks," *New York Times*, January 3, 2007.
3. Associated Press, "Dog Dies After Saving Trinidad Man from Fire," *Los Angeles Times*, October 11, 2008.
4. Eleanor Rosch, "Principles of Categorization," in *Cognition and Categorization*, ed. Eleanor Rosch and Barbara B. Lloyd, 27-48 (Hillsdale, NJ: Erlbaum, 1978).

프롤로그: 부지런한 어미 쥐가 보여준 신기한 사례

1. William E. Wilsoncroft, "Babies by Bar-Press: Maternal Behavior in the Rat," *Behavior Research Methods, Instruments and Computers* 1 (1969): 229-30, at 229.
2. K. D. Broad, J. P. Curley, and E. B. Keverne, "Mother-Infant Bonding and the Evolution of Mammalian Social Relationships," *Philosophical Transactions of the Royal Society of London. Series B: Biological Sciences* 361, no. 1476 (December 29, 2006): 2199-214. https://doi.org/10.1098/rstb.2006.1940.
3. 사람들은 대체로 '인간'과 대조해서 다른 동물들을 가리켜 그저 '동물'이라고만 하지만 사람도 동물이므로 과학에서는 '비인간 동물'이라는 용어를 사용한다. 이 표현이 불필요하고 거추장스러워 보일 수도 있지만, 인간도 동물이고 다른 종과 많은 공통점이 있다는 사실을 계속 상기할 필요가 있다.

제1장. 이타적 욕구란 무엇인가

1. 유전적 거리가 먼 두 종에서 각기 독립적으로 발달한 두 신체 구조가 단지 우연에 의해 비슷해 보이는 게 아니라 두 종이 공통조상에서 분화했기 때문에 신체 구조의 외형이 비슷한 것이라면, 과학자들은 그 상황을 기술하기 위해 '상동성' 또는 '상동관계'라는 용어를 사용한다. 상동성에 관해서는 제2장에서 자세히 확인할 수 있다.
2. Frans B. M. de Waal and Filippo Aureli, "Consolation, Reconciliation, and a Possible Cognitive Difference between Macaque and Chimpanzee," in *Reaching Into Thought: The Minds of the Great Apes*, ed. K. A. Bard, A. E. Russon, and S. T. Parker (Cambridge: Cambridge University Press, 1996), 80-110.
3. John Bowlby, "The Nature of the Child's Tie to His Mother," *International Journal of Psycho-Analysis* 39 (1958): 350-73; Sarah Blaffer Hrdy, *Mothers and Others* (Cambridge, MA: Harvard University Press, 2009) 세라 허디, 유지현 옮김, 《어머니, 그리고 다른 사람들》(에이도스, 2021); Frans B. M. de Waal, *Good Natured: The Origins of Right and Wrong in Humans and Other Animals* (Cambridge, MA: Harvard University Press, 1996); Stephanie D. Preston, "The Origins of Altruism in Off-spring Care," *Psychological Bulletin* 139, no. 6 (2013): 1305-41, https://doi.org/10.1037/a0031755; Stephanie L. Brown, R. Michael Brown, and Louis A. Penner, *Moving Beyond Self-Interest: Perspectives from Evolutionary Biology, Neuroscience, and the Social Sciences* (New York: Oxford University Press, 2011); Abigail A. Marsh, "Neural, Cognitive, and Evolutionary Foundations of Human Altruism," *Wiley Interdisciplinary Reviews: Cognitive Science* 7, no. 1 (2016): 59-71;

C. Daniel Batson, "The Naked Emperor: Seeking a More Plausible Genetic Basis for Psychological Altruism," *Economics and Philosophy* 26, no. 2 (2010): 149-64, https://doi.org/10.1017/S0266267110000179.

4. Michael Numan and Thomas R. Insel, *The Neurobiology of Parental Behavior* (New York: Springer, 2003).
5. Michael Numan, "Neural Circuits Regulating Maternal Behavior: Implications for Understanding the Neural Basis of Social Cooperation and Competition," in Brown, Brown, and Penner, *Moving Beyond Self-Interest*, 89-108.
6. Numan and Insel, *The Neurobiology of Parental Behavior*, 2003; Joseph S. Lonstein and Joan I. Morrell, "Neuroendocrinology and Neurochemistry of Maternal Motivation and Behavior," in *Handbook of Neurochemistry and Molecular Neurobiology*, ed. Abel Lajtha and Jeffrey D. Blaustein, 3rd ed. (Berlin: Springer-Verlag, 2007), 195-245, http://www.springerlink.com/content/nw8357tv143w4w21/; Joseph S. Lonstein and Alison S. Fleming, "Parental Behaviors in Rats and Mice," *Current Protocols in Neuroscience* 15 (2002): Unit 8.15; Jill B. Becker and Jane R. Taylor, "Sex Differences in Motivation," in *Sex Differences in the Brain: From Genes to Behavior*, ed. Jill B. Becker et al. (New York: Oxford University Press, 2008).
7. Michael Numan, "Hypothalamic Neural Circuits Regulating Maternal Responsiveness Toward Infants," *Behavioral & Cognitive Neuroscience Reviews* 5, no. 4 (December 2006): 163-90.
8. Jessika Golle et al., "Sweet Puppies and Cute Babies: Perceptual Adaptation to Babyfacedness Transfers Across Species," *PLoS ONE* 8, no. 3(March 13, 2013): e58248, https://doi.org/10.1371/journal.pone.0058248.
9. Johan N. Lundström et al., "Maternal Status Regulates Cortical Responses to the Body Odor of Newborns," *Frontiers in Psychology* 4 (September 5, 2013), https://doi.org/10.3389/fpsyg.2013.00597.
10. 새끼나 초콜릿을 '보상'이라고 말할 때, 여기에서 보상은 '선행'에 대한 구체적인 상을 가리키는 말이 아니다. 보상은 다시 접근하도록 동기를 부여하는 물체의 행동 강화 성질을 말하며, 의식적으로 경험되는 개념이 아니다.
11. Stephanie D. Preston, Morten L. Kringelbach, and Brian Knutson, eds., *The Interdisciplinary Science of Consumption* (Cambridge, MA: MIT Press, 2014).
12. Stephanie D. Preston and Andrew D. MacMillan-Ladd, "Object Attachment and Decision-Making," *Current Opinion in Psychology* 39 (June 2021): 31-37, https://doi.org/10.1016/j.copsyc.2020.07.019.
13. Diane S. Berry and Leslie Z. McArthur, "Some Components and Consequences of a Babyface," *Journal of Personality and Social Psychology* 48, no. 2 (1985): 312-23,

https://doi.org/10.1037/0022-3514.48.2.312; Leslie A. Zebrowitz, Karen Olson, and Karen Hoffman, "Stability of Babyfaceness and Attractiveness Across the Life Span," *Journal of Personality and Social Psychology* 64, no. 3 (1993): 453-66, https://doi.org/10.1037/0022-3514.64.3.453.

14. Simon Baron-Cohen and Sally Wheelwright, "The Empathy Quotient: An Investigation of Adults with Asperger Syndrome or High Functioning Autism, and Normal Sex Differences," *Journal of Autism and Developmental Disorders* 34, no. 2 (April 2004): 163-75, https://doi.org/10.1023/B:JADD.0000022607.19833.00; Todd A. Mooradian, Mark Davis, and Kurt Matzler, "Dispositional Empathy and the Hierarchical Structure of Personality," *American Journal of Psychology* 124, no. 1 (2011): 99, https://doi.org/10.5406/amerjpsyc.124.1.0099; Ervin Staub et al., eds., *Development and Maintenance of Prosocial Behavior* (Boston: Springer, 1984), https://doi.org/10.1007/978-1-4613-2645-8.

15. David Hume, *A Treatise of Human Nature* (North Chelmsford, MA: Courier Corporation, 2003). 데이비드 흄, 김성숙 옮김, 《인간이란 무엇인가》(동서문화사, 2009); William McDougall, *An Introduction to Social Psychology* (London: Methuen, 1908); John Bowlby, *Attachment and Loss*, vol. 1, *Attachment* (New York: Basic Books, 1969). 존 볼비, 김창대 옮김, 《애착》(나남, 2009); Charles Darwin, *The Expression of the Emotions in Man and Animals*, 3rd ed. (Oxford: Oxford University Press, 1872). 찰스 다윈, 김성한 옮김, 《인간과 동물의 감정 표현》 (사이언스북스, 2020); Irenaus Eibl-Eibesfeldt, *Love and Hate*, trans. Geoffrey Strachan, 2nd ed. (New York: Schocken Books, 1971).

16. De Waal, *Good Natured*; Hrdy, *Mothers and Others*; Marsh, "Neural, Cognitive, and Evolutionary Foundations of Human Altruism."

17. Brown, Brown, and Penner, *Moving Beyond Self-Interest*.

18. Numan, "Neural Circuits Regulating Maternal Behavior."

19. Pat Barclay, "Altruism as a Courtship Display: Some Effects of Third-Party Generosity on Audience Perceptions," *British Journal of Psychology* 101, no. 1 (2010): 123-35, https://doi.org/10.1348/000712609x435733.

20. Selwyn W. Becker and Alice H. Eagly, "The Heroism of Women and Men," *American Psychologist* 59, no. 3 (2004): 163-78, https://doi.org/10.1037/0003-066x.59.3.163; S. P. Oliner, "Extraordinary Acts of Ordinary People," in *Altruism and Altruistic Love: Science, Philosophy, and Religion in Dialogue*, ed. Steven Post et al. (Oxford: Oxford University Press, 2002), 123-39.

제2장. 쥐의 새끼돌봄과 인간의 이타주의 사이 유사성

1. Ernst Fehr and Urs Fischbacher, "The Nature of Human Altruism," *Nature* 425, no. 6960 (October 23, 2003): 785-91.
2. Stephanie D. Preston, "The Evolution and Neurobiology of Heroism," in *The Handbook of Heroism and Heroic Leadership*, ed. S. T. Allison, G. R. Goethals, and R. M. Kramer (New York: Taylor & Francis/ Routledge, 2016).
3. William E. Wilsoncroft, "Babies by Bar-Press: Maternal Behavior in the Rat," *Behavior Research Methods, Instruments and Computers* 1 (1969): 229-30.
4. Thomas R. Insel, Stephanie D. Preston, and James T. Winslow, "Mating in the Monogamous Male: Behavioral Consequences," *Physiology & Behavior* 57, no. 4 (1995): 615-27.
5. F. Aureli, S. D. Preston, and F. B. de Waal, "Heart Rate Responses to Social Interactions in Free-Moving Rhesus Macaques (Macaca Mulatta): A Pilot Study," *Journal of Comparative Psychology* 113, no. 1 (March 1999): 59-65.
6. Katherine E. Wynne-Edwards, "Hormonal Changes in Mammalian Fathers," *Hormones and Behavior* 40, no. 2 (September 2001): 139-45, https://doi.org/10.1006/hbeh.2001.1699.
7. Geoffrey Schoenbaum, Andrea A. Chiba, and Michela Gallagher, "Orbitofrontal Cortex and Basolateral Amygdala Encode Expected Outcomes During Learning," *Nature Neuroscience* 1, no. 2 (June 1998): 155-59.
8. R. Nowak et al., "Perinatal Visceral Events and Brain Mechanisms Involved in the Development of Mother-Young Bonding in Sheep," *Hormones and Behavior* 52, no. 1 (2007): 92-98.
9. Trevor W. Robbins, "Homology in Behavioural Pharmacology: An Approach to Animal Models of Human Cognition," *Behavioural Pharmacology* 9, no. 7 (November 1998): 509-19, https://doi.org/10.1097/00008877-199811000-00005.
10. Dost öngür and Joseph L. Price, "The Organization of Networks Within the Orbital and Medial Prefrontal Cortex of Rats, Monkeys and Humans," *Cerebral Cortex* 10 (2000): 206-19.
11. James P. Burkett et al., "Oxytocin-Dependent Consolation Behavior in Rodents," *Science* 351, no. 6271 (2016): 375-78.
12. K. Z. Meyza et al., "The Roots of Empathy: Through the Lens of Rodent Models," *Neuroscience & Biobehavioral Reviews* 76 (May 2017): 216-34, https://doi.org/10.1016/j.neubiorev. 2016.10.028; Jules B. Panksepp and Garet P. Lahvis, "Rodent Empathy and Affective Neuroscience," *Neuroscience & Biobehavioral*

Reviews 35, no. 9 (October 2011): 1864-75, https://doi.org/10.1016/j.neubiorev.2011.05.013.e

13. E. Nowbahari and K. L. Hollis, "Rescue Behavior: Distinguishing between Rescue, Cooperation and Other Forms of Altruistic Behavior," *Communicative & Integrative Biology* 3, no. 2 (2010): 77-79; Katherine Taylor et al., "Precision Rescue Behavior in North American Ants," *Evolutionary Psychology* 11, no. 3 (July 2013): 147470491301100, https://doi.org/10.1177/147470491301100312.

14. Edward O. Wilson, "A Chemical Releaser of Alarm and Digging Behavior in the Ant Pogonomyrmex Badius (Latreille)," *Psyche* 65, no. 2-3 (1958): 41-51.

15. Tony W. Buchanan et al., "The Empathic, Physiological Resonance of Stress," *Social Neuroscience* 7, no. 2 (2012): 1-11, https://doi.org/10.1080/17470919.2011.588723.

16. David C. Knill and Alexandre Pouget, "The Bayesian Brain: The Role of Uncertainty in Neural Coding and Computation," *Trends in Neurosciences* 27, no. 12 (December 2004): 712-19, https://doi.org/10.1016/j.tins.2004.10.007; Joshua I. Gold and Michael N. Shadlen, "Banburismus and the Brain," *Neuron* 36, no. 2 (October 2002): 299-308, https://doi.org/10.1016/S0896-6273(02)00971-6; Ben R. Newell and David R. Shanks, "Unconscious Influences on Decision Making: A Critical Review," *Behavioral and Brain Sciences* 37, no. 1 (February 2014): 1-19, https://doi.org/10.1017/S0140525X12003214.

17. Lori Marino et al., "Relative Volume of the Cerebellum in Dolphins and Comparison with Anthropoid Primates," *Brain, Behavior and Evolution* 56, no. 4 (2000): 204-11, https://doi.org/10.1159/000047205.

18. David F. Sherry, Lucia F. Jacobs, and Steven J. C. Gaulin, "Spatial Memory and Adaptive Specialization of the Hippocampus," *Trends in Neurosciences* 15, no. 8 (August 1992): 298-303, https://doi.org/10.1016/0166-2236(92)90080-R.

19. John R. Krebs, "Food-Storing Birds: Adaptive Specialization in Brain and Behaviour?" *Philosophical Transactions of the Royal Society of London. Series B: Biological Sciences* 329, no. 1253 (August 29, 1990): 153-60, https://doi.org/10.1098/rstb.1990.0160.

20. Sara L. Prescott et al., "Enhancer Divergence and Cis-Regulatory Evolution in the Human and Chimp Neural Crest," *Cell* 163, no. 1 (September 2015): 68-83, https://doi.org/10.1016/j.cell.2015.08.036; Douglas H. Erwin and Eric H. Davidson, "The Evolution of Hierarchical Gene Regulatory Networks," *Nature Reviews Genetics* 10, no. 2 (February 2009): 141-48, https://doi.org/10.1038/nrg2499; Sean B. Carroll, "Evo-Devo and an Expanding Evolutionary Synthesis: A Genetic Theory of Morphological Evolution," *Cell* 134, no. 1 (July 2008): 25-36, https://doi.org/10.1016/j.cell.2008.06.030.

21. Stephanie D. Preston, Morten Kringelbach, and Brian Knutson, eds., *The Interdisciplinary Science of Consumption* (Cambridge, MA: MIT Press, 2014).
22. Jorge Moll et al., "Human Fronto-Mesolimbic Networks Guide Decisions About Charitable Donation," *Proceedings of the National Academy of Sciences USA* 103, no. 42 (October 17, 2006): 15623–28; Brian D. Vickers et al., "Motor System Engagement in Charitable Giving: The Offspring Care Effect," forthcoming.
23. Michael Numan et al., "Medial Preoptic Area Interactions with the Nucleus Accumbens-Ventral Pallidum Circuit and Maternal Behavior in Rats," *Behavioural Brain Research* 158, no. 1 (March 7, 2005): 53–68.
24. Michael Numan and Thomas R. Insel, *The Neurobiology of Parental Behavior* (New York: Springer, 2003); J. S. Rosenblatt, "Nonhormonal Basis of Maternal Behavior in the Rat," *Science* 156 (1967): 1512–14.
25. Thomas R. Insel and Carroll R. Harbaugh, "Lesions of the Hypothalamic Paraventricular Nucleus Disrupt the Initiation of Maternal Behavior," *Physiology & Behavior* 45 (1989): 1033–41.
26. Insel, Preston, and Winslow, "Mating in the Monogamous Male."
27. Joseph S. Lonstein and Joan I. Morrell, "Neuroendocrinology and Neurochemistry of Maternal Motivation and Behavior," in *Handbook of Neurochemistry and Molecular Neurobiology*, ed. Abel Lajtha and Jeffrey D. Blaustein, 3rd ed., 195–245 (Berlin: Springer-Verlag, 2007), http://www.springerlink.com/content/nw8357tv143w4w21/.
28. Rosenblatt, "Nonhormonal Basis of Maternal Behavior in the Rat"; Harold I. Siegel and Jay S. Rosenblatt, "Estrogen-Induced Maternal Behavior in Hysterectomized-Ovariectomized Virgin Rats," *Physiology & Behavior* 14, no. 4 (1975): 465–71; J. S. Rosenblatt and K. Ceus, "Estrogen Implants in the Medial Preoptic Area Stimulate Maternal Behavior in Male Rats," *Hormones and Behavior* 33 (1998): 23–30.
29. Paul D. MacLean, "Brain Evolution Relating to Family, Play, and the Separation Call," *Archives of General Psychiatry* 42, no. 4 (1985): 405–17.
30. Wynne-Edwards, "Hormonal Changes in Mammalian Fathers"; Toni E. Ziegler, "Hormones Associated with Non-Maternal Infant Care: A Review of Mammalian and Avian Studies," *Folia Primatologica* 71, no. 1-2 (2000): 6–21; Wendy Saltzman and Toni E. Ziegler, "Functional Significance of Hormonal Changes in Mammalian Fathers," *Journal of Neuroendocrinology* 26, no. 10 (October 2014): 685–96, https://doi.org/10.1111/jne.12176.
31. Bruce Waldman, "The Ecology of Kin Recognition," *Annual Review of Ecology and Systematics* 19, no. 1 (November 1988): 543–71, https://doi.org/10.1146/annurev.es.19.110188.002551; Peter G. Hepper, "Kin Recognition: Functions and

Mechanisms, a Review," *Biological Reviews* 61, no. 1 (February 1986): 63-93, https://doi.org/10.1111/j.1469-185X.1986.tb00427.x.

32. K. M. Kendrick et al., "Neural Control of Maternal Behaviour and Olfactory Recognition of Offspring," *Brain Research Bulletin* 44, no. 4 (1997): 383-95.

33. Sarah Blaffer Hrdy, *Mothers and Others* (Cambridge, MA: Harvard University Press, 2009).

34. Toni E. Ziegler and Charles T. Snowdon, "The Endocrinology of Family Relationships in Biparental Monkeys," In *The Endocrinology of Social Relationships*, ed. Peter T. Ellison and Peter B. Gray (Cambridge, MA: Harvard University Press, 2009), 138-58.

35. Alison S. Fleming et al., "Testosterone and Prolactin Are Associated with Emotional Responses to Infant Cries in New Fathers," *Hormones and Behavior* 42, no. 4 (2002): 399-413; Katherine E. Wynne-Edwards and Mary E. Timonin, "Paternal Care in Rodents: Weakening Support for Hormonal Regulation of the Transition to Behavioral Fatherhood in Rodent Animal Models of Biparental Care," *Hormones and Behavior* 52, no. 1 (2007): 114-21; Sari M. van Anders, Richard M. Tolman, and Brenda L. Volling, "Baby Cries and Nurturance Affect Testosterone in Men," *Hormones and Behavior* 61, no. 1 (2012): 31-36, https://doi.org/10.1016/j.yhbeh.2011.09.012; James K. Rilling and Jennifer S. Mascaro, "The Neurobiology of Fatherhood," *Current Opinion in Psychology* 15 (June 2017): 26-32, https://doi.org/10.1016/j.copsyc.2017.02.013.

36. A. E. Storey et al., "Hormonal Correlates of Paternal Responsiveness in New and Expectant Fathers," *Evolution and Human Behavior* 21 (2000): 79-95.

37. Fleming et al., "Testosterone and Prolactin Are Associated with Emotional Responses."

38. Van Anders, Tolman, and Volling, "Baby Cries and Nurturance Affect Testosterone in Men."

39. Ronald C. Johnson, "Attributes of Carnegie Medalists Performing Acts of Heroism and of the Recipients of These Acts," *Ethology and Sociobiology* 17, no. 5 (September 1996): 355-62.

40. Margo Wilson, Martin Daly, and Nicholas Pound, "An Evolutionary Psychological Perspective on the Modulation of Competitive Confrontation and Risk-Taking," *Hormones, Brain and Behavior* 5 (2002): 381-408.

41. Rufus A. Johnstone, "Sexual Selection, Honest Advertisement and the Handicap Principle: Reviewing the Evidence," *Biological Reviews* 70 (1995): 1-65.

42. Cara Buckley, "Man Is Rescued by Stranger on Subway Tracks," *New York Times*, January 3, 2007.

43. Robert Seyfarth, Dorothy L. Cheney, and Peter Marler, "Monkey Responses to Three Different Alarm Calls: Evidence of Predator Classification and Semantic Communication," *Science* 210, no. 4471 (November 14, 1980): 801-3, https://doi.org/10.1126/science.7433999.

44. Wynne-Edwards and Timonin, "Paternal Care in Rodents."
45. Dario Maestripieri and Julia L. Zehr, "Maternal Responsiveness Increases During Pregnancy and After Estrogen Treatment in Macaques," *Hormones and Behavior* 34, no. 3 (1998): 223-30, https://doi.org/10.1006/hbeh.1998.1470.
46. Felix Warneken and Michael Tomasello, "Varieties of Altruism in Children and Chimpanzees," *Trends in Cognitive Sciences* 13, no. 9 (2009): 397-402.
47. Hrdy, *Mothers and Others*.
48. Vickers et al., "Motor System Engagement in Charitable Giving"

제3장. 다양한 형태의 이타주의

1. Felix Warneken and Michael Tomasello, "Varieties of Altruism in Children and Chimpanzees," *Trends in Cognitive Sciences* 13, no. 9 (2009): 397-402.
2. David J. Hauser, Stephanie D. Preston, and R. Brent Stansfield, "Altruism in the Wild: When Affiliative Motives to Help Positive People Overtake Empathic Motives to Help the Distressed," *Journal of Experimental Psychology: General* 143, no. 3 (December 23, 2014): 1295-1305, https://doi.org/10.1037/a0035464.
3. Frans B. M. de Waal, "Putting the Altruism Back Into Altruism: The Evolution of Empathy," *Annual Review of Psychology* 59 (2008): 279-300.
4. Kristen A. Dunfield, "A Construct Divided: Prosocial Behavior as Helping, Sharing, and Comforting Subtypes," *Frontiers in Psychology* 5 (September 2, 2014): 958, https://doi.org/10.3389/fpsyg.2014.00958.
5. Katherine Taylor et al., "Precision Rescue Behavior in North American Ants," *Evolutionary Psychology* 2, no. 3 (July 2013): 147470491301100. https://doi.org/10.1177/147470491301100312.
6. Anne M. McGuire, "Helping Behaviors in the Natural Environment: Dimensions and Correlates of Helping," *Personality and Social Psychology Bulletin* 20, no. 1 (February 1994): 45-56, https://doi.org/10.1177/0146167294201004.
7. C. Daniel Batson, "Altruism and Prosocial Behavior," in *The Handbook of Social Psychology*, ed. Daniel T. Gilbert, Susan T. Fiske, and Gardner Lindzey, 4th ed. (New York: Oxford University Press, 1998), 2:282-316.
8. Michael Numan and Thomas R. Insel, *The Neurobiology of Parental Behavior* (New York: Springer, 2003).
9. B. R. Vickers et al., "Motor System Engagement in Charitable Giving: The Offspring Care Effect," forthcoming.

10. Frans B. M. de Waal, *Good Natured: The Origins of Right and Wrong in Humans and Other Animals* (Cambridge, MA: Harvard University Press, 1996); Sarah Blaffer Hrdy, *Mothers and Others* (Cambridge, MA: Harvard University Press, 2009); Abigail A. Marsh, "Neural, Cognitive, and Evolutionary Foundations of Human Altruism," *Wiley Interdisciplinary Reviews: Cognitive Science* 7, no. 1 (2016): 59–71; Debra M. Zeifman, "An Ethological Analysis of Human Infant Crying: Answering Tinbergen's Four Questions," *Developmental Psychobiology* 39, no. 4 (December 2001): 265–85, https://doi.org/10.1002/dev.1005.
11. Frans B. M. de Waal and Filippo Aureli, "Consolation, Reconciliation, and a Possible Cognitive Difference between Macaque and Chimpanzee," in *Reaching Into Thought: The Minds of the Great Apes*, ed. K. A. Bard, A. E. Russon, and S. T. Parker (Cambridge: Cambridge University Press, 1996), 80–110.
12. Sanjida M. O'Connell, "Empathy in Chimpanzees: Evidence for Theory of Mind?" *Primates* 36, no. 3 (1995): 397–410.
13. Orlaith N. Fraser and Thomas Bugnyar, "Do Ravens Show Consolation? Responses to Distressed Others," *PLoS ONE* 5, no. 5 (May 12, 2010): e10605, https://doi.org/10.1371/journal.pone.0010605.
14. Jennifer Crocker, Amy Canevello, and Ashley A. Brown, "Social Motivation: Costs and Benefits of Selfishness and Otherishness," *Annual Review of Psychology* 68, no. 1 (January 3, 2017): 299–325, https://doi.org/10.1146/annurev-psych-010416-044145.
15. Carolyn Zahn-Waxler, Marian Radke-Yarrow, and Robert A. King, "Child Rearing and Children's Prosocial Initiations Toward Victims of Distress," *Child Development* 50, no. 2 (1979): 319–30.
16. Filippo Aureli, Stephanie D. Preston, and Frans B. M. de Waal, "Heart Rate Responses to Social Interactions in Free-Moving Rhesus Macaques (Macaca Mulatta): A Pilot Study," *Journal of Comparative Psychology* 113, no. 1 (March 1999): 59–65; Robert M. Sapolsky, "Stress, Glucocorticoids, and Damage to the Nervous System: The Current State of Confusion," *Stress* 1, no. 1 (2009): 1–19, https://doi.org/10.3109/10253899609001092.
17. De Waal, *Good Natured*.
18. Stephanie L. Brown and R. Michael Brown, "Connecting Prosocial Behavior to Improved Physical Health: Contributions from the Neurobiology of Parenting," *Neuroscience & Biobehavioral Reviews* 55 (August 2015): 1–17, https://doi.org/10.1016/j.neubiorev.2015.04.004.
19. Laura L. Carstensen, John M. Gottman, and Robert W. Levenson, "Emotional

Behavior in Long-Term Marriage," *Psychology and Aging* 10, no. 1 (1995): 140-49, https://doi.org/10.1037/0882-7974.10.1.140.

20. Line S. Loken et al., "Coding of Pleasant Touch by Unmyelinated Afferents in Humans," *Nature Neuroscience* 12, no. 5 (2009): 547-48.

21. S. P. Oliner, "Extraordinary Acts of Ordinary People," in *Altruism and Altruistic Love: Science, Philosophy, and Religion in Dialogue*, ed. Steven Post, Lynn G. Underwood, Jeffrey P. Schloss, and William B. Hurlburt (Oxford: Oxford University Press, 2002), 123-39; Zsolt Keczer et al., "Social Representations of Hero and Everyday Hero: A Network Study from Representative Samples," *PLoS ONE* 2, no. 8 (August 15, 2016): e0159354. https://doi.org/10.1371/journal.pone.0159354.

22. John M. Darley and Bibb Latan, "Bystander Intervention in Emergencies: Diffusion of Responsibility," *Journal of Personality and Social Psychology* 8, no. 4 (1968): 377-83.

제4장. 본능이란 무엇인가

1. Naheed Rajwani, "Study: Rats Are Nice to One Another," *Chicago Tribune*, January 15, 2014.

2. Beth Azar, "Nature, Nurture: Not Mutually Exclusive," *APA Monitor* 28 (1997): 1-28.

3. Kaiping Peng and Richard E. Nisbett, "Culture, Dialectics, and Reasoning About Contradiction," *American Psychologist* 54, no. 9 (1999): 741-54, https://doi.org/10.1037/0003-066X.54.9.741.

4. Jean Marc Gaspard Itard and François Dagognet, *Victor de l'Aveyron* (Paris: Editions Allia, 1994).

5. Susan Curtiss and Harry A Whitaker, *Genie: A Psycholinguistic Study of a Modern-Day Wild Child* (St. Louis, MO: Elsevier Science, 2014).

6. A. Troisi et al., "Severity of Early Separation and Later Abusive Mothering in Monkeys: What Is the Pathogenic Threshold?" *Journal of Child Psychology and Psychiatry* 30, no. 2 (March 1989): 277-84; Dario Maestripieri, "The Biology of Human Parenting: Insights from Nonhuman Primates," *Neuroscience & Biobehavioral Reviews* 23, no. 3 (1999): 411-22, https://doi.org/10.1016/S0149-7634(98)00042-6.

7. Frances A. Champagne, "Epigenetic Mechanisms and the Transgenerational Effects of Maternal Care," *Frontiers in Neuroendocrinology* 29 (2008): 386-97; Frances A. Champagne et al., "Variations in Maternal Care in the Rat as a Mediating Influence for the Effects of Environment on Development," *Physiology & Behavior* 79, no. 3 (2003): 359-71.

8. William McDougall, *An Introduction to Social Psychology* (London: Methuen, 1908), 77.
9. J. David Ligon and D. Brent Burt, "Evolutionary Origins," in *Ecology and Evolution of Cooperative Breeding in Birds*, ed. Walter D. Koenig and Janis L. Dickinson (Cambridge: Cambridge University Press, 2004), 5-34.
10. Konrad Lorenz and Nikolaas Tinbergen, "Taxis and Instinkhandlung in der Eirollbewegung der Graugans," *Zeitfrist für Tierpsychologie* 2 (1938): 1-29.
11. James L. Gould, *Ethology: The Mechanisms and Evolution of Behavior* (New York: Norton, 1982), 36.
12. '초정상 자극'이라는 용어는 본능적이면서도 극단적인 방식으로 반응을 유도하는 중요한 성질을 지닌 물체를 가리키기 위해 초기 동물행동학자들에 의해 만들어졌다. 예를 들어, 알의 둥근 형태가 반응을 유도하는 데 중요한 성질이라면 아주 크고 아주 둥근 물체는 초정상 자극이 되며, 보통의 알보다 더 강한 사건이나 더 빠른 반응을 일으킬 수 있다.
13. Gabriela Lichtenstein, "Selfish Begging by Screaming Cowbirds, a Mimetic Brood Parasite of the Bay-Winged Cowbird," *Animal Behaviour* 61, no. 6 (2001): 1151-58.
14. Burton M. Slotnick, "Disturbances of Maternal Behavior in the Rat Following Lesions of the Cingulate Cortex," *Behaviour* 29, no. 2 (1967): 204-36.
15. Slotnick, "Disturbances of Maternal Behavior."
16. Howard Moltz, "Contemporary Instinct Theory and the Fixed Action Pattern," *Psychological Review* 72, no. 1 (1965): 27-47, https://doi.org/10.1037/h0020275.
17. Slotnick, "Disturbances of Maternal Behavior."
18. Joan E. Strassmann, Yong Zhu, and David C. Queller, "Altruism and Social Cheating in the Social Amoeba Dictyostelium Discoideum," *Nature* 408 (2000): 965-67.
19. Stephanie D. Preston and F. B. M. de Waal, "Empathy: Its Ultimate and Proximate Bases," *Behavioral and Brain Sciences* 25, no. 1 (2002): 1-71, https://doi.org/10.1017/S0140525X02000018.
20. Richard Dawkins, *The Selfish Gene* (Oxford: Oxford University Press, 1976), vii. 리처드 도킨스, 홍영남, 이상임 옮김, 《이기적 유전자》(을유문화사, 2018).
21. Stephanie D. Preston, "The Origins of Altruism in Offspring Care," *Psychological Bulletin* 139, no. 6 (2013): 1305-41, https://doi.org/10.1037/a0031755.
22. Joseph S. Lonstein and Joan I. Morrell, "Neuroendocrinology and Neurochemistry of Maternal Motivation and Behavior," in *Handbook of Neurochemistry and Molecular Neurobiology*, ed. Abel Lajtha and Jeffrey D. Blaustein, 3rd ed. (Berlin: Springer-Verlag, 2007), 195-245, http://www.springerlink.com/content/nw8357tv143w4w21/.
23. B. J. Mattson et al., "Comparison of Two Positive Reinforcing Stimuli: Pups and Cocaine Throughout the Postpartum Period," *Behavioral Neuroscience* 115 (2001):

683-94; B. J. Mattson et al., "Preferences for Cocaine or Pup-Associated Chambers Differentiates Otherwise Behaviorally Identical Postpartum Maternal Rats," *Psychopharmacology* 167 (2003): 1-8.

24. Paul Bloom, *Against Empathy: The Case for Rational Compassion* (New York: Ecco, 2017). 폴 블룸, 이은진 옮김,《공감의 배신》(시공사, 2019).

25. Sarah Blaffer Hrdy, *Mothers and Others* (Cambridge, MA: Harvard University Press, 2009).

26. John Bowlby, *Attachment and Loss*, vol. 1, *Attachment* (New York: Basic Books, 1969). Christine Acebo and Evelyn B. Thoman, "Role of Infant Crying in the Early Mother-Infant Dialogue," *Physiology & Behavior* 57, no. 3 (1995): 541-47; Preston and de Waal, "Empathy"; Dorothy Einon and Michael Potegal, "Temper Tantrums in Young Children," in *The Dynamics of Aggression: Biological and Social Processes in Dyads and Groups*, ed. Michael Potegal and John F. Knutson (New York: Psychology Press, 1994), 157-94.

27. Shelley E. Taylor et al., "Biobehavioral Responses to Stress in Females: Tend-and-Befriend, Not Fight-or-Flight," *Psychological Review* 107, no. 3 (2000): 411-29.

28. Martin L. Hoffman, "Is Altruism Part of Human Nature?" *Journal of Personality and Social Psychology* 40 (1981): 121-37.

29. Kelly A. Brennan and Phillip R. Shaver, "Dimensions of Adult Attachment, Affect Regulation, and Romantic Relationship Functioning," *Personality and Social Psychology Bulletin* 21, no. 3 (1995): 267-83; Carole M. Pistole, "Adult Attachment Styles: Some Thoughts on Closeness-Distance Struggles," *Family Process* 33, no. 2 (1994): 147-59, https://doi.org/10.1111/j.1545-5300.1994.00147.x.

30. Stephanie D. Preston, Alicia J. Hofelich, and R. Brent Stansfield, "The Ethology of Empathy: A Taxonomy of Real-World Targets of Need and Their Effect on Observers," *Frontiers in Human Neuroscience* 7, no. 488 (2013): 1-13, https://doi.org/10.3389/fnhum.2013.00488.

31. Padma Kaul et al., "Temporal Trends in Patient and Treatment Delay Among Men and Women Presenting with ST-Elevation Myocardial Infarction," *American Heart Journal* 161, no. 1 (January 2011): 91-97, https://doi.org/10.1016/j.ahj.2010.09.016; Matthew Liakos and Puja B. Parikh, "Gender Disparities in Presentation, Management, and Outcomes of Acute Myocardial Infarction," *Current Cardiology Reports* 20, no. 8 (August 2018): 64, https://doi.org/10.1007/s11886-018-1006-7.

32. Sheila Marikar, "Natasha Richardson Died of Epidural Hematoma After Skiing Accident," ABC News, March 19, 2009.

33. Robyn J. Meyer, Andreas A. Theodorou, and Robert A. Berg, "Childhood Drowning,"

Pediatrics in Review 27, no. 5 (May 2006): 163-69, https://doi.org/10.1542/pir.27-5-163.

34. Daniel Kahneman, *Thinking, Fast and Slow* (New York: Farrar, Straus and Giroux, 2011). 대니얼 카너먼, 이창신 옮김, 《생각에 관한 생각》(김영사, 2018).

35. Elsa Addessi et al., "Specific Social Influences on the Acceptance of Novel Foods in 2-5-Year-Old Children," *Appetite* 45, no. 3 (December 2005): 264-71, https://doi.org/10.1016/j.appet.2005.07.007; Elisabetta Visalberghi and Elsa Addessi, "Seeing Group Members Eating a Familiar Food Enhances the Acceptance of Novel Foods in Capuchin Monkeys," *Animal Behaviour* 60, no. 1 (July 2000): 69-76, https://doi.org/10.1006/anbe.2000.1425.

36. John M. Darley and Bibb Latané, "Bystander Intervention in Emergencies: Diffusion of Responsibility," *Journal of Personality and Social Psychology* 8, no. 4 (1968): 377-83.

37. Spencer K. Lynn et al., "Decision Making from Economic and Signal Detection Perspectives: Development of an Integrated Framework," *Frontiers in Psychology* 6 (July 8, 2015), https://doi.org/10.3389/fpsyg.2015.00952.

38. John A. Swets, *Signal Detection Theory and ROC Analysis in Psychology and Diagnostics Collected Papers* (New York: Psychology Press, 2014).

39. Robert M. Sapolsky, "The Influence of Social Hierarchy on Primate Health," *Science* 308, no. 5722 (April 29, 2005): 648-52, https://doi.org/10.1126/science.1106477.

40. Lori L. Heise, "Violence Against Women: An Integrated, Ecological Framework," *Violence Against Women* 4, no. 3 (June 1998): 262-90, https://doi.org/10.1177/1077801298004003002.

41. Wolfram Schultz, "Neural Coding of Basic Reward Terms of Animal Learning Theory, Game Theory, Microeconomics and Behavioural Ecology," *Current Opinion in Neurobiology* 14, no. 2 (April 2004): 139-47, https://doi.org/10.1016/j.conb.2004.03.017.

42. Sapolsky, "The Influence of Social Hierarchy on Primate Health."

43. Björn Brembs and Jan Wiener, "Context and Occasion Setting in Drosophila Visual Learning," *Learning & Memory* 13, no. 5 (September 1, 2006): 618-28, https://doi.org/10.1101/lm.318606; Kurt Gray, Adrian F. Ward, and Michael I. Norton, "Paying It Forward: Generalized Reciprocity and the Limits of Generosity," *Journal of Experimental Psychology: General* 143, no. 1 (2014): 247-54, https://doi.org/10.1037/a0031047; David DeSteno et al., "Gratitude as Moral Sentiment: Emotion-Guided Cooperation in Economic Exchange," *Emotion* 10, no. 2 (2010): 289-93, https://doi.org/10.1037/a0017883; Lalin Anik et al., "Feeling Good About Giving: The Benefits (and Costs) of Self-Interested Charitable Behavior," *SSRN*

Electronic Journal 2009, https://doi.org/10.2139/ssrn.1444831.

제5장. 신경학적 관점에서 설명하는 이타주의

1. Stephanie D. Preston, "The Origins of Altruism in Offspring Care," *Psychological Bulletin* 139, no. 6 (2013): 1305-41, https://doi.org/10.1037/a0031755.
2. Theodore C. Schneirla, "An Evolutionary and Developmental Theory of Biphasic Processes Underlying Approach and Withdrawal," *Nebraska Symposium on Motivation* 7 (1959): 1-42.
3. Alison S. Fleming, Michael Numan, and Robert S. Bridges, "Father of Mothering: Jay S. Rosenblatt," *Hormones and Behavior* 55, no. 4 (April 2009): 484-87, https://doi.org/10.1016/j.yhbeh.2009.01.001.
4. Thomas R. Insel and Larry J. Young, "The Neurobiology of Attachment," *Nature Reviews Neuroscience* 2, no. 2 (February 2001): 129-36.
5. Stephanie D. Preston, Morten Kringelbach, and Brian Knutson, eds., *The Interdisciplinary Science of Consumption* (Cambridge, MA: MIT Press, 2014).
6. William E. Wilsoncroft, "Babies by Bar-Press: Maternal Behavior in the Rat," *Behavior Research Methods, Instruments and Computers* 1 (1969): 229-30.
7. Allan R. Wagner, "Effects of Amount and Percentage of Reinforcement and Number of Acquisition Trials on Conditioning and Extinction," *Journal of Experimental Psychology* 62, no. 3 (1961): 234-42, https://doi.org/10.1037/h0042251; Norman E. Spear, Winfred F. Hill, and Denis J. O'Sullivan, "Acquisition and Extinction after Initial Trials Without Reward," *Journal of Experimental Psychology* 69, no. 1 (1965): 25-29, https://doi.org/10.1037/h0021628.
8. Frédéric Levy, Matthieu Keller, and Pascal Poindron, "Olfactory Regulation of Maternal Behavior in Mammals," *Hormones and Behavior* 46, no. 3 (September 2004): 284-302.
9. Kent C. Berridge and Terry E. Robinson, "What Is the Role of Dopamine in Reward: Hedonic Impact, Reward Learning, or Incentive Salience?" *Brain Research Reviews* 28, no. 3 (December 1998): 309-69.
10. Stefan Hansen, "Maternal Behavior of Female Rats with 6-OHDA Lesions in the Ventral Striatum: Characterization of the Pup Retrieval Deficit," *Physiology & Behavior* 55, no. 4 (1994): 615-20, https://doi.org/10.1016/0031-9384(94)90034-5.
11. Preston, "The Origins of Altruism in Offspring Care."
12. Susana Peciña and Kent C. Berridge, "Hedonic Hot Spot in Nucleus Accumbens Shell:

Where Do μ-Opioids Cause Increased Hedonic Impact of Sweetness?" *Journal of Neuroscience* 25, no. 50 (2005): 11777-86.

13. Kevin D. Broad, James P. Curley, and Eric B. Keverne, "Mother-Infant Bonding and the Evolution of Mammalian Social Relationships," *Philosophical Transactions of the Royal Society of London. Series B: Biological Sciences* 361, no. 1476 (December 29, 2006): 2199-214, https://doi.org/10.1098/rstb.2006.1940.

14. Judith M. Stern and Joseph S. Lonstein, "Neural Mediation of Nursing and Related Maternal Behaviors," *Progress in Brain Research* 133 (2001): 263-78.

15. Jennifer R. Brown et al., "A Defect in Nurturing in Mice Lacking the Immediate Early Gene FosB," *Cell* 86, no. 2 (1996): 297-309.

16. C. A. Pedersen et al., "Oxytocin Activates the Postpartum Onset of Rat Maternal Behavior in the Ventral Tegmental and Medial Preoptic Areas," *Behavioral Neuroscience* 108 (1994): 1163-71.

17. Thomas R. Insel and Carroll R. Harbaugh, "Lesions of the Hypothalamic Paraventricular Nucleus Disrupt the Initiation of Maternal Behavior," *Physiology & Behavior* 45 (1989): 1033-41.

18. Pedersen et al., "Oxytocin Activates the Postpartum Onset."

19. Michael Numan and Thomas R. Insel, *The Neurobiology of Parental Behavior* (New York: Springer, 2003); Insel and Young, "The Neurobiology of Attachment."

20. Horst Schulz, Gábor L. Kovács, and Gyula Telegdy, "Action of Posterior Pituitary Neuropeptides on the Nigrostriatal Dopaminergic System," *European Journal of Pharmacology* 57, no. 2-3 (August 1979): 185-90, https://doi.org/10.1016/0014-2999(79)90364-9.

21. M. M. McCarthy, L-M. Kow, and D. W. Pfaff, "Speculations Concerning the Physiological Significance of Central Oxytocin in Maternal Behavior," *Annals of the New York Academy of Sciences* 652 (1992): 70-82, https://doi.org/10.1111/j.1749-6632.1992.tb34347.x.

22. Sarah Blaffer Hrdy, *Mothers and Others* (Cambridge, MA: Harvard University Press, 2009).

23. Charles M. Grinstead and J. Laurie Snell, "Chapter 9: Central Limit Theorem," in *Introduction to Probability*, 2nd ed. (Providence, RI: American Mathematical Society, 1997).

24. 골턴은 '평균으로의 회귀'를 발견했다. 그의 연구에서 아이들의 키는 부모의 키와 같은 분포를 보이지 않았다. 오히려 아이들의 평균 키는 인구 전체의 평균을 나타냈고, 아이의 키는 부모 키의 극단적인 값에 비례해서 그만큼 평균에 가까워졌다.

25. J. Stallings et al., "The Effects of Infant Cries and Odors on Sympathy, Cortisol, and

Autonomic Responses in New Mothers and Nonpostpartum Women," *Parenting-Science and Practice* 1, no. 1-2 (2001): 71-100; Alison S. Fleming and Jay S. Rosenblatt, "Olfactory Regulation of Maternal Behavior in Rats: II. Effects of Peripherally Induced Anosmia and Lesions of the Lateral Olfactory Tract in Pup-Induced Virgins," *Journal of Comparative and Physiological Psychology* 86 (1974): 233-46.

26. William O. Beeman, "Making Grown Men Weep," in *Aesthetics in Performance: Formations of Symbolic Instruction and Experience*, ed. Angela Hobart and Bruce Kapferer (New York: Berghahn Books, 2005), 23-42.

27. Antoine Bechara, Hanna Damasio, and Antonio R. Damasio, "Emotion, Decision Making and the Orbitofrontal Cortex," *Cerebral Cortex* 10, no. 3 (2000): 295-307.

28. John O'Doherty, "Can't Learn Without You: Predictive Value Coding in Orbitofrontal Cortex Requires the Basolateral Amygdala," *Neuron* 39, no. 5 (August 28, 2003): 731-33.

29. A. Bechara et al., "Dissociation of Working Memory from Decision Making Within the Human Prefrontal Cortex," *Journal of Neuroscience* 18 (1998): 428-37; Tina L. Jameson, John M. Hinson, and Paul Whitney, "Components of Working Memory and Somatic Markers in Decision Making," *Psychonomic Bulletin & Review* 11, no. 3 (2004): 515-20; Amy L. Krain et al., "Distinct Neural Mechanisms of Risk and Ambiguity: A Meta-Analysis of Decision-Making," *NeuroImage* 32, no. 1 (2006): 477-84.

30. Bechara et al., "Dissociation of Working Memory from Decision Making within the Human Prefrontal Cortex."

31. Daniel Tranel and Antonio R. Damasio, "The Covert Learning of Affective Valence Does Not Require Structures in Hippocampal System or Amygdala," *Journal of Cognitive Neuroscience* 5, no. 1 (January 1993): 79-88, https://doi.org/10.1162/jocn.1993.5.1.79. 음식 보상을 얻기 위한 보스웰의 인지 향상은 손상되지 않은 중격의지핵의 도파민 분비 과정이 그가 자신의 에너지를 '좋은' 간병인에게 기울 수 있게 했음을 암시하는 것일 수도 있다.

32. Frans B. M. de Waal and Stephanie D. Preston, "Mammalian Empathy: Behavioural Manifestations and Neural Basis," *Nature Reviews Neuroscience* 18, no. 8 (2017): 498-510.

33. Krain et al., "Distinct Neural Mechanisms of Risk and Ambiguity: A Meta-Analysis of Decision-Making."

34. 여러 종의 경우 음식이나 음료 같은 자연 보상이 중격의지핵에서 도파민 분비를 자극해 행동하도록 동기를 부여하는데, 행동을 제어하는 강력한 메커니즘이 뇌에서 진화한 방식에 미루어볼 때 이 예는 자연 보상과 인간의 행동 동기 사이의 직접적 연관성을 보여준다.

35. James Andreoni, William T. Harbaugh, and Lise Vesterlund, "Altruism in

Experiments," in *The New Palgrave Dictionary of Economics*, ed. Steven N. Durlauf and Lawrence E. Bloom (London: Palgrave Macmillan, 2008), 134-38.

36. Ernst Fehr and Simon Gächter, "Altruistic Punishment in Humans," *Nature* 415, no. 6868 (January 10, 2002): 137–40; Ernst Fehr and Urs Fischbacher, "The Nature of Human Altruism," *Nature* 425, no. 6960 (October 23, 2003): 785-91; Ernst Fehr and Colin F. Camerer, "Social Neuroeconomics: The Neural Circuitry of Social Preferences," *Trends in Cognitive Sciences* 11, no. 10 (October 2007): 419-27.

37. A. G. Sanfey et al., "The Neural Basis of Economic Decision-Making in the Ultimatum Game," *Science* 300, no. 5626 (June 13, 2003): 1755-58.

38. D. Knoch et al., "Studying the Neurobiology of Social Interaction with Transcranial Direct Current Stimulation—The Example of Punishing Unfairness," *Cerebral Cortex* 18, no. 9 (September 2008): 1987-90; D. Knoch et al., "Diminishing Reciprocal Fairness by Disrupting the Right Prefrontal Cortex," *Science* 314, no. 5800 (November 3, 2006): 829-32.

39. M. Koenigs and D. Tranel, "Irrational Economic Decision-Making After Ventromedial Prefrontal Damage: Evidence from the Ultimatum Game," *Journal of Neuroscience* 27, no. 4 (January 24, 2007): 951-56.

40. K. McCabe et al., "A Functional Imaging Study of Cooperation in Two Person Reciprocal Exchange," *Proceedings of the National Academy of Sciences USA* 98, no. 20 (September 25, 2001): 11832-35.

41. F. Krueger et al., "Neural Correlates of Trust," *Proceedings of the National Academy of Sciences* USA 104, no. 50 (December 11, 2007): 20084-89.

42. D. J. de Quervain et al., "The Neural Basis of Altruistic Punishment," *Science* 305, no. 5688 (August 27, 2004): 1254-58.

43. J. Rilling et al., "A Neural Basis for Social Cooperation," *Neuron* 35, no. 2 (2002): 395-405.

44. James K. Rilling et al., "Opposing BOLD Responses to Reciprocated and Unreciprocated Altruism in Putative Reward Pathways," *NeuroReport* 15, no. 16 (2004): 2539-43.

45. T. Singer et al., "Empathic Neural Responses Are Modulated by the Perceived Fairness of Others," *Nature* 439, no. 7075 (January 26, 2006): 466-69.

46. Paul J. Zak, "The Neurobiology of Trust," *Scientific American* 298, no. 6 (June 2008): 88-92, 95; Paul J. Zak, Robert Kurzban, and William T. Matzner, "Oxytocin Is Associated with Human Trustworthiness," *Hormones and Behavior* 48, no. 5 (December 2005): 522-27.

47. M. Kosfeld et al., "Oxytocin Increases Trust in Humans," Nature 435, no. 7042 (June

2, 2005): 673–76; Paul J. Zak, Angela A. Stanton, and Sheila Ahmadi, "Oxytocin Increases Generosity in Humans," *PLoS ONE 2*, no. 11 (2007): e1128; Vera B. Morhenn et al., "Monetary Sacrifice Among Strangers Is Mediated by Endogenous Oxytocin Release After Physical Contact," *Evolution and Human Behavior* 29, no. 6 (2008): 375–83.

48. Salomon Israel et al., "Molecular Genetic Studies of the Arginine Vasopressin 1a Receptor (AVPR1a) and the Oxytocin Receptor (OXTR) in Human Behaviour: From Autism to Altruism with Some Notes in Between," *Progress in Brain Research* 170 (2008): 435–49.

49. T. Baumgartner et al., "Oxytocin Shapes the Neural Circuitry of Trust and Trust Adaptation in Humans," *Neuron* 58, no. 4 (May 22, 2008): 639–50.

50. T. Singer et al., "Effects of Oxytocin and Prosocial Behavior on Brain Responses to Direct and Vicariously Experienced Pain," *Emotion* 8, no. 6 (December 2008): 781–91.

51. Marian J. Bakermans-Kranenburg and Marinus H. van IJzendoorn, "A Sociability Gene? Meta-Analysis of Oxytocin Receptor Genotype Effects in Humans," *Psychiatric Genetics* 24, no. 2 (April 2014): 45–51, https://doi.org/10.1097/YPG.0b013e3283643684; Gideon Nave, Colin Camerer, and Michael McCullough, "Does Oxytocin Increase Trust in Humans? A Critical Review of Research," *Perspectives on Psychological Science* 10, no. 6 (November 2015): 772–89, https://doi.org/10.1177/1745691615600138; Marinus H. Van IJzendoorn and Marian J. Bakermans-Kranenburg, "A Sniff of Trust: Meta-Analysis of the Effects of Intranasal Oxytocin Administration on Face Recognition, Trust to inGroup, and Trust to out-Group," *Psychoneuroendocrinology* 37, no. 3 (March 2012): 438–43, https://doi.org/10.1016/j.psyneuen.2011.07.008.

52. Stephanie D. Preston, "The Rewarding Nature of Social Contact," *Science* (New York, N.Y.) 357, no. 6358 (29 2017): 1353–54, https://doi.org/10.1126/science.aao7192.

53. William T. Harbaugh, Ulrich Mayr, and Daniel R. Burghart, "Neural Responses to Taxation and Voluntary Giving Rebel Motives for Charitable Donation," *Science* 316 (2007): 1622–25.

54. J. Moll et al., "Human Fronto-Mesolimbic Networks Guide Decisions About Charitable Donation," *Proceedings of the National Academy of Sciences USA* 103, no. 42 (October 17, 2006): 15623–28.

55. Jeffrey P. Lorberbaum et al., "Feasibility of Using FMRI to Study Mothers Responding to Infant Cries," *Depression and Anxiety* 10, no. 3 (1999): 99–104; Jeffrey P. Lorberbaum et al., "A Potential Role for Thalamocingulate Circuitry in Human Maternal Behavior," *Biological Psychiatry* 51, no. 6 (2002): 431–45; Preston, "The

Origins of Altruism in Offspring Care."
56. B. R. Vickers et al., "Motor System Engagement in Charitable Giving: The Offspring Care Effect," forthcoming.
57. Felix Warneken and Michael Tomasello, "Varieties of Altruism in Children and Chimpanzees," *Trends in Cognitive Sciences* 13, no. 9 (2009): 397-402.

제6장. 이타적 반응을 촉진하는 피해자의 특징

1. Sarah Blaffer Hrdy, *Mothers and Others* (Cambridge, MA: Harvard University Press, 2009).
2. Cara Buckley, "Man Is Rescued by Stranger on Subway Tracks," *New York Times*, January 3, 2007.
3. Lisa Farwell and Bernard Weiner, "Bleeding Hearts and the Heartless: Popular Perceptions of Liberal and Conservative Ideologies," *Personality and Social Psychology Bulletin* 26, no. 7 (September 2000): 845-52, https://doi.org/10.1177/01461 67200269009.
4. Jason T. Newsom and Richard Schulz, "Caregiving from the Recipient's Perspective: Negative Reactions to Being Helped," *Health Psychology* 17, no. 2 (1998): 172-81, https://doi.org/10.1037/0278-6133.17.2.172.
5. Carmel Bitondo Dyer et al., "The High Prevalence of Depression and Dementia in Elder Abuse or Neglect," *Journal of the American Geriatrics Society* 48, no. 2 (February 2000): 205-8, https://doi.org/10.1111/j.1532-5415.2000.tb03913.x; Karl Pillemer and David W. Moore, "Abuse of Patients in Nursing Homes: Findings from a Survey of Staff," *The Gerontologist* 29, no. 3 (June 1, 1989): 314-20, https://doi.org/10.1093/geront/29.3.314.
6. Shane Frederick, George Loewenstein, and Ted O'Donoghue, "Time Discounting and Time Preference: A Critical Review," *Journal of Economic Literature* 40, no. 2 (June 2002): 351-401, https://doi.org/10.1257/jel.40.2.351.
7. Hal E. Hershfield, Taya R. Cohen, and Leigh Thompson, "Short Horizons and Tempting Situations: Lack of Continuity to Our Future Selves Leads to Unethical Decision Making and Behavior," *Organizational Behavior and Human Decision Processes* 117, no. 2 (March 2012): 298-310, https://doi.org/10.1016/j.obhdp.2011.11.002.
8. M. Shiota et al., "Positive Affect and Behavior Change," *Current Opinion in Behavioral Sciences* 39 (2021): 222-28.

9. Elizabeth W. Dunn, Laura B. Aknin, and Michael I. Norton, "Spending Money on Others Promotes Happiness," *Science* 319, no. 5870 (March 21, 2008): 1687-88, https://doi.org/10.1126/science.1150952.
10. J. Andreoni, "Impure Altruism and Donations to Public Goods: A Theory of Warm-Glow Giving," *The Economic Journal* 100, no. 401 (1990): 464-77.
11. Paul Bloom, *Against Empathy: The Case for Rational Compassion* (New York: Ecco, 2016).
12. Konrad Lorenz, "Die Angeborenen Formen Möglicher Erfahrung [The Innate Forms of Potential Experience]," *Zeitschrift für Tierpsychologie* 5 (1943): 233-519.
13. Wulf Schiefenhövel, *Geburtsverhalten und Reproduktive Strategien der Eipo: Ergebnisse Humanethologischer und Ethnomedizinischer Untersuchungen im Zentralen Bergland von Irian Jaya (West-Neuguinea), Indonesien* [Birth Behavior and Reproductive Strategies of the Eipo: Results of Human Ethology and Ethnomedical Researches in the Central Highlands of Irian Jaya (West New Guinea), Indonesia] (Berlin: D. Reimer, 1988).
14. Hiroshi Nittono et al., "The Power of Kawaii: Viewing Cute Images Promotes a Careful Behavior and Narrows Attentional Focus," *PLoS ONE 7*, no. 9 (September 26, 2012): e46362, https://doi.org/10.1371/journal.pone.0046362.
15. Kana Kuraguchi, Kosuke Taniguchi, and Hiroshi Ashida, "The Impact of Baby Schema on Perceived Attractiveness, Beauty, and Cuteness in Female Adults," *SpringerPlus* 4, no. 1 (December 2015): 164, https://doi.org/10.1186/s40064-015-0940-8.
16. Diane S. Berry and Leslie Z. McArthur, "Some Components and Consequences of a Babyface," *Journal of Personality and Social Psychology* 48, no. 2 (1985): 312-23, https://doi.org/10.1037/0022-3514.48.2.312.
17. Caroline F. Keating et al., "Do Babyfaced Adults Receive More Help? The (Cross-Cultural) Case of the Lost Resume," *Journal of Nonverbal Behavior* 27, no. 2 (2003): 89-109.
18. Linda Qui, "5 Irresistible National Geographic Cover Photos," n.d., https://www.nationalgeographic.com/news/2014/12/141206-magazine-covers-photography-national-geographic-afghan-girl/.
19. Ruth Holliday and Joanna Elfving-Hwang, "Gender, Globalization and Aesthetic Surgery in South Korea," *Body & Society* 18, no. 2 (June 2012): 58-81, https://doi.org/10.1177/1357034X12440828.
20. Abigail A. Marsh and Robert E. Kleck, "The Effects of Fear and Anger Facial Expressions on Approach and Avoidance-Related Behaviors," *Emotion* 5, no. 1 (2005): 119-24.
21. Duane Quiatt, "Aunts and Mothers: Adaptive Implications of Allomaternal Behavior of Nonhuman Primates," *American Anthropologist* 81, no. 2 (June 1979): 310-19,

https://doi.org/10.1525/aa.1979.81.2.02a00040.

22. Deborah A. Small and George Loewenstein, "Helping a Victim or Helping the Victim: Altruism and Identifiability," *Journal of Risk and Uncertainty* 26, no. 1 (2003): 5-16, https://doi.org/10.1023/A:1022299422219; Tehila Kogut and Ilana Ritov, "The 'Identified Victim' Effect: An Identified Group, or Just a Single Individual?" *Journal of Behavioral Decision Making* 18, no. 3 (July 2005): 157-67, https://doi.org/10.1002/bdm.492; Karen Jenni and George Loewenstein, "Explaining the Identifiable Victim Effect," *Journal of Risk and Uncertainty* 14, no. 3 (1997): 235-57, https://doi.org/10.1023/A:1007740225484.
23. Stephanie D. Preston et al., "A Case Study of a Conservation Flagship Species: The Monarch Butterfly," *Biodiversity and Conservation* 30 (2021): 2057-77.
24. Hrdy, *Mothers and Others.*
25. Paul D. MacLean, *The Triune Brain in Evolution: Role in Paleocerebral Functions* (New York: Plenum Press, 1990).
26. Rebecca M. Kilner, David G. Noble, and Nicholas B. Davies, "Signals of Need in Parent-Offspring Communication and Their Exploitation by the Common Cuckoo," *Nature* 397, no. 6721 (1999): 667-72.
27. Gabriela Lichtenstein, "Selfish Begging by Screaming Cowbirds, a Mimetic Brood Parasite of the Bay-Winged Cowbird," *Animal Behaviour* 61, no. 6 (2001): 1151-58.
28. Susan D. Healy, Selvino R. Dekort, and Nicola S. Clayton, "The Hippocampus, Spatial Memory and Food Hoarding: A Puzzle Revisited," *Trends in Ecology & Evolution* 20, no. 1 (January 2005): 17-22, https://doi.org/10.1016/j.tree.2004.10.006.
29. D. F. Sherry et al., "Females Have a Larger Hippocampus Than Males in the Brood-Parasitic Brown-Headed Cowbird," *Proceedings of the National Academy of Sciences* 90, no. 16 (August 15, 1993): 7839-43, https://doi.org/10.1073/pnas.90.16.7839.
30. Nicola S. Clayton, Juan C. Reboreda, and Alex Kacelnik, "Seasonal Changes of Hippocampus Volume in Parasitic Cowbirds," *Behavioural Processes* 41, no. 3 (December 1997): 237-43, https://doi.org/10.1016/S0376-6357(97)00050-8.
31. Abigail A. Marsh, Megan N. Kozak, and Nalini Ambady, "Accurate Identification of Fear Facial Expressions Predicts Prosocial Behavior," *Emotion* 7, no. 2 (2007): 239-51.
32. Myron A. Hofer, "Multiple Regulators of Ultrasonic Vocalization in the Infant Rat," *Psychoneuroendocrinology* 21, no. 2 (February 1996): 203-17, https://doi.org/10.1016/0306-4530(95)00042-9.
33. Gwen E. Gustafson and James A. Green, "On the Importance of Fundamental Frequency and Other Acoustic Features in Cry Perception and Infant Development," *Child Development* 60, no. 4 (1989): 772-80.

34. Harvey Fletcher and W. A. Munson, "Loudness, Its Definition, Measurement and Calculation," *Journal of the Acoustical Society of America* 5 (1933): 82-108.

35. K. Michelsson et al., "Crying in Separated and Non-Separated Newborns: Sound Spectrographic Analysis," *Acta Paediatrica* 85, no. 4 (April 1996): 471-75, https://doi.org/10.1111/j.1651-2227.1996.tb14064.x.

36. James J. Gross and Robert W. Levenson, "Emotion Elicitation Using Films," *Cognition & Emotion* 9, no. 1 (January 1995): 87-108, https://doi.org/10.1080/026999 39508408966.

37. Michael Macht and Jochen Mueller, "Immediate Effects of Chocolate on Experimentally Induced Mood States," *Appetite* 49, no. 3 (November 2007): 667-74, https://doi.org/10.1016/j.appet.2007.05.004.

38. Alan R. Wiesenfeld and Rafael Klorman, "The Mother's Psychophysiological Reactions to Contrasting Affective Expressions by Her Own and an Unfamiliar Infant," *Developmental Psychology* 14, no. 3 (1978): 294-304, https://doi.o rg/10.1037/0012-1649.14.3.294.

39. Nancy Eisenberg et al., "The Relations of Emotionality and Regulation to Dispositional and Situational Empathy-Related Responding," *Journal of Personality & Social Psychology* 66, no. 4 (1994): 776-97.

40. Gustafson and Green, "On the Importance of Fundamental Frequency and Other Acoustic Features."

41. Birgit Mampe et al., "Newborns' Cry Melody Is Shaped by Their Native Language," *Current Biology* 19, no. 23 (December 2009): 1994-97, https://doi.org/10.1016/ j.cub.2009.09.064.

42. Ervin Staub, "A Child in Distress: The Influence of Nurturance and Modeling on Children's Attempts to Help," *Developmental Psychology* 5, no. 1 (1971): 124-32, https://doi.org/10.1037/h0031084.

43. Heidi Keller and Hiltrud Otto, "The Cultural Socialization of Emotion Regulation During Infancy," *Journal of Cross-Cultural Psychology* 40, no. 6 (November 2009): 996-1011, https://doi.org/10.1177/0022022109348576.

44. Stephanie D. Preston, Alicia J. Hofelich, and R. Brent Stansfield, "The Ethology of Empathy: A Taxonomy of Real-World Targets of Need and Their Effect on Observers," *Frontiers in Human Neuroscience* 7, no. 488 (2013): 1-13, https:// doi.org/10.3389/fnhum.2013.00488.

45. Jamil Zaki, Niall Bolger, and Kevin N. Ochsner, "It Takes Two: The Interpersonal Nature of Empathic Accuracy," *Psychological Science* 19, no. 4 (April 2008): 399-404, https://doi.org/10.1111/j.1467-9280.2008.02099.x.

46. Frans B. M. de Waal and Stephanie D. Preston, "Mammalian Empathy: Behavioural Manifestations and Neural Basis," *Nature Reviews Neuroscience* 18, no. 8 (2017): 498-510.
47. Hendrik Hertzberg, "Second Those Emotions: Hillary's Tears," *The New Yorker*, January 21, 2008.
48. C. Daniel Batson and Jay S. Coke, "Empathy: A Source of Altruistic Motivation for Helping," in *Altruism and Helping Behavior*, ed. J. Philippe Rushton and Richard M. Sorrentino (Hillsdale, NJ: Erlbaum, 1981).
49. David J. Hauser, Stephanie D. Preston, and R. Brent Stansfield, "Altruism in the Wild: When Affiliative Motives to Help Positive People Overtake Empathic Motives to Help the Distressed," *Journal of Experimental Psychology: General* 143, no. 3 (December 23, 2014): 1295-1305, https://doi.org/10.1037/a0035464.
50. Michael Potegal and John F. Knutson, *The Dynamics of Aggression: Biological and Social Processes in Dyads and Groups* (Hillsdale, NJ: Erlbaum, 1994).
51. Tony W. Buchanan and Stephanie D. Preston, "Stress Leads to Prosocial Action in Immediate Need Situations," *Frontiers in Behavioral Neuroscience* 8, no. 5 (2014), https://doi.org/10.3389/fnbeh.2014.00005.
52. Robert M. Sapolsky, "Stress, Glucocorticoids, and Damage to the Nervous System: The Current State of Confusion," *Stress* 1, no. 1 (2009): 1-19, https://doi.org/10.3109/10253899609001092.
53. Gerald S. Wilkinson, "Food Sharing in Vampire Bats," *Scientific American* 262 (1990): 76-82.

제7장. 이타적 반응을 촉진하는 목격자의 특징

1. Michael Numan, "Motivational Systems and the Neural Circuitry of Maternal Behavior in the Rat," *Developmental Psychobiology* 49, no. 1 (January 2007): 12-21.
2. John F. Dovidio et al., *The Social Psychology of Prosocial Behavior* (Philadelphia: Erlbaum, 2006).
3. Caroline E. Zsambok and Gary A. Klein, *Naturalistic Decision Making* (Philadelphia: Erlbaum, 1997).
4. Cara Buckley, "Man Is Rescued by Stranger on Subway Tracks," *New York Times*, January 3, 2007.
5. Selwyn W. Becker and Alice H. Eagly, "The Heroism of Women and Men," *American Psychologist* 59, no. 3 (2004): 163-78, https://doi.org/10.1037/0003-066x.59.3.163.
6. William H. Warren, "Perceiving Affordances: Visual Guidance of Stair Climbing,"

Journal of Experimental Psychology: Human Perception and Performance 10, no. 5 (1984): 683-703, https://doi.org/10.1037/0096-1523.10.5.683.

7. Giacomo Rizzolatti et al., "Premotor Cortex and the Recognition of Motor Actions," *Cognitive Brain Research* 3, no. 2 (March 1996): 131-41, https://doi.org/10.1016/0926-6410(95)00038-0.

8. Albert Bandura, "Self-Efficacy," in *The Corsini Encyclopedia of Psychology*, ed. Irving B. Weiner and W. Edward Craighead (Hoboken, NJ: Wiley, 2010), 1-3; corpsy0836, https://doi.org/10.1002/9780470479216.corpsy0836.

9. Sharon Connell et al., "'If It Doesn't Directly Affect You, You Don't Think About It': A Qualitative Study of Young People's Environmental Attitudes in Two Australian Cities," *Environmental Education Research* 5, no. 1 (February 1999): 95-113, https://doi.org/10.1080/1350462990050106.

10. Icek Ajzen, "The Theory of Planned Behavior," *Organizational Behavior and Human Decision Processes* 50, no. 2 (December 1991): 179-211, https://doi.org/10.1016/0749-5978(91)90020-T.

11. Alice Jones, "The Psychology of Sustainability: What Planners Can Learn from Attitude Research," *Journal of Planning Education and Research* 16, no. 1 (September 1996): 56-65, https://doi.org/10.1177/0739456X9601600107.

12. Paul Slovic, "If I Look at the Mass I Will Never Act: Psychic Numbing and Genocide," in *Emotions and Risky Technologies*, ed. Sabine Roeser (Dordrecht: Springer Netherlands, 2010), 5: 37-59, https://doi.org/10.1007/978-90-481-8647-1_3.

13. Stephan Dickert et al., "Scope Insensitivity: The Limits of Intuitive Valuation of Human Lives in Public Policy," *Journal of Applied Research in Memory and Cognition* 4, no. 3 (2015): 248-55.

14. Deborah A. Small, George Loewenstein, and Paul Slovic, "Sympathy and Callousness: The Impact of Deliberative Thought on Donations to Identifiable and Statistical Victims," *Organizational Behavior and Human Decision Processes* 102, no. 2 (March 2007): 143-53, https://doi.org/10.1016/j.obhdp.2006.01.005.

15. Stephanie D. Preston et al., "A Case Study of a Conservation Flagship Species: The Monarch Butterfly," *Biodiversity and Conservation* 30 (2021): 2057-77.

16. Stephanie D. Preston et al., "Leveraging Differences in How Liberals versus Conservatives Think about the Earth Improves Pro-Environmental Responses," forthcoming.

17. Patrick M. Rooney, "The Growth in Total Household Giving Is Camouflaging a Decline in Giving by Small and Medium Donors: What Can We Do About It?" *Nonprofit Quarterly*, August 27, 2019, https://nonprofitquarterly.org/total-household-growth-decline-small-medium-donors/.

18. Paul Bloom, Against Empathy: The Case for Rational Compassion (New York: Ecco, 2016).

19. John M. Darley and Bibb Latané, "Bystander Intervention in Emergencies: Diffusion of Responsibility," *Journal of Personality and Social Psychology* 8, no. 4 (1968): 377-83; Bibb Latané and John M. Darley, "Bystander 'Apathy,'" *American Scientist* 57, no. 2 (1969): 244-68; Peter Fischer et al., "The Bystander-Effect: A Meta-Analytic Review on Bystander Intervention in Dangerous and Non-Dangerous Emergencies," *Psychological Bulletin* 137, no. 4 (2011): 517-37, https://doi.org/10.1037/a0023304.

20. Avner Ben-Ner and Amit Kramer, "Personality and Altruism in the Dictator Game: Relationship to Giving to Kin, Collaborators, Competitors, and Neutrals," *Personality and Individual Differences* 51, no. 3 (August 2011): 216-21, https://doi.org/10.1016/j.paid.2010.04.024; Ryo Oda et al., "Personality and Altruism in Daily Life," *Personality and Individual Differences* 56 (January 2014): 206-9, https://doi.org/10.1016/j.paid.2013.09.017; Dovidio et al., *The Social Psychology of Prosocial Behavior*; Fischer et al., "The Bystander-Effect."

21. Sarah Francis Smith et al., "Are Psychopaths and Heroes Twigs off the Same Branch? Evidence from College, Community, and Presidential Samples," *Journal of Research in Personality* 47, no. 5 (October 2013): 634-46, https://doi.org/10.1016/j.jrp.2013.05.006.

22. Daphna Oyserman, Heather M. Coon, and Markus Kemmelmeier, "Rethinking Individualism and Collectivism: Evaluation of Theoretical Assumptions and Meta-Analyses," *Psychological Bulletin* 128, no. 1 (2002): 3-72, https://doi.org/10.1037/0033-2909.128.1.3; Marilynn B. Brewer and Ya-Ru Chen, "Where (Who) Are Collectives in Collectivism? Toward Conceptual Clarification of Individualism and Collectivism," *Psychological Review* 114, no. 1 (2007): 133-51, https://doi.org/10.1037/0033-295X.114.1.133.

23. Mark Levine and Simon Crowther, "The Responsive Bystander: How Social Group Membership and Group Size Can Encourage as Well as Inhibit Bystander Intervention," *Journal of Personality and Social Psychology* 95, no. 6 (2008): 1429-39, https://doi.org/10.1037/a0012634; Fischer et al., "The Bystander-Effect."

24. Loren J. Martin et al., "Reducing Social Stress Elicits Emotional Contagion of Pain in Mouse and Human Strangers," *Current Biology* 25, no. 3 (February 2015): 326-32, https://doi.org/10.1016/j.cub.2014.11.028.

25. Dovidio et al., *The Social Psychology of Prosocial Behavior*; Oda et al., "Personality and Altruism in Daily Life"; William John Ickes, ed., *Empathic Accuracy* (New York: Guilford Press, 1997); Bruce E. Chlopan et al., "Empathy: Review of Available

Measures," *Journal of Personality and Social Psychology* 48, no. 3 (1985): 635-53, https://doi.org/10.1037/0022-3514.48.3.635.

26. R. William Doherty, "The Emotional Contagion Scale: A Measure of Individual Differences," *Journal of Nonverbal Behavior* 21, no. 2 (1997): 131-54, https://doi.org/10.1023/A:1024956003661; Mark H. Davis, "Measuring Individual Differences in Empathy: Evidence for a Multidimensional Approach," *Journal of Personality and Social Psychology* 44, no. 1 (January 1983): 113-26, https://doi.org/10.1037/0022-3514.44.1.113; Louis A. Penner et al., "Measuring the Prosocial Personality," in *Advances in Personality Assessment* 10 (1995): 147-63.

27. Davis, "Measuring Individual Differences in Empathy."

28. C. D. Batson, "Altruism and Prosocial Behavior," in *The Handbook of Social Psychology*, ed. Daniel T. Gilbert, Susan T. Fiske, and Gardner Lindzey, 4th ed. (New York: Oxford University Press, 1998), 2:282-316.

29. Penner et al., "Measuring the Prosocial Personality."

30. Stephanie D. Preston et al., "Understanding Empathy and Its Disorders Through a Focus on the Neural Mechanism," *Cortex* 127 (2020): 347-70, https://doi.org/10.1016/j.cortex.2020.03.001.

31. Jennifer S. Beer, "Exaggerated Positivity in Self-Evaluation: A Social Neuroscience Approach to Reconciling the Role of Self-Esteem Protection and Cognitive Bias: Social Neuroscience of Exaggerated Positivity," *Social and Personality Psychology Compass* 8, no. 10 (October 2014): 583-94, https://doi.org/10.1111/spc3.12133.

32. Nancy Eisenberg and Randy Lennon, "Sex Differences in Empathy and Related Capacities," *Psychological Bulletin* 94, no. 1 (1983): 100-131.

33. Richard E. Nisbett and Timothy D. Wilson, "Telling More Than We Can Know: Verbal Reports on Mental Processes," *Psychological Review* 7 (1977): 231-59.

34. Ajzen, "The Theory of Planned Behavior."

35. C. Zahn-Waxler and M. Radke-Yarrow, "The Development of Altruism: Alternative Research Strategies," in *The Development of Prosocial Behavior*, ed. Nancy Eisenberg (New York: Academic Press, 1982), 133-62; Nancy Eisenberg and Richard A. Fabes, "Prosocial Development," in *Handbook of Child Psychology*, ed. Nancy Eisenberg, 5th ed. (New York: Wiley, 1998), 3: 701-78; Nancy Eisenberg and Janet Strayer, *Empathy and Its Development* (Cambridge University Press, Cambridge, MA, 1990); Martin L. Hoffman, *Empathy and Moral Development: Implications for Caring and Justice* (New York: Cambridge University Press, 2000); Carolyn Zahn-Waxler et al., "Development of Concern for Others," *Developmental Psychology* 28, no. 1 (1992): 126-36; Carolyn Zahn-Waxler, Marian Radke-Yarrow, and Robert A. King, "Child Rearing and

Children's Prosocial Initiations Toward Victims of Distress," *Child Development* 50, no. 2 (1979): 319-30.

36. Dario Maestripieri, "The Biology of Human Parenting: Insights from Nonhuman Primates," *Neuroscience & Biobehavioral Reviews* 23, no. 3 (1999): 411-22, https://doi.org/10.1016/S0149-7634(98)00042-6.

37. Marinus H. van IJzendoorn, "Attachment, Emergent Morality, and Aggression: Toward a Developmental Socioemotional Model of Antisocial Behaviour," *International Journal of Behavioral Development* 21, no. 4 (November 1997): 703-27, https://doi.org/10.1080/016502597384631.

38. R. J. R. Blair et al., "The Development of Psychopathy," *Journal of Child Psychology and Psychiatry* 47, nos. 3-4 (March 2006): 262-76, https://doi.org/10.1111/j.1469-7610.2006.01596.x.

39. Abigail A. Marsh and Robert James R. Blair, "Deficits in Facial Affect Recognition Among Antisocial Populations: A Meta-Analysis," *Neuroscience and Biobehavioral Reviews* 32 (2008): 454-65; R. J. R. Blair, "The Amygdala and Ventromedial Prefrontal Cortex: Functional Contributions and Dysfunction in Psychopathy," *Philosophical Transactions of the Royal Society of London. Series B: Biological Sciences* 363, no. 1503 (August 12, 2008): 2557-65, https://doi.org/10.1098/rstb.2008.0027; R. J. R. Blair, "The Amygdala and Ventromedial Prefrontal Cortex in Morality and Psychopathy," *Trends in Cognitive Sciences* 11, no. 9 (September 2007): 387-92, https://doi.org/10.1016/j.tics.2007.07.003.

40. Abigail A. Marsh, "Neural, Cognitive, and Evolutionary Foundations of Human Altruism," *Wiley Interdisciplinary Reviews: Cognitive Science* 7, no. 1 (2016): 59-71.

41. Peter Johansson and Margaret Kerr, "Psychopathy and Intelligence: A Second Look," *Journal of Personality Disorders* 19, no. 4 (August 2005): 357-69, https://doi.org/10.1521/pedi.2005.19.4.357.

42. Stephanie N. Mullins-Sweatt et al., "The Search for the Successful Psychopath," *Journal of Research in Personality* 44, no. 4 (August 2010): 554-58, https://doi.org/10.1016/j.jrp.2010.05.010.

43. Preston et al., "Understanding Empathy and Its Disorders."

44. Lai Ling Chau et al., "Intrinsic and Extrinsic Religiosity as Related to Conscience, Adjustment, and Altruism," *Personality and Individual Differences* 11, no. 4 (1990): 397-400, https://doi.org/10.1016/0191-8869(90)90222-D; H. Lovell Smith, Anthony Fabricatore, and Mark Peyrot, "Religiosity and Altruism Among African American Males: The Catholic Experience," *Journal of Black Studies* 29, no. 4 (March 1999): 579-97, https://doi.org/10.1177/002193479902900407.

45. Chau et al., "Intrinsic and Extrinsic Religiosity."

제8장. 이타적 반응 모델과 다른 이론의 비교

1. W. D. Hamilton, "The Evolution of Altruistic Behavior." *The American Naturalist* 97, no. 896 (1963): 354-56.
2. J. Maynard Smith, "Group Selection and Kin Selection," *Nature* 201 (1964): 1145-47.
3. B. R. Vickers et al., "Motor System Engagement in Charitable Giving: The Offspring Care Effect," forthcoming.
4. David S. Wilson, "A Theory of Group Selection," *Proceedings of the National Academy of Sciences USA* 72, no. 1 (January 1975): 143-46; Eugene Burnstein, Christian Crandall, and Shinobu Kitayama, "Some Neo-Darwinian Decision Rules for Altruism: Weighing Cues for Inclusive Fitness as a Function of the Biological Importance of the Decision," *Journal of Personality and Social Psychology* 67, no. 5 (1994): 773-89, https://doi.org/10.1037/0022-3514.67.5.773.
5. Jonathan Birch, "Are Kin and Group Selection Rivals or Friends?" *Current Biology* 29, no. 11 (June 2019): R433-38, https://doi.org/10.1016/j.cub.2019.01.065; David S. Wilson and Lee A. Dugatkin, "Group Selection and Assortative Interactions," *The American Naturalist* 149, no. 2 (February 1, 1997): 336-51, https://doi.org/10.1086/285993.
6. Stephanie D. Preston and Frans B. M. de Waal, "Altruism," in *The Handbook of Social Neuroscience*, ed. Jean Decety and John T. Cacioppo (New York: Oxford University Press, 2011), 565-85.
7. Peter Fischer et al., "The Unresponsive Bystander: Are Bystanders More Responsive in Dangerous Emergencies?" *European Journal of Social Psychology* 36, no. 2 (March 2006): 267-78, https://doi.org/10.1002/ejsp.297; Bibb Latané and John M. Darley, "Bystander 'Apathy.'" *American Scientist* 57, no. 2 (1969): 244-68.
8. Herbert Gintis, "Strong Reciprocity and Human Sociality," *Journal of Theoretical Biology* 206, no. 2 (2000): 169-79, https://doi.org/10.1006/jtbi.2000.2111; Samuel Bowles and Herbert Gintis, "The Evolution of Strong Reciprocity: Cooperation in Heterogeneous Populations," *Theoretical Population Biology* 65, no. 1 (2004): 17-28, https://doi.org/10.1016/j.tpb.2003.07.001; Ernst Fehr, Urs Fischbacher, and Simon Gächter, "Strong Reciprocity, Human Cooperation, and the Enforcement of Social Norms," *Human Nature* 13, no. 1 (2002): 1-25, https://doi.org/10.1007/s12110-002-1012-7.

9. Philip G. Zimbardo, "On 'Obedience to Authority,'" *American Psychologist* 29, no. 7 (1974): 567, https://doi.org/10.1037/h0038158.
10. 분명 강한 호혜성을 단일 유전자나 유전자 집합에 연결할 수 있을 것이다. 그러나 그 유전자가 학습이나 작동 기억 같은 더 일반적인 특징 대신 인간의 협동을 일으킨다는 뜻은 아니다.
11. Stanley Milgram, *Obedience to Authority: An Experimental View* (New York: Harper & Row, 1974). 스탠리 밀그램, 정태연 옮김, 《권위에 대한 복종》(에코리브르, 2009).
12. Philip G. Zimbardo, Christina Maslach, and Craig Haney, "Reflections on the Stanford Prison Experiment: Genesis, Transformations, Consequences," in *Obedience to Authority: Current Perspectives on the Milgram Paradigm*, ed. T. Blass (Hoboken, NJ: Erlbaum, 1999), 193-237.
13. 짐바르도 주장의 정확성에 의문을 제기하면서, 간수가 잔인하게 행동하라는 지시를 받았거나 그렇게까지 놀라운 행동을 보이지 않았을 것이라고 말하는 사람들도 있음에 주목해야 한다.
14. Frans B. M. de Waal, *Peacemaking Among Primates* (Cambridge, MA: Harvard University Press, 1989). 프란스 더발, 김희정 옮김, 《영장류의 평화 만들기》(새물결, 2007).
15. Peter Verbeek and Frans B. M. de Waal, "Peacemaking Among Preschool Children," *Peace and Conflict: Journal of Peace Psychology* 7, no. 1 (2001): 5-28, https://doi.org/10.1207/S15327949PAC0701_02.
16. Latané and Darley, "Bystander 'Apathy.'"
17. Martin Gansberg, "Thirty-Eight Who Saw Murder Didn't Call the Police," *New York Times* 27 (1964).
18. Samuel P. Oliner, "Extraordinary Acts of Ordinary People," in *Altruism and Altruistic Love: Science, Philosophy, and Religion in Dialogue*, ed. Steven Post et al. (Oxford: Oxford University Press, 2002), 123-39.
19. Rachel Manning, Mark Levine, and Alan Collins, "The Kitty Genovese Murder and the Social Psychology of Helping: The Parable of the 38 Witnesses," *American Psychologist* 62, no. 6 (2007): 555.
20. C. D. Batson, *The Altruism Question: Toward A Social-Psychological Answer* (New York: Taylor & Francis, 2014); C. D. Batson, *Altruism in Humans* (New York: Oxford University Press, 2011).
21. Carolyn Zahn-Waxler and Marian Radke-Yarrow, "The Development of Altruism: Alternative Research Strategies," in *The Development of Prosocial Behavior*, ed. Nancy Eisenberg (New York: Academic Press, 1982), 133-62.
22. Carolyn Zahn-Waxler, Barbara Hollenbeck, and Marian Radke-Yarrow, "The Origins

of Empathy and Altruism," in *Advances in Animal Welfare Science*, ed. Michael W. Fox and Linda D. Mickley (Washington, DC: Humane Society of the United States, 1984), 21-39.

23. Frans B. M. de Waal and Stephanie D. Preston, "Mammalian Empathy: Behavioural Manifestations and Neural Basis," *Nature Reviews Neuroscience* 18, no. 8 (2017): 498-510.

24. I. Morrison et al., "Vicarious Responses to Pain in Anterior Cingulate Cortex: Is Empathy a Multisensory Issue?" *Cognitive, Affective, and Behavioral Neuroscience* 4, no. 2 (June 2004): 270-78; T. Singer et al., "Empathy for Pain Involves the Affective but Not Sensory Components of Pain," *Science* 303, no. 5661 (February 20, 2004): 1157-62.

25. Claus Lamm, Jean Decety, and Tania Singer, "Meta-Analytic Evidence for Common and Distinct Neural Networks Associated with Directly Experienced Pain and Empathy for Pain," *Neuroimage* 54, no. 3 (2011): 2492-502.

26. Pascal Molenberghs, "The Neuroscience of In-Group Bias," *Neuroscience & Biobehavioral Reviews* 37, no. 8 (September 2013): 1530-36, https://doi.org/10.1016/j.neubiorev.2013.06.002; Yawei Cheng et al., "Expertise Modulates the Perception of Pain in Others," *Current Biology* 17, no. 19 (October 9, 2007): 1708-13, https://doi.org/10.1016/j.cub.2007.09.020.

27. Stephanie D. Preston et al., "The Neural Substrates of Cognitive Empathy," *Social Neuroscience* 2, nos. 3-4 (2007): 254-75, https://doi.org/10.1080/17470910701376902.

28. Stephanie D. Preston and Frans B. M. de Waal, "Empathy: Its Ultimate and Proximate Bases," *Behavioral and Brain Sciences* 25, no. 1 (2002): 1-71, https://doi.org/10.1017/S0140525X02000018.

29. Paul Bloom, *Against Empathy: The Case for Rational Compassion* (New York: Ecco, 2016).

30. Tony W. Buchanan and Stephanie D. Preston, "Stress Leads to Prosocial Action in Immediate Need Situations," *Frontiers in Behavioral Neuroscience* 8, no. 5 (2014), https://doi.org/10.3389/fnbeh.2014.00005.

31. Norbert Schwarz and Gerald L. Clore, "Mood as Information: 20 Years Later," *Psychological Inquiry* 14, no. 3-4 (2003): 296-303; Antonio Damasio, *Descartes' Error: Emotion, Reason, and the Human Brain* (New York: Putnam, 1994); Paul Slovic and Ellen Peters, "Risk Perception and Affect," *Current Directions in Psychological Science* 15, no. 6 (December 2006): 322-25, https://doi.org/10.1111/j.1467-8721.2006.00461.x; Jennifer S. Lerner et al., "Emotion and Decision Making," *Annual Review of Psychology* 66, no. 1 (January 3, 2015): 799-823, https://doi.org/10.1146/annurev-psych-010213-115043; G. F. Loewenstein et al., "Risk as Feelings," *Psychological*

Bulletin 127, no. 2 (2001): 267-86, https://doi.org/10.1037/0033-2909.127.2.267; Filippo Aureli and Colleen M. Schaffner, "Relationship Assessment Through Emotional Mediation," *Behaviour* 139, nos. 2-3 (2002): 393-420. 안토니오 다마지오의 신체표지가설somatic marker hypothesis, 조지 러웬스틴George Loewenstein과 그 동료들이 제안한 기분으로서의 위험 모델risk-as-feelings model, 제니퍼 러너Jennifer Lerner의 감정침투선택 모델emotion-imbued choice model, 노르베르트 슈바르츠Norbert Schwartz와 제럴드 클로어Gerald Clore의 정보적 기분 모델mood as information model, 폴 슬로빅Paul Slovic과 엘런 피터Ellen Peter의 감정 편향affect heuristic, 필리포 아우렐리의 정서매개도움emotionally mediated helping을 포함해 많은 유명한 가설이 있다.

에필로그: 왜 지금 이타적 반응 모델을 고려해야 하는가

1. William E. Wilsoncroft, "Babies by Bar-Press: Maternal Behavior in the Rat," *Behavior Research Methods, Instruments and Computers* 1 (1969): 229-30; Michael Numan, "Motivational Systems and the Neural Circuitry of Maternal Behavior in the Rat," *Developmental Psychobiology* 49, no. 1 (January 2007): 12-21.
2. J. S. Rosenblatt, "Nonhormonal Basis of Maternal Behavior in the Rat," *Science* 156 (1967): 1512-14; J. S. Rosenblatt and K. Ceus, "Estrogen Implants in the Medial Preoptic Area Stimulate Maternal Behavior in Male Rats," *Hormones and Behavior* 33 (1998): 23-30.
3. Selwyn W. Becker and Alice H. Eagly, "The Heroism of Women and Men," *American Psychologist* 59, no. 3 (2004): 163-78, https://doi.org/10.1037/0003-066x.59.3.163; Leonardo Christov-Moore et al., "Empathy: Gender Effects in Brain and Behavior," *Neuroscience & Biobehavioral Reviews* 46, Part 4 (2014): 604-27, https://doi.org/10.1016/j.neubiorev.2014.09.001; Mark Coultan, "NY Toasts Subway Superman After Death-Defying Rescue," *The Age*, January 6, 2007, http://www.theage.com.au/news/world/ny-toasts-subway-superman-after-deathdefying-rescue/2007/01/05/1167777281613.html.
4. Lyn Craig, "Does Father Care Mean Fathers Share? A Comparison of How Mothers and Fathers in Intact Families Spend Time with Children," *Gender & Society* 20, no. 2 (April 2006): 259-81, https://doi.org/10.1177/0891243205285212.
5. Heather E. Ross et al., "Variation in Oxytocin Receptor Density in the Nucleus Accumbens Has Differential Effects on Affiliative Behaviors in Monogamous and Polygamous Voles," *The Journal of Neuroscience* 29, no. 5 (February 4, 2009): 1312-18, https://doi.org/10.1523/JNEUROSCI.5039-08.2009.

6. Michael Numan and Thomas R. Insel, *The Neurobiology of Parental Behavior* (New York: Springer, 2003).
7. Jules B. Panksepp and Garet P. Lahvis, "Rodent Empathy and Affective Neuroscience," *Neuroscience & Biobehavioral Reviews* 35, no. 9 (October 2011): 1864-75, https://doi.org/10.1016/j.neubiorev.2011.05.013.
8. Pascal Molenberghs, "The Neuroscience of In-Group Bias," *Neuroscience & Biobehavioral Reviews* 37, no. 8 (September 2013): 1530-36, https://doi.org/10.1016/j.neubiorev.2013.06.002.
9. Mark J. Pletcher et al., "Trends in Opioid Prescribing by Race/Ethnicity for Patients Seeking Care in US Emergency Departments," *Journal of the American Medical Association* 299, no. 1 (January 2, 2008): 70-78, https://doi.org/10.1001/jama.2007.64; Brian B. Drwecki et al., "Reducing Racial Disparities in Pain Treatment: The Role of Empathy and Perspective-Taking," *Pain* 152, no. 5 (May 1, 2011): 1001-6, https://doi.org/10.1016/j.pain.2010.12.005; Kelly M. Hoffman et al., "Racial Bias in Pain Assessment and Treatment Recommendations, and False Beliefs About Biological Differences Between Blacks and Whites," *Proceedings of the National Academy of Sciences of the United States of America* 113, no. 16 (April 19, 2016): 4296-4301, https://doi.org/10.1073/pnas.1516047113.
10. Stephanie D. Preston and Frans B. M. de Waal, "Empathy: Its Ultimate and Proximate Bases," *Behavioral and Brain Sciences* 25, no. 1 (2002): 1-71.
11. Robert L. Trivers, "The Evolution of Reciprocal Altruism," *Quarterly Review of Biology* 46 (1971): 35-57.
12. Irene Pepperberg, *The Alex Studies: Cognitive and Communicative Abilities of Grey Parrots* (Cambridge, MA: Harvard University Press, 2009).
13. Tony W. Buchanan et al., "The Empathic, Physiological Resonance of Stress," *Social Neuroscience* 7, no. 2 (2012): 191-201, https://doi.org/10.1080/17470919.2011.588723; Emilie C. Perez et al., "Physiological Resonance Between Mates Through Calls as Possible Evidence of Empathic Processes in Songbirds," *Hormones and Behavior* 75 (September 1, 2015): 130-41, https://doi.org/10.1016/j.yhbeh.2015.09.002; Joanne L. Edgar and Christine J. Nicol, "Socially-Mediated Arousal and Contagion Within Domestic Chick Broods," *Scientific Reports* 8, no. 1 (December 2018): 10509, https://doi.org/10.1038/s41598-018-28923-8.
14. Katherine Taylor et al., "Precision Rescue Behavior in North American Ants," *Evolutionary Psychology* 11, no. 3 (July 2013): 147470491301100, https://doi.org/10.1177/147470491301100312.
15. Seweryn Olkowicz et al., "Birds Have Primate-like Numbers of Neurons in the

Forebrain," *Proceedings of the National Academy of Sciences* 113, no. 26 (June 28, 2016): 7255–60, https://doi.org/10.1073/pnas.1517131113.

16. Sandeep Gupta et al., "Defining Structural Homology between the Mammalian and Avian Hippocampus through Conserved Gene Expression Patterns Observed in the Chick Embryo," *Developmental Biology* 366, no. 2 (June 15, 2012): 125–41, https://doi.org/10.1016/j.ydbio.2012.03.027; Olkowicz et al., "Birds Have Primate-like Numbers of Neurons in the Forebrain."

17. Kristina Simonyan, Barry Horwitz, and Erich D. Jarvis, "Dopamine Regulation of Human Speech and Bird Song: A Critical Review," *Brain and Language* 122, no. 3 (September 1, 2012): 142–50, https://doi.org/10.1016/j.bandl.2011.12.009.

18. David Kabelik and D. Sumner Magruder, "Involvement of Different Mesotocin (Oxytocin Homologue) Populations in Sexual and Aggressive Behaviours of the Brown Anole," *Biology Letters* 10, no. 8 (August 31, 2014): 20140566, https://doi.org/10.1098/rsbl.2014.0566.

19. James L. Goodson, Aubrey M. Kelly, and Marcy A. Kingsbury, "Evolving Nonapeptide Mechanisms of Gregariousness and Social Diversity in Birds," *Hormones and Behavior* 61, no. 3 (March 2012): 239–50, https://doi.org/10.1016/j.yhbeh.2012.01.005.

20. J. D. Reynolds, N. B. Goodwin, and R. P. Freckleton, "Evolutionary Transitions in Parental Care and Live Bearing in Vertebrates," ed. S. Balshine, B. Kempenaers, and T. Székely, *Philosophical Transactions of the Royal Society of London. Series B: Biological Sciences* 357, no. 1419 (March 29, 2002): 269–81, https://doi.org/10.1098/rstb.2001.0930.

21. Reynolds, Goodwin, and Freckleton, "Evolutionary Transitions."

22. Tim H. Clutton-Brock, *The Evolution of Parental Care* (Princeton, NJ: Princeton University Press, 1991).

23. Stephen E. G. Lea and Paul Webley, "Money as Tool, Money as Drug: The Biological Psychology of a Strong Incentive," *Behavioral and Brain Sciences* 29, no. 02 (2006): 161–209.

참고문헌

Acebo, Christine, and Evelyn B. Thoman. "Role of Infant Crying in the Early Mother-Infant Dialogue." *Physiology & Behavior* 57, no. 3 (1995): 541–47.

Addessi, Elsa, Amy T. Galloway, Elisabetta Visalberghi, and Leann L. Birch. "Specific Social Influences on the Acceptance of Novel Foods in 2–5-Year-Old Children." *Appetite* 45, no. 3 (December 2005): 264–71. https://doi.org/10.1016/j.appet.2005.07.007.

Ajzen, Icek. "The Theory of Planned Behavior." *Organizational Behavior and Human Decision Processes* 50, no. 2 (December 1991): 179–211. https://doi.org/10.1016/0749-5978(91)90020-T.

Andreoni, James. "Impure Altruism and Donations to Public Goods: A Theory of Warm-Glow Giving." *The Economic Journal* 100, no. 401 (1990): 464–77.

Andreoni, James, William T. Harbaugh, and Lise Vesterlund. "Altruism in Experiments." In *The New Palgrave Dictionary of Economics*, ed. Steven N. Durlauf and Lawrence E. Bloom, 134–38. London: Palgrave Macmillan, 2008.

Anik, Lalin, Lara B. Aknin, Michael I. Norton, and Elizabeth W. Dunn. "Feeling Good About Giving: The Benefits (and Costs) of Self-Interested Charitable Behavior." *SSRN Electronic Journal* 2009. https://doi.org/10.2139/ssrn.1444831.

Associated Press. "Dog Dies After Saving Trinidad Man from Fire." *Los Angeles Times*, October 11, 2008.

Aureli, Filippo, Stephanie D. Preston, and Frans B. M. de Waal. "Heart Rate Responses to Social Interactions in Free-Moving Rhesus Macaques (Macaca Mulatta): A Pilot Study." *Journal of Comparative Psychology* 113, no. 1 (March 1999): 59–65.

Aureli, Filippo, and Colleen M. Schaffner. "Relationship Assessment Through Emotional Mediation." *Behaviour* 139, nos. 2–3 (2002): 393–420.

Azar, Beth. "Nature, Nurture: Not Mutually Exclusive." *APA Monitor* 28 (1997): 1–28.

Bakermans-Kranenburg, Marian J., and Marinus H. van IJzendoorn. "A Sociability Gene? Meta-Analysis of Oxytocin Receptor Genotype Effects in Humans." *Psychiatric Genetics* 24, no. 2 (April 2014): 45–51. https://doi.org/10.1097/YPG.0b013e3283643684.

Bandura, Albert. "Self-Efficacy." In *The Corsini Encyclopedia of Psychology*, ed. Irving B. Weiner and W. Edward Craighead, 1–3. Hoboken, NJ: Wiley, 2010. https://doi.org/10.1002/9780470479216.corpsy0836.

Barclay, Pat. "Altruism as a Courtship Display: Some Effects of Third-Party Generosity on Audience Perceptions." *British Journal of Psychology* 101, no. 1 (2010): 123–35. https://doi.org/10.1348/000712609x435733.

Baron-Cohen, Simon, and Sally Wheelwright. "The Empathy Quotient: An Investigation of Adults with Asperger Syndrome or High Functioning Autism, and Normal Sex Differences." *Journal of Autism and Developmental Disorders* 34, no. 2 (April 2004): 163–75. https://doi.org/10.1023/B:JADD.0000022607.19833.00.

Batson, C. D. "Altruism and Prosocial Behavior." In *The Handbook of Social Psychology*, ed. Daniel T. Gilbert, Susan T. Fiske, and Gardner Lindzey, 4th ed., 2:282–316. New York: Oxford University Press, 1998.

——. *Altruism in Humans*. New York: Oxford University Press, 2011.

——. *The Altruism Question: Toward a Social-Psychological Answer*. New York: Taylor & Francis, 2014.

Batson, C. Daniel. "The Naked Emperor: Seeking a More Plausible Genetic Basis for Psychological Altruism." *Economics and Philosophy* 26, no. 2 (2010): 149–64. https://doi.org/10.1017/S0266267110000179.

Batson, C. Daniel, and Jay S. Coke. "Empathy: A Source of Altruistic Motivation for Helping." In *Altruism and Helping Behavior*, ed. J. Philippe Rushton and Richard M. Sorrentino, 167–87.

Baumgartner, Thomas, Markus Heinrichs, Aline Vonlanthen, Urs Fischbacher, and Ernst Fehr. "Oxytocin Shapes the Neural Circuitry of Trust and Trust Adaptation in Humans." *Neuron* 58, no. 4 (May 22, 2008): 639–50.

Bechara, Antonio, Hanna Damasio, Daniel Tranel, and Steven Anderson. "Dissociation of Working Memory from Decision Making Within the Human Prefrontal Cortex." *Journal of Neuroscience* 18 (1998): 428–37.

Bechara, Antoine, Hanna Damasio, and Antonio R. Damasio. "Emotion, Decision Making and the Orbitofrontal Cortex." *Cerebral Cortex* 10, no. 3 (2000): 295–307.

Becker, Jill B., and Jane R. Taylor. "Sex Differences in Motivation." In *Sex Differences in the Brain: From Genes to Behavior*, ed. J. B. Becker, K. J. Berkley, N. Geary, E. Hampson, J. P. Herman, and E. A. Young, 177–99. New York: Oxford University Press, 2008.

Becker, Selwyn W., and Alice H. Eagly. "The Heroism of Women and Men." *American Psychologist* 59, no. 3 (2004): 163–78. https://doi.org/10.1037/0003-066x.59.3.163.

Beeman, William O. "Making Grown Men Weep." In *Aesthetics in Performance: Formations of Symbolic Instruction and Experience*, ed. Angela Hobart and Bruce Kapferer, 23–42. New York: Berghahn Books, 2005.

Beer, Jennifer S. "Exaggerated Positivity in Self-Evaluation: A Social Neuroscience Approach to Reconciling the Role of Self-Esteem Protection and Cognitive Bias—Social Neuroscience of Exaggerated Positivity." *Social and Personality Psychology Compass* 8, no. 10 (October 2014): 583–94. https://doi.org/10.1111/spc3.12133.

Ben-Ner, Avner, and Amit Kramer. "Personality and Altruism in the Dictator Game: Relationship to Giving to Kin, Collaborators, Competitors, and Neutrals." *Personality and Individual Differences* 51, no. 3 (August 2011): 216–21. https://doi.org/10.1016/j.paid.2010.04.024.

Berridge, Kent C., and Terry E. Robinson. "What Is the Role of Dopamine in Reward: Hedonic Impact, Reward Learning, or Incentive Salience?" *Brain Research Reviews* 28, no. 3 (December 1998): 309–69.

Berry, Diane S., and Leslie Z. McArthur. "Some Components and Consequences of a Babyface." *Journal of Personality and Social Psychology* 48, no. 2 (1985): 312–23. https://doi.org/10.1037/0022-3514.48.2.312.

Birch, Jonathan. "Are Kin and Group Selection Rivals or Friends?" *Current Biology* 29, no. 11 (June 2019): R433–38. https://doi.org/10.1016/j.cub.2019.01.065.

Blair, R. James R. "The Amygdala and Ventromedial Prefrontal Cortex: Functional Contributions and Dysfunction in Psychopathy." *Philosophical Transactions of the Royal Society of London. Series B: Biological Sciences* 363, no. 1503 (August 12, 2008): 2557–65. https://doi.org/10.1098/rstb.2008.0027.

——. "The Amygdala and Ventromedial Prefrontal Cortex in Morality and Psychopathy." *Trends in Cognitive Science* 11, no. 9 (September 2007): 387–92. https://doi.org/10.1016/j.tics.2007.07.003.

Blair, R. James R., Karina S. Peschardt, Salima Budhani, Derek G. V. Mitchell, and Daniel S. Pine. "The Development of Psychopathy." *Journal of Child Psychology and Psychiatry* 47, nos. 3–4 (March 2006): 262–76. https://doi.org/10.1111/j.1469-7610.2006.01596.x.

Bloom, Paul. *Against Empathy: The Case for Rational Compassion*. New York: Ecco, 2016.

Bowlby, John. *Attachment and Loss*, Volume 1: *Attachment*. New York: Basic Books, 1969.

———. "The Nature of the Child's Tie to His Mother." *International Journal of Psycho-Analysis* 39 (1958): 350–73.

Bowles, Samuel, and Herbert Gintis. "The Evolution of Strong Reciprocity: Cooperation in Heterogeneous Populations." *Theoretical Population Biology* 65, no. 1 (2004): 17–28. https://doi.org/10.1016/j.tpb.2003.07.001.

Brembs, Björn, and Jan Wiener. "Context and Occasion Setting in Drosophila Visual Learning." *Learning & Memory* 13, no. 5 (September 1, 2006): 618–28. https://doi.org/10.1101/lm.318606.

Brennan, Kelly A., and Phillip R. Shaver. "Dimensions of Adult Attachment, Affect Regulation, and Romantic Relationship Functioning." *Personality and Social Psychology Bulletin* 21, no. 3 (1995): 267–83.

Brewer, Marilynn B., and Ya-Ru Chen. "Where (Who) Are Collectives in Collectivism? Toward Conceptual Clarification of Individualism and Collectivism." *Psychological Review* 114, no. 1 (2007): 133–51. https://doi.org/10.1037/0033-295X.114.1.133.

Broad, Kevin D., James P. Curley, and Eric B. Keverne. "Mother-Infant Bonding and the Evolution of Mammalian Social Relationships." *Philosophical Transactions of the Royal Society of London. Series B: Biological Sciences* 361, no. 1476 (December 29, 2006): 2199–214. https://doi.org/10.1098/rstb.2006.1940.

Brown, Jennifer R., Hong Ye, Roderick T. Bronson, Pieter Dikkes, and Michael E. Greenberg. "A Defect in Nurturing in Mice Lacking the Immediate Early Gene FosB." *Cell* 86, no. 2 (1996): 297–309.

Brown, Stephanie L., and R. Michael Brown. "Connecting Prosocial Behavior to Improved Physical Health: Contributions from the Neurobiology of Parenting." *Neuroscience & Biobehavioral Reviews* 55 (August 2015): 1–17. https://doi.org/10.1016/j.neubiorev.2015.04.004.

Brown, Stephanie L., R. Michael Brown, and Louis A. Penner. *Moving Beyond Self-Interest: Perspectives from Evolutionary Biology, Neuroscience, and the Social Sciences*. New York: Oxford University Press, 2011.

Buchanan, Tony W., Sara L. Bagley, R. Brent Stansfield, and Stephanie D. Preston. "The Empathic, Physiological Resonance of Stress." *Social Neuroscience* 7, no. 2 (2012): 191–201. https://doi.org/10.1080/17470919.2011.588723.

Buchanan, Tony W., and Stephanie D. Preston. "Stress Leads to Prosocial Action in Immediate Need Situations." *Frontiers in Behavioral Neuroscience* 8, no. 5 (2014). https://doi.org/10.3389/fnbeh.2014.00005.

Buckley, Cara. "Man Is Rescued by Stranger on Subway Tracks." *New York Times*, January 3, 2007.

Burkett, James P., Elissar Andari, Zachary V. Johnson, Daniel C. Curry, Frans B .M. de Waal, and Larry J. Young. "Oxytocin-Dependent Consolation Behavior in Rodents." *Science* 351, no. 6271 (2016): 375–78.

Burnstein, Eugene, Christian Crandall, and Shinobu Kitayama. "Some Neo-Darwinian Decision Rules for Altruism: Weighing Cues for Inclusive Fitness as a Function of the Biological Importance of the Decision." *Journal of Personality and Social Psychology* 67, no. 5 (1994): 773–89. https://doi.org/10.1037/0022-3514.67.5.773.

Carroll, Sean B. "Evo-Devo and an Expanding Evolutionary Synthesis: A Genetic Theory of Morphological Evolution." *Cell* 134, no. 1 (July 2008): 25–36. https://doi.org/10.1016/j.cell.2008.06.030.

Carstensen, Laura L., John M. Gottman, and Robert W. Levenson. "Emotional Behavior in Long-Term Marriage." *Psychology and Aging* 10, no. 1 (1995): 140–49. https://doi.org/10.1037/0882-7974.10.1.140.

Champagne, Frances A. "Epigenetic Mechanisms and the Transgenerational Effects of Maternal Care." *Frontiers in Neuroendocrinology* 29 (2008): 386–97.

Champagne, Frances A., Darlene D. Francis, Adam Mar, and Michael J. Meaney. "Variations in Maternal Care in the Rat as a Mediating Influence for the Effects of Environment on Development." *Physiology & Behavior* 79, no. 3 (2003): 359–71.

Chau, Lai Ling, Ronald C. Johnson, John K. Bowers, Thomas J. Darvill, and George P. Danko. "Intrinsic and Extrinsic Religiosity as Related to Conscience, Adjustment, and Altruism." *Personality and Individual Differences* 11, no. 4 (1990): 397–400. https://doi.org/10.1016/0191-8869(90)90222-D.

Cheng, Yawei, Ching-Po Lin, Ho-Ling Liu, Yuan-Yu Hsu, Kun-Eng Lim, Daisy Hung, and Jean Decety. "Expertise Modulates the Perception of Pain in Others." *Current Biology* 17, no. 19 (October 9, 2007): 1708–13. https://doi.org/10.1016/j.cub.2007.09.020.

Chlopan, Bruce E., Marianne L. McCain, Joyce L. Carbonell, and Richard L. Hagen. "Empathy: Review of Available Measures." *Journal of Personality and Social Psychology* 48, no. 3 (1985): 635–53. https://doi.org/10.1037/0022-3514.48.3.635.

Christov-Moore, Leonardo, Elizabeth A. Simpson, Gino Coudé, Kristina Grigaityte, Marco Iacoboni, and Pier Francesco Ferrari. "Empathy: Gender Effects in Brain and Behavior," *Neuroscience & Biobehavioral Reviews* 46, Part 4 (2014): 604–27. https://doi.org/10.1016/j.neubiorev.2014.09.001.

Clayton, Nicola S., Juan C. Reboreda, and Alex Kacelnik. "Seasonal Changes of Hippocampus Volume in Parasitic Cowbirds." *Behavioural Processes* 41, no. 3 (December 1997): 237–43. https://doi.org/10.1016/S0376-6357(97)00050-8.

Clutton-Brock, Tim H. *The Evolution of Parental Care*. Princeton, NJ: Princeton University Press, 1991.

Connell, Sharon, John Fien, Jenny Lee, Helen Sykes, and David Yencken. " 'If It Doesn't Directly Affect You, You Don't Think About It': A Qualitative Study of Young People's Environmental Attitudes in Two Australian Cities." *Environmental Education Research* 5, no. 1 (February 1999): 95–113. https://doi.org/10.1080/1350462990050106.

Coultan, Mark. "NY Toasts Subway Superman After Death-Defying Rescue." *The Age*, January 6, 2007. http://www.theage.com.au/news/world/ny-toasts-subway-superman-after-deathdefying-rescue/2007/01/05/1167777281613.html.

Craig, Lyn. "Does Father Care Mean Fathers Share? A Comparison of How Mothers and Fathers in Intact Families Spend Time with Children." *Gender & Society* 20, no. 2 (April 2006): 259–81. https://doi.org/10.1177/0891243205285212.

Crocker, Jennifer, Amy Canevello, and Ashley A. Brown. "Social Motivation: Costs and Benefits of Selfishness and Otherishness." *Annual Review of Psychology* 68, no. 1 (January 3, 2017): 299–325. https://doi.org/10.1146/annurev-psych-010416-044145.

Curtiss, Susan, and Harry A. Whitaker. *Genie: A Psycholinguistic Study of a Modern-Day Wild Child*. St. Louis, MO: Elsevier Science, 2014.

Damasio, Antonio. *Descartes' Error : Emotion, Reason, and the Human Brain*. New York: Putnam, 1994.

Darley, John M., and Bibb Latané. "Bystander Intervention in Emergencies: Diffusion of Responsibility." *Journal of Personality and Social Psychology* 8, no. 4 (1968): 377–83.

Darwin, Charles. *The Expression of the Emotions in Man and Animals*. 3rd ed. Oxford: Oxford University Press, 1872.

Davis, Mark H. "Measuring Individual Differences in Empathy: Evidence for a Multidimensional Approach." *Journal of Personality and Social Psychology* 44, no. 1 (January 1983): 113–26. https://doi.org/10.1037/0022-3514.44.1.113.

Dawkins, Richard. *The Selfish Gene*. Oxford: Oxford University Press, 1976.

de Quervain, Dominique JF, Urs Fischbacher, Valerie Treyer, Melanie Schellhammer, Ulrich Schnyder, Alfred Buck, and Ernst Fehr. "The Neural Basis of Altruistic Punishment." *Science* 305, no. 5688 (August 27, 2004): 1254–58.

DeSteno, David, Monica Y. Bartlett, Jolie Baumann, Lisa A. Williams, and Leah Dickens. "Gratitude as Moral Sentiment: Emotion-Guided Cooperation in Economic Exchange." *Emotion* 10, no. 2 (2010): 289–93. https://doi.org/10.1037/a0017883.

de Waal, Frans B. M. *Good Natured: The Origins of Right and Wrong in Humans and Other*

Animals. Cambridge, MA: Harvard University Press, 1996.
———. *Peacemaking Among Primates*. Cambridge, MA: Harvard University Press, 1989.
———. "Putting the Altruism Back Into Altruism: The Evolution of Empathy." *Annual Review of Psychology* 59 (2008): 279–300.
de Waal, Frans B. M., and Filippo Aureli. "Consolation, Reconciliation, and a Possible Cognitive Difference Between Macaque and Chimpanzee." In *Reaching Into Thought: The Minds of the Great Apes*, ed. K. A. Bard, A. E. Russon, and S. T. Parker, 80–110. Cambridge: Cambridge University Press, 1996.
de Waal, Frans B. M., and Stephanie D. Preston. "Mammalian Empathy: Behavioural Manifestations and Neural Basis." *Nature Reviews Neuroscience* 18, no. 8 (2017): 498–510.
Dickert, Stephan, Daniel Västfjäll, Janet Kleber, and Paul Slovic. "Scope Insensitivity: The Limits of Intuitive Valuation of Human Lives in Public Policy." *Journal of Applied Research in Memory and Cognition* 4, no. 3 (2015): 248–55.
Doherty, R. William. "The Emotional Contagion Scale: A Measure of Individual Differences." *Journal of Nonverbal Behavior* 21, no. 2 (1997): 131–54. https://doi.org/10.1023/A:1024956003661.
Dovidio, John F., Jane Allyn Piliavin, David A. Schroeder, and Louis A. Penner. *The Social Psychology of Prosocial Behavior*. Philadelphia: Erlbaum, 2006.
Drwecki, Brian B., Colleen F. Moore, Sandra E. Ward, and Kenneth M. Prkachin. "Reducing Racial Disparities in Pain Treatment: The Role of Empathy and Perspective-Taking." *Pain* 152, no. 5 (May 1, 2011): 1001–6. https://doi.org/10.1016/j.pain.2010.12.005.
Dunfield, Kristen A. "A Construct Divided: Prosocial Behavior as Helping, Sharing, and Comforting Subtypes." *Frontiers in Psychology* 5 (September 2, 2014): 958. https://doi.org/10.3389/fpsyg.2014.00958.
Dunn, Elizabeth W., Laura B. Aknin, and Michael I. Norton. "Spending Money on Others Promotes Happiness." *Science* 319, no. 5870 (March 21, 2008): 1687–88. https://doi.org/10.1126/science.1150952.
Dyer, Carmel Bitondo, Valory N. Pavlik, Kathleen Pace Murphy, and David J. Hyman. "The High Prevalence of Depression and Dementia in Elder Abuse or Neglect." *Journal of the American Geriatrics Society* 48, no. 2 (February 2000): 205–8. https://doi.org/10.1111/j.1532-5415.2000.tb03913.x.
Edgar, Joanne L., and Christine J. Nicol. "Socially-Mediated Arousal and Contagion Within Domestic Chick Broods." *Scientific Reports* 8, no. 1 (December 2018): 10509. https://doi.org/10.1038/s41598-018-28923-8.
Eibl-Eibesfeldt, Irenaus. *Love and Hate*. Trans. Geoffrey Strachan. 2nd ed. New York:

Schocken Books, 1971.

Einon, Dorothy, and Michael Potegal. "Temper Tantrums in Young Children." In *The Dynamics of Aggression: Biological and Social Processes in Dyads and Groups*, ed. Michael Potegal and John F. Knutson, 157–94. New York: Psychology Press, 1994.

Eisenberg, Nancy, and Richard A. Fabes. "Prosocial Development." In *Handbook of Child Psychology*, ed. Nancy Eisenberg, 5th ed., 3:701–78. New York: Wiley, 1998.

Eisenberg, Nancy, Richard A. Fabes, Bridget Murphy, Mariss Karbon, Pat Maszk, Melanie Smith, Cherie O'Boyle, and K. Suh. "The Relations of Emotionality and Regulation to Dispositional and Situational Empathy-Related Responding." *Journal of Personality & Social Psychology* 66, no. 4 (1994): 776–97.

Eisenberg, Nancy, and Randy Lennon. "Sex Differences in Empathy and Related Capacities." *Psychological Bulletin* 94, no. 1 (1983): 100–131.

Eisenberg, Nancy, and Janet Strayer, eds. *Empathy and Its Development*. New York: Cambridge University Press, 1987.

Erwin, Douglas H., and Eric H. Davidson. "The Evolution of Hierarchical Gene Regulatory Networks." *Nature Reviews Genetics* 10, no. 2 (February 2009): 141–48. https://doi.org/10.1038/nrg2499.

Farwell, Lisa, and Bernard Weiner. "Bleeding Hearts and the Heartless: Popular Perceptions of Liberal and Conservative Ideologies." *Personality and Social Psychology Bulletin* 26, no. 7 (September 2000): 845–52. https://doi.org/10.1177/0146167200269009.

Fehr, Ernst, and Colin F. Camerer. "Social Neuroeconomics: The Neural Circuitry of Social Preferences." *Trends in Cognitive Sciences* 11, no. 10 (October 2007): 419–27.

Fehr, Ernst, and Urs Fischbacher. "The Nature of Human Altruism." *Nature* 425, no. 6960 (October 23, 2003): 785–91.

Fehr, Ernst, Urs Fischbacher, and Simon Gächter. "Strong Reciprocity, Human Cooperation, and the Enforcement of Social Norms." *Human Nature* 13, no. 1 (2002): 1–25. https://doi.org/10.1007/s12110-002-1012-7.

Fehr, Ernst, and Simon Gächter. "Altruistic Punishment in Humans." *Nature* 415, no. 6868 (January 10, 2002): 137–40.

Fischer, Peter, Tobias Greitemeyer, Fabian Pollozek, and Dieter Frey. "The Unresponsive Bystander: Are Bystanders More Responsive in Dangerous Emergencies?" *European Journal of Social Psychology* 36, no. 2 (March 2006): 267–78. https://doi.org/10.1002/ejsp.297.

Fischer, Peter, Joachim I. Krueger, Tobias Greitemeyer, Claudia Vogrincic, Andreas Kastenmüller, Dieter Frey, Moritz Heene, Magdalena Wicher, and Martina Kainbacher. "The Bystander-Effect: A Meta-Analytic Review on Bystander Intervention in Dangerous and Non-Dangerous Emergencies." *Psychological Bulletin* 137, no. 4 (2011): 517–37. https://doi.org/10.1037/a0023304.

Fleming, Alison S., Carl Corter, Joy Stallings, and Meir Steiner. "Testosterone and Prolactin Are Associated with Emotional Responses to Infant Cries in New Fathers." *Hormones and Behavior* 42, no. 4 (2002): 399–413.

Fleming, Alison S., Michael Numan, and Robert S. Bridges. "Father of Mothering: Jay S. Rosenblatt." *Hormones and Behavior* 55, no. 4 (April 2009): 484–87. https://doi.org/10.1016/j.yhbeh.2009.01.001.

Fleming, Alison S., and Jay S. Rosenblatt. "Olfactory Regulation of Maternal Behavior in Rats: II. Effects of Peripherally Induced Anosmia and Lesions of the Lateral Olfactory Tract in Pup-Induced Virgins." *Journal of Comparative and Physiological Psychology* 86 (1974): 233–46.

Fletcher, Harvey, and W. A. Munson. "Loudness, Its Definition, Measurement and Calculation." *Journal of the Acoustical Society of America* 5 (1933): 82–108.

Fraser, Orlaith N., and Thomas Bugnyar. "Do Ravens Show Consolation? Responses to Distressed Others." *PLoS ONE* 5, no. 5 (May 12, 2010): e10605. https://doi.org/10.1371/journal.pone.0010605.

Frederick, Shane, George Loewenstein, and Ted O'Donoghue. "Time Discounting and Time Preference: A Critical Review." *Journal of Economic Literature* 40, no. 2 (June 2002): 351–401. https://doi.org/10.1257/jel.40.2.351.

Gansberg, Martin. "Thirty-Eight Who Saw Murder Didn't Call the Police." *New York Times*, March 27, 1964.

Gintis, Herbert. "Strong Reciprocity and Human Sociality." *Journal of Theoretical Biology* 206, no. 2 (2000): 169–79. https://doi.org/10.1006/jtbi.2000.2111.

Gold, Joshua I., and Michael N. Shadlen. "Banburismus and the Brain." *Neuron* 36, no. 2 (October 2002): 299–308. https://doi.org/10.1016/S0896-6273(02)00971-6.

Golle, Jessika, Stephanie Lisibach, Fred W. Mast, and Janek S. Lobmaier. "Sweet Puppies and Cute Babies: Perceptual Adaptation to Babyfacedness Transfers Across Species." *PLoS ONE* 8, no. 3 (March 13, 2013): e58248. https://doi.org/10.1371/journal.pone.0058248.

Goodson, James L., Aubrey M. Kelly, and Marcy A. Kingsbury. "Evolving Nonapeptide Mechanisms of Gregariousness and Social Diversity in Birds." *Hormones and Behavior* 61, no. 3 (March 2012): 239–50. https://doi.org/10.1016/j.yhbeh.2012.01.005.

Gould, James L. *Ethology: The Mechanisms and Evolution of Behavior*. New York: Norton, 1982.

Gray, Kurt, Adrian F. Ward, and Michael I. Norton. "Paying It Forward: Generalized Reciprocity and the Limits of Generosity." *Journal of Experimental Psychology: General* 143, no. 1 (2014): 247–54. https://doi.org/10.1037/a0031047.

Grinstead, Charles M., and J. Laurie Snell. "Chapter 9: Central Limit Theorem." In *Introduction to Probability*, 2nd ed. Providence, RI: American Mathematical Society, 1997.

Gross, James J., and Robert W. Levenson. "Emotion Elicitation Using Films." *Cognition & Emotion* 9, no. 1 (January 1995): 87–108. https://doi.org/10.1080/02699939508408966.

Gupta, Sandeep, Reshma Maurya, Monika Saxena, and Jonaki Sen. "Defining Structural Homology between the Mammalian and Avian Hippocampus through Conserved Gene Expression Patterns Observed in the Chick Embryo." *Developmental Biology* 366, no. 2 (June 15, 2012): 125–41. https://doi.org/10.1016/j.ydbio.2012.03.027.

Gustafson, Gwen E., and James A. Green. "On the Importance of Fundamental Frequency and Other Acoustic Features in Cry Perception and Infant Development." *Child Development* 60, no. 4 (1989): 772–80.

Hamilton, William D. "The Evolution of Altruistic Behavior." *The American Naturalist* 97, no. 896 (1963): 354–56.

———. "The Genetical Evolution of Social Behavior II." *Journal of Theoretical Biology* 7 (1964): 1–52.

Hansen, Stefan. "Maternal Behavior of Female Rats with 6-OHDA Lesions in the Ventral Striatum: Characterization of the Pup Retrieval Deficit." *Physiology & Behavior* 55, no. 4 (April 1994): 615–20. https://doi.org/10.1016/0031-9384(94)90034-5.

Harbaugh, William T., Ulrich Mayr, and Daniel R. Burghart. "Neural Responses to Taxation and Voluntary Giving Rebel Motives for Charitable Donation." *Science* 316 (2007): 1622–25.

Hauser, David J., Stephanie D. Preston, and R. Brent Stansfield. "Altruism in the Wild: When Affiliative Motives to Help Positive People Overtake Empathic Motives to Help the Distressed." *Journal of Experimental Psychology: General* 143, no. 3 (December 23, 2014): 1295–1305. https://doi.org/10.1037/a0035464.

Healy, Susan, Selvino R. Dekort, and Nicola S. Clayton. "The Hippocampus, Spatial Memory and Food Hoarding: A Puzzle Revisited." *Trends in Ecology & Evolution* 20, no. 1 (January 2005): 17–22. https://doi.org/10.1016/j.tree.2004.10.006.

Heise, Lori L. "Violence Against Women: An Integrated, Ecological Framework." *Violence Against Women* 4, no. 3 (June 1998): 262–90. https://doi.org/10.1177/107780 1298004003002.

Hepper, Peter G. "Kin Recognition: Functions and Mechanisms, a Review." *Biological Reviews* 61, no. 1 (February 1986): 63–93. https://doi.org/10.1111/j.1469-185X.1986 .tb00427.x.

Hershfield, Hal E., Taya R. Cohen, and Leigh Thompson. "Short Horizons and Tempting Situations: Lack of Continuity to Our Future Selves Leads to Unethical Decision Making and Behavior." *Organizational Behavior and Human Decision Processes* 117, no. 2 (March 2012): 298–310. https://doi.org/10.1016/j.obhdp.2011.11.002.

Hertzberg, Hendrik. "Second Those Emotions: Hillary's Tears." *The New Yorker*, January 21, 2008.

Hofer, Myron A. "Multiple Regulators of Ultrasonic Vocalization in the Infant Rat." *Psychoneuroendocrinology* 21, no. 2 (February 1996): 203–17. https://doi.org/10.1016/0306-4530(95)00042-9.

Hoffman, Kelly M., Sophie Trawalter, Jordan R. Axt, and M. Norman Oliver. "Racial Bias in Pain Assessment and Treatment Recommendations, and False Beliefs About Biological Differences Between Blacks and Whites." *Proceedings of the National Academy of Sciences of the United States of America* 113, no. 16 (April 19, 2016): 4296–301. https://doi.org/10.1073/pnas.1516047113.

Hoffman, Martin L. "Empathy: Its Development and Prosocial Implications." *Nebraska Symposium on Motivation* 25 (1977): 169–217.

——. *Empathy and Moral Development: Implications for Caring and Justice*. New York: Cambridge University Press, 2000.

——. "Is Altruism Part of Human Nature?" *Journal of Personality and Social Psychology* 40 (1981): 121–37.

Holliday, Ruth, and Joanna Elfving-Hwang. "Gender, Globalization and Aesthetic Surgery in South Korea." *Body & Society* 18, no. 2 (June 2012): 58–81. https://doi.org/10.1177/1357034X12440828.

Hrdy, Sarah Blaffer. *Mothers and Others*. Cambridge, MA: Harvard University Press, 2009.

Hume, David. *A Treatise of Human Nature*. North Chelmsford, MA: Courier Corporation, 2003.

Ickes, William John, ed. *Empathic Accuracy*. New York: Guilford Press, 1997.

Insel, Thomas R., and Larry J. Young. "The Neurobiology of Attachment." *Nature Reviews Neuroscience* 2, no. 2 (February 2001): 129–36.

Insel, Thomas R., and Carroll R. Harbaugh. "Lesions of the Hypothalamic Paraventricular Nucleus Disrupt the Initiation of Maternal Behavior." *Physiology & Behavior* 45 (1989): 1033–41.

Insel, Thomas R., Stephanie D. Preston, and James T. Winslow. "Mating in the Monogamous Male: Behavioral Consequences." *Physiology & Behavior* 57, no. 4 (1995): 615–27.

Israel, Salomon, Elad Lerer, Idan Shalev, Florina Uzefovsky, Mathias Reibold, Rachel

Bachner-Melman, Roni Granot, et al. "Molecular Genetic Studies of the Arginine Vasopressin 1a Receptor (AVPR1a) and the Oxytocin Receptor (OXTR) in Human Behaviour: From Autism to Altruism with Some Notes in Between." *Progress in Brain Research* 170 (2008): 435–49.

Itard, Jean Marc Gaspard, and François Dagognet. *Victor de l'Aveyron*. Paris: Editions Allia, 1994.

Jameson, Tina L., John M. Hinson, and Paul Whitney. "Components of Working Memory and Somatic Markers in Decision Making." *Psychonomic Bulletin & Review* 11, no. 3 (2004): 515–20.

Jenni, Karen, and George Loewenstein. "Explaining the Identifiable Victim Effect." *Journal of Risk and Uncertainty* 14, no. 3 (1997): 235–57. https://doi.org/10.1023/A:1007740225484.

Johansson, Peter, and Margaret Kerr. "Psychopathy and Intelligence: A Second Look." *Journal of Personality Disorders* 19, no. 4 (August 2005): 357–69. https://doi.org/10.1521/pedi.2005.19.4.357.

Johnson, Ronald C. "Attributes of Carnegie Medalists Performing Acts of Heroism and of the Recipients of These Acts." *Ethology and Sociobiology* 17, no. 5 (September 1996): 355–62.

Johnstone, Rufus A. "Sexual Selection, Honest Advertisement and the Handicap Principle: Reviewing the Evidence." *Biological Reviews* 70 (1995): 1–65.

Jones, Alice. "The Psychology of Sustainability: What Planners Can Learn from Attitude Research." *Journal of Planning Education and Research* 16, no. 1 (September 1996): 56–65. https://doi.org/10.1177/0739456X9601600107.

Kabelik, David, and D. Sumner Magruder. "Involvement of Different Mesotocin (Oxytocin Homologue) Populations in Sexual and Aggressive Behaviours of the Brown Anole." *Biology Letters* 10, no. 8 (August 31, 2014): 20140566. https://doi.org/10.1098/rsbl.2014.0566.

Kahneman, Daniel. *Thinking, Fast and Slow*. New York: Farrar, Straus and Giroux, 2011.

Kaul, Padma, Paul W. Armstrong, Sunil Sookram, Becky K. Leung, Neil Brass, and Robert C. Welsh. "Temporal Trends in Patient and Treatment Delay Among Men and Women Presenting with ST-Elevation Myocardial Infarction." *American Heart Journal* 161, no. 1 (January 2011): 91–97. https://doi.org/10.1016/j.ahj.2010.09.016.

Keating, Caroline F. "Do Babyfaced Adults Receive More Help? The (Cross-Cultural) Case of the Lost Resume." *Journal of Nonverbal Behavior* 27, no. 2 (2003): 89–109. https://doi.org/10.1023/A:1023962425692.

Keczer, Zsolt, Bálint File, Gábor Orosz, and Philip G. Zimbardo. "Social Representations of

Hero and Everyday Hero: A Network Study from Representative Samples." *PLOS ONE* 11, no. 8 (August 15, 2016): e0159354. https://doi.org/10.1371/journal.pone.0159354.

Keller, Heidi, and Hiltrud Otto. "The Cultural Socialization of Emotion Regulation During Infancy." *Journal of Cross-Cultural Psychology* 40, no. 6 (November 2009): 996–1011. https://doi.org/10.1177/0022022109348576.

Kendrick, Keith M., Ana PC Da Costa, Kevin D. Broad, Satoshi Ohkura, Rosalinda Guevara, Frederic Lévy, and E. Barry Keverne. "Neural Control of Maternal Behaviour and Olfactory Recognition of Offspring." *Brain Research Bulletin* 44, no. 4 (1997): 383–95.

Kilner, Rebecca M., David G. Noble, and Nicholas B. Davies. "Signals of Need in Parent-Offspring Communication and Their Exploitation by the Common Cuckoo." *Nature* 397, no. 6721 (1999): 667–72.

Knill, David C., and Alexandre Pouget. "The Bayesian Brain: The Role of Uncertainty in Neural Coding and Computation." *Trends in Neurosciences* 27, no. 12 (December 2004): 712–19. https://doi.org/10.1016/j.tins.2004.10.007.

Knoch, Daria, Michael A. Nitsche, Urs Fischbacher, Christoph Eisenegger, Alvaro Pascual-Leone, and Ernst Fehr. "Studying the Neurobiology of Social Interaction with Transcranial Direct Current Stimulation—The Example of Punishing Unfairness." *Cerebral Cortex* 18, no. 9 (September 2008): 1987–90.

Knoch, D., A. Pascual-Leone, K. Meyer, V. Treyer, and E. Fehr. "Diminishing Reciprocal Fairness by Disrupting the Right Prefrontal Cortex." *Science* 314, no. 5800 (November 3, 2006): 829–32.

Koenigs, Michael, and Daniel Tranel. "Irrational Economic Decision-Making After Ventromedial Prefrontal Damage: Evidence from the Ultimatum Game." *Journal of Neuroscience* 27, no. 4 (January 24, 2007): 951–56.

Kogut, Tehila, and Ilana Ritov. "The 'Identified Victim' Effect: An Identified Group, or Just a Single Individual?" *Journal of Behavioral Decision Making* 18, no. 3 (July 2005): 157–67. https://doi.org/10.1002/bdm.492.

Kosfeld, Michael, Markus Heinrichs, Paul J. Zak, Urs Fischbacher, and Ernst Fehr. "Oxytocin Increases Trust in Humans." *Nature* 435, no. 7042 (June 2, 2005): 673–76.

Krain, Amy L., Amanda M. Wilson, Robert Arbuckle, F. Xavier Castellanos, and Michael P. Milham. "Distinct Neural Mechanisms of Risk and Ambiguity: A Meta-Analysis of Decision-Making." *NeuroImage* 32, no. 1 (2006): 477–84.

Krebs, John R. "Food-Storing Birds: Adaptive Specialization in Brain and Behaviour?" *Philosophical Transactions of the Royal Society of London. Series B: Biological Sciences* 329, no. 1253 (August 29, 1990): 153–60. https://doi.org/10.1098/rstb.1990.0160.

Krueger, Frank, Kevin McCabe, Jorge Moll, Nikolaus Kriegeskorte, Roland Zahn, Maren Strenziok, Armin Heinecke, and Jordan Grafman. "Neural Correlates of Trust." *Proceedings of the National Academy of Sciences USA* 104, no. 50 (December 11, 2007): 20084–89.

Kuraguchi, Kana, Kosuke Taniguchi, and Hiroshi Ashida. "The Impact of Baby Schema on Perceived Attractiveness, Beauty, and Cuteness in Female Adults." *SpringerPlus* 4, no. 1 (December 2015): 164. https://doi.org/10.1186/s40064-015-0940-8.

Lamm, Claus, Jean Decety, and Tania Singer. "Meta-Analytic Evidence for Common and Distinct Neural Networks Associated with Directly Experienced Pain and Empathy for Pain." *Neuroimage* 54, no. 3 (2011): 2492–502.

Latané, Bibb, and John M. Darley. "Bystander 'Apathy.'" *American Scientist* 57, no. 2 (1969): 244–68.

Lea, Stephen E. G., and Paul Webley. "Money as Tool, Money as Drug: The Biological Psychology of a Strong Incentive." *Behavioral and Brain Sciences* 29, no. 2 (2006): 161–209.

Lerner, Jennifer S., Ye Li, Piercarlo Valdesolo, and Karim S. Kassam. "Emotion and Decision Making." *Annual Review of Psychology* 66, no. 1 (January 3, 2015): 799–823. https://doi.org/10.1146/annurev-psych-010213-115043

Levine, Mark, and Simon Crowther. "The Responsive Bystander: How Social Group Membership and Group Size Can Encourage as Well as Inhibit Bystander Intervention." *Journal of Personality and Social Psychology* 95, no. 6 (2008): 1429–39. https://doi.org/10.1037/a0012634.

Levy, Frédéric, Matthieu Keller, and Pascal Poindron. "Olfactory Regulation of Maternal Behavior in Mammals." *Hormones and Behavior* 46, no. 3 (September 2004): 284–302.

Liakos, Matthew, and Puja B. Parikh. "Gender Disparities in Presentation, Management, and Outcomes of Acute Myocardial Infarction." *Current Cardiology Reports* 20, no. 8 (August 2018): 64. https://doi.org/10.1007/s11886-018-1006-7.

Lichtenstein, Gabriela. "Selfish Begging by Screaming Cowbirds, a Mimetic Brood Parasite of the Bay-Winged Cowbird." *Animal Behaviour* 61, no. 6 (2001): 1151–58.

Ligon, J. David, and D. Brent Burt. "Evolutionary Origins." In *Ecology and Evolution of Cooperative Breeding in Birds*, ed. Walter D. Koenig and Janis L. Dickinson, 5–34. Cambridge: Cambridge University Press, 2004.

Loewenstein, George F., Elke U. Weber, Christopher K. Hsee, and Ned Welch. "Risk as Feelings." *Psychological Bulletin* 127, no. 2 (2001): 267–86. https://doi.org/10.1037/0033-2909.127.2.267.

Loken, Line S., Johan Wessberg, India Morrison, Francis McGlone, and Hakan Olausson.

"Coding of Pleasant Touch by Unmyelinated Afferents in Humans." *Nature Neuroscience* 12, no. 5 (2009): 547–48.

Lonstein, Joseph S., and Alison S. Fleming. "Parental Behaviors in Rats and Mice." *Current Protocols in Neuroscience* 15 (2002): Unit 8.15.

Lonstein, Joseph S., and Joan I. Morrell. "Neuroendocrinology and Neurochemistry of Maternal Motivation and Behavior." In *Handbook of Neurochemistry and Molecular Neurobiology*, ed. Abel Lajtha and Jeffrey D. Blaustein, 3rd ed., 195–245. Berlin: Springer-Verlag, 2007. http://www.springerlink.com/content/nw8357tv143w4w21/.

Lorberbaum, Jeffrey P., John D. Newman, Judy R. Dubno, Amy R. Horwitz, Ziad Nahas, Charlotte C. Teneback, Courtnay W. Bloomer, et al. "Feasibility of Using FMRI to Study Mothers Responding to Infant Cries." *Depression and Anxiety* 10, no. 3 (1999): 99–104.

Lorberbaum, Jeffrey P., John D. Newman, Amy R. Horwitz, Judy R. Dubno, R. Bruce Lydiard, Mark B. Hamner, Daryl E. Bohning, and Mark S. George. "A Potential Role for Thalamocingulate Circuitry in Human Maternal Behavior." *Biological Psychiatry* 51, no. 6 (2002): 431–45.

Lorenz, Konrad. "Die Angeborenen Formen Möglicher Erfahrung [The Innate Forms of Potential Experience]." *Zeitschrift für Tierpsychologie* 5 (1943): 233–519.

——. *Studies in Animal and Human Behaviour: II.* Cambridge, MA: Harvard University Press, 1971.

Lorenz, Konrad, and Nikolaas Tinbergen. "Taxis und Instinkhandlung in der Eirollbewegung der Graugans [Directed and Instinctive Behavior in the Egg Rolling Movements of the Gray Goose]." *Zeitschrift für Tierpsychologie* 2 (1938): 1–29.

Lundström, Johan N., Annegret Mathe, Benoist Schaal, Johannes Frasnelli, Katharina Nitzsche, Johannes Gerber, and Thomas Hummel. "Maternal Status Regulates Cortical Responses to the Body Odor of Newborns." *Frontiers in Psychology* 4 (September 5, 2013). https://doi.org/10.3389/fpsyg.2013.00597.

Lynn, Spencer K., Jolie B. Wormwood, Lisa F. Barrett, and Karen S. Quigley. "Decision Making from Economic and Signal Detection Perspectives: Development of an Integrated Framework." *Frontiers in Psychology*, July 8, 2015. https://doi.org/10.3389/fpsyg.2015.00952.

Macht, Michael, and Jochen Mueller. "Immediate Effects of Chocolate on Experimentally Induced Mood States." *Appetite* 49, no. 3 (November 2007): 667–74. https://doi.org/10.1016/j.appet.2007.05.004.

MacLean, Paul D. "Brain Evolution Relating to Family, Play, and the Separation Call." *Archives of General Psychiatry* 42, no. 4 (1985): 405–17.

——. "The Brain in Relation to Empathy and Medical Education." *Journal of Nervous and Mental Disease* 144, no. 5 (1967): 374–82. https://doi.org/10.1097/00005053-196705000-00005.

——. *The Triune Brain in Evolution: Role in Paleocerebral Functions.* New York: Plenum Press, 1990.

Maestripieri, Dario. "The Biology of Human Parenting: Insights from Nonhuman Primates." *Neuroscience & Biobehavioral Reviews* 23, no. 3 (1999): 411–22. https://doi.org/10.1016/S0149-7634(98)00042-6.

Maestripieri, Dario, and Julia L. Zehr. "Maternal Responsiveness Increases During Pregnancy and After Estrogen Treatment in Macaques." *Hormones and Behavior* 34, no. 3 (1998): 223–30. https://doi.org/10.1006/hbeh.1998.1470.

Mampe, Birgit, Angela D. Friederici, Anne Christophe, and Kathleen Wermke. "Newborns' Cry Melody Is Shaped by Their Native Language." *Current Biology* 19, no. 23 (December 2009): 1994–97. https://doi.org/10.1016/j.cub.2009.09.064.

Manning, Rachel, Mark Levine, and Alan Collins. "The Kitty Genovese Murder and the Social Psychology of Helping: The Parable of the 38 Witnesses." *American Psychologist* 62, no. 6 (2007): 555.

Marikar, Sheila. "Natasha Richardson Died of Epidural Hematoma After Skiing Accident." ABC News, March 19, 2009.

Marino, Lori, James K. Rilling, Shinko K. Lin, and Sam H. Ridgway. "Relative Volume of the Cerebellum in Dolphins and Comparison with Anthropoid Primates." *Brain, Behavior and Evolution* 56, no. 4 (2000): 204–11. https://doi.org/10.1159/000047205.

Marsh, Abigail A. "Neural, Cognitive, and Evolutionary Foundations of Human Altruism." *Wiley Interdisciplinary Reviews: Cognitive Science* 7, no. 1 (2016): 59–71.

Marsh, Abigail A., and R. James R. Blair. "Deficits in Facial Affect Recognition Among Antisocial Populations: A Meta-Analysis." *Neuroscience and Biobehavioral Reviews* 32 (2008): 454–65.

Marsh, Abigail A., and Robert E. Kleck. "The Effects of Fear and Anger Facial Expressions on Approach- and Avoidance-Related Behaviors." *Emotion* 5, no. 1 (2005): 119–24.

Marsh, Abigail A., Megan N. Kozak, and Nalini Ambady. "Accurate Identification of Fear Facial Expressions Predicts Prosocial Behavior." *Emotion* 7, no. 2 (2007): 239–51.

Martin, Loren J., Georgia Hathaway, Kelsey Isbester, Sara Mirali, Erinn L. Acland, Nils Niederstrasser, Peter M. Slepian, et al. "Reducing Social Stress Elicits Emotional Contagion of Pain in Mouse and Human Strangers." *Current Biology* 25, no. 3 (February 2015): 326–32. https://doi.org/10.1016/j.cub.2014.11.028.

Mattson, Brandi J., Sharon E. Williams, Jay S. Rosenblatt, and Joan I. Morrell. "Comparison of Two Positive Reinforcing Stimuli: Pups and Cocaine Throughout the Postpartum Period." *Behavioral Neuroscience* 115 (2001): 683–94.

———. "Preferences for Cocaine or Pup-Associated Chambers Differentiates Otherwise Behaviorally Identical Postpartum Maternal Rats." *Psychopharmacology* 167 (2003): 1–8.

Maynard Smith, J. "Group Selection and Kin Selection." *Nature* 201 (1964): 1145–47.

McCabe, Kevin, Daniel Houser, Lee Ryan, Vernon Smith, and Theodore Trouard. "A Functional Imaging Study of Cooperation in Two-Person Reciprocal Exchange." *Proceedings of the National Academy of Sciences USA* 98, no. 20 (September 25, 2001): 11832–35.

McCarthy, Margaret M., Lee-Ming Kow, and Donald Wells Pfaff. "Speculations Concerning the Physiological Significance of Central Oxytocin in Maternal Behavior." *Annals of the New York Academy of Sciences* 652 (June 1992): 70–82. https://doi.org/10.1111/j.1749-6632.1992.tb34347.x.

McDougall, William. *An Introduction to Social Psychology*. London: Methuen, 1908.

McGuire, Anne M. "Helping Behaviors in the Natural Environment: Dimensions and Correlates of Helping." *Personality and Social Psychology Bulletin* 20, no. 1 (February 1994): 45–56. https://doi.org/10.1177/0146167294201004.

Meyer, Robyn J., Andreas A. Theodorou, and Robert A. Berg. "Childhood Drowning." *Pediatrics in Review* 27, no. 5 (May 2006): 163–69. https://doi.org/10.1542/pir.27-5-163.

Meyza, Ksenia Z., Inbal Ben-Ami Bartal, Marie H. Monfils, Jules B. Panksepp, and Ewelina Knapska. "The Roots of Empathy: Through the Lens of Rodent Models." *Neuroscience & Biobehavioral Reviews* 76 (May 2017): 216–34. https://doi.org/10.1016/j.neubiorev.2016.10.028.

Michelsson, K., K. Christensson, H. Rothgänger, and J. Winberg. "Crying in Separated and Non-Separated Newborns: Sound Spectrographic Analysis." *Acta Paediatrica* 85, no. 4 (April 1996): 471–75. https://doi.org/10.1111/j.1651-2227.1996.tb14064.x.

Milgram, Stanley. *Obedience to Authority: An Experimental View*. New York: Harper & Row, 1974.

Molenberghs, Pascal. "The Neuroscience of In-Group Bias." *Neuroscience & Biobehavioral Reviews* 37, no. 8 (September 2013): 1530–36. https://doi.org/10.1016/j.neubiorev.2013.06.002.

Moll, Jorge, Frank Krueger, Roland Zahn, Matteo Pardini, Ricardo de Oliveira-Souza, and Jordan Grafman. "Human Fronto-Mesolimbic Networks Guide Decisions About Charitable Donation." *Proceedings of the National Academy of Sciences USA* 103, no. 42 (October 17, 2006): 15623–28.

Moltz, Howard. "Contemporary Instinct Theory and the Fixed Action Pattern." *Psychological Review* 72, no. 1 (1965): 27–47. https://doi.org/10.1037/h0020275.

Mooradian, Todd A., Mark Davis, and Kurt Matzler. "Dispositional Empathy and the Hierarchical Structure of Personality." *American Journal of Psychology* 124, no. 1 (2011): 99. https://doi.org/10.5406/amerjpsyc.124.1.0099.

Morhenn, Vera B., Jang Woo Park, Elisabeth Piper, and Paul J. Zak. "Monetary Sacrifice Among Strangers Is Mediated by Endogenous Oxytocin Release after Physical Contact." *Evolution and Human Behavior* 29, no. 6 (2008): 375–83.

Morrison, I., Donna Lloyd, Giuseppe di Pellegrino, and Neil Roberts. "Vicarious Responses to Pain in Anterior Cingulate Cortex: Is Empathy a Multisensory Issue?" *Cognitive, Affective, and Behavioral Neuroscience* 4, no. 2 (June 2004): 270–78.

Mullins-Sweatt, Stephanie N., Natalie G. Glover, Karen J. Derefinko, Joshua D. Miller, and Thomas A. Widiger. "The Search for the Successful Psychopath." *Journal of Research in Personality* 44, no. 4 (August 2010): 554–58. https://doi.org/10.1016/j.jrp.2010.05.010.

Nave, Gideon, Colin Camerer, and Michael McCullough. "Does Oxytocin Increase Trust in Humans? A Critical Review of Research." *Perspectives on Psychological Science* 10, no. 6 (November 2015): 772–89. https://doi.org/10.1177/1745691615600138.

Newell, Ben R., and David R. Shanks. "Unconscious Influences on Decision Making: A Critical Review." *Behavioral and Brain Sciences* 37, no. 1 (February 2014): 1–19. https://doi.org/10.1017/S0140525X12003214.

Newsom, Jason T., and Richard Schulz. "Caregiving from the Recipient's Perspective: Negative Reactions to Being Helped." *Health Psychology* 17, no. 2 (1998): 172–81. https://doi.org/10.1037/0278-6133.17.2.172.

Nisbett, Richard E., and Timothy D. Wilson. "Telling More Than We Can Know: Verbal Reports on Mental Processes." *Psychological Review* 7 (1977): 231–59.

Nittono, Hiroshi, Michiko Fukushima, Akihiro Yano, and Hiroki Moriya. "The Power of Kawaii: Viewing Cute Images Promotes a Careful Behavior and Narrows Attentional Focus." *PLoS ONE* 7, no. 9 (September 26, 2012): e46362. https://doi.org/10.1371/journal.pone.0046362.

Nowak, Raymond, Matthieu Keller, David Val-Laillet, and Frédéric Lévy. "Perinatal Visceral Events and Brain Mechanisms Involved in the Development of Mother-Young Bonding in Sheep." *Hormones and Behavior* 52, no. 1 (2007): 92–98.

Nowbahari, Elise, and Karen L. Hollis. "Rescue Behavior: Distinguishing Between Rescue, Cooperation and Other Forms of Altruistic Behavior." *Communicative & Integrative Biology* 3, no. 2 (2010): 77–79.

Nowbahari, Elise, Alexandra Scohier, Jean-Luc Durand, and Karen L. Hollis. "Ants, Cataglyphis Cursor, Use Precisely Directed Rescue Behavior to Free Entrapped Relatives."

PLoS ONE 4, no. 8 (August 12, 2009): e6573. https://doi.org/10.1371/journal.pone.0006573.

Numan, Michael. "Hypothalamic Neural Circuits Regulating Maternal Responsiveness Toward Infants." *Behavioral & Cognitive Neuroscience Reviews* 5, no. 4 (December 2006): 163–90.

———. "Motivational Systems and the Neural Circuitry of Maternal Behavior in the Rat." *Developmental Psychobiology* 49, no. 1 (January 2007): 12–21.

———. "Neural Circuits Regulating Maternal Behavior: Implications for Understanding the Neural Basis of Social Cooperation and Competition." In *Moving Beyond Self-Interest: Perspectives from Evolutionary Biology, Neuroscience, and the Social Sciences*, ed. Stephanie L. Brown, R. Michael Brown, and Louis A. Penner, 89–108. New York: Oxford University Press, 2011.

Numan, Michael, and Thomas R. Insel. *The Neurobiology of Parental Behavior*. New York: Springer, 2003.

Numan, Michael, Marilyn J. Numan, Jaclyn M. Schwarz, Christina M. Neuner, Thomas F. Flood, and Carl D. Smith. "Medial Preoptic Area Interactions with the Nucleus Accumbens-Ventral Pallidum Circuit and Maternal Behavior in Rats." *Behavioural Brain Research* 158, no. 1 (March 7, 2005): 53–68.

O'Connell, Sanjida M. "Empathy in Chimpanzees: Evidence for Theory of Mind?" *Primates* 36, no. 3 (1995): 397–410.

Oda, Ryo, Wataru Machii, Shinpei Takagi, Yuta Kato, Mia Takeda, Toko Kiyonari, Yasuyuki Fukukawa, and Kai Hiraishi. "Personality and Altruism in Daily Life." *Personality and Individual Differences* 56 (January 2014): 206–9. https://doi.org/10.1016/j.paid.2013.09.017.

O'Doherty, John. "Can't Learn Without You: Predictive Value Coding in Orbitofrontal Cortex Requires the Basolateral Amygdala." *Neuron* 39, no. 5 (August 28, 2003): 731–33.

Oliner, Samuel P. "Extraordinary Acts of Ordinary People." In *Altruism and Altruistic Love: Science, Philosophy, and Religion in Dialogue*, ed. Steven Post, Lynn G. Underwood, Jeffrey P. Schloss, and William B. Hurlburt, 123–39. Oxford: Oxford University Press, 2002.

Olkowicz, Seweryn, Martin Kocourek, Radek K. Lučan, Michal Porteš, W. Tecumseh Fitch, Suzana Herculano-Houzel, and Pavel Němec. "Birds Have Primate-like Numbers of Neurons in the Forebrain." *Proceedings of the National Academy of Sciences* 113, no. 26 (June 28, 2016): 7255–60. https://doi.org/10.1073/pnas.1517131113.

Öngür, Dost, and Joseph L. Price. "The Organization of Networks Within the Orbital and

Medial Prefrontal Cortex of Rats, Monkeys and Humans." *Cerebral Cortex* 10 (2000): 206–19.

Oyserman, Daphna, Heather M. Coon, and Markus Kemmelmeier. "Rethinking Individualism and Collectivism: Evaluation of Theoretical Assumptions and Meta-Analyses." *Psychological Bulletin* 128, no. 1 (2002): 3–72. https://doi.org/10.1037/0033-2909.128.1.3.

Panksepp, Jules B., and Garet P. Lahvis. "Rodent Empathy and Affective Neuroscience." *Neuroscience & Biobehavioral Reviews* 35, no. 9 (October 2011): 1864–75. https://doi.org/10.1016/j.neubiorev.2011.05.013.

Peciña, Susana, and Kent C. Berridge. "Hedonic Hot Spot in Nucleus Accumbens Shell: Where Do μ-Opioids Cause Increased Hedonic Impact of Sweetness?" *Journal of Neuroscience* 25, no. 50 (2005): 11777–86.

Pedersen, Cort A., Jack D. Caldwell, Gary Peterson, Cheryl H. Walker, and George A. Mason. "Oxytocin Activation of Maternal Behavior in the Rata." *Annals of the New York Academy of Sciences* 652, no. 1 (2006): 58–69.

Pedersen, Cort A., Jack D. Caldwell, Cheryl Walker, Gail Ayers, and George A. Mason. "Oxytocin Activates the Postpartum Onset of Rat Maternal Behavior in the Ventral Tegmental and Medial Preoptic Areas." *Behavioral Neuroscience* 108 (1994): 1163–71.

Peng, Kaiping, and Richard E. Nisbett. "Culture, Dialectics, and Reasoning About Contradiction." *American Psychologist* 54, no. 9 (1999): 741–54. https://doi.org/10.1037/0003-066X.54.9.741.

Penner, Louis A., Barbara A. Fritzsche, J. Philip Craiger, and Tamara R. Freifeld. "Measuring the Prosocial Personality." *Advances in Personality Assessment* 10 (1995): 147–63.

Pepperberg, Irene. *The Alex Studies: Cognitive and Communicative Abilities of Grey Parrots.* Cambridge, MA: Harvard University Press, 2009.

Perez, Emilie C., Julie E. Elie, Ingrid C. A. Boucaud, Thomas Crouchet, Christophe O. Soulage, Hédi A. Soula, Frédéric E. Theunissen, and Clémentine Vignal. "Physiological Resonance Between Mates Through Calls as Possible Evidence of Empathic Processes in Songbirds." *Hormones and Behavior* 75 (September 1, 2015): 130–41. https://doi.org/10.1016/j.yhbeh.2015.09.002.

Pillemer, Karl, and David W. Moore. "Abuse of Patients in Nursing Homes: Findings from a Survey of Staff." *The Gerontologist* 29, no. 3 (June 1, 1989): 314–20. https://doi.org/10.1093/geront/29.3.314.

Pistole, Carole M. "Adult Attachment Styles: Some Thoughts on Closeness-Distance Struggles." *Family Process* 33, no. 2 (1994): 147–59. https://doi.org/10.1111/j.1545-5300.1994.00147.x.

Pletcher, Mark J., Stefan G. Kertesz, Michael A. Kohn, and Ralph Gonzales. "Trends in Opioid Prescribing by Race/Ethnicity for Patients Seeking Care in US Emergency Departments." *Journal of the American Medical Association* 299, no. 1 (January 2, 2008): 70–78. https://doi.org/10.1001/jama.2007.64.

Potegal, Michael, and John F. Knutson. *The Dynamics of Aggression: Biological and Social Processes in Dyads and Groups*. Hillsdale, NJ: Erlbaum, 1994.

"Pregnant Woman Rescues Husband from Shark Attack in Florida." *BBC News*, September 24, 2020. https://www.bbc.com/news/world-us-canada-54280694.

Prescott, Sara L., Rajini Srinivasan, Maria Carolina Marchetto, Irina Grishina, Iñigo Narvaiza, Licia Selleri, Fred H. Gage, Tomek Swigut, and Joanna Wysocka. "Enhancer Divergence and Cis-Regulatory Evolution in the Human and Chimp Neural Crest." *Cell* 163, no. 1 (September 2015): 68–83. https://doi.org/10.1016/j.cell.2015.08.036.

Preston, Stephanie D. "The Evolution and Neurobiology of Heroism." In *The Handbook of Heroism and Heroic Leadership*, ed. S. T. Allison, G. R. Goethals, and R. M. Kramer. New York: Taylor & Francis/Routledge, 2016.

——. "The Origins of Altruism in Offspring Care." *Psychological Bulletin* 139, no. 6 (2013): 1305–41. https://doi.org/10.1037/a0031755.

——. "The Rewarding Nature of Social Contact." *Science (New York, N.Y.)* 357, no. 6358 (29 2017): 1353–54. https://doi.org/10.1126/science.aao7192.

Preston, Stephanie D., Antoine Bechara, Hanna Damasio, Thomas J. Grabowski, R. Brent Stansfield, Sonya Mehta, and Antonio R. Damasio. "The Neural Substrates of Cognitive Empathy." *Social Neuroscience* 2, nos. 3–4 (2007): 254–75. https://doi.org/10.1080/17470910701376902.

Preston, Stephanie D., and F. B. M. de Waal. "Empathy: Its Ultimate and Proximate Bases." *Behavioral and Brain Sciences* 25, no. 1 (2002): 1–71. https://doi.org/10.1017/S0140525X02000018.

Preston, Stephanie D., and Frans B. M. de Waal. "Altruism." In *The Handbook of Social Neuroscience*, ed. Jean Decety and John T. Cacioppo, 565–85. New York: Oxford University Press, 2011.

Preston, Stephanie D., Melanie Ermler, Logan A. Bickel, and Yuxin Lei. "Understanding Empathy and Its Disorders Through a Focus on the Neural Mechanism." *Cortex* 127 (2020): 347–70. https://doi.org/10.1016/j.cortex.2020.03.001.

Preston, Stephanie D., Alicia J. Hofelich, and R. Brent Stansfield. "The Ethology of Empathy: A Taxonomy of Real-World Targets of Need and Their Effect on Observers." *Frontiers in Human Neuroscience* 7, no. 488 (2013): 1–13. https://doi.org/10.3389/fnhum.2013.00488.

Preston, Stephanie D., Morten Kringelbach, and Brian Knutson, eds. *The Interdisciplinary Science of Consumption*. Cambridge, MA: MIT Press, 2014.

Preston, Stephanie D., Julia D. Liao, Theodore P. Toombs, Rainer Romero-Canyas, Julia Speiser, and Colleen M. Seifert. "A Case Study of a Conservation Flagship Species: The Monarch Butterfly." *Biodiversity and Conservation* 30 (2021): 2057–77.

Preston, Stephanie D., Tingting Liu, and Nadia R. Danienta. "Neoteny: The Adaptive Attraction Toward 'Cuteness' Across Ages and Domains." Forthcoming.

Preston, Stephanie D., and Andrew D. MacMillan-Ladd. "Object Attachment and Decision-Making." *Current Opinion in Psychology* 39 (June 2021): 31–37. https://doi.org/10.1016/j.copsyc.2020.07.01.

Preston, Stephanie D., Brian D. Vickers, Reiner Romero-Cayas, and Colleen M. Seifert. "Leveraging Differences in How Liberals versus Conservatives Think About the Earth Improves Pro-Environmental Responses." Forthcoming.

Qui, Linda. "5 Irresistible National Geographic Cover Photos," n.d. https://www.nationalgeographic.com/news/2014/12/141206-magazine-covers-photography-national-geographic-afghan-girl/.

Quiatt, Duane. "Aunts and Mothers: Adaptive Implications of Allomaternal Behavior of Nonhuman Primates." *American Anthropologist* 81, no. 2 (June 1979): 310–19. https://doi.org/10.1525/aa.1979.81.2.02a00040.

Rajwani, Naheed. "Study: Rats Are Nice to One Another." *Chicago Tribune*, January 15, 2014.

Reynolds, John D., Nicholas B. Goodwin, and Robert P. Freckleton. "Evolutionary Transitions in Parental Care and Live Bearing in Vertebrates." *Philosophical Transactions of the Royal Society of London. Series B: Biological Sciences* 357, no. 1419 (March 29, 2002): 269–81. https://doi.org/10.1098/rstb.2001.0930.

Rilling, James K., David A. Gutman, Thorsten R. Zeh, Giuseppe Pagnoni, Gregory S. Berns, and Clinton D. Kilts. "A Neural Basis for Social Cooperation." *Neuron* 35, no. 2 (2002): 395–405.

Rilling, James K., and Jennifer S. Mascaro. "The Neurobiology of Fatherhood." *Current Opinion in Psychology* 15 (June 2017): 26–32. https://doi.org/10.1016/j.copsyc.2017.02.013.

Rilling, James K., Alan G. Sanfey, Jessica A. Aronson, Leigh E. Nystrom, and Jonathan D. Cohen. "Opposing BOLD Responses to Reciprocated and Unreciprocated Altruism in Putative Reward Pathways." *Neuroreport* 15, no. 16 (2004): 2539–43.

Rizzolatti, Giacomo, Luciano Fadiga, Vittorio Gallese, and Leonardo Fogassi. "Premotor Cortex and the Recognition of Motor Actions." *Cognitive Brain Research* 3, no. 2

(March 1996): 131–41. https://doi.org/10.1016/0926-6410(95)00038-0.

Robbins, Trevor W. "Homology in Behavioural Pharmacology: An Approach to Animal Models of Human Cognition." *Behavioural Pharmacology* 9, no. 7 (November 1998): 509–19. https://doi.org/10.1097/00008877-199811000-00005.

Rooney, Patrick M. "The Growth in Total Household Giving Is Camouflaging a Decline in Giving by Small and Medium Donors: What Can We Do About It?" *Nonprofit Quarterly*, August 27, 2019. https://nonprofitquarterly.org/total-household-growth-decline-small-medium-donors.

Rosch, Eleanor. "Principles of Categorization." In *Cognition and Categorization*, ed. Eleanor Rosch and Barbara B. Lloyd, 27–48. Hillsdale, NJ: Erlbaum, 1978.

Rosenblatt, Jay S. "Nonhormonal Basis of Maternal Behavior in the Rat." *Science* 156 (1967): 1512–14.

Rosenblatt, Jay S., and Kensey Ceus. "Estrogen Implants in the Medial Preoptic Area Stimulate Maternal Behavior in Male Rats." *Hormones and Behavior* 33 (1998): 23–30.

Ross, Heather E., Sara M. Freeman, Lauren L. Spiegel, Xianghui Ren, Ernest F. Terwilliger, and Larry J. Young. "Variation in Oxytocin Receptor Density in the Nucleus Accumbens Has Differential Effects on Affiliative Behaviors in Monogamous and Polygamous Voles." *Journal of Neuroscience* 29, no. 5 (February 4, 2009): 1312–18. https://doi.org/10.1523/JNEUROSCI.5039-08.2009.

Saltzman, Wendy, and Toni E. Ziegler. "Functional Significance of Hormonal Changes in Mammalian Fathers." *Journal of Neuroendocrinology* 26, no. 10 (October 2014): 685–96. https://doi.org/10.1111/jne.12176.

Sanfey, Alan G., James K. Rilling, Jessica A. Aronson, Leigh E. Nystrom, and Jonathan D. Cohen. "The Neural Basis of Economic Decision-Making in the Ultimatum Game." *Science* 300, no. 5626 (June 13, 2003): 1755–58.

Sapolsky, Robert M. "The Influence of Social Hierarchy on Primate Health." *Science* 308, no. 5722 (April 29, 2005): 648–52. https://doi.org/10.1126/science.1106477.

———. "Stress, Glucocorticoids, and Damage to the Nervous System: The Current State of Confusion." *Stress* 1, no. 1 (2009): 1–19. https://doi.org/10.3109/10253899609001092.

Schiefenhövel, Wulf. *Geburtsverhalten und Reproduktive Strategien der Eipo: Ergebnisse Humanethologischer und Ethnomedizinischer Untersuchungen im Zentralen Bergland von Irian Jaya (West-Neuguinea), Indonesien* [Birth Behavior and Reproductive Strategies of the Eipo: Results of Human Ethology and Ethnomedical Researches in the Central Highlands of Irian Jaya (West New Guinea), Indonesia]. Berlin: D. Reimer, 1988.

Schneirla, Theodore C. "An Evolutionary and Developmental Theory of Biphasic Processes Underlying Approach and Withdrawal." *Nebraska Symposium on Motivation* 7 (1959): 1–42.

Schoenbaum, Geoffrey, Andrea A. Chiba, and Michela Gallagher. "Orbitofrontal Cortex and Basolateral Amygdala Encode Expected Outcomes During Learning." *Nature Neuroscience* 1, no. 2 (June 1998): 155–59.

Schultz, Wolfram. "Neural Coding of Basic Reward Terms of Animal Learning Theory, Game Theory, Microeconomics and Behavioural Ecology." *Current Opinion in Neurobiology* 14, no. 2 (April 2004): 139–47. https://doi.org/10.1016/j.conb.2004.03.017.

Schulz, Horst, Gábor L. Kovács, and Gyula Telegdy. "Action of Posterior Pituitary Neuropeptides on the Nigrostriatal Dopaminergic System." *European Journal of Pharmacology* 57, no. 2–3 (1979): 185–90. https://doi.org/10.1016/0014-2999(79)90364-9.

Schwarz, Norbert, and Gerald L. Clore. "Mood as Information: 20 Years Later." *Psychological Inquiry* 14, no. 3–4 (2003): 296–303.

Seyfarth, Robert, Dorothy L. Cheney, and Peter Marler. "Monkey Responses to Three Different Alarm Calls: Evidence of Predator Classification and Semantic Communication." *Science* 210, no. 4471 (November 14, 1980): 801–3. https://doi.org/10.1126/science.7433999.

Sherry, David F., M. R. Forbes, Moshe Khurgel, and Gwen O. Ivy. "Females Have a Larger Hippocampus Than Males in the Brood-Parasitic Brown-Headed Cowbird." *Proceedings of the National Academy of Sciences* 90, no. 16 (August 15, 1993): 7839–43. https://doi.org/10.1073/pnas.90.16.7839.

Sherry, David F., Lucia F. Jacobs, and Steven J. C. Gaulin. "Spatial Memory and Adaptive Specialization of the Hippocampus." *Trends in Neurosciences* 15, no. 8 (August 1992): 298–303. https://doi.org/10.1016/0166-2236(92)90080-R.

Shiota, Michelle, Esther K. Papies, Stephanie D. Preston, and Disa A. Sauter. "Positive Affect and Behavior Change." *Current Opinion in Behavioral Sciences* 39 (2021): 222–28.

Siegel, Harold I., and Jay S. Rosenblatt. "Estrogen-Induced Maternal Behavior in Hysterectomized-Ovariectomized Virgin Rats." *Physiology & Behavior* 14, no. 4 (1975): 465–71.

Simonyan, Kristina, Barry Horwitz, and Erich D. Jarvis. "Dopamine Regulation of Human Speech and Bird Song: A Critical Review." *Brain and Language* 122, no. 3 (September 1, 2012): 142–50. https://doi.org/10.1016/j.bandl.2011.12.009.

Singer, Tania, Ben Seymour, John O'Doherty, Holger Kaube, Raymond J. Dolan, and Chris D. Frith. "Empathy for Pain Involves the Affective but Not Sensory Components of Pain." *Science* 303, no. 5661 (February 20, 2004): 1157–62.

Singer, Tania, Ben Seymour, John P. O'Doherty, Klaas E. Stephan, Raymond J. Dolan, and

Chris D. Frith. "Empathic Neural Responses Are Modulated by the Perceived Fairness of Others." *Nature* 439, no. 7075 (January 26, 2006): 466–69.

Singer, Tania, Romana Snozzi, Geoffrey Bird, Predrag Petrovic, Giorgia Silani, Markus Heinrichs, and Raymond J. Dolan. "Effects of Oxytocin and Prosocial Behavior on Brain Responses to Direct and Vicariously Experienced Pain." *Emotion* 8, no. 6 (December 2008): 781–91.

Slotnick, Burton M. "Disturbances of Maternal Behavior in the Rat Following Lesions of the Cingulate Cortex." *Behaviour* 29, no. 2 (1967): 204–36.

Slovic, Paul. "If I Look at the Mass I Will Never Act: Psychic Numbing and Genocide." In *Emotions and Risky Technologies*, ed. Sabine Roeser, 5:37–59. Dordrecht: Springer Netherlands, 2010. https://doi.org/10.1007/978-90-481-8647-1_3.

Slovic, Paul, and Ellen Peters. "Risk Perception and Affect." *Current Directions in Psychological Science* 15, no. 6 (December 2006): 322–25. https://doi.org/10.1111/j.1467-8721.2006.00461.x.

Small, Deborah A., and George Loewenstein. "Helping a Victim or Helping the Victim: Altruism and Identifiability." *Journal of Risk and Uncertainty* 26, no. 1 (2003): 5–16. https://doi.org/10.1023/A:1022299422219.

Small, Deborah A., George Loewenstein, and Paul Slovic. "Sympathy and Callousness: The Impact of Deliberative Thought on Donations to Identifiable and Statistical Victims." *Organizational Behavior and Human Decision Processes* 102, no. 2 (March 2007): 143–53. https://doi.org/10.1016/j.obhdp.2006.01.005.

Smith, H. Lovell, Anthony Fabricatore, and Mark Peyrot. "Religiosity and Altruism Among African American Males: The Catholic Experience." *Journal of Black Studies* 29, no. 4 (March 1999): 579–97. https://doi.org/10.1177/002193479902900407.

Smith, Sarah Francis, Scott O. Lilienfeld, Karly Coffey, and James M. Dabbs. "Are Psychopaths and Heroes Twigs off the Same Branch? Evidence from College, Community, and Presidential Samples." *Journal of Research in Personality* 47, no. 5 (October 2013): 634–46. https://doi.org/10.1016/j.jrp.2013.05.006.

Spear, Norman E., Winfred F. Hill, and Denis J. O'Sullivan. "Acquisition and Extinction After Initial Trials Without Reward." *Journal of Experimental Psychology* 69, no. 1 (1965): 25–29. https://doi.org/10.1037/h0021628.

Stallings, Joy, Alison S. Fleming, Carl Corter, Carol Worthman, and Meir Steiner. "The Effects of Infant Cries and Odors on Sympathy, Cortisol, and Autonomic Responses in New Mothers and Nonpostpartum Women." *Parenting-Science and Practice* 1, nos. 1–2 (2001): 71–100.

Staub, Ervin. "A Child in Distress: The Influence of Nurturance and Modeling on Children's Attempts to Help." *Developmental Psychology* 5, no. 1 (1971): 124–32. https://doi.org/10.1037/h0031084.

Staub, Ervin, Daniel Bar-Tal, Jerzy Karylowski, and Janusz Reykowski, eds. *Development and Maintenance of Prosocial Behavior*. Boston: Springer, 1984. https://doi.org/10.1007/978-1-4613-2645-8.

Stern, Judith M., and Joseph S. Lonstein. "Neural Mediation of Nursing and Related Maternal Behaviors." *Progress in Brain Research* 133 (2001): 263–78.

Storey, Anne E., Carolyn J. Walsh, Roma L. Quinton, and Katherine E. Wynne-Edwards. "Hormonal Correlates of Paternal Responsiveness in New and Expectant Fathers." *Evolution and Human Behavior* 21 (2000): 79–95.

Strassmann, Joan E., Yong Zhu, and David C. Queller. "Altruism and Social Cheating in the Social Amoeba Dictyostelium Discoideum." *Nature* 408 (2000): 965–67.

Sullivan, Helen. "Florida Man Rescues Puppy from Jaws of Alligator Without Dropping Cigar." *The Guardian*, November 23, 2020. https://www.theguardian.com/us-news/2020/nov/23/man-rescues-puppy-from-alligator-without-dropping-cigar.

Swets, John A. *Signal Detection Theory and ROC Analysis in Psychology and Diagnostics: Collected Papers*. New York: Psychology Press, 2014.

Taylor, Katherine, Allison Visvader, Elise Nowbahari, and Karen L. Hollis. "Precision Rescue Behavior in North American Ants." *Evolutionary Psychology* 11, no. 3 (July 2013): 147470491301100. https://doi.org/10.1177/147470491301100312.

Taylor, Shelley E., Laura Cousino Klein, Brian P. Lewis, Tara L. Gruenewald, Regan A. R. Gurung, and John A. Updegraff. "Biobehavioral Responses to Stress in Females: Tend-and-Befriend, Not Fight-or-Flight." *Psychological Review* 107, no. 3 (2000): 411–29.

Tinbergen, Nikolaas. "On Aims and Methods of Ethology." *Zeitschrift für Tierpsychologie* 20 (1963): 410–33.

Tranel, Daniel, and Antonio R. Damasio. "The Covert Learning of Affective Valence Does Not Require Structures in Hippocampal System or Amygdala." *Journal of Cognitive Neuroscience* 5, no. 1 (January 1993): 79–88. https://doi.org/10.1162/jocn.1993.5.1.79.

Trivers, Robert L. "The Evolution of Reciprocal Altruism." *Quarterly Review of Biology* 46 (1971): 35–57.

Troisi, Alfonso, Filippo Aureli, Paola Piovesan, and Francesca R. D'Amato. "Severity of Early Separation and Later Abusive Mothering in Monkeys: What Is the Pathogenic Threshold?" *Journal of Child Psychology and Psychiatry* 30, no. 2 (March 1989): 277–84.

Van Anders, Sari M., Richard M. Tolman, and Brenda L. Volling. "Baby Cries and Nurturance Affect Testosterone in Men." *Hormones and Behavior* 61, no. 1 (2012): 31–36.

https://doi.org/10.1016/j.yhbeh.2011.09.012.

Van IJzendoorn, Marinus H. "Attachment, Emergent Morality, and Aggression: Toward a Developmental Socioemotional Model of Antisocial Behaviour." *International Journal of Behavioral Development* 21, no. 4 (November 1997): 703–27. https://doi.org/10.1080/016502597384631.

Van IJzendoorn, Marinus H., and Marian J. Bakermans-Kranenburg. "A Sniff of Trust: Meta-Analysis of the Effects of Intranasal Oxytocin Administration on Face Recognition, Trust to In-Group, and Trust to Out-Group." *Psychoneuroendocrinology* 37, no. 3 (March 2012): 438–43. https://doi.org/10.1016/j.psyneuen.2011.07.008.

Vareikaite, Vaiva. "60 Times Florida Man Did Something So Crazy We Had to Read the Headings Twice." *Bored Panda*, 2018. https://www.boredpanda.com/hilarious-florida-man-headings/?utm_source=google&utm_medium=organic&utm_campaign=organic.

Verbeek, Peter, and Frans B. M. de Waal. "Peacemaking Among Preschool Children." *Peace and Conflict: Journal of Peace Psychology* 7, no. 1 (2001): 5–28. https://doi.org/10.1207/S15327949PAC0701_02.

Vickers, Brian D., Rachael D. Seidler, R. Brent Stansfield, Daniel H. Weissman, and Stephanie D. Preston. "Motor System Engagement in Charitable Giving: The Offspring Care Effect." Forthcoming.

Visalberghi, Elisabetta, and Elsa Addessi. "Seeing Group Members Eating a Familiar Food Enhances the Acceptance of Novel Foods in Capuchin Monkeys." *Animal Behaviour* 60, no. 1 (July 2000): 69–76. https://doi.org/10.1006/anbe.2000.1425.

Wagner, Allan R. "Effects of Amount and Percentage of Reinforcement and Number of Acquisition Trials on Conditioning and Extinction." *Journal of Experimental Psychology* 62, no. 3 (1961): 234–42. https://doi.org/10.1037/h0042251.

Waldman, Bruce. "The Ecology of Kin Recognition." *Annual Review of Ecology and Systematics* 19, no. 1 (November 1988): 543–71. https://doi.org/10.1146/annurev.es.19.110188.002551.

Warneken, Felix, and Michael Tomasello. "Varieties of Altruism in Children and Chimpanzees." *Trends in Cognitive Sciences* 13, no. 9 (2009): 397–402.

Warren, William H. "Perceiving Affordances: Visual Guidance of Stair Climbing." *Journal of Experimental Psychology: Human Perception and Performance* 10, no. 5 (1984): 683–703. https://doi.org/10.1037/0096-1523.10.5.683.

Wiesenfeld, Alan R., and Rafael Klorman. "The Mother's Psychophysiological Reactions to Contrasting Affective Expressions by Her Own and an Unfamiliar Infant." *Developmental Psychology* 14, no. 3 (1978): 294–304. https://doi.org/10.1037/0012-1649.14

.3.294.

Wilkinson, Gerald S. "Food Sharing in Vampire Bats." *Scientific American* 262 (1990): 76–82.

Wilson, David S. "A Theory of Group Selection." *Proceedings of the National Academy of Sciences USA* 72, no. 1 (January 1975): 143–46.

Wilson, David S., and Lee A. Dugatkin. "Group Selection and Assortative Interactions." *The American Naturalist* 149, no. 2 (February 1, 1997): 336–51. https://doi.org/10.1086/285993.

Wilson, Edward O. "A Chemical Releaser of Alarm and Digging Behavior in the Ant Pogonomyrmex Badius (Latreille)." *Psyche* 65, no. 2–3 (1958): 41–51.

Wilson, Margo, Martin Daly, and Nicholas Pound. "An Evolutionary Psychological Perspective on the Modulation of Competitive Confrontation and Risk-Taking." *Hormones, Brain and Behavior* 5 (2002): 381–408.

Wilsoncroft, William E. "Babies by Bar-Press: Maternal Behavior in the Rat." *Behavior Research Methods, Instruments and Computers* 1 (1969): 229–30.

Wynne-Edwards, Katherine E. "Hormonal Changes in Mammalian Fathers." *Hormones and Behavior* 40, no. 2 (September 2001): 139–45. https://doi.org/10.1006/hbeh.2001.1699.

Wynne-Edwards, Katherine E., and Mary E. Timonin. "Paternal Care in Rodents: Weakening Support for Hormonal Regulation of the Transition to Behavioral Fatherhood in Rodent Animal Models of Biparental Care." *Hormones and Behavior* 52, no. 1 (2007): 114–21.

Zahn-Waxler, Carolyn, Barbara Hollenbeck, and Marian Radke-Yarrow. "The Origins of Empathy and Altruism." In *Advances in Animal Welfare Science*, ed. M. W. Fox and L. D. Mickley, 21–39. Washington, DC: Humane Society of the United States, 1984.

Zahn-Waxler, Carolyn, and Marian Radke-Yarrow. "The Development of Altruism: Alternative Research Strategies." In *The Development of Prosocial Behavior*, ed. Nancy Eisenberg, 133–62. New York: Academic Press, 1982.

Zahn-Waxler, Carolyn, Marian Radke-Yarrow, and Robert A. King. "Child Rearing and Children's Prosocial Initiations Toward Victims of Distress." *Child Development* 50, no. 2 (1979): 319–30.

Zahn-Waxler, Carolyn, Marian Radke-Yarrow, Elizabeth Wagner, and Michael Chapman. "Development of Concern for Others." *Developmental Psychology* 28, no. 1 (1992): 126–36.

Zak, Paul J. "The Neurobiology of Trust." *Scientific American* 298, no. 6 (June 2008): 88–92, 95.

Zak, Paul J., Robert Kurzban, and William T. Matzner. "Oxytocin Is Associated with Human Trustworthiness." *Hormones and Behavior* 48, no. 5 (December 2005): 522–27.

Zak, Paul J., Angela A. Stanton, and Sheila Ahmadi. "Oxytocin Increases Generosity in Humans." *PLoS ONE* 2, no. 11 (2007): e1128.

Zaki, Jamil, Niall Bolger, and Kevin N. Ochsner. "It Takes Two: The Interpersonal Nature of Empathic Accuracy." *Psychological Science* 19, no. 4 (April 2008): 399–404. https://doi.org/10.1111/j.1467-9280.2008.02099.x.

Zebrowitz, Leslie A., Karen Olson, and Karen Hoffman. "Stability of Babyfaceness and Attractiveness Across the Life Span." *Journal of Personality and Social Psychology* 64, no. 3 (1993): 453–66. https://doi.org/10.1037/0022-3514.64.3.453.

Zeifman, Debra M. "An Ethological Analysis of Human Infant Crying: Answering Tinbergen's Four Questions." *Developmental Psychobiology* 39, no. 4 (2001): 265–85. https://doi.org/10.1002/dev.1005.

Ziegler, Toni E. "Hormones Associated with Non-Maternal Infant Care: A Review of Mammalian and Avian Studies." *Folia Primatologica* 71, no. 1–2 (2000): 6–21.

Ziegler, Toni E., and Charles T. Snowdon. "The Endocrinology of Family Relationships in Biparental Monkeys." In *The Endocrinology of Social Relationships*, ed. Peter T. Ellison and Peter B. Gray, 138–58. Cambridge, MA: Harvard University Press, 2009.

Zimbardo, Philip G. "On 'Obedience to Authority.'" *American Psychologist* 29, no. 7 (1974): 566–67. https://doi.org/10.1037/h0038158.

Zimbardo, Philip G., Christina Maslach, and Craig Haney. "Reflections on the Stanford Prison Experiment: Genesis, Transformations, Consequences." In *Obedience to Authority: Current Perspectives on the Milgram Paradigm*, ed. T. Blass, 193–237. Hoboken, NJ: Erlbaum, 1999.

Zsambok, Caroline E., and Gary A. Klein. *Naturalistic Decision Making*. Philadelphia: Erlbaum, 1997.

그림 출처

1. Stephanie D. Preston, "The Origins of Altruism in Off spring Care," *Psychological Bulletin* 139, no. 6 (2013): 1305–41, https://doi.org/10.1037/a0031755, published by APA and reprinted with permission, License Number 5085370791674 from 6/10/2021.
2. Ibid.
3. Ibid.
4. Ibid.
5. Drawings by Stephanie D. Preston, CC-BY-SA-4.0.
6. Lori Marino et al., "Relative Volume of the Cerebellum in Dolphins and Comparison with Anthropoid Primates," *Brain, Behavior and Evolution* 56, no. 4 (2000): 204–11, https://doi.org/10.1159/000047205, with permission from Karger Publishers, CC-BY-SA-4.0 License 5073741342007, 5/21/2020. The final, published version of this article is available at https://www.karger.com/?doi=10.1159/000047205.
7. Redrawing by Stephanie D. Preston under CC-BY-SA-4.0 from photograph with CC license at https://www.flickr.com/photos/30793552@N04/7523368472.
8. op.cit.
9. With permission from R. Jon Stansfield.
10. Redrawing by Sarah N. Stansfield, CC-BY-SA-4.0, based on information in Konrad Lorenz and Nikolaas Tinbergen, "Taxis und Instinkhandlung in der Eirollbewegung der Graugans [Directed and Instinctive Behavior in the Egg Rolling Movements of the Gray Goose]," *Zeitschrift für Tierpsychologie* 2 (1938): 1–29.

11. From Spencer K. Lynn, Jolie B. Wormwood, Lisa F. Barrett, and Karen S. Quigley, "Decision Making from Economic and Signal Detection Perspectives: Development of an Integrated Framework," *Frontiers in Psychology* (July 8, 2015), https://doi.org/10.3389/fpsyg.2015.00952.
12. op.cit.
13. Drawing by Cmglee, CC 2.5.
14. op.cit.
15. Redrawing by Stephanie D. Preston from information in J. Moll, F. Krueger, R. Zahn, M. Pardini, R. de Oliveira-Souza, and J. Grafman, "Human Fronto-Mesolimbic Networks Guide Decisions About Charitable Donation," *Proceedings of the National Academy of Sciences USA* 103, no. 42 (October 17, 2006): 15623–28. Copyright 2006 by National Academy of Sciences, U.S.A.
16. op.cit.
17. Drawing by Miguel Chavez, CC-BY-SA-4.0. Redrawing based on Konrad Lorenz, *Studies in Animal and Human Behaviour:* Ⅱ (Cambridge, MA: Harvard University Press, 1971), 155.
18. Drawing by Robert Orzanna, CC-BY-SA-4.0, based on theory from Icek Ajzen, "The Theory of Planned Behavior," *Organizational Behavior and Human Decision Processes* 50, no. 2 (December 1991): 179–211, https://doi.org/10.1016/0749-5978(91)90020-T.
19. Drawing by Stephanie D. Preston, CC-BY-SA-4.0, based on information provided in Kristina Simonyan, Barry Horwitz, and Erich D. Jarvis, "Dopamine Regulation of Human Speech and Bird Song: A Critical Review," *Brain and Language* 122, no. 3 (September 1, 2012): 142–50, https://doi.org/10.1016/j.bandl.2011.12.009.

신경학 용어 및 약어

기저외측편도체	basolateral amygdala, BLA
내측시각교차전구역	medial preoptic area of the hypothalamus, MPOA
내측전전두피질	medial prefrontal cortex, mPFC
내측측두엽	medial temporal lobe, MTL
배외측전전두피질	dorsolateral prefrontal cortex, DLPFC
복내측전전두피질	ventromedial prefrontal cortex, VMPFC
복측분계선조침대핵	ventral bed nucleus of the stria terminalis, vBNST
복측피개영역	ventral tegmental area, VTA
수도관주위회색질	periaqueductal gray, PAG
슬하대상피질	subgenual cingulate cortex, SCC
슬하전측대상피질	subgenual region of the anterior cingulate cortex, sgACC
실방핵	paraventricular nucleus, PVN
안와전두피질	orbitofrontal cortex, OFC
전방시상하부핵	anterior hypothalamic nucleus, AHN
전전두피질	prefrontal cortex, PFC
중격의지핵	nucleus accumbens, NAcc

찾아보기

ㄱ

각인 93, 151, 152, 162, 164~167, 249, 315, 333
간접 상호성 170
감정조절 46, 153, 224, 305
갓난아기 50, 62, 98, 279
강한 호혜성 327, 331, 406
강한 호혜성 모델 327, 328, 331
개인적 고통 130, 303, 304, 343, 346
경두개자기자극법 215, 328, 360
계획된 행동 이론 293, 307
고릴라 85, 86, 136
고립로핵 224
고정행동패턴 153, 155~157, 159~161, 165, 185
공감 기반 이타주의 49, 72~75, 129, 274, 304, 343, 345~347, 355, 358
공감 능력 9, 68, 105, 143, 175, 285, 326, 344
공감-이타주의 격차 247
공감적 관심 130, 266, 302~304, 307, 343, 345, 355
공감적 통증 218, 220
공돈 72, 214, 215, 221, 373
공동육아 28, 156, 257, 278, 326, 369
공통조상 11, 13, 45, 52, 77, 82, 83, 96, 114, 378
교감신경계 347
구경꾼 효과 65, 72, 75, 143, 144, 180, 299, 339, 340, 358
구조적 편향 55, 312
구조행동 8, 84, 85, 97, 120, 122, 123, 128, 135, 137, 144, 213, 246, 267, 287, 302, 308, 347, 351
구조행위 92, 121, 134, 144, 206, 221, 287, 288, 326
굴라, 샤르바트 254
궁극-근사 메커니즘 127
금전적 기부 18, 120, 134, 220
긍정성 편향 306
기능적 자기공명영상 206, 213, 321, 328, 360
기부금 50, 113, 124, 126, 134, 222, 223, 297, 298

기저외측편도체 208

ㄴ

낮은 이타성 221
내측시각교차전구역 59~61, 99, 153, 191~193, 197~199, 206, 207, 349, 360, 361
내측전전두피질 59, 217, 222
내측창백핵 97
내측측두엽 209
높은 이타성 221, 222
뇌섬엽 214, 215, 218, 226
누먼, 마이클 49, 71, 192
능동적 돌봄 48, 49, 59, 63, 65, 131~135, 137, 142~144, 197, 351
능동적 돌봄행동 132, 351
능동적 돕기행동 138, 323
능동적 새끼돌봄 133, 190

ㄷ

단일 피해자 효과 257, 258, 295
대가 49, 56, 71, 140, 168, 170, 171, 221, 222, 227, 356
대뇌변연계 261
대뇌화 32, 321, 365
대상회 216
대인관계반응성척도 303
더발, 프란스 48, 70, 87, 125, 136, 138, 163, 338
도덕성 9, 19, 228, 348, 360, 364
도움행동 14, 16, 18, 35, 49, 69, 75, 76, 93, 119~123, 125~130, 133, 143, 169, 185, 198, 240, 258, 269, 274, 277, 279, 292, 301, 302, 304, 311, 333, 343~346, 350, 352, 354, 358~360
도움행위 52, 228, 356
도킨스, 리처드 163, 164
도파민 46~48, 60, 98, 171, 192~194, 196~200, 222, 229, 244, 367, 393, 394
도파민성 복측선조체 시스템 60, 222
도파민성 선조체 47, 48
도파민성 중뇌 변연계 및 피질계 199, 222
돌고래 32, 94, 123, 321, 323
돌봄 유발 신경호르몬 91
돌봄본능 19, 34, 70, 110, 170, 234
돌봄행동 52, 77, 102, 107, 115, 132, 161, 189, 263
돌봄행위 18, 86, 122, 168, 200, 324
돕기행동 124~126, 128, 129, 137~139, 144, 194, 198, 227, 237, 303, 312, 325, 334, 343, 352, 355~357
돕기행위 70~73, 76, 168, 298, 320, 332, 335
동기부여 19, 21, 25, 30, 47, 63, 66, 73, 98, 102, 103, 127, 144, 153, 154, 160, 161, 166, 193, 196, 221, 228, 244, 261, 280, 282, 320, 325
동종 부모 양육 28, 104
둥지짓기 49, 131

ㅁ

마모셋원숭이 103, 278
마시, 애비게일 70, 262, 309
마음 이론 81
만성성 250, 260, 261
만성적 요구 242, 243, 249, 281
메소토신 367
모성 호르몬 29, 102, 110, 114
목격자 19, 44, 45, 53, 67~69, 78, 84~86, 91, 92, 108, 112, 120, 122, 139, 158, 170, 173, 178, 180, 185, 227, 229, 236, 237, 267, 273, 275, 277, 280, 281, 285~289, 291, 298~302, 304, 311, 312, 326, 333, 334, 339, 341, 343, 346, 353, 354
무관심 54, 115, 190, 219, 238, 239, 278, 334, 340
무력함 8, 17, 35, 43~45, 50, 53, 54, 66, 67, 84,

86, 100, 112~115, 119, 120, 126, 129, 155, 160, 167, 172, 176, 184, 185, 225, 227, 229, 233, 238, 239, 241, 242, 244, 255~250, 264, 278, 280, 281, 285, 296, 298, 300, 311, 312, 320, 321, 323, 335, 350, 351, 353
밀접 접촉 63, 85, 87, 139, 140, 142, 166, 356

ㅂ

바소프레신 88, 98, 103, 106, 132, 193, 199, 216
반응욕구 14, 54, 190, 203, 229, 237, 238, 240, 242, 243, 281, 320
배외측전전두피질 207, 208, 210, 215, 229, 328
배측선조체 217, 220, 222
뱃슨, 대니얼 129, 130, 274, 275, 343, 346
범위 무감각 295, 297
보노보 94, 136
보상기반 의사결정 220, 224, 226, 229, 334
보스웰 209, 218, 393
복내측전전두피질 215, 217, 229
복잡성 34, 90, 238, 366
복측분계선조침대핵 60, 61, 191, 192, 207
복측선조체 192, 193, 196, 222, 226
복측창백핵 61, 191, 207
복측피개영역 61, 191, 199, 207, 216, 222, 224, 226
부교감신경계 224
부호화 29, 30, 51, 149, 151, 160, 202, 205, 208, 220, 331, 354
비용편익분석 229, 358
비인간 동물 33, 52, 94, 123, 125, 154, 270, 316, 344, 378
비인간 영장류 126, 136, 139
비친족 27, 34, 109, 110, 115, 259

ㅅ

사이코패스 170, 300, 308~310
사회 스크립트 87
사회신경과학 334, 347, 348
사회적 동물 34, 110, 111, 115, 123, 338, 362, 374
사회적 바람직성 307
사회적 바람직성 편향 307
사회집단 74, 94, 109, 170, 259, 321, 322, 325, 331, 332, 338, 336
삼중뇌 이론 260
상동관계 72, 77, 82, 84, 93, 96, 115, 213, 378
상동기관 96, 366~368
상동성 71, 82~84, 87, 88, 91~93, 96, 100, 103, 104, 114, 163, 261, 266, 357, 361, 365, 370~372, 378
상동성 이론 72, 73, 77
상사관계 83
상사기관 96, 367
상사성 83, 84, 93, 96
상호 의존 54, 70, 180, 300, 316, 325, 361, 362, 373
상호 이타주의 74, 316, 317, 331, 332
새끼돌봄 26~28, 30, 34, 48~50, 53, 70, 71, 76, 81, 82, 98, 99, 100~103, 105, 114, 120, 122, 131, 135, 137, 140, 143, 152, 161, 162, 164, 165, 167, 185, 191, 193, 194, 199, 200, 206, 213, 219~221, 225, 226, 229, 235, 265, 266, 274, 327, 331, 334, 348, 353, 357, 359, 369, 371
새끼돌봄 메커니즘 34, 35, 103, 109, 110, 114, 168, 169, 267, 301, 331, 332
새끼돌봄 시스템 48, 61, 63~65, 69, 71, 101, 102, 133, 189, 191, 194, 198, 199, 207, 211, 224, 225, 229, 249, 269, 299, 309, 366
새끼돌봄행동 49, 58, 61, 114, 161, 191
새끼회수 18, 21, 23, 25~28, 30, 34, 35, 46, 47, 50, 53, 54, 59, 60, 64, 66, 71, 72, 76, 77,

82~84, 86, 92, 98, 99, 111, 113~115, 120, 121, 131, 132, 134, 144, 153, 155, 160, 164, 165, 166, 167, 194, 197, 198, 199, 200, 206, 213, 245, 287, 356, 358, 360
새끼회수 메커니즘 165
새끼회수 시스템 27, 65, 120
새끼회수반응 23, 43, 65, 160, 166
새끼회수본능 20, 53
새끼회수행동 25~27, 29~31, 33, 45, 46, 62~64, 75, 100, 111, 119, 166, 197
생래적 363
생애사 이론 106
생쥐 52, 90, 91, 108, 114, 150, 199, 200
생태환경 94, 96, 103, 114
선천적 32, 161, 228, 255, 299, 333, 352, 357
선택 압력 108, 109
설치류 17, 22, 32, 34, 44~46, 48, 49, 51, 59~62, 64, 65, 71, 75, 82~84, 88~90, 92, 94, 100~103, 109, 110, 113, 114, 119, 120, 131, 132, 137, 143, 149, 154, 160, 161, 166, 190~193, 199, 200, 204, 206, 213, 226, 258, 263, 270, 287, 301, 324, 327, 344, 351, 354, 358, 361, 362, 366, 367
성 선택 73, 74, 123
성격 특성 67, 68, 302, 304
성격척도 304
손가락 두드리기 실험 134, 224
술기핵 224
수도관주위회색질 60, 61, 191, 192, 207, 224
수동적 돌봄 48, 49, 63, 65, 78, 131~135, 137~140, 142~144, 153, 197, 198, 279
수동적 돌봄행동 137, 139, 263
수동적 새끼돌봄 133, 190
수컷 설치류 29, 62, 100~103, 114, 352
수혜자 43, 65, 126, 221, 227, 317, 327, 328
스키너 이론 196
스트레스 63, 73, 91, 92, 132, 138, 142, 153, 171, 182, 196, 213, 265, 277, 301, 305, 334, 346, 365, 366
스트레스 반응 92, 277, 301
스트레스 시스템 277, 278
스트레스 전염 365
스트레스 호르몬 301, 347, 366
슬하대상피질 46
슬하전측대상피질 207, 222, 224, 226, 229, 349
시궁쥐 52, 90, 91, 100, 108, 114, 200
시상하부 46, 59~61, 88, 132, 153, 192, 199, 205, 206, 216, 226, 229, 361
시상하부핵 99
신경 메커니즘 19, 98
신경 시스템 59, 63
신경 영역 47, 84, 104, 114, 366, 367
신경 프로세스 72, 77, 89, 91, 92, 127, 190, 370
신경경제학 213
신경계 15, 47, 54, 58, 69, 82, 89, 91, 97, 106, 112~114, 138, 149, 155, 161, 165, 183, 185, 194, 236, 263, 371
신경과학 13, 72, 137, 143, 228, 229, 334, 347, 349
신경구조 55, 88, 190, 367
신경기능 88, 367
신경기질 345
신경분비성 노나펩타이드 367
신경생리학 13, 15, 27, 31, 65, 71, 75, 126, 162, 354
신경전달물질 47, 91, 98, 114, 166, 192, 193, 361
신경펩타이드 132, 199, 367
신경표상 346
신경학 9, 25, 88, 96, 128, 189, 344, 348, 356
신경호르몬 47, 62, 71, 82, 87, 88, 91, 92, 98, 100, 101, 104, 114, 115, 121, 191, 193, 349, 351, 352, 367
신경회로 44, 59, 61, 98, 114, 133, 169, 189~191, 193, 198, 203, 204, 206, 287, 352, 361
신경회로 시스템 114
신경회로구조 53
신뢰 게임 215, 216, 219

신피질 89, 136, 261, 366
신호감지 이론 180, 181
신호자극 157, 167, 172, 176, 179, 185, 253
실방핵 199
실험자 16, 22~24, 111, 128, 137, 156, 194, 215, 222, 248, 328, 329, 341, 373

ㅇ

아우렐리, 필리포 48, 87, 136
아편유사제 197, 198
아편제 98
안와전두피질 208, 210, 213, 217, 218, 224, 226, 229, 348
암컷 설치류 21, 35, 100, 102, 352, 361
애매한 영역 181, 241, 300
야생 상태 26, 27, 29~31, 102
어린아이 24, 33, 44, 56, 113, 123, 128, 151, 155, 169, 170, 201, 203, 206, 225, 227, 233, 237, 240, 250, 253, 254, 267, 330, 374
어미 쥐 17, 18, 20~27, 29~31, 33, 43, 44, 47, 58, 82, 84, 86, 100, 102, 103, 108, 114, 115, 120, 131, 153, 160, 164~167, 194~197, 199, 249, 263, 285, 321, 352, 360
에스트로겐 105, 110, 111, 153, 165
영웅적 행동 8, 9, 14, 45, 46, 54, 73~75, 83, 84, 86, 99, 106, 107, 120, 133, 143, 179, 221, 225, 312, 326, 332, 357, 358
오트리, 웨슬리 8, 107, 108, 235, 236, 288, 289
옥시토신 47, 48, 91, 98, 103, 106, 114, 132, 153, 171, 189, 193, 198~200, 216, 219~221, 229, 361, 367
온광효과 65, 222, 228, 249, 295
외측시상하부 224
외현적 돕기행동 123, 125
운동 전문성 68, 287, 312
운동동기부여 상태 127
운동피질 290
운동행동 46, 94, 158, 160
울음소리 30, 105, 204, 224, 261, 263~268, 276, 277
위로행동 48, 125, 136, 138
위로행위 357
윌슨크로프트, 윌리엄 20, 21, 23, 25~28, 30, 31, 35, 64, 86, 108~110, 164~166, 194, 195, 263, 285, 337, 352
유대감 63, 65, 70, 102, 111, 114, 141, 154, 199, 276, 340, 345, 361
유사성 26, 47, 75, 82, 83, 87, 92, 93, 101, 323, 369
유인원 13, 32, 48, 104, 111, 123, 125, 128, 136, 137, 153, 260, 321, 323, 327, 344
유전자 13, 27~29, 34, 43, 50, 52, 54, 58, 75, 94, 104, 149, 161, 162, 164~167, 170, 172, 185, 202, 203, 301, 312, 316~319, 322, 325, 326, 332, 354, 370, 371, 406
유형성숙 62, 66, 185, 234, 235, 250~256, 259, 280, 281
응답자 214~216, 220
의사결정 46, 207, 210, 212, 219, 220, 224, 228, 293, 334, 347~349, 363
이마극 222, 229
이타성 9, 10, 221, 222, 309
이타심 9, 68, 77, 302
이타적 반응 모델 9, 10, 17~19, 35, 36, 45, 48~54, 68, 71~78, 81, 88, 99, 100, 106, 108, 111~113, 119, 120, 130, 155, 157, 162, 171, 185, 189, 216, 224, 225, 227~229, 238, 245, 258, 267, 274, 276, 281, 286, 287, 298, 299, 308, 312, 315~317, 320, 321, 324, 331~336, 338, 340, 342, 343, 345~347, 349~351, 355, 358~361, 364, 365, 372, 373
이타적 반응욕구 74, 259
이타적 욕구 9, 14, 17, 18, 31, 35, 44, 46, 50, 54, 58, 67, 77, 122~124, 128, 185, 198, 235, 243, 255, 269, 336, 356, 374, 375
이타적 충동 14, 155

이타적 행동 13, 15, 18, 25, 46, 47, 50, 73, 75, 99, 115, 119, 125, 128, 129, 139, 152, 200, 213, 248, 302~304, 317, 319, 320, 349, 351, 356, 372
이타주의 10, 12~19, 26, 29, 31, 32, 35, 43, 49~51, 53, 58, 65, 67~78, 81, 82, 84, 91, 92, 112, 114, 119, 120~123, 125~128, 130, 132, 133, 135, 136, 139, 140, 142~145, 149, 150, 162, 169~172, 174, 179, 180, 184, 185, 189, 190, 194, 198, 206, 213, 219, 226, 228, 229, 234, 235, 248, 267, 274, 276, 278, 286, 288, 290, 292, 294, 303, 304, 306, 307, 309, 311, 315~321, 325, 326, 331~334, 342, 343, 346, 347, 349~352, 354~362, 364, 365, 371, 373, 374
인간행동 15, 32, 81, 87, 162, 206, 300, 310, 372
인간행동 모델 81
인지 과정 81, 89, 122, 128, 154, 163, 211, 228, 332, 345, 364
인지 능력 33, 154, 330, 331, 351, 364, 371, 374
일부일처제 87, 91, 100, 102, 103, 361, 367
일상적 이타주의 303, 304
임신·출산 호르몬 59, 60, 62, 63

ㅈ

자기만족감 324
자기초점화 281
자기효능감 286, 292, 294~297, 312
자연보상 195, 394
자연종 14
자율신경 영역 59, 205
자율신경계 277, 278, 365
적응 혜택 170
적응적 18, 34, 43, 52, 54, 55, 57, 69, 93, 123, 139, 149, 154, 165, 170~173, 180, 182, 249, 299, 315, 331, 349~351, 354, 356, 358, 373, 375
전두엽 46, 161, 205, 207, 208, 216, 226, 229, 290
전두엽피질 361
전략적 동기 125
전문성 68, 72, 130, 144, 185, 276, 286~292, 294, 299, 300, 304, 310, 312, 342, 347, 352, 374
전방시상하부핵 60, 61, 191, 192, 207
전시상하부 216
전염성 스트레스 92, 93
전운동피질 290
전전두엽 207
전전두피질 46, 114, 193, 215, 216
전측대상피질 46, 91, 114, 137, 160, 214, 215, 218, 226, 344
전측전전두피질 223
점화자극 183
접근회로 60, 65, 106, 192
정규분포 169, 202, 204
정상 자극 158
정향반응 265, 365
제안자 214~217, 219, 220, 327, 328, 348
조망수용능력 81, 269, 270, 309, 355
죄수의 딜레마 217
주파수 204, 205, 263, 264
중격의지핵 46, 59, 61, 89, 114, 191, 193, 196~199, 206~208, 210, 213, 217, 218, 221, 222, 224, 226, 229, 348, 361, 393, 394
중뇌 변연계 및 피질계 46, 59, 64, 98, 99, 199, 222, 265, 348, 366
중심극한정리 202
중추신경계 89, 93, 154, 193, 345
즉각성 130, 234, 245, 246, 249, 250, 281
지각동작 모델 362
지각-행동 공감 이론 163
지연 할인 247
지향성 이타주의 125, 126
직접 상호성 170, 171

진사회성 109, 316, 350
진화 과정 9, 59, 121, 126, 129, 261, 282, 372
진화계통수 103
진화론 19, 31, 127, 139, 143
집단 상호관계 322, 323
집단선택 이론 322
짝짓기 21, 97, 100, 101, 106, 154, 165, 192, 194, 326, 361, 367, 370, 372
찌르레기 159, 262

ㅊ

창백핵 367, 368
책임 분산 339, 341
처녀 설치류 29, 62, 101, 102, 114, 166
천성 150, 162, 165, 185, 302
청반핵 224
초깃값 59, 192
초원들쥐 91, 100, 103, 361
초음파 30, 204, 263
초자아 348
초정상 자극 158, 388
최후통첩 게임 214, 220, 328
충동 10, 14, 30, 31, 34, 45, 58, 84, 86, 155, 201, 225, 233, 244, 252, 310, 321, 334, 341
취약성 234, 237~240, 243, 245, 246, 255, 267, 273, 281, 300, 335
친사회성 92
친사회성성격척도 304
친사회적 성격 302, 305
친사회적 성격 특성 67, 302
친족 27, 75, 108, 168, 170, 259, 316, 318, 320, 373
친화 동기 125
침팬지 94, 136, 228, 323, 333, 338
칭찬 74, 196, 329

ㅋ

카네기영웅기금위원회 74
카네기영웅메달 74, 106
코르티솔 92, 93, 301
코르티코스테론 301
코카인 30, 166, 196

ㅌ

탁란 159, 262
테스토스테론 88, 103, 105, 106
틴베르헌, 니콜라스 15, 156~158, 161, 372

ㅍ

편도체 46, 59, 60, 61, 88, 89, 114, 137, 191, 192, 205~210, 213, 220, 224, 229, 263, 309, 348, 368
포괄적응도 75, 126, 171, 316~321, 323, 325, 331, 332, 349, 358
포식자 33, 103, 109, 110, 125, 165
포유동물 18, 21, 27, 33, 35, 48, 62, 64, 94, 114, 162, 194, 200, 249, 252, 261, 338, 358, 367, 369
포유류 26, 43, 45, 46, 52, 57, 74, 81, 84, 87~89, 91, 93, 96~99, 103, 114, 115, 126, 136, 154, 161, 200, 260, 277, 325, 335, 351, 358, 361, 365, 367, 369, 371, 372
포유류 뇌 93, 260, 261, 316, 330, 369
프로게스테론 105, 165
프로락틴 103, 105
피부전도반응 265
피해자 13, 14, 19, 33, 44, 45, 47, 49, 51, 53, 56, 65, 67, 68, 72, 73, 75, 78, 84~87, 91, 106, 112, 113, 120~122, 129, 130, 132, 134, 135, 138, 139, 157, 158, 170, 172, 179, 180,

185, 189, 204~208, 225, 227, 233, 234, 238~240, 245, 246, 249, 257~259, 265, 269, 273, 275, 278, 280~282, 285~287, 289~291, 295~300, 304, 305, 311, 312, 319, 336~342, 346, 347, 350~354, 361
피험자 16, 75, 137, 142, 175, 214, 216~218, 221, 222, 224, 275, 328, 329, 336~341, 345, 373

ㅎ

하류운동 영역 59
합리적 신호 29
해마 94~97, 193, 208~210, 262, 368
해마이행부 224
해마형성체 366
해발인 153, 157, 159, 165, 179
행동경제학 179, 214, 219, 228, 347
행동과학 15
허디, 세라 70, 169, 233, 260, 278
혈연관계 23, 27~29, 91, 108, 109, 111, 112, 115, 165, 195, 196, 199, 233, 253, 323
혈연선택 74, 318~320, 325, 349
호미니드 49, 169
홀로코스트 302, 341
활송장치 21~23, 35, 195
회색기러기 153, 156~160, 166, 167
회수반응 159
회피반응 46, 198, 200, 333, 342
회피-접근 대립구조 53, 54, 102, 169, 189, 190, 301
회피-접근 대립반응 72, 190, 342, 357
회피-접근 대립반응회로 352, 353
회피회로 59, 192
후생유전학 52, 306, 354

The
Altruistic
Urge

무엇이 우리를 다정하게 만드는가

1판 1쇄 발행 2023년 3월 16일
1판 3쇄 발행 2023년 6월 10일

지은이 스테퍼니 프레스턴
옮긴이 허성심

발행인 정동훈
편집인 여영아
편집국장 최유성
책임편집 김지용
편집 양정희 임채령 김서연
마케팅 김지수
디자인 스튜디오243

발행처 (주)학산문화사
등록 1995년 7월 1일
등록번호 제3-632호
주소 서울특별시 동작구 상도로 282
전화 편집부 02-828-8833 마케팅 02-828-8832
인스타그램 @allez_pub

ISBN 979-11-411-0424-5 (03400)

값은 뒤표지에 있습니다.

알레는 (주)학산문화사의 단행본 임프린트 브랜드입니다.

알레는 독자 여러분의 소중한 아이디어와 원고를 기다리고 있습니다. 도서 출간을 원하실 경우 allez@haksanpub.co.kr로 간단한 개요와 취지, 연락처 등을 보내주세요.